木材气候学导论

郭明辉　赵西平　著
李　坚　审

科　学　出　版　社
北　京

内 容 简 介

本书基于人工林树木生长机制和木材形成过程，介绍了木材形成、木材的各向异性以及木材气候学的研究进展；阐述了木材气候学的数量化分析方法；重点论述了木材形成对气候变化的响应及气候变化影响木材形成的滞后效应和气候长期变化趋势对木材形成的影响；简要评述了木材气候学的应用。本书系统性强，理论与实践相结合，方法与应用相结合，是我国第一部系统阐述木材形成与气候变化关系的专业图书。

本书适合木材科学与技术、森林经营学、森林培育学、环境科学、自然保护区管理等专业的高等院校师生及科学研究、森林经营和管理人员阅读参考。

图书在版编目（CIP）数据

木材气候学导论/郭明辉，赵西平著. —北京：科学出版社，2009

ISBN 978-7-03-024302-7

Ⅰ. 木… Ⅱ.①郭…②赵… Ⅲ. 森林-气候学 Ⅳ. S716.3

中国版本图书馆 CIP 数据核字（2009）第 043566 号

责任编辑：周巧龙　沈晓晶/责任校对：陈玉凤
责任印制：钱玉芬/封面设计：王　浩

科 学 出 版 社 出版
北京东黄城根北街 16 号
邮政编码：100717
http://www.sciencep.com

新 蕾 印 刷 厂 印刷
科学出版社发行　各地新华书店经销

*

2009 年 4 月第 一 版　　开本：B5（720×1000）
2009 年 4 月第一次印刷　　印张：20
印数：1—2 000　　字数：392 000

定价：**60.00 元**
（如有印装质量问题，我社负责调换〈环伟〉）

序

　　森林是绿色的保障，林业部门是国民经济的重要部门，发达的现代化林业是国家富强、民族繁荣和社会文明的标志之一。加强林业建设，维护生态安全，是21世纪人类面临的共同问题，是实现我国经济社会可持续发展的重要基础。

　　大力发展人工林是世界各国面对天然林和天然次生林日益减少所采取的共同战略，许多工业化国家和发展中国家都把大力发展人工林作为解决21世纪木材需求的根本措施，并制定了长期的人工林发展规划，以此来解决环境和木材供需之间的矛盾。

　　我国自20世纪60年代以来，营造了大面积的人工林。据第六次全国森林资源清查（1999~2003年），我国人工林面积已居世界之首。由于当初培育人工林时没有深入考虑木材材性与林木培育的关系，未能有针对性地按照用材部门对木材品质的要求营造人工林，以致影响了蓄量巨大的人工林木材的高效利用。未来优质人工林怎样培育？面对这个问题，许多研究者认为，对现有人工林木材要进行合理和高效利用，对未来人工林的培育要进行定向，走经营培育与加工利用一体化之路。

　　林业工作的主要任务是培育和管理森林，使林业实现高产、优质、高效、持续发展和永续利用，为社会主义建设不断提供越来越多和越来越好的木材资源，以发挥其巨大的经济效益。为了科学地培育和管理好人工林，必须掌握环境条件对人工林树木作用的规律。环境因子复杂的综合作用决定了森林的存在、树种的组成、林木的生长和发育对木材材质将产生重要的影响。不同的环境因子往往彼此制约，对木材的生长形成综合作用，相互关系复杂。目前涉及地理位置、海拔、立地条件（土壤质地、坡形等）和气候因子的研究比较薄弱，特别是气候因子对材质、材性的影响研究甚少，有待今后进一步加强。

　　木材气候学是一门新兴的分支学科，发展和传播其完整独立的理论体系，无论对学科发展还是对实际应用都有十分重要的意义。郭明辉教授和赵西平博士是多年从事生物木材学研究的年轻学者，既涉猎理论研究，又专注实践应用，在国内外一些重要杂志上发表了许多相关方面的文章，尤其在人工林培育方面有比较独到的研究。他们出于介绍和传播木材气候学理论与最新进展这样一种目的，在系统总结其长期研究成果的基础上，撰写了体系较为完整的《木材气候学导论》

一书。该书不仅介绍了木材气候学方面的一些基础知识和理论，而且阐述了木材气候学的一些研究方法，并以东北地区常见的人工林针叶树种为例，具体论述了木材气候学理论在实际研究中的应用，做到了理论与实践相结合、方法与应用相结合。相信这一成果将对我国木材气候学研究起到指导性作用，并将有效地促进我国木材气候学研究和应用的发展，同时也将为营林措施的正确设计和科学实施提供依据。

李　坚

2009 年 3 月

前　言

　　木材气候学是木材科学新兴的分支学科之一。虽然早在 20 世纪初就有人对气候变化与木材形成之间的关系进行了揭示，但是长期以来并未受到人们的重视。20 世纪 30 年代，年轮气候学的发展为这一领域提供了新的思路，人工林的广泛培育促进了这一学科的深入发展。随着林业科学工作者们对森林培育的进一步认识，单纯的速生丰产已不能满足人们对木材的需要，如何从木材加工的角度培育出品质较高的树木是 21 世纪新的林业目标。为了科学地培育和管理好人工林，必须掌握环境条件对人工林树木作用的规律，特别是明确气候变化与木材形成之间的关系。气候变化非人力所能控制，就目前的经济条件，尚不能改变气候参数来实验性地研究形成木材材质的气候条件。但实际上，天气的风雨变幻与冷暖交替也并非无迹可寻，天气预报便是一个很好的证明。更重要的是气候因素的这种变化在树木生长中所起到的重要作用以"记忆"的形式被保存下来。这就为气候影响木材形成的研究提供了必要的前提。在以现代科技手段作为坚强后盾的情况下，这一领域的研究将会为林业事业的发展和社会的进步做出不可低估的贡献。

　　鉴于近年来木材气候学科和一些相关学科所取得的成就，结合作者近年来的研究成果，历时近两年完成的《木材气候学导论》一书比较系统地阐述了树木生长与木材形成对气候变化的响应，这在国内尚属首次。本书内容共分 9 章，介绍了木材形成、木材的各向异性以及木材气候学的研究进展；阐述了木材气候学的数量化方法；重点论述了木材形成对气候变化的响应，气候变化影响木材形成的滞后效应和气候长期变化趋势对木材形成的影响；简要评述了木材气候学的应用。本书特点鲜明，学术观点新，系统性强，理论与实践相结合，方法与应用相结合。

　　在本书所述相关内容的研究过程中，得到了国家自然科学基金委员会生命科学部自然科学基金项目（项目批准号：30471355）的资助及教育部和国家外国专家局"111 计划"项目的支持，在此深表谢忱！

　　在编写本书的过程中，作者援引和参考了许多生物木材学、气候学、森林气象学、森林经营学以及其他学科方面的成果，在此，向相关作者表示感谢。本书的相关资料整理及全文校对由东北林业大学管雪梅老师和河南科技大学郭平平老师细心完成，在此表示感谢。

　　本书承东北林业大学李坚教授审阅，提出了许多宝贵意见，并为本书作序，在此特致以衷心的感谢！

　　由于作者水平有限，本书难免存在不足和疏漏之处，敬请广大读者和同仁不吝赐教。

作　者
2009 年 4 月

目　　录

第1章 绪 论

1.1 木材气候学的相关概念

1.1.1 气候学

1.1.1.1 气候学的基本理论

气候学是研究气候的特征、形成和演变，以及其与人类活动的相互关系的一门学科。它既是大气科学的分支，又是地理学的组成部分。

"气候"一词早已众所周知，然而正确理解气候的含义却不是很容易。许多人将"气候"与"气象"、"天气"混为一谈。其实三者的含义有着较大的区别，但相互间又有密切的联系。"气象"，用通俗的话来说，是指发生在天空中的风、云、雨、霜、露、虹、晕、闪电、雷等一切大气的物理现象；"天气"，是指影响人类活动瞬间气象特点的综合状况，例如，我们可以说："今天天气很好，风和日丽，晴空万里；昨天天气很差，风雨交加"等，而不能把这种天气说成是气象；"气候"，是指整个地球或其中某一个地区一年或一段时期的气象状况的多年特点。例如，昆明四季如春；长江流域的大部分地区，春、秋温和，盛夏炎热，冬季寒冷，我们称这里是"四季分明的温带气候"[1]。

古典的气候被定义为大气的平均状态，显然它忽视了大气的变化和极端状态也是一地区的气候特征；后来人们把某地区在一个相对长时间内大气的统计特征称为该地区的气候，这里"相对长时间"按世界气象组织规定为30年左右，"大气的统计特征"一般仅指气象要素的平均值和变率（标准差）。随着人们对气候成因的深入研究和认识，提出了气候系统的概念。钱永甫认为，气候是气候系统内部各成员间所达到的一种缓变平衡态，这一定义首先强调气候系统各成员间的联系，并指出气候总是在不停地变化，通常所说的一地区的气候是指在相对较长时期中得到的相对平衡（即缓变）的状态，至于到底采用哪些要素来表征气候的这种平衡状态，是一个比较复杂的问题，它还随各种气候类型而异，但无疑表示一地区气候状态的要素应该是多维的，任何单独或有限的变量都不能很好地表示一地区的气候状态[2]。例如，尽管两地区的年平均气温相同，但可能一地区是四季如春，另一地区是冬寒夏热，因此，还必须用最冷（热）月平均气温或年较差才能把它们区别开来。李晓东认为气候是可用高阶矩统计量（如方差、协方差、相关等）构成的一组平均量来定义的，具有特定时间尺度的气候系统的结构和行为[3]。由于近十多年来气候研究发展迅速，气候理论日趋成熟，现在人们已经不满足于仅仅用静态的平均、孤立的大气、描述性的手段去描述、理解和研究气候。现在气候学家已经习惯了在物理学而不是地学的框架体系下，从全球气候系统的角度，通过对气候系统的各种合理统计，运用动力学的方法系统地研究气候，并力图对各种时间尺度的未来气候进行预测。由以上内容可见，人们对"气候"的理解是随着气候学科的发展而不断深入和提高的。随着生产规模的日益扩大，气候和人类社会的关系越来越密切。为了合理地开发和利用气候资源，减轻气候灾害的影响，避免人类活动对大气环境造成的不良后果，无论是大规模的开垦、重大工程的设计和管理，还是制定各种发展规划和研究工农业的布局，都需要了解所在地区的气候特征及其演变规律。气候学的研究成果及其应用正日益受到各方面的重视。

1.1.1.2 气候灾害的影响

气候变化从 20 世纪下半叶开始，突然焕发光彩，成为社会关心的焦点之一，其中既同社会与科学的发展有关，也同这个世纪的特殊的气候变化有关。

20 世纪发生了许多重大气候事件，特别是一些气候灾害事件。从 60 年代后期开始，非洲撒哈拉以南地区的连年大旱，多次厄尔尼诺引起的严重旱涝灾害，都造成了严重损失，引起了世人的关注。1931 年、1954 年和 1998 年我国长江流域发生过三次世纪级的特大洪涝[4]，而北方则从 1965 年起几乎连年干旱。全球增温成为最突出的气候变化问题。1979 年和 1990 年两次世界气候大会就是以这个问题为主题而召开的。政府间气候变化专门委员会就是为研究全球增温而建立的国际科学研究协作组织。全球增温引起的气候异常不只是平均温度增加，而且极端气象事件也增多了。其中，酷热天气显著增加，而冷害则相应减轻。加拿大的大气环境局指出，该国过去龙卷风发生在夏季，近年来，春夏龙卷风的频率也随之增加，极端降水现象也频频在各地出现。从 60 年代末开始，非洲撒哈拉以南的连续干旱震惊世界。1982~1983 年和 1997~1998 年的两次强大的厄尔尼诺就引起南美洲的西岸沿太平洋各国出现强暴雨，而在东南亚与澳大利亚则出现少见的干旱。20 世纪末的 1999 年，世界许多地方接连出现少见的暴风雨，该年 12 月，委内瑞拉与法国等欧洲各国的暴风雨造成几十年未遇的严重人员伤亡与经济损失。我国是一个灾害严重的国家，百年来发生的大灾害多达 15 次，接近世界大灾害总数的 1/3，已远超我国陆地面积与人口占世界陆地面积与人口的百分比。在这 15 次大灾害中，前 50 年为 11 次，后 50 年为 4 次，呈现下降趋势，正好与世界的趋势相反。这说明了我国自新中国成立后做了大量减灾工作，如兴修水利、抗旱抢收等，发挥了显著的作用[5]。

全球增温是人类大量使用化石能源，向大气超量排放 CO_2 等温室气体，引起大气温室效应的增加所致。全球增温使气候带向高纬度方向移动[6]，原来各地的农作物或其他产品[7]因温度上升而难以适应变化后的气候。一些热性灾害（如酷暑、暴雨、干旱等）尤其容易出现，并且更加严重；相反，一些冷性灾害则有所减少。

此外，厄尔尼诺与拉尼娜也被认为是灾害的原因[8]，但厄尔尼诺与拉尼娜是周期性发生的现象，不代表气候变化的趋势。在 20 世纪 90 年代，厄尔尼诺确有增多，其原因有人认为是由全球增温引起。此外，对气候变化与其所引起的灾害增加的原因的研究实际上还处于百家争鸣的阶段，还有人提出全球气候将要变冷的观点[9]。这些观点也都各有各的理由，不能完全否定。因此，减少灾害的最好策略就是加强减少灾害基本条件的建设，特别是生态条件的建设和市镇的合理布局与建筑质量，将会在任何情况下都能起到减灾的作用。

1.1.1.3 中国气候区划

各个地区的气候状况是不相同的。按气候学研究的空间尺度划分，有全球气候、北半球气候、大区域气候和地方气候等不同尺度的气候。著名气象学家竺可桢先生在 20 世纪 30 年代初提出了我国最早的综合（非单项性、非专业性）气候区划，以后涂长望、么枕生、陶诗言等先后提出了更为细致和完善的气候区划。新中国成立后，中国科学院和中国气象局又在前人的基础上结合新的资料进行了较大规模的全国气候区划，他们以热量指标（日均温≥10℃稳定期积温）作为一级区划指标，把全国分为 9 个气候带和 1 个高原气候区，再以年干燥度 $K = E/r$（这里 E 为年最大可能蒸发量，r 为年降水量）为二级指标，将各气候带再区分为湿润、半湿润、半干旱、干旱几种类型的气候大区，最后用季干燥度作为三级区划指标将各大区分为若干小区。根据上述分类系统，把全国划分为 9 个气候带、1 个高原气候区。9 个气候带又划分为 18 个气候大区、36 个气候区，高原气候区划分为 4 个气候大区、9 个气候区。国家标准局则是进行二级区划：第一级是气候带，将多年 5 天滑动平均气温稳定≥10℃的天数作为划分气候带的主要指标，在边缘热带、中热带和赤道热带用≥10℃积温作为进一步划分的指标，见表 1-1；第二级是气候大区，将多年平均年干燥度作为划分气候大区的干湿指标，见表 1-2。中国气候带和气候大区名称代码见表 1-3。

表 1-1 气候带指标[10]

代码	气候带名称	≥10℃天数（≥10℃积温/℃）
11	寒温带	<100
12	中温带	100~170
13	暖温带	171~217
21	北亚热带	218~238

续表

代码	气候带名称	≥10℃天数（≥10℃积温/℃）
22	中亚热带	239～284
23	南亚热带	285～364
31	边缘热带	365（7500～9000）
32	中热带	365（9000～10 000）
33	赤道热带	365（>10 000）
41	高原寒带	0
42	高原亚寒带	1～50
43	高原亚温带	51～140
44	高原温带	>140

表 1-2　气候大区年干燥度指标[10]

代码	气候大区干湿程度	年干燥度
A	湿润	1.0
B	亚湿润	1.0≤干燥度<1.6
C	亚干旱	1.6≤干燥度<3.5
D	干旱	3.5≤干燥度<16.0
E	极干旱	干燥度≥16.0

表 1-3　中国气候带和气候大区名称代码表[10]

代码		气候带	气候大区名称
11		寒温带	
	11A		寒温带湿润型气候大区
12		中温带	
	12A		中温带湿润型气候大区
	12B		中温带亚湿润型气候大区
	12C		中温带亚干旱型气候大区
	12D		中温带干旱型气候大区
	12E		中温带极干旱型气候大区
13		暖温带	
	13A		暖温带湿润型气候大区
	13B		暖温带亚湿润型气候大区
	13D		暖温带干旱型气候大区
	13E		暖温带极干旱型气候大区
21		北亚热带	
	21A		北亚热带湿润型气候大区

续表

代码	气候带	气候大区名称
22	中亚热带	
22A		中亚热带湿润型气候大区
23	南亚热带	
23A		南亚热带湿润型气候大区
23B		南亚热带亚湿润型气候大区
29	其他亚热带	
29A		亚热带湿润型气候大区（指达旺-察隅地区）
31	边缘热带	
31A		边缘热带湿润型气候大区
31B		边缘热带亚湿润型气候大区
32	中热带	
32A		中热带湿润型气候大区
33	赤道热带	
33A		赤道热带湿润型气候大区
41	高原寒带	
41D		高原寒带干旱型气候大区
42	高原亚寒带	
42A		高原亚寒带湿润型气候大区
42B		高原亚寒带亚湿润型气候大区
42C		高原亚寒带亚干旱型气候大区
43	高原亚温带	
43A		高原亚温带湿润型气候大区
43B		高原亚温带亚湿润型气候大区
43C		高原亚温带亚干旱型气候大区
44	高原温带	
44B		高原温带亚湿润型气候大区
44C		高原温带亚干旱型气候大区

　　按时间尺度划分，有年际气候变化、几十年以上的气候变化和万年以上变化周期的气候变迁等。要研究年际气候变化和较短时期的气候变化，至少需要有连续 30 年的观测资料。而要研究几十年周期的变化，就需要有至少十倍于该周期时间长度的资料。所以，除现代气象资料外，还需要利用历史记载和树木年轮等进行分析，以延长资料年限。对于万年以上的变化，常利用地质岩心、冰心、化石等资料进行分析推测。

　　气候学是应用性很强的学科。从工农业生产、交通、通信、能源、军事以至人类的一切活动，都和气候有密切的关系。由于气候涉及人类生活和生产的各个方面，自 1972 年以来，在国际上关于环境、粮食、水资源、沙漠化等一系列重要会议上，气候问题都占有显著地位。1979 年世界气候大会提出了世界气候计划，使气候问题成为国际协作的重大课题，气候学成了日益活跃的学科，气候学的含义也正在不断发展，包括大气圈、水圈、冰雪圈、岩石圈和生物圈在内的气候系统的概念也正在形成（图 1-1）。

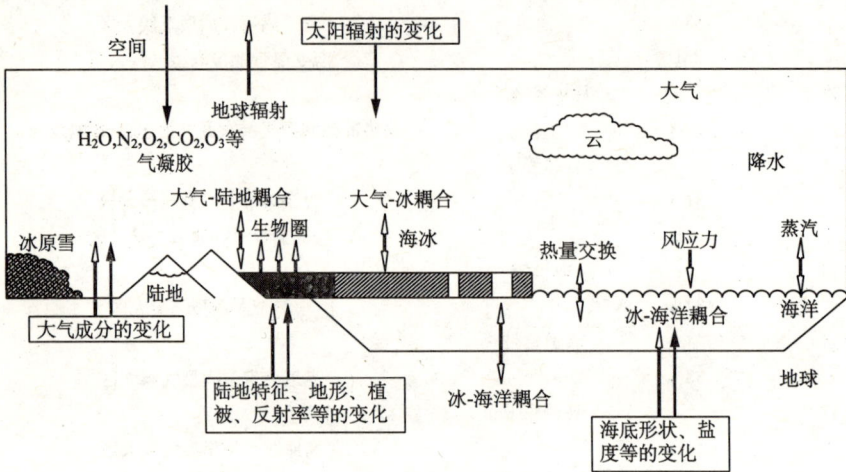

图 1-1　大气-海洋-冰雪-陆地-生物圈耦合气候系统示意图[11]

虽然，当前气候学仍以大气为主要研究对象，但其内容正在不断地丰富和充实，从大气科学的一个分支向着综合性的气候系统的学科发展，大量的边缘学科，如城市气候、建筑气候、军事气候、农业气候、森林气候、海洋气候以及旅游气候等逐渐形成。

1.1.2　物候学

物候学主要是研究自然界的植物（包括农作物）、动物和环境条件（气候、水文、土壤）的周期条件变化之间相互关系的科学。它的目的是认识自然季节的变化规律，以服务于农业生产和科学研究[12]。

物候学和气候学相似，都是观测各个地方、各个区域、春夏秋冬四季变化的科学，是带有地方性的科学。物候学和气候学可以说是姊妹行，所不同的是，气候学是观测和记录一个地方的冷暖晴雨、风云变化，而推求其原因和趋向；物候学则是记录一年中植物的生长荣枯、动物的来往生育，从而了解气候变化和它对动、植物的影响。观测气候是记录当时当地的天气，如某地某天刮风、某时下雨、早晨多冷、下午多热等。而物候记录，如杨柳绿、桃花开、燕始来等，不仅反映当时的天气，而且反映了过去一个时间期内天气的积累。如 1962 年初春，北京天气比往年冷一点，山桃等都延迟开花。从物候的记录可以得知季节的早晚，所以这也称为生物气候学。物候监测资料在农林生产中有着独特的作用，它可用于推算局地气象要素、划分适宜生产区域、制作农林气象预报、验证新品种引种条件、编制自然历、预告农时、监测污染和净化环境等各个方面。

1.1.3　森林气象学

森林气象学是研究森林和大气之间相互关系的学科，是气象学和森林学之间的边缘学科[13]。气象条件是林木生长不可缺少的生态因子，它对树种的传播和萌发、生长和发育、开花和结果，以及森林的组成、演替和地理分布都有重要影响。同时，森林又通过同周围大气不断进行物质和能量的交换，从而影响并改变森林内及其周围地区的气象要素结构。因此研究森林和气候条件间的相互关系，可以了解森林生态系统中的客观规律，为合理开发利用森林资源、科学地营造森林、保护自然资源和维护良性的生态平衡、发展工农业生产和改善人们生活环境服务。

1.1.3.1　森林气象学的研究进展

人类很早就注意到森林树木和气候条件之间有着密切的关系。中国西汉刘歆时期的《周礼·考工记》就有南北气候不同而引起树种差异的记载。而用仪器观测森林气候，也已有两百多年历史。19 世纪中叶，欧洲工业的发展加速了对森林的砍伐，许多国家相继设置林内、外对比气象观测站，最早的一批是 1862 年在德国萨克森州建立的，称为双联森林站。1924 年，德国的施毛斯和盖格尔为了进行林内气象要素铅直分布的研究，建立了历史上第一个森林气象观测塔（架），并进行"林分气候"观测，森林气象研究从此进入到范围较广的领域，也开始具备一门独立学科的特点。盖格尔 1927 年出版的专著《近地层气候》中有 7 章涉及森林气象，其中包括森林结构对小气候的影响；择伐和皆伐地气候特征；林缘和林间空地的气流；地表、树干间和林冠层的气象要素分布等。以后，鲍姆格特纳等在"林分气候"和产量模型方面做了大量的工作。美国和加拿大的森林气象学从 20 世纪 20 年代开始，偏重于林火气象预报的研究。日本的森林气象研究大约由 20 世纪 30 年代开始，平田德太郎设计了纸面蒸发器以模拟叶面蒸腾；原田泰著的《森林气象学》对光的研究有独到之处；门司正三和佐伯敏郎 1953 年发表了著名论文《对群体光能分布和同化作用的研究》，开创了用数学分析方法对森林和植物群体光能利用规律的研究[14]。

中国的森林气象研究工作始于 1954 年。当时为配合华南橡胶林的种植及辽西、冀西和苏北防护林的营造，开展了防护林小气候的研究；同年在东北小兴安岭林区设立了林内和林外的森林气象站，对森林和林间空地的气候进行定期对比观测，也对红松苗圃进行了小气候的流动观测。

1.1.3.2　森林气象学的研究内容

森林气象学的研究内容主要有 4 个方面。

1) 森林气候

森林气候包括冠层气象学和森林小气候两个部分。

(1) 冠层气象学是研究森林林冠内的大气物理过程的学科。林冠是森林的主要作用面,林冠通过光合作用制造有机物质,它的结构直接影响着森林中的物质流和能量流。森林气象学中的三大平衡问题(能量、水量和动量)均集中在林冠层中。

太阳辐射通过林冠时,树木叶片对不同波长辐射的反射和吸收规律是不同的,这种反射、吸收和透过林冠的不同波段辐射的比例还同太阳高度角、林冠的几何结构有关;林冠每次可截留 3～10 mm 以下的降水,每年的截留量随树种、林冠的郁闭程度、该年的降水量、降水性质及降水的时间分配等变化;冠层气象学还研究林冠中二氧化碳的分布和枝叶对它的吸收,林冠层枝叶的蒸发和蒸腾,以及林冠中风的分布等。冠层气象学是利用森林调节气候和科学营造森林、提高森林生物生产力的理论基础。

(2) 森林小气候是研究森林内的温、湿、光、水、风和空气成分的特征,以及其形成机制的学科,研究范围一般涉及林冠层以下的林中空间及林地土壤。在大部分情况下,森林小气候的特点(与空旷地相比)是光照低、风速小、湿度大、最高气温低和最低气温高,林中空间和林地的温度日变化和年变化都比较小。但是对有些森林可能例外,这同该森林所在的地理位置、海拔和森林林冠的结构有关。

目前,森林小气候的研究成为新的研究热点。研究森林及林冠下的灌木丛和草被等形成的小气候特征并为森林防火、防病和林木业生产提供气候服务的气候学分支称森林小气候。森林小气候的主要特征是:日间到达林内的太阳辐射和夜间林内地面向外的长波辐射均受到林冠的削弱,因此,林内气温日变化和年变化均比林外平缓;森林内空气湿度增加,雾、霜、雨淞现象增多;森林内降水量有所增加,而且森林面积越大,降水量增加越多;林中风速减小。

上述特征的明显程度随林木品种、林龄、结构等因素有所差异。

2) 防护林带的气象效应

防护林带的气象效应研究林带、林网的结构、布局和配置方向的小气候效应,包括防止风沙、减弱风速、增加湿度、降低蒸发、减轻霜冻等作用。林带的防风效应在林带各种气象效应中起主导作用。一般按林带的透风系数(背风面 1m 处风速与空旷地风速之比)和疏透度(林带纵断面的相对透光面积)的大小,将林带划分为透风结构、疏透结构和紧密结构。疏透结构的林带,透风系数为 0.4～0.5，疏透度为 30%～50%，大约有 50% 的空气流可以穿过这种林带内部，防风效果最好，背风面的有效防护距离可达树高的 25 倍左右。研究林带的动力效应可在野外进行观测，也可在室内利用风洞进行模型实验。

3) 营林与气象

营林与气象主要是研究各树种的气候型及可塑性，引种中的气候类似法则，造林的立地条件和季节选择，森林抚育的小气候效应及其对林木生长的影响，森林采伐的效应及其对自然更新的影响，以及森林气候资源的利用等。

在不同气候因子的综合影响下，光合强度和呼吸强度不同，有机物质的生产和积累也不同，这直接影响生物生产力。近十多年来，营林与气象的研究，已发展为从森林生态系统的角度来研究气象因子同系统结构和生产力的关系，以寻求最佳产量模型。

4) 森林与大气污染

森林与大气在物质交换过程中，一方面，森林可净化大气，给人类提供舒适卫生的环境，森林本身也从大气中获得一部分养分（氮、磷、钾、钙、钠等），促进其生长；另一方面，某些有害气体和物质在浓度超过限度时，会给森林生长带来严重危害。在工业发达国家，酸雨已造成部分林木死亡。因此关于"森林与大气污染"问题的研究，正吸引着越来越多的科学工作者。此外，研究森林火灾的发生发展规律，并开展森林火险预报和服务，也属于森林气象学的范畴。因此，森林气象学可为合理开发利用森林资源，科学营林，保护自然资源和维护良性生态平衡，改善人类赖以生存的地球环境服务。

1.1.3.3 森林对气候的影响

从 19 世纪中叶开始森林对大气候的影响问题就被人们重视。山脊上的森林和多雾地区的森林能截持雾滴，使降水量增多（称水平降水），这是事实。但是森林通过大量的蒸发与蒸腾，以及其他成雨作用，能否促进水分的小循环，以增加大气铅直降水，却没有定论。1975 年美国麻省理工学院的查尼和斯通从大气环流模式的系统分析中，得出了植被引起大气铅直降水的增加这个不容忽视的论点。

另外，森林对大气圈热量平衡的影响也是一个有争论的问题。森林地区太阳辐射的反射率小，这已由人造地球卫星观测所证实。因为森林吸收了较多的太阳辐射，其中大部分提供森林植物蒸发和蒸腾，通过这种途径影响大气系统的能量和水分收支，从而影响气候。

世界气象组织农业气象学委员会于 1974 年 10 月在华盛顿召开的第六次会议中，成立了森林气象组，并确定研究森林类型，特别是热带和副热带森林类型的气象效应。1979 年 9 月在索菲亚召开的第七次会议中，成立了森林对全球二氧化碳、水分和能量平衡作用的研究组，同时还确定进行原始森林火险气象问题的研究。

1983 年 3 月在日内瓦召开的第八次会议又确定 1984～1993 年研究以森林采伐和更新为主的林业气象和酸雨对森林的影响，以及森林对二氧化碳交换的影响等。与此同时，森林气象的研究方法也由单纯的直观的野外观察阶段，向观测、室内实验数值模拟和系统分析相结合的阶段发展，并向微观的树木生理气象方面深入发展。

1.1.3.4　森林的灾害

气象条件对树种的传播和萌发，树木的生长发育和繁殖，以及森林的组成、演替和地理分布都有重要影响。另外，森林通过同周围大气的物质和能量交换，影响着森林内及其影响所及地区的大气结构和气象要素的分布。极端的气象条件会造成森林的灾害。

森林的灾害主要有病害、虫害、干旱、干热风、火灾、洪水、风倒、雪折以及苗木的日灼、冻拔、生理干旱、霜冻、冰雹等，这些灾害无不直接或间接地与气象条件有关。研究灾害发生的原因及其发展的可能性，以及采取预防措施，也属于森林气象学的范围。

目前对森林危害最严重的是森林火灾。森林火灾的发生和蔓延与气象条件关系密切，除雷电可以直接引起森林火灾外，高温、干燥是易于成灾的重要气象条件。森林火灾的预报可分为大区预报、分片预报和单点预报三类，各类预报都综合考虑可燃物湿度、相对湿度、气温、风速、风向、降雨量等因子。此外，研究森林中可燃物类型、森林潜在火行为与气象条件的关系、与森林火灾有关的人工影响天气（降水、雷电）以及森林火险的红外遥感探测方法等，也为各国森林气象工作者所重视。

1.1.4　年轮气候学

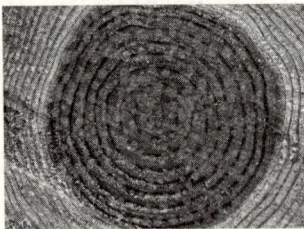

图 1-2　树木的年轮
（笔者拍摄于 2005 年 11 月）

年轮气候学是根据树木年轮的变化推论过去气候的一门学科[15]。

除热带外，在气候有明显年变化的地区，树木一般每年形成一个生长轮，即年轮（图 1-2）。年轮宽度和气候条件有十分密切的关系。在温暖湿润的年份，树木生长快，年轮宽度大；在寒冷干旱的年份，树木生长慢，年轮宽度小。因此测定树木年轮宽度的差异，可以获得过去气候变化的信息，推论出某些气候要素的变化状况，弥补历史气候资料的不足。除了年轮宽度外，气候还与植物组织结构有密切关系，也可作为推论过去气候的依据。

20 世纪初，美国道格拉斯最早论证了大约 500 年的年轮宽度变化和实际降水量之间的关系，并在 30 年代创建了专门研究树木年轮的实验室。此后，许多年轮气候学家对年轮形成的生理过程与气候的关系做了深入剖析，对样本树种的选择和年轮序列的统计分析等有了新的认识，逐步建立了年轮气候学的基本原理和分析方法。

在选取样本时，必须选择生长条件最受某气候要素（温度或降水）限制的树木。例如，生长在高纬度或高寒山区森林接近消失处（上界）的树木，由于受到热资源不足的限制，常能很好地反映出冷暖的变化；干旱、半干旱地区，由森林向草原或荒漠过渡的林缘树木，则由于受到雨量不足的限制，常能反映干湿的变化。在实际应用中，常在同一地点选取许多重复的样本，互相对比，确定年份，以消除非气候因子的影响。

此外，对年轮宽度变化还应进行必要的生长量等方面的订正，并用已有的各项资料检验，才能得到真正表征气候变化的年轮指数序列。这种序列可以反映大尺度的气候变化。例如，美国拉马奇在加利福尼亚州惠特尼山树线上界附近所取的年轮序列，和欧洲气温变化趋势是一致的。20 世纪 70 年代初，美国弗里茨还根据年轮宽度变化和气压距平场的关系，绘制出 1700 年以来北半球西半部每十年平均的环流图。

中国自 20 世纪 30 年代开始研究年轮气候学，得知华北和西北广大地区的年轮宽度变异可以作为分析历史时期气候变化的资料，尤其是用它表征降水变化很有价值。70 年代后半期，北方的许多省和青藏高原等地，都广泛开展了这项工作，得到许多表征温度或降水的长达数百年的序列，为现代小冰期（约 1430～1850 年）以来气候变化的史实提供了更多的依据。

世界上许多年轮气候学家正密切配合，深入探讨树木生长受气候影响的机制和在更大范围内开展年轮研究的可能性。为从树木年轮中获得更多的气候变化信息，已尝试对年轮的密度和同位素含量变化进行分析，并已获得显著效果。显然，这种研究将与年轮宽度分析共同成为年轮气候学中重要的研究途径。

1.1.5　木材气候学

木材气候学是研究气候变化影响树木生长与木材形成的一门学科。它既是应用气候学的新兴分支，又是木材学的前沿学科。它的目的是认识气候的变化规律，以服务于林业生产和木材科学研究。

木材学是研究木材构造、识别、性质、缺陷和用途的学科。它衔接在森林生物学和木材工艺学之间，以木材解剖为主，贯穿到造林、营林及木材合理利用等，是一门研究范围极广、综合性较强的学科。可概括为两方面：一是以森林生物学为基础，研究林木遗传、树木形态演化和植物亲缘关系，以及生长环境对木材变异的影响；探讨在哪些条件下，能培育出优质高产的林木，为培育良种提供科学理论依据；二是以物理、化学和材料力学等为基础，研究木材构造、材性和加工工艺三者之间的关系，解决在木材加工中存在的有关问题，以贯彻木材合理利用、提高产品质量为目的。木材气候学就是要在进一步探索木材科学的研究方法的基础上，应用先进科学技术，从木材学的角度研究温度等气候因素对木材形成的影响，借以完善营林措施，改变木材性质，提高木材的品质和产量，更好地为人类社会服务。

1.2 木材气候学的研究进展

树木生长与木材的形成受树木的基因遗传因素和环境因素两方面的作用影响，其中遗传因素起决定性作用[16]。但环境因素产生的作用不可忽视，尤其是人工林树木的生长受环境因素的影响比较大。环境因素包括林木的立地条件、培育措施及气候因素等，气候因素（温度高低、光照强弱、降水多少等）是形成木材特有的生长轮、早晚材等结构组织的主要原因。研究气候因素影响人工林木材形成的机制，确定木材材质与气候因素间的内在联系，对指导人工林定向培育及经营管理是非常重要的，因此备受关注。

1.2.1 国外研究进展

1.2.1.1 基于生理生态学的研究进展

木材的形成是树木在生长过程中多种因素协同作用的结果，树木的生理特性是木材形成的内在原因。树木生理生态学现在关注的新焦点是树木多种养分资源与多种环境胁迫的相互作用。温度是影响树木能量代谢、渗透调节、激素调节、解剖形态演化等的主要因素，尤其是在树木的抗寒性方面。树木生长停止、进入冬眠较早预示着树干及松针的抗寒能力来得较早[17]。然而 Li 等认为低温显著提高了树木的抗寒能力，但与冬眠无关[18]。在较短的光合周期下，冬眠和抗寒能力可能部分重叠，但在低温条件下，这两个过程是由不同的机制控制的。内生脱落酸水平也随着温度的季节性变化发生改变，在生长季旺期较低，在生长季末期增加，在冬季又下降。与低纬度地区的树木相比较，高纬度的树木对季节性变化的响应更明显，表现在秋季生长停止、更适应冷环境及冬眠较早、冬季抗寒性较高、冬眠较快、春季发芽期和生长开始较早等方面。另外，尽管在生长季脱落酸水平没有显著的变化，但是在秋季和冬季，其改变的速率和程度是不同的。低温对处于不同纬度的树木光合作用的影响也存在差异。Corcuera 等研究了低温对处于低纬度和高纬度地区圣栎光合作用的影响。在冬季，高纬度地区圣栎树叶的光合效率降低，但是叶绿素没有变化，表明树叶的光合作用没有被破坏，进入春季后光合作用恢复。而低纬度地区的树木经历了几次霜冻后，光合作用对温度的改变立即有响应，而且在低温事件过后立即恢复了光合作用[19]。温度对树木生理生态的直接影响是改变树木的光合效率。Davidson 等研究了蓝桉树苗的光合作用对整夜霜冻的响应。与没有经受霜冻的树苗相比，经受霜冻的树苗光合作用降低了 17%。光合作用要恢复到霜冻前的水平至少需要连续两个无霜冻的夜晚，而且这还取决于霜冻的严重程度[20]。温度同样影响树木的蒸腾作用与呼吸作用。蒸腾作用随树枝温度的增加而增加[21]。树木的呼吸作用在秋季下降、在春季上升的变化趋势与温度的季节性变化趋势一致。随着温度的季节性变化，树木 CO_2 的释放量也发生变化。CO_2 释放量在生长季最高，在冬季降低到维持呼吸的水平[22]。温度的变化也会影响到树木的氮得率，但因树种而异。Ladanai 等研究了欧洲赤松和挪威云杉氮得率对温度变化的敏感度。结果表明，挪威云杉的氮得率对温度不敏感。然而对于欧洲赤松，在较低的松针生物量时，温度影响氮得率的高低，在较高的松针生物量时，温度的影响较小[23]。对木材高产量来说，高植物水压传导是必要的[24]。虽然树木生理生态学的研究成果显著，但是这些研究成果偏重于树木生长的初始阶段。木材的形成是一个长期、复杂的过程，从木材加工利用的角度来说，木材形成的后期阶段更为重要。后期木材的形成受生理特性的影响较小，而对环境因子的响应非常敏感。

1.2.1.2 基于年轮气候学的研究进展

从事气候学研究的学者们注意到木材的形成尤其是后期形成蕴含着丰富的气候信息。早在 20 世纪或者更早的时候，就有一些学者尝试建立年轮宽窄变异与某种气候要素变化的可能联系。气候因素对树木年轮形成的影响，一般表现为某年的年轮宽度变化对当年温度、降水等状况的响应，这也是利用树木年轮宽度的变化来推测气候变化的基础。近期的一些研究表明，生长季的温度变化对树木年轮宽度的影响较为复杂，研究的结果也不一致。一般认为，生长季开始时，温度较高有利于木材的形成，而且温度与年轮宽度呈正相关[25]。但另有一些研究认为，当生长季的温度过高而水分又不足时，生长季的温度与年轮宽度呈负相关[26]。如果水分充足而生长季的温度较低，温度与年轮宽度呈负相关或不相关；如果生长季的温度较高，不但利于形成宽年轮，还能提高晚材的密度。关于木材的形成对气候变化响应的早期研究主要集中在树木的年轮宽度方面，这是由于受研究技术条件的限制。另外树轮宽度的测量简单、直观，可实现对过去气候变化的重建。但是为了研究气候因素对木材形成的影响，凭年轮宽度这一项木材学指标，已无法满足研究的需要。随着科学技术水平的提高、检测设备的革新，许多学者从年轮密度、细胞尺寸、细胞壁厚等多个指标入手，全面研究气候对木材形成的影响。

1.2.1.3 基于生物木材学的研究进展

生物木材学以木材性质为基础，以生物学、林学、环境科学为关联学科，侧重于生物科学理论，着眼于不同生态环境中木材的形成与木材材性变异，以便在科学的经营措施下改善木材的品质。气候因素对木材形成影响的研究主要还是侧重于径向生长的变异，多数学者认为温度、降水等气候因素与树木的径向生长密切相关[27]。也有人认为气候因素对树干径向生长的影响并不是自始至终都非常显著的。Deslauriers 等分析加拿大北部森林中香脂冷杉树干径向生长对每天气候的响应时将每天的生长模式分三个阶段：收缩、扩展及树干径向增加[28]。研究发现，对温度最大值产生积极响应的唯一阶段是夜晚树木径向的扩展阶段，这表明在控制径向生长方面，夜晚的温度比白天的温度更重要。树干径向生长也受其他环境条件的影响，比如由于干旱少雨造成的树木防御能力的降低[26]。Hantemirov 等研究了第二个生长季的夏季霜冻和突然的温度下降对西伯利亚落叶松木材结构形成的影响。研究结果表明，霜冻造成落叶松生长轮内木材结构发生变化，形成了霜冻生长轮和浅生长轮[29]。温度降低产生的霜冻同样会影响树木生长速率[30]。在不同地区的试验地对落叶松的高生长进行了检测，研究表明，在春季晚霜冻和秋季早霜冻时对落叶松进行人工保护，其高生长的速率明显要比未进行保护的高。但是也有人对气候因素影响树木的径向生长表示怀疑。例如，Bergès 等认为 19 世纪中期以来，法国北部无柄栎木木材密度和径向生长的长期改变不能用长期的氮沉积或平均温度的改变来解释[31]。树木生长速率大，木材产量多，并不意味着木材的品质好，比如，木材的密度可能会降低。随着 X 射线测量生长轮宽度和生长轮密度的广泛应用，从木材的物理特征（生长轮宽度、生长轮密度、晚材率等）着手研究气候因素对木材形成的影响正在逐渐展开。Oberhuber 等研究了处在土壤干旱中的欧洲松的生长与气候的关系。响应函数分析表明，在大多数立地，欧洲松生长轮宽与当年 4~6 月的强雨量、5 月的冷天气及前一年 8~9 月的强雨量显著相关[32]。Gindl 等证明挪威云杉总的生长轮宽度与 7 月中旬到 8 月的平均温度呈正相关，同样，最大生长轮密度与 8~9 月的温度也呈正相关。生长季寒冷且时间较短会形成狭窄的、低密度的生长轮，而有利的、温暖的条件将会产生较宽的生长轮，并有较高的晚材密度[33]。尽管木材密度一直是木材品质的一个重要参数，并且是木材形成好坏的信息源，但是研究对象仍局限于针叶材或阔叶环孔材，阔叶散孔材的生长轮密度很少被人研究。

Bouriaud 等研究了山毛榉树轮宽度和密度受气候的影响。研究表明，树轮密度随时间的变化比树轮宽度要小，对气候的响应也不同。与生长轮宽度不同，木材密度对 8 月降水量和生长季后期温度的变化敏感。通过分析树轮宽度的长期系列，证实了随着温度的增加，树轮宽度也增加。但是树轮宽度大并不意味着木材产量多，因为木材密度可能下降[34]。Masiokas 等对巴塔哥尼亚南部山毛榉木材内产生的窄生长轮做了一些分析。窄生长轮的形成似是对反常的干热春季及随后湿热的夏季后期的响应。窄生长轮产生于某年生长轮形成之后，是在之后生长季节里不利的温度状况对木材形成滞后影响的反应。伪生长轮在 20 世纪产生得要比 18 世纪后期更频繁。这种差异好像是对美国南部地区近 100 年来，长期温暖趋势显著增加的一种响应[35]。木材形成对温度变化的响应从解剖特征来研究，主要反映在形成层产生的管胞的数量、尺寸及细胞壁厚度上。形成层细胞的产生以及其在不同区域的发展是彼此独立的过程，气候因素对各阶段的影响程度也不相同。Antonova 等研究了温度和降水量对落叶松和欧洲赤松的形成层径向细胞扩展、次生壁加厚及树干木质部细胞形成的影响。结果表明，对于所有季节，温度是影响木质部初步形成、径向细胞扩展及生物数量积累的主要因素。然而这种影响的程度在细胞生成的各个阶段是不相同的，尤其是夜间温度通过形成层和细胞壁生长对木质部细胞形成的影响[36]。Yasue 等发现云杉的细胞壁厚度受夏季温度的积极影响，而受 8 月降水量的消极影响，此响应与密度最大值的响应相似。研究证实，密度最大值的变异是由于最后形成的细胞的细胞壁的变异而产生的，这些变异取决于夏季的天气[37]。似乎气候因素对木材微观结构形成的影响是显而易见的，Salvador 等在研究了西班牙东北部沿气候梯度生长的三种栎树树干的木质部特征后认为：是干旱而不是冬季最低温度控制常绿树种树干木质部的响应[38]。也有从木材解剖特征中其他一些指标来研究气候对针叶树木材形成的影响，比如木材中的树脂道[39]，但相关报道非常少。基于生物木材学的研究范围已扩展到木材的力学特征及化学特征等方面，Silins 等研究了温度对直立的扭叶松力学性能的影响。结果表明，与春天木材解冻后相比，冬天木材由于冰冻而比较坚硬，其杨氏模量和抗弯强度（MOR）几乎增加 50%[40]。Gindl 等研究了温度对挪威云杉晚材中木质素含量的影响后发现，末期晚材管胞细胞壁的 S_2 层的木质素含量与 9 月初到 10 月的第 3 周的温度呈正相关。因此可以得出，细胞壁的木质化易受温度变化的影响，反常的低温降低晚材管胞中形成的木质素含量。树木细胞的木质素含量可能不仅仅受反常的温度状况的影响，也可能与长时间温度的改变有关[33]。

1.2.2　国内研究进展

1.2.2.1　基于树木生态学、森林培育学的研究进展

受我国早年"封山育林"政策的影响，气候变化影响木材形成的研究多数是从树木生态学、森林培育学的角度出发。气候因素在树木育苗期间就具有显著的影响。苗木的生长发育需要适宜的温度、水分和光照，过高或过低的温度和水分都将抑制苗木的正常发育，甚至导致苗木死亡。在通常影响树木生长的气候因素中，日照、水分蒸发量和温度占相当重要的位置，尤其是每年温度的最高值[41]。温度过高或过低对树木的生长速度都有抑制作用。"北树南移"后随着热量因子的变高，生长季节的延长，树木的生长有增加的趋势；随着年最高气温的增加，年蒸发量的减少，也有增加的趋势。在幼苗、幼林高生长阶段，随着蒸发量的增加致使林木体内水分收支失去平衡，造成生理干旱而影响树木的生长量[42]。张志华等在重建新疆东天山三百多年来气候的变化时，发现树木生长对温度和降水有明显的非线性响应。不仅是当年气候影响树木的生长，而且前年甚至于前几年的气候变化也可能会对树木产生重要的影响，也就是树木对往年气候因素具有"记忆效应"[43]。沈海龙用解析木分析东北东部山地的樟子松生长与气候因素的关系时发现，除当年气候（以降水量为主）对樟子松树高、胸径和材积的年际生长量有重要影响外，前一年气候也具有重要的作用[44]。其实全年中，可能只是个别几个月的气候影响树木的生长。夏冰等用非线性响应函数分析了经定年、剔除趋势后得到的马尾松的生长轮年表与各月平均气温、降水量的关系，表明所取马尾松对前一年11月及当年2月、5月、8月、9月、11月的降水量的平方有显著正响应，对前一年12月及当年3月、8月、12月的平均气温、降水量的平方有显著正响应，而对当年2月的平均气温的平方有显著负响应[45]。经过生态学者、森林培育学者们的不懈努力，我国的人工林资源在逐年增加，"封山育林"的成果非常显著。然而从近年对成熟人工林的加工利用来看，人工林的材质、材性很不理想，究其原因是由于单纯追求树木的生长速率、生长机制，而忽略了木材的形成，但这恰恰是影响木材加工利用的关键因素。

1.2.2.2　气候因素影响木材形成的研究进展

随着林业科学工作者们对森林培育的进一步认识，单纯的速生丰产已无法满足人们对木材的需要，如何从木材加工的角度培育出品质较高的树木是21世纪新的林业目标。从木材学的角度出发研究温度等气候因素对木材形成的影响日益重要。李江南等在研究江西省9年生的火炬松生长时注意到，除了火炬松的树高、材积、干形、轮枝数等指标外，树木的生长轮宽和晚材率存在明显的纬度地

理变异模式，而且与原产地的温度密切相关[46]。王焱等研究了全球性增温对温带红松的影响，结果表明，在生长轮宽度的变化与气温指标的年际变化之间很难找出一一对应的关系。但与1982~1986年相比，1987~1991年年平均气温增加0.48℃，生长轮平均宽度增加6.1%。海拔下降176 m相应增温1℃，则使相应的生长轮宽度增加50%，生长轮生长的加快可能主要和夜间增温有关[47]。张含国等研究了气候对我国长白落叶松的生长和材性的影响后认为，气温和降水量对长白落叶松的生长和材性有显著的影响[48]。郭明辉等研究发现气候因素对木材解剖特征有显著影响，管胞长度随温度增加而增长，相关程度达到显著水平；管胞径向直径与降雨量、相对湿度、日照呈显著正相关，与温度呈显著负相关；管胞径向和弦向壁厚与温度和相对湿度呈显著正相关；胞壁率与温度呈正相关；纤丝角与日照呈正相关，与温度呈负相关；管胞壁厚、胞壁率与温度呈显著正相关[49]。从化学特征来研究气候对树木生长的影响，国内报道较少。徐海等分析了气象记录与敦化市安图县树轮稳定碳、氧同位素的相关关系，发现红松树轮碳、氧同位素对气候变化均有显著的响应[50]。

1.3　木材气候学的内容、任务和研究热点

1.3.1　木材气候学的研究内容

　　林业是国民经济中的重要产业，发达的现代化林业是国家富强、民族繁荣、社会文明的标志之一。林业工作的主要任务是培育管理森林，使林业实现高产、优质、高效、持续发展和永续利用，为社会主义建设不断提供越来越多和越来越好的木材资源，以发挥其巨大的经济效益。为了科学地培育和管理好人工林，必须掌握环境条件对人工林树木作用的规律，尤其是气候因素对树木生长作用的规律。因此，木材气候学的研究目的在于：通过分析木材解剖特征、物理特征与气候因素的相关关系，揭示木材物理和解剖特征与气候变化的内在联系。建立气候因素影响木材形成的时间序列模型，在遵循气候因素变化的自然规律下来指导营林措施，从而找出提高木材材质的有效途径，最终实现人工林木材优质培育的目标。

1.3.2　木材气候学的研究任务

　　木材气候学以人工林树木为研究对象，以揭示气候因素影响其木材形成的机制为总目标，全面、系统地研究人工林木材的物理特征（包括生长轮密度、生长轮宽度等）、解剖特征（包括管胞长度、管胞直径、管胞壁厚、壁腔比、长宽比、胞壁率等）对气候因素（气温、降水、日照、地温等）的敏感程度，分析气候变化对木材材性的短期滞后影响和长期趋势影响，建立气候变化影响木材形成的误

差修正模型，并根据未来气候变化，优化人工林的培育模式和经营措施。主要研究工作包括：

（1）根据人工林木材物理特征（生长轮密度、宽度等）和解剖特征（管胞长度、管胞直径、管胞壁厚和胞壁率等）各项指标的径向变异规律，通过回归分析的方法剔除遗传因素对木材形成的影响，并运用频谱分析的方法剔除培育措施对人工林木材物理和解剖特征各项指标造成的冲击，建立主要受气候因素影响的木材各项材性指标的时间序列（即年表）。

（2）以木材各项材性指标的原始序列为因变量，以影响材性指标径向变异的气候变化、培育措施等各项因素为自变量，做逐步回归分析，利用多元回归模型的判定系数定量研究环境因素和遗传因素对人工林木材形成的影响程度。

（3）进行响应函数分析，全面探讨人工林木材物理特征和解剖特征的各项指标对气候因素（气温、降水量、日照时间、相对湿度和地温等）变化的响应。

（4）采用平稳过程时间序列分析方法，对气候因素和人工林木材材性指标之间的关系进行格兰杰（Granger）因果关系检验，研究气候因素变化影响木材物理和解剖特征的滞后效应。

（5）采用非平稳过程时间序列分析方法，对气候因素和人工林木材材性指标之间的关系进行协整分析，分析气候的长期变化趋势对木材物理和解剖特征的影响，并建立误差修正模型。

（6）分析异常气候变化及其对木材物理和解剖特征的影响。

（7）在遵循气候变化的自然规律下，优化营林措施，实现人工林木材品质的优化培育。

1.3.3　木材气候学的研究热点

气候变化非人力所能控制。就目前的经济条件，尚不能改变气候参数来实验性研究形成木材材质的气候条件。实际上，天气的风雨变幻、冷暖交替也并非无迹可寻，天气预报便是一个很好的证明。更重要的是气候因素的这种变化在树木生长中所起到的重要作用以"记忆"的形式保存下来，这就为气候影响木材形成的研究提供了必要的前提。利用木材形成过程中木材物理和解剖特征各项指标的变异来研究气候变化对木材物理和解剖特征的影响，已成为木材科学研究的前沿。随着研究理论和技术手段的改进，生长轮宽度不再是唯一的数据来源，生长轮密度及细胞尺寸、微纤丝角等细胞构造特征分析正在成为研究的新焦点。

（1）从国内、国外的研究现状看，从木材材质的角度出发分析气候变化影响木材形成的研究很少，尚缺乏系统、具体的研究，主要是集中在生长轮宽度、生长轮密度方面，对解剖学特性的研究比较少。为减少研究中的不确定性，今后将有关木材形成对多个气候因素变化的响应特征综合起来进行的研究将会进一步加强。

（2）另外寻求更为合理的数学方法分析木材结构中蕴含的环境信息是今后注重的另一个方面。木材在形成过程中受遗传因素、培育措施等多种因素的影响，欲将气候因素在树木生长过程中起到的作用分离出来比较困难。目前线性回归等方法不够理想，时间序列分析等数学方法是近几十年迅速发展的有序信号处理方法，尤其是近几年来在木材材质预测方面取得了阶段性的成果，这为木材形成过程中隐含的气候信号的提取提供了新的研究思路。

（3）建立实用的数学模型，并根据对气候的精确预报预测木材材质，在遵循气候因素变化的自然规律下指导营林措施。

在用现代科技手段作为坚强后盾的情况下，森林培育学、生态学、木材学和气象学等多个学科及交叉学科的发展为这方面的研究提供了广阔的应用前景，这一领域的研究也将会为林业事业的发展和人类社会的进步做出不可低估的贡献。

参 考 文 献

[1] 黄兵明. 天气与气候（一）. 北京：银冠电子出版有限公司，2003. 17

[2] 钱永甫，王谦谦，刘华强等. 中国区域气候变化的模拟和问题. 高原气象，1999，18（3）：341～349

[3] 李晓东，张庆红，叶瑾琳. 气候学研究的若干理论问题. 北京大学学报（自然科学版），1999，35（1）：101～105

[4] 陈芳，马英芳，申红艳等. 长江源区近44年气候变化的若干统计分析. 气象科技，2007，35（3）：340～344

[5] 蒋敬一. 我国重大灾害的发展趋势. 今日科技，2005，（12）：51，52

[6] 陈新光，钱光明，陈特固等. 广东气候变暖若干特征及其对气候带变化的影响. 热带气象学报，2006，22（6）：388～393

[7] 居辉，许吟隆，熊伟. 气候变化对我国农业的影响. 环境保护，2007，（6A）：71～73

[8] 金爱芬. 图们江下游延迟型冷害与厄尔尼诺（拉尼娜）事件. 延边大学农学学报，2007，29（1）：15～18

[9] 吴明. 地球在变冷还是在变暖. 今日科技，2006，（2）：56，57

[10] 席承藩，邱宝剑，张俊民. 中国自然区划概要. 北京：科学出版社，1984. 22～39

[11] 张强. 简评陆面过程模式. 气象科学，1998，18（3）：295～305

[12] 竺可桢，宛敏渭. 物候学. 北京：科学出版社，1984. 1～4

[13] 贺庆棠. 新世纪森林气象学的研究展望. 北京林业大学学报，2000，22（1）：1～3

[14] 淋溶土. 森林气象学. http://tieba.baidu.com/f?kz=234187455. 2007-03-25

[15] 吴祥定. 树木年轮与气候变化. 北京：气象出版社，1990. 65

[16] 杨传平. 长白落叶松种群遗传变异与利用. 哈尔滨：东北林业大学出版社，2001. 30～32

[17] Repo T, Zhang G, Ryyppö A et al. The relation between growth cessation and frost hardening in Scots pines of different origins. Trees, 2000, 14 (8): 456～464

[18] Li C Y, Viher A, Puhakainen A T et al. Ecotype-dependent control of growth, dormancy and freezing tolerance under seasonal changes in Betula pendula Roth. Trees, 2003, 17 (2): 127～132

[19] Corcuera L, Morales F, Abadia A et al. The effect of low temperatures on the photosynthetic apparatus

of Quercus ilex subsp. ballota at its lower and upper altitudinal limits in the Iberian peninsula and during a single freezing-thawing cycle. Trees, 2005, 19 (1): 99~108

[20] Davidson N J, Battaglia M, Close D C. Photosynthetic responses to overnight frost in Eucalyptus nitens and E. globules. Trees, 2004, 18 (3): 245~252

[21] Fredeen A L, Sage R F. Temperature and humidity effects on branchlet gas-exchange in white spruce: an explanation for the increase in transpiration with branchlet temperature. Trees, 1999, 14 (3): 161~168

[22] Wieser G, Bahn M. Seasonal and spatial variation of woody tissue respiration in a Pinus cembra tree at the alpine timberline in the central Austrian Alps. Trees, 2004, 18 (5): 576~580

[23] Ladanai S, Ågren G I. Temperature sensitivity of nitrogen productivity for Scots pine and Norway spruce. Trees, 2004, 18 (3): 312~319

[24] Melvin T T. Hydraulic limits on tree performance: transpiration, carbon gain and growth of trees. Trees, 2003, 17 (2): 95~100

[25] Mäkinen H, Nöjd P, Mielikäinen. K. Climatic signal in annual growth variation in damaged and healthy stands of Norway spruce [Picea abies (L.) Karst.] in southern Finland. Trees, 2001, 15 (3): 177~185

[26] Szeicz J M, MacDonald G M. A930-year ring-width chronology from moisture-sensitive white spruce (Picea glauca Moench) in the northwestern Canada. The Holocene, 1996, (6): 345~351

[27] Mäkinen H, Nöjd P, Kahle Hans-Peter et al. Large-scale climatic variability and radial increment variation of Picea abies (L.) Karst. in central and northern Europe. Trees, 2003, 17 (2): 173~184

[28] Deslauriers A, Morin H, Urbinati C et al. Daily weather response of balsam fir (Abies balsamea (L.) Mill.) stem radius increment from dendrometer analysis in the boreal forests of Quèbec (Canada) . Trees, 2003, 17 (6): 477~484

[29] Hantemirov R M, Gorlanova L A, Shiyatov S G. Extreme temperature events in summer in northwest Siberia since AD 742 inferred from tree rings. Palaeogeography, Palaeoclimatology, Palaeoecology, 2004, 20 (9): 155~164

[30] Hansen J K, Larsen J B. European silver fir (Abies albaMill.) provenances from Calabria, southern Italy:15-year results from Danish provenance field trials. Eur J Forest Res, 2004, 12 (3): 127~138

[31] Bergès L, Dupouey J L, Franc A. Long-term changes in wood density and radial growth of Quercus petraeaLiebl. in northern France since the middle of the nineteenth century. Trees, 2000, 14 (7): 398~408

[32] Oberhuber W, Stumböck M, Kofler W. Climate-tree-growth relationships of Scots pine stands (Pinus sylvestris L.) exposed to soil dryness. Trees, 1998, 13 (1): 19~27

[33] Gindl W, Grabner M, Wimmer R. The influence of temperature on latewood lignin content in treeline Norway spruce compared with maximum density and ring width. Trees, 2000, 14 (7): 409~414

[34]Bouriaud O, Bréda N, Moguédec G L et al. Modelling variability of wood density in beech as affected by ring age, radial growth and climate. Trees, 2004, 18 (3): 264~276

[35] Masiokas M, Villalba R. Climatic significance of intra-annual bands in the wood of Nothofagus pumilio in southern Patagonia. Trees, 2004, 18 (6): 696~704

[36] Antonova G F, Stasova V V. Effects of environmental factors on wood formation in larch (Larix sibirica Ldb.) stems. Trees, 1997, 11 (8): 462~468

[37] Yasue K，Funada R，Kobayashi O et al. The effects of tracheid dimensions on variations in maximum density of Picea glehniiand relationships to climatic factors. Trees, 2000, 14 (4)：223~229

[38] Pedro V S，Pilar C D，Carmen P R et al. Stem xylem features in three Quercus (Fagaceae) species along a climatic gradient in NE Spain. Trees, 1997, 12 (2)：90~96

[39] Wimmer R，Grabner M. Effects of climate on vertical resin duct density and radial growth of Norway spruce [Picea abies (L.) Karst.]. Trees, 1997, 11 (5)：271~276

[40] Silins U，Lieffers V J，Bach L. The effect of temperature on mechanical properties of standing lodgepole pine trees. Trees, 2000, 14 (8)：424~428

[41] 刘建泉，陈江. 影响酒泉地区樟子松生长的因素及其生长量预测模型. 东北林业大学学报, 2003, 31 (5)：10~12

[42] 卫林，王辉民，王其冬. 气候变化对我国红松林的影响. 地理研究, 1995, 14 (1)：17~26

[43] 张志华，吴祥定，李骥. 利用树木年轮资料重建新疆东天山 300 多年来干旱日数的变化. 应用气象学报, 1996, 7 (1)：53~60

[44] 沈海龙，李世文，胡详一等. 东北东部山地樟子松生长与气候因子的相关分析. 东北林业大学学报, 1995, 23 (3)：33~39

[45] 夏冰，兰涛，贺善安. 马尾松直径生长与气候的非线性响应函数. 植物生态学报, 1996, 20 (1)：51~56

[46] 李江南，万细瑞，刘国初. 火炬松种源主要经济性状的遗传变异及其综合选择. 林业科学研究, 1994, 7 (4)：371~376

[47] 王淼，白淑菊，陶大立等. 大气增温对长白山林木直径生长的影响. 应用生态学报, 1995, 6 (2)：128~132

[48] 张含国，周显昌，田松岩等. 长白落叶松生长和材质性状地理变异的研究. 林业科技, 1996, 21 (5)：5~8

[49] 郭明辉，陈广胜，王金满等. 红松人工林木材解剖特征与气象因子的关系. 东北林业大学学报, 2000, 28 (4)：30~35

[50] 徐海，洪业汤，朱咏煊等. 安图红松树轮稳定 δ^{13}C、δ^{18}O 序列记录的气候变化信息. 地质地球化学, 2002, 30 (2)：59~66

第2章 木材各向异性的起因

2.1 树木的生长与木材的形成

树木的生长是指树木在同化外界物质的过程中，通过细胞分裂和扩大，使树木的体积和重量产生不可逆的增加。树木是多年生植物，可以生活几十年至几千年。树木的一生要经历幼年期、青年期、成年期，直至衰老死亡。木材产自高大的针叶树和阔叶树等乔木的主干。要了解主干的生成，首先有必要了解树木的生长过程[1]。

2.1.1 树木的组成部分

树木是有生命的有机体，是由种子（或萌条、插条）萌发，经过幼苗期，长成枝叶繁茂、根系发达的高大乔木。纵观全树，是由树冠、树干和树根三大部分组成的（图 2-1）。

2.1.1.1 树冠

树冠是树木最上部分生长着的枝丫、树叶、侧芽和顶芽等部分的总称。它通常是由树干上部第一个大活枝算起，至顶梢为止。侧枝上生长着稠密的叶片。树冠中的树枝把从根部吸收的养分由边材输送到树叶，树叶吸收二氧化碳，通过光合作用制成碳水化合物，供树木生长。树冠中的大枝，可生产一部分径级较小的木材，通称为枝丫材，约占树木单株木材产量的 $5\% \sim 25\%$。充分地利用这部分木材制造纤维板、刨花板和细木工板等，在提高森林资源效益上有重要意义。

2.1.1.2 树干

树干是树冠与树根之间的直立部分，是树木的主体，也是木材的主要来源，约占单株木材总产量的 $50\% \sim 90\%$。在活树中，树干具有输导、储存和支撑三项重要功能。木质部的生活部分（边材）把树根吸收的水分和矿物营养上行输送至树冠，再把树冠制造出来的有机养料通过树皮的韧皮部，下行输送至树木全体，并储存于树干内。

2.1.1.3 树根

树根是树木的地下部分，占立木总体积的 $5\% \sim 25\%$，是主根、侧根和毛根

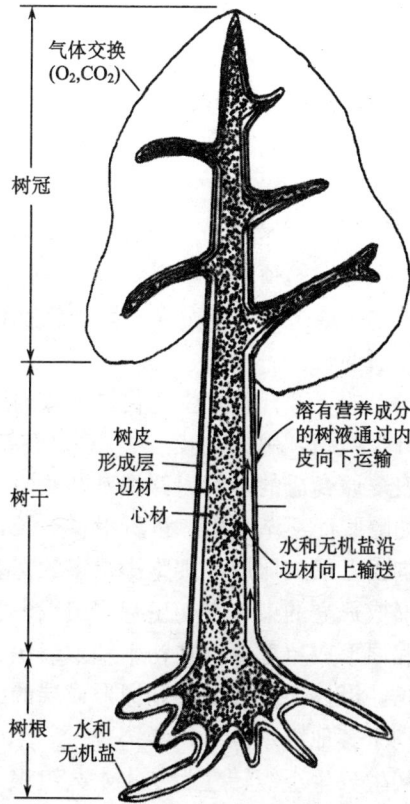

图 2-1　树木的组成[1]

的总称。主根的功能是支持树体，将强大的树冠和树干稳着于土壤，保证树木的正常生长；侧根和毛根的功能则主要是从土壤中吸收水分和矿物质营养，供树冠中的叶片进行光合作用。它们是树木生长并赖以生存的基础。

表 2-1 是几个树种活树各部分所占体积分数。

表 2-1　活树各部分的体积分数[1]

树种	体积分数/%		
	树 干	树 根	树 冠
松树	65～67	15～25	8～10
落叶松	77～82	12～15	6～8
栎树	50～65	15～20	10～20
桦树	55～70	15～25	15～20
桦树	78～90	5～12	5～10
山杨	80～90	5～10	5～10
山毛榉	55～70	20～25	10～20
枫树	65～75	15～20	10～15

2.1.2 树木的生长

树木的生长是初生长（顶端生长，高生长）与次生长（直径生长）共同作用的结果。

2.1.2.1 初生长（高生长）

在树木的芽上有称为生长点的顶端分生组织，具有强烈的分生能力。由生长点的细胞分裂而产生的细胞，通过进一步分裂，增加细胞数目。此外，已形成的细胞本身也伸长，芽也逐渐伸长。

随着芽的伸长，生长点的下部开始发生变化，细胞的形状和大小产生明显的差别。该部分称为初生分生组织，由原表皮层、原形成层和初生基本组织构成。最外部的原表皮层是由表皮原变成的。其内部都是顺着原分生组织纵向排列的细胞群，细胞内出现倾斜的隔膜而逐渐分裂，进行滑移生长，在纵剖面上伸长，而且两端稍稍变尖，在横剖面上形成比周围细胞小得多的富有原生质的细胞群，称为原形成层，在树木中形成孤立的束，在初生基本组织内为纵向的细线条，呈环状分布。除了原表皮层和原形成层部分，在初生基本组织中进行纵横分裂而形成原分生组织的细胞不伸长，形体比原表皮层和原形成层的细胞大，因为细胞间通常存在间隙，所以能区别于其他组织。

再经过一段时间，初生分生组织转变为初生永久组织。该部分由表皮、维管束和基本组织组成。其中，维管束由初生韧皮部、初生形成层和初生木质部三部分组成，基本组织由初生皮层和中柱两部分构成。中柱在茎的中央部分，维管束通过其中。维管束以外称为初生中柱鞘，维管束以内称为髓，而维管束之间称为初生射线组织。原形成层进行分裂，向外形成初生韧皮部，把芽和叶制造的有机物和激素等向下输送，向内形成初生木质部，把根吸收的含有养分的水分向上输送，在中间仍保留一列有分生能力的细胞组成薄的初生形成层。初生形成层的细胞在树木的整个生长中始终保持着分裂的能力。这是初生长结束后的树干部分的组织。

2.1.2.2 次生长（直径生长）

永久组织的特点是，如果除去形成层，则其细胞分裂就停止。但是，一般树木初生皮层的细胞产生次生分生组织——木栓形成层，其细胞不断分裂。此外，初生射线组织的细胞也和初生形成层一样，在同一圆周上分化次生形成层，开始分裂。初生形成层和次生形成层相联结而组成形成层环。形成层不断进行细胞分裂，在外部形成次生韧皮部，在内部形成次生木质部，树木这样进行次生长而逐渐变粗。将形成层称为侧面分生组织，以与将生长点称为顶端分生组织相对应。

由初生长产生的初生木质部在髓的周围形成极小范围的木质部,髓是薄壁的生长点细胞,直到第一年末还在发挥作用,是死亡后仍原样留下来的组织。

2.1.3　木材的形成

木材由基本的构造和生理单元组成。这种单元即为通常所称的细胞。木材中形态和作用相似的细胞聚合体称为组织。木材又是由多种组织共聚而成的。

从木材生长的角度来看,组织可分为分生的和永久的。前者涉及新细胞的形成;后者在树木内,其生长至少是暂时停止的,细胞和组织都充分分化和成熟。永久组织的某些部分或是全部可再变为分生组织,重获分生机能,如木栓形成层的发生就是如此。充分分化的木质部(木材)和韧皮部(树皮)为永久组织。树干中木质部是木材的源泉,由形成层原始细胞分生而来。

形成层的纺锤形原始细胞一般是在弦向的纵隔形成后,在径向进行一分为二的平周分。其结果是形成了和原来的原始细胞等长的两个细胞。其中的一个仍留在形成层内生长成纺锤形原始细胞,另一个向外分离变成韧皮部母细胞,向内分离变成木质部母细胞。母细胞保持原状或进一步以弦向纵隔进行分裂形成子细胞,较快地分化并形成韧皮部和木质部的组织。由形成层原始细胞分裂形成的细胞,木质部明显地多于韧皮部。在木质部,母细胞进行分裂产生两个子细胞,一般子细胞进一步分生,产生四个木质部细胞。它们首先在径向增大直径,分化为木质部单元。但是在韧皮部,母细胞分裂形成两个子细胞,它们直接分化成韧皮部细胞。并且,产生木质部细胞的原始细胞的分裂比产生韧皮部细胞的分裂持续时间长,分裂次数多 7~10 倍。另外,因为韧皮部细胞受到内部压力而被压溃,所以,壮龄树的树干一般由约 90%的木质部和约 10%的韧皮部组成。

在一株树干内,形成层的年龄也因形成层存在的位置不同而异。从树梢到树根逐渐增大,在树根和树干交界处的形成层年龄正好和该树木的年龄是一致的。在中部的横断面上的年轮数就相当于在该横切面位置上的形成层的年龄。

在初生长点的下部由原形成层分化成形成层时,纺锤形原始细胞是短小的细胞,但是,一般正常生长的树木,其大小在最初 10~15 年间明显地变大。特别是其平均长度明显增大而成为细长的细胞。但是,随后伸长速度迅速衰减,平均长度、宽度和形状大体上稳定下来。经过更长的年月,纺锤形原始细胞的平均长度反而似乎逐年略为变短。就这样把原始细胞生长很快,特别是纺锤形原始细胞的平均长度每年有明显伸长的初始 10~15 年作为形成层的未成熟期或幼年期,把以后平均长度增加大体恒定的时期,定名为形成层的成熟期或成年期,把经过更多年数后年平均长度缩短的时期称为形成层的过熟期或老年期。

由形成层的射线原始细胞集团分生的细胞一般在径向伸长,在水平方向进行联结形成窄带状的细胞集团,形成从树干由内部向外经过形成层至树皮的射线组织。分生的射线细胞伸长量受射线原始细胞的分裂速度控制，分裂快时变短，分裂慢时变长。树干的直径变大，形成层内的射线原始细胞的集群相互间距增大。由于适当的间隔内纺锤形原始细胞进一步细分裂，在形成层内就产生了新的射线原始细胞，开始分生射线细胞。从髓开始的射线组织称初生射线，从木质部中部开始的射线称次生射线。射线的外端都经过形成层伸到韧皮部。形成层的射线原始细胞开始形成射线后就会在整个树木的生长中继续形成。射线中，在形成层以内的部分称木射线，在形成层以外的部分称韧皮部射线。

形成层是具有最强生命力的组织，即使有时停止分生，但只要有了良好的营养就会重新开始分裂。一般认为，形成层细胞重新活动要求气温均值在 4.4℃ 以上约一周才开始。除了气温升高的影响外，形成层活动的恢复显然是要依靠激素的刺激。刺激首先在膨胀芽发生，稍后在生长点和新叶内产生。

2.2　木材的各向异性

木材具有各向异性和变异性。狭义的木材"各向异性"是指木材因含水量减少而引起体积收缩的现象[2]。严格来讲，各向异性就是指组织构造、材性各方面的不同性。变异性就是指同一树种因不同产地、土壤环境的影响，不同树龄、不同位置都会产生很大差异[3]。木材的各向异性很大程度上是由木材的变异性引起的。

木材变异性是木材的一大特征。大量研究表明，不仅在不同树种的不同种源、家系和无性系间，在相同种源、家系至无性系内不同株间和株内半径、圆周和高度方向的不同部位间，木材性质均存在差异；不仅遗传结构不同的树木材性存在差异，而且具有相同遗传结构的树木在不同生长环境和栽培措施下，材性也有差异；各种影响因素间还存在复杂的交互作用。木材变异性是木材的重要优点。不同树种木材性质的差异使木材具有广泛的用途，同一树种木材材质对于某种特定用途的实用性常取决于木材的一种或多种特性；木材在遗传结构的不同层次上和不同环境、不同栽培条件下的显著变异，使树木的材质改良具有巨大潜力。同时，变异性又是木材的重要缺点。它使木材性质具有很大的不确定性和不均匀性，给木材的加工和利用带来不利影响。所以，木材变异性历来是木材学的一个受到广泛关注的重要领域。世界木材资源正在经历从主要来自天然林向主要来自人工林的重大转变。人工林，特别是短轮伐期的速生人工林木材与天然林木材的材性间存在差异，一般来说，材质有下降趋势；然而，在人工林培育中，进行树木材性改良比在天然林中更具有能动性。在这样的背景下，木材变异性研究的重要性更加突出。

2.2.1　木材材性株间变异

同种树木株间正常材材性变异与单株内正常材材性的变异性都很大。在同一林分内生长的同一树种，由于生长条件，诸如林分的空间或土壤肥力的不同，可以使木材材性变异的大小及方式有很大的差别。例如，优势木材的变异是一种方式，而相邻的同种被压木却具有完全不同的变异模式。地理位置的不同也是导致同种树木木材株间变异的重要因素，其主要原因在于平均温度与平均降雨量的差异。

就木材材性密度来说，株间变异很大是普遍规律。例如，Burdon 和 Harris[4]表明生长在任意一个地点的同龄辐射松株间密度差异达到 60%。已证明种源内株间变异相对稳定。例如，火炬松在同龄同一立地条件下成熟期的基本密度大约为 $0.2g \cdot cm^{-3}$。因此，如果平均密度为 $0.55g \cdot cm^{-3}$，可以肯定的是在同一立地条件下，密度最低为 $0.45g \cdot cm^{-3}$，最高为 $0.65g \cdot cm^{-3}$，这就为材质的改良奠定了坚实的理论基础。

George[5]讨论了 10 年生黑核桃树的心材与边材性质的变异，平均木材密度为 $0.47g \cdot cm^{-3}$，边材比心材低 5%。心材和边材木材密度的遗传力分别为 $0.35g \cdot cm^{-3}$ 和 $0.54g \cdot cm^{-3}$，边材密度低是由于受到环境影响，心材的密度与材色呈负相关，与整个树高呈正相关，边材的密度与整个树高无相关性。

总之，对于所有种的木材的所有性质株间变异都是很大的，这使木材研究很困难，木材利用效率低。森林经营者认为可通过遗传或培育措施减少变异，获得优质木材，实现高效利用木材的目的。

2.2.2　木材材性株内变异

单株树木内木材性质的变异主要是由于形成层的老化与环境条件促使形成层活动变化所致，包括木材构造、木材物理力学性质及细胞壁化学组成的变异。木材变异主要有三种模式：生长轮内木材的材性变异；从髓心到树皮的材性变异；树木不同高度、不同部位的变异。株内木材性质变异很大。正如 Larson[6]研究木材性质时指出："单株木材的变异性比在相同立地条件或不同立地生长环境的木材株间材性变异大得多，应该很好地理解这些变异模式；尽管它难以统计，但是它在木材的加工与利用过程中时刻存在。"Megraw[7]对火炬松的研究表明木材材性株内变异具有一定的模式。Koch[8]的研究表明阔叶木材也具有一定的模式。很多研究表明，针阔叶树木材从髓到树皮细胞变化特别明显，因为在形成层后的细胞发育中，细胞的延伸特别明显，同时也证实了木材株间变异具有一定的模式。

1) 木材生长轮内的变异

(1) 生长轮内细胞尺寸的变异。

针叶材的管胞长度和阔叶树的纤维长度，在早材内最小，在晚材带内增长到最大，到生长轮末尾又有下降的趋势。Larson[6]认为细胞壁厚度及细胞径向直径的变化与树木生长的生理有关，而细胞径向直径又与生长轮密切相关。早材的形成似乎由生长激素引起，生长激素是由树冠内的生长中心产生的。针叶树材早材管胞的径向直径最大值是在活性强的节间伸长时期产生的，这时植物激素的产生量达到最大。当伸长减慢了，径向直径也就减小。由早材过渡到晚材，与节间停止伸长相吻合。在阔叶树材中，也是同一机制控制早材大导管的产生。细胞壁厚度受树木生理机制所制约。一个发育的细胞产生细胞壁物质的多少，取决于光合作用产物的数量。在生长季的早期，形成层区所接受光合作用的产物数量最小，因此次生壁的厚度也最小。当树冠的发育停止时，树叶产生的被输送到形成层区的物质净数量增多了，细胞壁厚度也增大了，到生长季的晚期达到最大。针叶树细胞直径变异受树种与生长状况是否适宜等因素的复合影响，通常是由早材向晚材方向逐渐减少的。早材的管胞面积大于晚材管胞面积。这种变异性在每个生长轮内反复进行，它是形成材质变异的重要因素。细胞壁厚度和微纤丝角的变异为：管胞和纤维早材细胞壁一般比晚材细胞壁薄，微纤丝角由在早材中的最大值变为在晚材中的最小值。

(2) 生长轮内木材密度变异。

木材细胞壁物质的多少以密度表示。密度是木材的许多物理性质的一个重要指标。木材细胞壁物质数量的变化，是细胞直径、细胞长度和细胞壁厚度的变化以及不同种类细胞所占体积比例变化的结果。有些树种受心材抽提物影响，也有些受生长率影响。由于密度受这些变化因子的影响，所以木材密度变化模式复杂。

在生长轮内木材变异最大的是早材或晚材。Megraw[7]指出："在每一生长轮内木材密度变异最大。"一般木材晚材的木材密度是早材的 2～2.5 倍[8]。但是也有例外，例如，西黄松早材到晚材的密度范围为 $0.20～0.85 g \cdot cm^{-3}$，早材的比例相对较大[9]。栾树杰和魏亚[10]通过胞壁率、晚材率推导了木材生长轮内的密度变化。刘一星和戴澄月[11]、文小明[12]应用 X 射线扫描技术测量了一些针叶树材木材生长轮内的密度变化，主要研究结果是晚材密度大于早材密度，密度大者细胞径向直径小，胞壁较厚。

在人工林里，生长轮内木材变异是由生长模式决定的。森林经营者只能通过改变生长模式来改进生长轮内木材变异。例如，改进生长轮内木材变异的方法之一[13,14]是施肥。研究云杉和松树得出，通过施肥，早材细胞壁相对较厚，晚材细胞壁相对较薄，使木材具有均匀的性质，从而减少了生长轮内木材材性变异。

2）材性株内径向变异

木材材性的径向变异是由几个因素造成的。原因之一是当成熟树木形成层原始细胞继续作用时，其本身的变异是变化的主要原因。原因之二是从形成层分裂的细胞，其形成层后的发育由这些因子产生的变化，构成细胞尺寸、细胞壁组织、各类细胞体积的比例及细胞化学组成等变化模式，因此，与之相应的木材物理性质如密度、抗弯强度等也随之变化。

材性株内径向变异模式是对木材性质沿半径方向变异轨迹的描述。它反映了树木生长历程中材性的变异，是进行材性早期选择和预测、合理轮伐期制定的基本科学依据之一。材性的径向变异模式及其在不同高度、圆周不同方位上的变异，构成了树干内材性变异的全景，又是认识木材内部材性变异及进行科学加工和合理利用的基本科学依据之一。

（1）细胞长度的径向变异。

有时细胞长度对木材产品质量和木材利用有一定的影响。细胞长度与细胞壁厚度决定了木材产品质量。关于管胞长度的径向变异，自 1872 年 Sanio 研究欧洲赤松以来，不断有人进行这方面的研究。很多国外学者研究了针阔叶材的细胞长度变异，其基本趋势是从髓心到树皮增加。蔡则谟和刘京[15]研究了马尾松和杉木管胞长度的变异；叶志宏[16]也研究了杉木木材性状的株内变异性，管胞长度的径向变异为自髓心向外至某位置逐渐增加，而后趋向相对稳定；王婉华[17]发表了湿地松、火炬松和马尾松幼龄材构造特征的研究结果；唐君畏[18]对柏木材质、材性要素的宏观生态变异进行了研究；刘元[19]对幼龄材范围的确定及树木生长速率对幼龄林生长量的影响也进行了研究；另外，成俊卿[20]、张顺泰[21]、徐有明[22]等都进行了有关管胞长度变异的研究。"八五"期间，东北林业大学李坚等学者对十余种针叶材的管胞长度进行了系统的径向变异方面的研究，取得了一定成果。

（2）细胞直径和细胞壁厚度的径向变异。

细胞壁厚度是影响木材质量的一个重要因素，通常强调木材密度来解释细胞壁厚度的作用。厚壁细胞的木材生产出的纸具有较差的印刷表面和较差的搓揉强度，而且对纸的弯曲、撕裂、抗张强度也有重要影响；薄壁细胞的木材生产出的纸表面光滑。细胞壁厚度的变化很大，早、晚材细胞壁厚度从髓心到树皮缓慢增加，早材细胞壁厚度增加小于晚材。细胞壁厚度在种间和种内、株内变化都很大，对大部分纸和固体木材质量有重要作用。对已形成的厚壁细胞，很少再研究它本身的变化，更多的是通过改变厚壁细胞的比例来改变轮伐期，控制晚材率或幼龄材薄壁细胞的数量。

细胞径向直径从髓向外有规律地增长，早材较大，晚材最小。针叶材细胞直径径向方向显示很大的变化，而较大的细胞径向直径通常有较薄的细胞壁。细胞直径对木材产品质量也有一定的影响。例如，通常认为云杉是优质木材，因为它的细胞较长，胞腔直径较小，而南美松和热带松材质较差，因为其细胞长度较短，胞腔直径较大。阔叶材导管直径从髓向外逐步增加，纤维直径不完全属于一种模式，从髓向外纤维直径的增加通常是适度的增加，如美国鹅掌楸和黑柳等。有的树种，距髓越远，纤维直径反而减小，如桉属等。

（3）微纤丝角的径向变异。

针叶树材管胞与阔叶树材纤维细胞壁的微纤丝角同细胞长度恰成相反的关系。因此，微纤丝角的径向变化是从髓到树皮开始逐渐减少，到达一定轮龄后趋于稳定，即幼龄期时逐渐减少，到达成熟期时趋于稳定。国内、外的大量研究证明了这一变异趋势。

（4）木材密度径向变异。

木材密度是由细胞尺寸和细胞壁厚度、早材比率、晚材比率、射线细胞的数量、导管的数量和尺寸以及抽提物含量决定的，这些因子又受树龄、生长速率和遗传的控制。针叶材在正常生长状况下，木材密度由髓至树皮逐渐增加；也有开始逐渐增加，达到最大值后又开始下降的。总结前人的研究结果，木材密度有以下三种变异模式：

第一，密度平均值从髓到树皮增加，变化曲线可呈连续直线状增加或曲线状增加，或者在成熟材变为扁平，并在老树干的外部有所下降。

第二，密度平均值从髓向外逐步降低，然后又升高，直到树皮为止。靠树皮的木材密度比髓心的密度高或者低。

第三，靠髓心的木材密度平均值高于近树皮的木材密度平均值，向外呈直线或曲线下降。

针叶树种木材密度的径向变异在树种内比较一致。然而，有些树种有几种变异类型，例如，北美云杉和北美赤松既有第一类型又有第二类型，特别是北美黄松具有三种变异类型。在针叶树材中，密度径向变异之所以具有不同类型的根本原因，在于管胞直径和细胞壁厚度的变化，以及晚材在年轮内所占百分比的变化。与针叶材相比，阔叶树材密度的径向变化模式更少规律性。

木材的株间和株内变异是森林经营者和木材工作者广泛研究的领域。木材变异性很大，这就对森林经营者培育好的木材提供了有利条件。木材的遗传特性很强，培育措施对木材有很大的影响。很多树种木材材性径向和纵向都有规律性，每一树种在每一环境中都有自己的变异模式。如果要想得到理想的木材，就要改进木材株内和株间的变异性。株内变异有固定的发展模式，很难变成均匀的木材。然而控制生长可改变木材生长轮内的木材差异。对于给定的工业用材，要想获得株间更均匀木材的一个常见方法是限定某些树种在给定环境中培育，既简单又易成功。减少变异的另一个有效的方法是通过育种和培育措施培育具有均匀木材的树木[23]。

管宁等[24]总结出材性径向变异模式的系统研究是木材变异性研究新进展的突破口，或者说在木材变异性研究领域中，材性径向变异模式的系统研究具有突出的重要性。其原因有三：第一，对材性径向变异的规律性认识具有不可替代的性质。以林木的材性早期选择为例，林木优良品种选择希望在树木生长的早期进行，但早期选择是否可行，可以早到何种程度，则需以基于材性径向变异模式及其变异的材性早晚期相关性为依据，否则这种早期选择就没有科学性。第二，材性径向变异模式的研究是对材性变异规律取得理论上深入系统认识的基点。木材变异性受三个因素影响：一是轮龄；二是环境（包括培育措施）；三是遗传结构。这就要深入到生长轮内变异层次，以此为基点，三种影响因素综合作用，才能得到正确的变异规律，这必然要通过径向变异模式研究。第三，树木的材性改良不仅是材性指标的平均水平，还需要获得较为理想的株内变异模式。Zobel[23]指出，在林木培育中可以设法缩短树木的幼龄期，从而使树木中的幼龄材含量减小；或改变从髓到树皮的材性变异幅度，使幼龄材与成熟材的材性差异减小。这些措施实质上都是要使径向变异模式优化，这必须以材性径向变异模式的研究为基础。材性径向变异模式的系统研究，不是粗略地研究某树种的径向变异模式，而是要尽可能完整而系统地研究模式在遗传、环境等不同条件下的变动规律，以获得在理论上较为完整、在实用上有较确切的指导作用的成果。国、内外关于各种材性指标的径向变异模式的研究报道甚多，但是较完整、系统的研究则甚少。

3) 沿树干方向木材变异

很多树种在树干不同高度上木材性质不同，这些树种幼龄材与成熟材的差异很大。由于幼龄材比例从树底部到顶部增加，木材性质自然随着高度不同而变化。例如，Van Buijtenen[13]表明火炬松从底部到顶部的差异比同等条件下株间底部木材差异还大。Heger[25]发现有几个针叶材树种控制其结构的因子更多地依赖于树干的相对高度而不是树种或树木的大小。

(1) 细胞特征的变异。

根据以往的研究，管胞和纤维长度沿树干轴向的变异模式通常分为两种：一种细胞长度在整个树木的顶部为最大，如白科罗拉多冷杉（*Abies concolar*）或西部侧柏；另一种细胞长度从树干基部到树木顶部呈下降趋势。细胞直径纵向变异的总体趋势为从基部到顶部逐渐减小，还有的树种细胞直径从基部到顶部呈不均匀的减小。细胞壁厚度纵向变异有两种趋势：其一，针叶材细胞壁厚度在树干下部有所增加，而到树干上部则有所减小；其二，阔叶材纤维细胞壁厚度从树干基部到顶部一般呈下降的趋势。

(2) 木材密度的变异。

　　密度沿着树干高度方向的变化,在针叶树林中存在普遍而明显的倾向,遵循由树基向树梢逐渐减小的一般模式。新伐的树木基部比顶部有较高的木材密度和较低的含水率,这对纸浆产量有主要的影响。木材密度的差异是由顶部木材比例决定的,顶部由幼龄材组成[26]。Megraw[7]表明火炬松从基部到3m高度处幼龄材密度迅速减少;在一些树种里,一株树从基部到顶部幼龄材与成熟材的木材密度有很大的差异。对幼龄材与成熟材差异不大的树种,通常从基部到顶部木材密度变化不大。硬松的木材密度随高度的增加而减小[27,28]。花旗松和落叶松木材密度模型是基部大,顶部较小。云杉属中很多种随着高度增加,木材密度变化较小[28,29]。有一些针叶树种,如日本扁柏或阿拉斯加铁杉,树基部木材密度大,中间较小,顶部较大。

　　针阔叶材中树干高度对木材性质的影响相同,木材密度最普通的模型是随着高度的增加而减小。但有一些树种,如颤杨,在基部木材密度大,向上逐渐减小,到树冠基部时又逐渐增加[30];桉树随着树干高度增加,木材密度增加[31]。

2.2.3　木材物理力学性质的株间与株内变异

　　木材物理力学性质是木材科学加工与合理利用最重要的基础之一。不同树种,由于其构造不同,木材的物理力学性质产生差异。这一点可从《中国主要树种的木材物理力学性质》(中国林业科学研究院木材研究所材性研究室,1963)一书中得到证实。即使是同一树种,其株间与株内木材物理力学性质变异也很大;同一树种在不同的生长环境下,其木材物理力学性质的某些指标也不同;另外,木材物理力学性质各性状之间存在不同的相关性。因此木材的物理力学性质影响木材品质。木材物理学性质是木材的重要特性,国内外学者已做了大量的研究。

　　天然林与人工林的力学性质,在同一树种中表现出一定的差异,这是由于环境条件及树木本身的因素所造成的。一般来说,天然林生长慢、年轮较窄、密度较大[32]。对于杉木来说,天然林的抗弯强度、抗弯弹性模量、顺纹抗压强度、顺纹抗拉强度等都大于人工林,而抗剪强度和抗劈力则小于人工林。对马尾松和云南松来说,除抗劈力外,其他力学指标均是天然林大于人工林,这主要是由于木材构造变异及生长环境引起的。另外,木材的力学强度与木材密度呈正相关,即随密度的增加而增加。

　　幼龄材与成熟材相比,成熟材具有该树种正常的性质,而幼龄材的构造特征和物理性质则次于同株的成熟材。幼龄材的材质普遍低劣,在针叶树材中比在阔叶树材中更为明显。二者的差异影响木材的加工与利用。有的幼龄材不适于作结构材,并且在一些用途中常常限制使用。提高林木材质,其中比较重要的方向之一为改进幼龄材的特性;缩小幼龄材的比例与缩短幼龄材生长期,乃是当今重要的研究课题。

2.3　木材各向异性的内在原因

木材性质的变异性和各向异性会影响到木材的加工利用。例如，木材的干缩率存在各向异性，从纤维饱和点降到含水率为零时，顺纹干缩甚小，为 0.1%～0.3%，横纹径向干缩率为 3.66%，弦向干缩率最大值达 9.63%，体积干缩为 13.8%。所以当木材纹理不直不匀，表面和内部水分蒸发速度不一致，各部分干缩程度不同时，就出现弯、扭等不规则变形，干缩不匀就会出现裂缝，影响木材的正常使用。由于木材的各向异性，木材各方面的力学强度也不一致。木材沿树干方向（习惯称顺纹）的强度比垂直树干方向（横纹）大得多。各方面强度的大小，可以从管胞的构造、排列等方面找到原因。木纤维纵向联结最强，故顺纹抗拉强度最高。木材顺纹受压，每个细胞都好像一根管柱，压力大到一定程度细胞壁向内翘曲然后破坏。故顺纹抗压强度比顺纹抗拉强度小。横纹受压，管形细胞容易被压扁，所以强度仅为顺纹抗压强度的 1/8 左右，弯曲强度介于抗拉、抗压之间。木材表现的各向异性源于树木生长时所受的诸多因素的影响。

众所周知，树木生长既受树木本身各种遗传因子的控制，也受周围环境的制约，它们还相互联系、相互作用。受遗传因子的控制，树木的生长经历了幼龄期、青年期、壮年期和老龄期，不同的生长时期木材形成的速率不同，结构和性质也有很大差别。环境因素对树木生长的影响也比较大，特别是气候环境的制约，例如，气候带的影响形成了不同的森林类型。在终年气候炎热的热带地区形成了特有的热带季雨林，温带森林带多为针叶阔叶混交林，寒带为针叶林带。不但在不同的气候带中有不同的树木，而且随海拔、地形的差异，树木的生长及木材的形成也有差异，这是因为树木的生理过程在气候因子的影响下有所变化的结果。

树木的生长在树木本身各种遗传因子的控制下，形成了一些固有的木材结构特征，如木材的心材、边材，年轮，早材和晚材等。

2.3.1　木材的心材、边材

简单来说，树干部分由外向内共分为五层。第一层是树皮。树皮是树干的表层，可以保护树身，并防止病害入侵。在树皮的下面是韧皮部，这是第二层。这一层纤维质组织将糖分从树叶运送下来。第三层是形成层。这一层十分薄，是树干的生长部分，所有其他细胞都是自此层而来。第四层是边材。这一层将水分从根部输送到树身各处，通常较心材色浅。第五层就是心材。心材是老了的边材，指在生活的树木中已不含生活细胞的中心部分，其储藏物质（如淀粉）已不存在或转化为心材物质，通常色深，无输导树液与储藏营养物质的功能。树干绝大部分都是心材。

2.3.1.1　边材的结构与功能

边材是指新近几年由维管形成层向内分裂、生长及分化形成的次生木质部，它包括轴向系统的导管、管胞、木纤维和木薄壁细胞，以及径向系统的木射线。导管和管胞在此具有输导树液（主要是水和矿质元素）的功能，同时兼有支持作用。木纤维具有支持的功能。此外，边材中大约有10％的活细胞，包括水平方向的木射线细胞和垂直方向的木薄壁细胞，二者具有储藏和转输营养物质的功能。在各类细胞中很少有树脂、胶质、鞣质以及色素等物质的积累，因此边材颜色浅，含水量多，质地较为松软。边材的宽度在种间差异很大，如刺槐只有2～3个生长轮数，而黑核桃则有10～20个生长轮数。根据上述的结构特征，可以认为边材主要具有输导功能，同时还具有储藏功能和一定的机械支持作用。

2.3.1.2　心材的结构与功能

在边材的内部，次生木质部失去了原有的输导功能，活的细胞死亡，细胞色泽加深，形成了由暗色死组织组成的中央圆柱体，这就是心材（有少数树种不形成心材，还有的树种要多年后才形成心材）。心材应包括髓、初生木质部和较早形成的次生木质部。在此导管和管胞已不具输导水分和矿质元素的功能。木薄壁细胞和木射线细胞在死亡之前，其细胞壁和细胞腔中积累了树脂、胶质、鞣质、油类和色素等物质，原生质体解体，最终使其变为死细胞。由于发生上述变化，心材就失去了输导与营养的功能，而专营机械支持作用，因此人们常见的一些柳属植物和一些古树，即使树干中空，但仍能存活。

心材正是因有有色物质的堆积，才易与边材区别。一般色深的心材较抗腐蚀，颜色即成为木材含有防腐物质的指示剂。有的植物的心材显示出特殊的色泽，例如，桃花心木的心材呈红色，胡桃木呈褐色，乌木呈黑色等。生物学染料中的苏木精就是从豆科植物洋苏木的心材中提炼出来的。

边材与心材不是一成不变的，边材要向心材转化。在多年生木本植物茎中，维管形成层历年活动形成的新的次生木质部添加于边材的外侧部分，从而形成新的边材；而边材的内侧部分即老的边材则逐渐失去输导作用转化为新的心材。因此，边材的量是相对稳定的，而心材的量却是逐年增加的。边材木质部一般色泽较淡，而心材的颜色较深，且细胞壁会加厚，针叶材管胞的闭塞纹孔出现，并沉积有许多树木生命活动过程中产生的胶质、树脂、侵填体和浸提物，造成心材重量增加、空隙率减少、耐久性增加、渗透性减少。所以一般而言，心材比边材更能耐腐抗虫。此外这些沉积物使心材的尺寸更加稳定，在含水率发生变化时，心材的抗胀缩性要比边材好得多，但在干燥和防护处理时会遇到一定的困难。

2.3.2　年轮，早材和晚材学

木质部是木材的来源，因而又称为木材。在韧皮部和木质部之间有一层生长特别活跃，处于不断分裂增生状态的细胞层，这一细胞层就称为形成层。树木的长粗主要是形成层细胞活动的结果。形成层细胞不断分裂，向内形成新的木材，向外形成新的韧皮部。

形成层的活动受季节影响很大，特别是在有显著寒、暖季节的温带和亚热带，或有干、湿季节的热带，形成层的活动就随着季节的更替而表现出有节奏的变化。温带的春季或热带的湿季，由于温度高、水分足，形成层活动旺盛，所形成的木质部细胞径大而壁薄；温带的夏末、秋初或热带的干季，形成层活动减弱，形成的细胞径小而壁厚。前者是在生长季节早期形成的，称为早材，又称春材。早材细胞空隙较大，细胞纤维少，因而质地疏松，颜色较浅。后者是在生长季节晚期形成，称为晚材，又称夏材或秋材。晚材细胞空隙小，纤维成分较多，细胞沉积物也较多，所以颜色较深，质地致密。从早材到晚材，随着季节的更替而逐渐变化，虽然质地和色泽有所不同，但是不存在明显的界限。而在上年晚材和当年早材之间，却有着显著差异，二者间存在非常明显的分界。

很多研究说明一个树种从早材到晚材的变化改变了木材材质，当发生这种变化时，对木材密度影响最大。

从早材到晚材的变化，主要是由生长素的数量和高生长停止的时间决定的。同时，营养、日照长度、湿度也影响从早材到晚材的转化。从早材到晚材变化的机制，是根据个体树研究得出的，其实质是细胞形态的改变，即细胞直径是由生长素决定的，顶端分生组织里生长素含量高，将形成直径较大、胞壁较薄的细胞，当生长素含量下降时，将形成直径较小、胞壁较厚的细胞，因此木材密度也较高。

湿度对木材密度变化有影响，发生这种情况是因为植物中含水量大，导致生长素减少。从很多研究中得知，早材到晚材的变化是由多个因素相互作用综合效果决定的。Van Buijtenen[13]研究细胞特性是在各种因子发生变化时进行的。在适宜的温度下，树木快速生长。他发现温度增加引起细胞壁厚度减少，土壤含水量高与大的管胞直径相关联，而湿度不影响细胞壁的厚度。

已经证明不同的树种从早材到晚材的变化有相同的促进因素，而不同的木材特性是由遗传控制的。充足的湿度是木材由早材到晚材变化的促进因素之一。从早材到晚材的形成的控制是复杂的，但这个转化过程可由森林培育措施和遗传来调整。

在一个生长季节内，早材和晚材共同组成一轮显著的同心圆环，代表树木一年中所形成的木材，习惯上把这种环称为年轮。但是有不少植物在一年的正常生长中，不止形成一个年轮。例如，柑橘的茎一年中可产生三个年轮，因此又称假年轮。气候的异常变化、虫害的影响和其他灾害的影响都可能形成假年轮。而在没有干湿季节变化的热带地区，树木的茎内一般不形成年轮。

如果了解了年轮形成的原因，通常可根据树干基部的年轮来推出树木的年龄。年轮还可反映出树木历年的生长情况以及抚育管理措施和气候变化，并可以从中总结出树木快速生长的规律，用以指导林业生产。更可以从树木年轮的变化中了解到一个地区历年及远期气候变化的情况和规律。

2.3.3　幼龄材与成熟材

幼龄材又称未成熟材，位于髓心附近，是树木生长发育早期形成的特殊部分。幼龄材围绕髓呈柱体，是形成层形成木材时期在活动的树冠区域内，受顶端分生组织伸长影响的结果。Zobel 和 Van Buijtenen[33] 根据大量研究总结幼龄材有如下性质：

(1) 木材密度低，细胞壁薄，致使木材产品强度小，纸的抗撕裂能力弱，但具有较高的耐破强度[34~37]。

(2) 幼龄材里有较高的应压木比例，其具有短的管胞，在生产中容易破裂；由于有较高的木质素，很难漂白。

(3) 由于幼龄材有较短和壁较薄的管胞和纤维，因此，具有较大的微纤丝角[38]。木材的干缩受微纤丝角影响，因此影响固体木材的尺寸稳定性。

(4) 幼龄针叶材管胞短，通常小于 2 mm，有时比阔叶材纤维还短。

(5) 针叶树幼龄材与成熟材通常化学性质差异很大，有较高比率的木质素和大聚糖，较低的纤维素和半乳甘露聚糖。这些对木材最终产品的质量、纸浆产量和生产效率有很大影响。

(6) 含水率从幼龄材到成熟材变化很大。大多数针叶材在株内从基部向上随高度增加，含水率也增加，因为其有较大的幼龄材比例。

(7) 幼龄材单位体积的浆产量比成熟材低 5%～15%。由幼龄材和成熟材制造出的纸的质量有明显的差异。

木材材质的宏观表征是其幼龄材和它相应的成熟材材质的综合反映，故某种木材的材质好坏与其幼龄材比例的大小密切相关。而幼龄材的产生是树木正常的生理过程，森林经营者要使树木不产生幼龄材是不可能的，因此只能靠改变幼龄材的数量来改进材质。树木生长快，会产生较多的幼龄材。例如，施氮肥可增加欧洲赤松幼龄材的髓。另外，选择好的立地条件和竞争控制，使树木在较低的生长轮龄时就达到要求的规格，使幼龄材的百分率增加，而幼龄材的生长轮数却没有改变。

　　通过育种改变幼龄材的木材密度是可行的。例如，Zobel[39]改进了 10 年生火炬松的木材密度，他采取的是育种的方式，种子来源于具有较高木材密度的母体。另外，Burdon 和 Harris[40]通过种植选择减少密度的径向梯度，使木材较均匀。Ladrach[41]报道了从幼龄材到成熟材的转化时年龄株间变化很大，这进一步说明在改进幼龄材时株间选择是必要的。

　　根据木材结构和性质上的主要差异，树干可以分为两个区域。幼龄木是环绕髓心的周围成圆柱状，它的形成是活性树冠区域的顶端分生组织长期对形成层的木材分生影响的结果。在生长的树木中，当树冠进一步向上移，顶端分生组织对下面某一高度形成层区域的影响就减小，成熟材也就开始形成。

　　同株内的幼龄材和成熟材是两个明显不同的总体。成熟材具有该树种正常的性质，幼龄材具有的构造特征和物理性质次于同株的成熟材。幼龄材和成熟材的主要差别在于前者的材性普遍低下，因此不适于用作结构材。在一些应用过程中常常避免使用幼龄材，因为其木材干缩较大，会导致锯材翘曲。划分幼龄材与成熟材的界限在木材加工、利用中有着十分重要的意义。

　　幼龄期的长短因树种而异，例如，美国西部的黄松幼龄期为 70 年、火炬松为 10 年、湿地松为 7 年，我国杉木为 10～15 年、长白落叶松为 15 年、马尾松为 13 年。Clark Ⅲ Alexander[42]研究南方松时得出，其幼龄期受地理位置和环境因素影响。对于大多数针叶树材，幼龄材与成熟材的密度径向变异近髓心部位的值较低，而后在一段时间迅速增加，最后趋向稳定。从幼龄材到成熟材，木材性质不是急剧变化的，而是逐渐过渡的变化过程。如 Roos[43]研究树木生长时通过分断回归和图解分析得出过渡带树龄，幼龄期是 16 年，成熟期是 30 年，过渡带是 14 年。

　　幼龄材材性的总体特征劣于成熟材，具体表现为：幼龄材的管胞（纤维）长度均小于相应的成熟材，树干的螺旋纹理倾角（针叶树材的管胞倾角）和微纤丝角均大于成熟材，因此幼龄材刚性小、强度低，受外力后易挠曲，不适于作承重构件；而成熟材的强度和刚性均稳定，能充分抵抗外力的影响。幼龄材干缩系数大，木制品尺寸不稳定，易产生翘曲变形。关于幼龄材与成熟材的划分，不管树木生长快慢，在树干任何横切面上未成熟的范围总是与髓心距离有关，针叶树大概在 5～7 cm 的半径范围内。幼龄期的长短，在各树种之间变化很大，通常在 5～20 年间，且围绕髓心呈圆柱体。尤其是在针叶树材中，成熟材和幼龄材间的过渡期使得幼龄材与成熟材界限划分变得困难。幼龄期生长的终止，有些树种是陡变，如某些阔叶树材，有些则是具有明显的过渡期。

　　鉴于上述情况，有关幼龄材与成熟材的划分，国内外学者有很多不同学术观点。由于出发点不同，划分的标准与结果存在着一定的差异。从实验分析结果可以看出，不同指标所划分的成熟期年龄不同。综合不同研究所得结论，认为以反映木材最基本特征的几种指标为划分幼龄材与成熟材的标准，即以管胞长度、微纤丝角、生长轮宽度、晚材率、胞壁率和基本密度等指标为标准。这不仅是因为这几种指标测定方便，更主要的是因为每项指标均能从不同侧面综合反映出木材物理力学性能，而且各项指标之间也有着紧密的联系。

2.4　木材各向异性的外部环境

复杂的环境因子的综合作用决定了森林的存在、树种的组成、林木的生长和发育，对林木生长中形成的木材材质产生重要的影响，也是造成木材各向异性的重要因素。影响树木生长和木材形成的外部环境因素主要有气候因子、立地条件等，对于人工林来说，还有培育措施产生的影响，这也是提高木材产量和质量的一个重要途径。

2.4.1　木材材质与气候因子的关系

在气候因子中影响树木生长和木材形成，并且起主导作用的是光照、温度、湿度和水分。

2.4.1.1　材质变异与光照

植物和树木各部分的生长和发育，受到同样一种机制的光控制，因为光要通过树木体内的可逆的色素系统才能被吸收。这种色素系统是光周期性的生理基础，可以影响到树木的节律、物候变化和材质的变异。

有关光对材质影响的研究不多，根据现有的研究报道，总结如下几点：①光周期的长短影响早、晚材的形成。②光照强弱影响管胞形态的变化。例如，以生长在温室里的落叶松的不同日照试验来确定管胞壁的形成。在晚上以低光强供给时，厚壁管胞形成；当白天和晚上使用2～6h的光照时，得到相似的结果。光周期控制生长过程是幼龄树细胞类型形成的主要控制因子，木材的基本密度变异有42％的变异与光合作用变化相联系。Kubo[44]发表了日本柳松管胞长度成熟率的研究，测试5年生柳松幼树在不同的庇荫条件下（10％、20％、40％和100％的光强下）管胞长度的增加速率和成熟率，得出最低光强明显抑制管胞径向生长并使管胞长度增加减慢的结果。另外，微细胞生态因子对材质也有影响。例如，热带山区的森林，在同样的环境里不耐阴的树种比耐阴的树种木材密度低。有关这方面研究还不多，今后，可采用生长轮材质分析的方法，直接弄清光与木材解剖特征的关系，建立光与材质的优化模型，确定培育方案。

2.4.1.2　材质变异与温度

由于各方面原因，温度对木材的直接影响研究较少。在控制的条件下，当温度增高时，细胞壁较薄。当美洲赤松幼树生长在 4 个不同温度下 23 周时，发现大部分木材性质有差异[6]。美国云杉在较高的温度时，管胞长度和径向直径都有增加，但对细胞壁厚度无影响。木材密度和细胞壁厚度随晚上温度的增加而增加，但与白天的温度没有相关性；管胞长度随着白天和夜间温度的增加而增加。Rudman[45]研究了温度对桉树纤维长度的影响，得出温度增加时，纤维长度也增加的结果。由此可知细胞的扩大是与温度作用直接相关的，而细胞壁的厚度是由净吸收率决定的。

2.4.1.3　材质变异与湿度

人为控制湿度是很困难的。因为培育者对湿度的控制是有限的，对于湿度和木材的关系既有自然湿度差异又有培育者控制湿度的影响。在某一年里晚材与早材的比率不是固定的，在生长季节里，随着湿度的变化而变化。在雨季，缺水决定晚材率，但在春季，温度控制木材形成的开始时间。

改变湿度能使环境产生变化，将会调整树木生长模型，影响木材材质。湿度可由几种方法来控制。第一是灌溉和排水[46]。Szopa[47]研究灌溉对白栎和红栎的木材影响，发现夏季灌溉和早期降雨产生较高的木材密度，因为有较多的晚材产生。一株树从早材到晚材转变之后，一般在高生长停止时湿度是有限的，生长速率迅速下降，如这时进行灌溉，径向生长时间比在正常情况下延长，多形成的木材是晚材，因此木材密度增加。第二是竞争的控制，准备好立地，适当造床、挖沟和间伐。

（1）在湿度有限时，春天开始后树木生长较早，到夏天降雨量大时，木材密度很高，因为晚材形成期延长了，通过了夏季。同样的树种生长在北部时，在夏季，干燥时间很长，缺少湿度，木材密度较小，因为晚材形成的期间缩短。

（2）由湿度控制木材性质是通过树木生长模型影响来实现的。木材密度较高是通过延长晚材开始形成后的生长期。当有充足的湿度时，出现较低的木材密度是由于在整个季节里，增加了早材形成的时期，拖延了晚材开始形成的时间。

（3）充足的湿度形成大直径的细胞；干旱产生较小直径的细胞。管胞长度有时有同样的结果。

（4）湿度对低木材密度的散孔材有有限的影响，但对高木材密度环孔材有主要影响。这个影响是通过改变早、晚材中导管的相对数量来实现的；湿度适宜时，晚材继续产生。

2.4.1.4　材质变异与水分

水分供应与木材形成的关系很密切。树木在湿润的夏季比在干燥的夏季常常形成较宽的年轮和较多的直径生长量,而且暂时的水分亏缺会降低或停止直径生长。早材的特点是形成大直径的薄壁细胞,大致和提供充足的碳水化合物及生长素、丰富的水分保持细胞高水分的膨胀有密切关系,这样在足够的温度下快速进行代谢作用。随着季节的进展,由生长大直径的早材细胞逐渐地转向小直径厚壁的晚材细胞,这种过渡通常发生在水分亏缺之后。灌溉或秋季的降雨量分布很可能推迟这种过渡,或者因为早期干旱提前发生过渡。很多研究证明从早材到晚材的过渡与水分应力的产生程度有密切的关系,但也有人认为是某种机制引起了转化。

Larson[6]认为从早材到晚材的过渡最初是由于生长素供应的减少引起的,因为水分应力的减少,间接地出现了芽和叶子的生长缓慢。由于生长素的合成与供应的下降,引起了细胞形态从早材向晚材变化,最后导致树木停止生长。

晚材生长的数量在生长季中取决于水分供应的迟缓。如果丰富的雨量均匀分布,贯穿整个夏季,早材的生长会一直持续到夏末。另外,严重的干旱出现在生长季中能过早地停止晚材的形成,如果水分应力不激烈的变动,生长可能持续到秋季,结果形成一个较宽的晚材带。降雨量不同有时与晚材的数量有关,这通常是与其他立地因子相互作用的结果;在某一年里,每年的降雨模型对产生的木材种类有主要影响。夏季灌溉和早期降雨产生较高的木材密度,因为有较多的晚材产生。一株树从早材到晚材产生转换之后,一般在高生长停止时,湿度是有限的,生长速度迅速减少,如这时进行灌溉,径向生长时间比在正常情况下延长,所形成的木材是晚材,所以木材密度增加。

很多学者的研究表明,降雨模型对木材性质有很大的影响,降雨量与木材密度呈负相关[48]。

2.4.2　木材材质与立地条件的关系

树木的生长发育必须在一定环境条件下才能进行,树木与环境相互影响、相互依存。立地条件的好坏在很大程度上决定林木的生长速度及其质量,而林木的生长与木材的材质又是紧密相关的。因此,立地条件对材质产生复杂的影响。其中地理位置、地形与土壤性质对木材材质的影响最大。

2.4.2.1　材质变异与地理位置

地理位置实际上反映平均温度与平均降雨的差异,也造成同种内株间的变异。大量的研究证明,南方松类的几个树种在美国南部沿海平原的自然分布区范围内，木材密度从西北向东南逐渐增加，直接与温暖季节降雨量相关。例如，萌芽松（*Pinus echinata*）的平均密度，从西北部的 0.45 g·cm^{-3} 增加到东南部的 0.54 g·cm^{-3}。火炬松（*Pinus taeda*）木材变异也极其相似，在密西西比州，其平均密度从 0.47 g·cm^{-3} 增加到 0.51 g·cm^{-3}，在佛罗里达州自北向南，其平均密度从 0.48 g·cm^{-3} 增加到 0.58 g·cm^{-3}[49]。

纬度和海拔对同树种木材材性的变异有很大的影响。北美黄杉（*Pseudotsuga menziesii*）的管胞长度与其在纬度和海拔广阔的自然分布有密切关系。该树种管胞平均长度最大的产自北美洲西部沿海地带，最短的产自其分布区域的内部。该树种内木材密度变异的 5% 左右与纬度有关，约 1% 与海拔有关。北美云杉（*Picea sitchensis*）的最长管胞产自加利福尼亚州北部的树木，而最短管胞产自阿拉斯加州的树木。西黄松（*Pinus ponderosa*）来自几个不同的种源，生长在高海拔处的树木管胞比生长在低处的要短些，但生长量较大。

近年来，意大利学者 Ferrari[50] 进行了立地条件对杨（*Populus xearamericana*）的材质影响研究，发现来自意大利南、北部 12 年生的杨树，木材密度、纤维长度有很大的变异性，特别是立地条件说明木材密度的 71% 变异。Schutz[51] 对南非人工林松树木材的一些性质与立地条件的关系进行研究，结果表明遗传变异、土壤条件、气候因素（温度）对木材密度和木材解剖有很大的影响。Robert[52] 研究吉贝（*Ceiba pentandra*）木材的密度变化，得出不同立地的同一木材密度的变化主要受环境和遗传因素的影响的结果。Olayinka[53] 进行了非洲热带引种的速生 *Hildegardia barteri* 在 4 种立地条件下的木材纤维长度、纤维导管的弦向直径和密度的研究，发现大部分解剖特征随海拔的影响不显著，基本密度随立地、髓心距离和海拔的变化而变化。Clark Ⅲ Alexander 等[42] 研究得出，南方松树的幼龄期长短与地理位置和环境因素有关，东南部的湿地松和火炬松的幼龄期由北向南逐渐缩短，由南卡罗来纳州的 14 年减少到佛罗里达州的6 年。

叶志宏等在研究杉木时发现，杉木材性性状具有明显的地理变异趋势，木材密度自西向东有递减趋势。福建余光研究表明，湿地松木材的管胞宽度和厚度随纬度的增加逐渐变窄、变薄，呈递减趋势，而管胞长度也随纬度的增大而减少。立地指数与木材的解剖特征和物理力学性质密切相关[54~60]。

2.4.2.2 材质变异与土壤

土壤对木材的颜色、木材密度、多节程度、在建筑上的强度等均有较大影响。土壤条件影响林木生长[61]，同时，也就影响了林木的材质及出材率。

土壤条件的优劣直接影响树木生长轮的宽窄，从而导致木材的密度、晚材率等材质的变化。在很肥沃的土壤上，林木生长快、年轮宽，因而材质也比较松软，强度较小。在前苏联，生长在土壤较好的山地橡林中的橡树，年轮宽度大，木材强度比碱土橡林大 20%～40%，比泛水橡林大 10%～20%。在前苏联施波夫森林中的黑钙土，伏尔加河流域橡林中的暗灰色质土、砂质土和灰色质土上生长的木材最坚固，而在该森林中的冲积土和土拉森伐区中的灰色森林土上生长的橡树木材抗压强度较低。

2.4.3　木材材质与培育措施的关系

目前，世界范围的天然林面积逐渐缩小，从利用角度来看远远不能满足要求；从发展上来说，今后主要经营人工林，以解决生产利用部门的急需。因此改善培育措施，加强人工抚育，提供速生优质的木材资源是至关重要的。通过调整林分结构和初植密度、间伐、修枝、施肥和灌溉等人工培育措施，使树木生长模型朝着理想的方向发展，培育目的用材林。

现存（立木）密度是培育者控制生长和木材产量的手段。现存密度对木材形成的质量有惊人的影响。空间影响生长枝的特性和生长率，这两方面都影响木材性质[62]。现存密度可通过两种方式控制：

(1) 人工林的初植密度。

(2) 间伐到所需得到的现存密度。

这两种控制现存密度的方法可以导致不同种类木材的产生。

现存量不同影响木材性质，从而对树冠的发展和生长速率产生影响，也影响树林对营养和水的利用。总之，由于土壤湿度、土壤温度、辐射能、树冠的光照的影响，从而改变了生长模型，然后影响了木材性质。现存密度控制影响木材通过对树木形成的影响实现，较小的个体生存空间产生较小的树、较小的枝，这可以反映木材产品的质量。

可采取不同的培育措施控制现存量对木材性质的影响。例如，间伐产生的快速生长对木材性质有较小的影响，这通常与使用氮肥引起的快速生长有相反的影响[33]。然而还有例外的情况，Echols[63]报道了间伐产生较低的木材密度，而施氮肥后增加了木材密度。这是由于间伐和初植密度对木材的反应有时也有差异。

2.4.3.1　材质变异与间伐

间伐改变了树木的生长环境，从而改进了树木的质量，对木材性质有一定的影响。间伐可调整环境条件达到满意的生长要求或继续保持树木的发展条件。间伐会使生理和生长过程加强，进而增加光合作用，增加形成层活动。间伐林的形成层活动比未间伐林的早 5～10 天，间伐最大的效果是使成熟期提前 4 年。

间伐对各种树木的木材材质影响差异较大。Siemon[64]和 Cown[65]报道辐射松间伐后木材密度减少了 8%～10%。然而其对木材密度的影响是暂时的，间伐后在一定时间内木材密度又恢复到正常值。

Cown[66]研究了间伐对四种树龄的松树木材性质的影响,对 12 年生松树进行 1 次间伐,对 14～34 年生的进行 2 次间伐,对 52 年生的未间伐。结果表明,随树龄和间伐次数的增加,木材基本密度增加,含水率减少,管胞长度增加,树脂含量减少。Yang[67]讨论了间伐、施肥、灌溉、剪枝对木材的密度、纤维长度、生长轮密度、晚材率、幼龄材、心边材百分率的影响。

我国学者进行了有关这方面的研究,例如,安徽农学院对马尾松林间伐与未间伐材性的研究表明,间伐材比未间伐材平均生长轮宽增加 76.7%,晚材率增加 4.8%,气干密度增加 8.8%,顺纹抗压强度增加 4.6%,抗弯强度降低9.4%,抗弯弹性模量降低 15.4%。他们对杉木林做间伐试验,得出合理间伐可提高力学强度,增加晚材率的结论。间伐强度对木材性质有很大的影响,有的提高木材性质,有的降低木材性质[68,69]。例如,吴义强[70]研究了间伐强度对日本落叶松木材材性的影响,结果表明,随着间伐强度的增大,生长率和生长轮宽度增加,而木材基本密度、晚材率、顺纹抗压强度等均有不同程度的减小;弱度间伐可以缩短木材的技术成熟期,从而提高了材质。

2.4.3.2　材质变异与初植密度

很多研究表明初植空间(密度)对木材性质的影响与间伐所得到的空间是有区别的。初植空间是开始就存在的,在光照强度、湿度或竞争方面没有突然的改变。空间不同的确影响环境,如湿度和营养。Geyer 和 Gilmore[71]研究火炬松表明,在一个地区,如果湿度适宜,种植较宽的空间可能会增加木材的基本密度。

初植空间对木材性质的影响,主要通过改变树木的形成,特别是枝的大小实现。例如,Polge[72]发现在较宽的种植空间,有较大的节子和较多的幼龄材,比较密的空间的树木尖削度大。

Zobel 和 Van Buijtenen[33]将初植空间对木材性质的影响概况为:

(1) 很多经营者发现正常的初植空间开始时对木材性质没有什么影响,如木材密度和管胞长度。但欧洲云杉在较宽的初植空间下,产生较低的木材密度。

(2) 较大的初植空间含有较多的幼龄材。Saucier[73]认为在较宽空间里生长的树木有较大的尖削度和较大幼龄材,其木材密度较低。一些研究者发现较密的空间尽管增加较小树龄树木幼龄材比例,但并没有减少较大树龄的幼龄材比例。

(3) 在一些降雨适宜的地方,较宽的空间产生较高的木材密度,因为在晚材形成期里,能保证更多的湿度。

2.4.3.3　材质变异与修枝

修枝能改进树木的形成,或者可通过改进树冠部分而引起生长模型变化来影响木材。修枝后可提高净材的比例。实际上，修枝引起幼龄材形成更早停止，因此引起木材性质的变化。对于火炬松和花旗松来说，在活枝以下修枝，可增加木材密度[74]。然而修枝可调整木材形成的时间和速度。

很多研究者注意到修枝将减慢生长速度，因此从改进木材质量方面看，其收获大于体积生长的损失。适当的修枝，普遍的结果是在树的基部生长轮宽变小，向树冠方向变大，因而改变了树木的形成。根据 Megraw[7] 的研究，在修枝点以下修活枝，可促进从幼龄材到成熟材的过渡，对于火炬松，增加木材密度大约 5%。

总之，修枝是人工抚育中比较重要的措施，它不仅改进了林木的生长条件，而且提高了林木的材质，是今后林业集约经营中先行的技术措施。

参 考 文 献

[1] 刘一星，赵广杰. 木质资源材料学. 北京：中国林业出版社，2004. 16～23

[2] 杜国兴，李大纲. 木材干燥技术. 北京：中国林业出版社，2005. 8

[3] 郭明辉. 木材品质培育学. 哈尔滨：东北林业大学出版社，2001. 136～137

[4] Burdon R D, Harris J M. Wood density in radiation pine clones on four different sites. N I J For Sci, 1973, 3：286～303

[5] George R. Variation in heartwood and sapwood properties among 10-year-old Black Walnut Trees. Wood and Fiber Science, 1989, 21（2）：177～182

[6] Larson P R. The physiological basis for wood specific gravity in conifers. IUFRO Div 5 Meet Brisbane, Australia, 1973, 2：672～680

[7] Megraw R A. Wood quality factors in loblolly pine. TAPPI Press Atlanta, Georgia, 1985. 89，90

[8] Koch P. Uti Lization of hardwoods growing on southern pine sites. Agricultural handbook 605, USDA Forest Service, 1985. 3710

[9] Echols R M, Conkle M T. The influennce of plantation and seed source elevation on wood specific gravity of 29-year-old ponderosa pines. For Sci, 1971, 17：388～393

[10] 栾树杰，魏亚. 关于木材密度测定——生长轮材质分析之一. 东北林学院学报，1983, 13（1）：11～13

[11] 刘一星，戴澄月. 软 x-射线法测定木材生长轮密度的研究. 林业科学，1990, 26（6）：532～539

[12] 文小明. 木材材性株内径向变异模式初探 II 七个加勒比松种源木材密度径向变异模式的研究. 林业科学，1996, 32（5）：460～469

[13] Van Buijtenen J P. Controlling wood properties by forest munagement. Tappi, 1969, 52（2）：257～259

[14] Isebrands J G, Hunt C M. Growth and wood properties of rapid-grown Japanese Larch. Wood Fiber, 1975（7）：119～128

[15] 蔡则漠，刘京. 马尾松和杉木管胞长度的变异. 南京林学院学报，1986,（2）：131～135

[16] 叶志宏. 杉木种源地理变异的影响因子及性状遗传、相关和选择. 南京林业大学学报，1991, 15（2）：7～10

[17] 王婉华. 湿地松、火炬松和马尾松幼龄材构造特征的研究. 南京林业大学学报，1991, 15（4）：

89~96

[18] 唐君晏. 柏木材质、材性要素的宏观生态变异. 四川农业大学学报, 1993, 11 (1): 138~144

[19] 刘元. 幼龄材范围的确定及树木生长速率对幼龄材生长量的影响. 林业科学, 1997, 33 (5): 418~425

[20] 成俊卿. 长白落叶松管胞长度的变异研究. 研究报告, 森工部分第 3 号, 1959. 19, 20

[21] 张顺泰. 人工林油松木材管胞长度与纤丝角的变异性和相关性的研究. 山东农业大学学报, 1989, 3: 53~60

[22] 徐有明. 油松管胞形态特征的变异. 林业科学, 1990, 26 (4): 337~343

[23] Zobel B J. Selecting and breeding for desirable wood. Tappi, 1983, 66 (1): 70~74

[24] 管宁, 姜笑梅, 文小明. 木材材性株内径向变异模式初探 I 论材性株内径向变异模式的系统研究. 林业科学, 1996, 32 (4): 366~377

[25] Heger L. Longitudinal variation of specific gravity in stems of black spruce, balsam fir and lodgepole pine. Can J For Res, 1974, 4: 321~326

[26] Zobel B J. Our changing wood resource-its effect on the pulp industry. Appl Polym Symp, 1975b, 28: 47~54

[27] Brown G A. A statistical analysis of density variation in Pinus caribaea grown in Jamaica. 15th IUFRO Contress, Gainsville, Florida, 1971. 17

[28] Provin D. Estimating tree specific gravity of major pulpwood species of Wisconsin. US For Serv Res Pap FPL-161, 1971. 16

[29] Taylor F W. Specific gravity and tracheid length variation of white spruce in Alberta. Can J For Res, 1982, (12): 561~566

[30] Yan chuck A D. Intraclonal variationin wood density of trembling aspen in Alberta. Wood fiber Sci, 1983a, (15): 8

[31] Taylor F W. Variation in the anatomical properties of South African grown Eucalyptus grandis. Appita, 1973, (27): 171~178

[32] 骆秀琴. 天然材和人工林马尾松幼龄材与成熟材力学性质的差异. 世界林业研究, 1995, (8): 181~188

[33] Zobel B J, Van Buijtenen J P. Wood Variation Its Causes and Control. Springer-Verlag, 1989. 723~745

[34] Barefoot A C, Hitchings R G et al. The relationship between loblolly pine fiber morphology and Kraft paper properties Bull N C Agr Exp Sla N C State Univ Raleigh, North Carolina Tech Bull, 1970, 202: 88

[35] Felkel C E. Kraft collulose of juvenile and adult wood of pinups elliottii. IPEF, 1976, 12: 127~142

[36] Isebrands J G. Kraft pulp and paper properties of juvenile hybrid larch grown under intensive culture. Tappi, 1982, 65 (9): 92~96

[37] Plumptre R A. Pinus caribaea Vol II wood properties. Trop For Pap, 17 Common for Inst Oxford Univ, 1983, 145

[38] Wheels. Anatomical and biological properties of juvenile wood in conifers and hardwoods. 1987, 41st Ann Meet FPRS Louisville, kentucky, 1987. 2

[39] Zobel B J. Improving wood density of short rotation Southern pine. Tappi, 1978, 61 (3): 41~44

[40] Burdon R D, Harris J M. Wood density in radiation pine clones on four different sites. N I J For Sci,

1973, 3: 286~303

[41] Ladrach W E. Control of wood properties in planlations. IUFRO Congr Ljubliana, Yugoslavia, 1986. 369~381

[42] Clark Ⅲ Alexander. Influence of initial planting density, geographic location, and species on juvenile wood formation in southern pine. Forest Product Journal, 1989, 39 (7~8): 42~48

[43] Roos K D. The relationship between selected mechanical properties and age in quaking aspen. Forest Products Research Society, 1990, 40 (7/8): 54~56

[44] Kubo T. Maturation rate of tracheid lengthening in slow-grown Young sugi (Cryptomeria laponica) trees. IAWA Journal, 1993, 14 (3): 267~272

[45] Rudman P. Effects of fertilizers on wood density of young radiata pine. Aust For, 1970, 34: 170~178

[46] Nichoolls J W P. The effect of environmental factors on wood characteristics IV: Irrigation and partial droughting of pinus radiada. Silvae Genet, 1972, 26: 107~111

[47] Szopa P S. Influence of irrigation and wood structure on white and red oaks. For prod Res Soc Ann Meet Toronto, Canada, 1976, 26

[48] Slooten V D. An examination of the wood density from plantation in Southern brazil. PRODEPEF Tech Series, 1976, 5: 47

[49] Panshin A J, Zeeuw C de. Textbook of Wood Technology. Mcgraw-Hill Book Company, 1980

[50] Ferrari G. Influence of site on wood properties of populus x euiamericana. Istituto-di-Sperimentazione-per-La-Pioppicoltura, 1987, 14: 1~7

[51] Schutz C J. Site relationships for some wood properties of pine species in plantation forests of southern Africa. Southern African Forestry Iournal, 1991, 156: 1~6

[52] Robert A. Wood specific gravity variability in Ceiba. Pentandra, 1994, 26 (1): 91~96

[53] Olayinka O. Wood quality in Hildegardia Barteri (Mast.) kossern-AN African Tropical Pioneer Species. Wood and Fiber Science, 1991, 23 (3): 419~435

[54] 方文彬, 徐永吉, 罗建举. 栽培措施对短周期工业材料性影响规律的研究. 中南林学院学报, 1997, 17 (4): 14~23

[55] 方文彬. 立地指数对日本落叶松木材材性影响规律的研究. 世界林业研究, 1995, (8): 289~304

[56] 方文彬. 立地条件对杉木木材干缩性的影响. 北京木材工业, 1996, 16 (3): 15~19

[57] 潘彪. 不同立地指数对马尾松年轮宽度、晚材率、纤维形态和纤丝角的影响. 世界林业研究, 1995, (8): 320~326

[58] 周志春. 马尾松幼龄材密度, 管胞长度的地理遗传变异及性状相关. 林业科学研究, 1990, 3 (4): 393~397

[59] 叶志宏. 杉木种源地理变异的影响因子及性状遗传、相关和选择. 南京林业大学学报, 1991, 15 (2): 7~10

[60] 洪昌端. 杉木种源木材密度的遗传变异与选择. 浙江林学院学报, 1992, 9 (3): 246~252

[61] 李坚. 生物木材学. 哈尔滨: 东北林业大学出版社, 1993. 126~131

[62] Bamber R K, Burley J. The wood properties of radiata pine. Commonw Agr Bur, England, 1983. 84

[63] Echols R M. Patterns of wood density distribution and growth rate in ponderosa pine. Symp Effect of Growth Accel on Wood Prop US For Serv FPL Madison, Wisconsin, 1971. 12

[64] Siemon G R. Effects of thinning on crown structure stem form and wood density of radiata pine. PhD thesis Aust Nal Univ Canberra, Australia, 1973

[65] Cown D J. Comparison of the effect of two thinning regimes on some wood properties of radiata pine. NIJ For Sci, 1974, 4: 540~551

[66] Cown D J. Rotation age and silvicultural effects on wood properties of four stands of pinus radiata. New Zealand Journal of forestry Science, 1982, 12 (1): 71~85

[67] Yang K C. Wood properties, wood qualities and silvicultural Treatments. Quarterly Journal of Chinese Forestry, 1987, 20 (2): 7~28

[68] 李大纲，徐永吉，龚士干. 间伐强度对北京杨木材物理力学性质的影响. 世界林业研究，1995，(8): 350~354

[69] 徐永吉. 间阀强度对北京杨年轮宽度、基本密度、纤维形态和 pH 值影响的研究. 世界林业研究，1995, (8): 370~376

[70] 吴义强. 间伐强度对日本落叶松木材材性影响规律的研究. 世界林业研究，1995，(8): 305~313

[71] Geyer W A, Gilmore A R. Effect of spacing on wood specific gravity in loblouy pine sonthern Iuionois. Agricultural Experiment station note, Urbana, 1965, 113: 1~5

[72] Polge H. Fifteen year of wood radiation densitometry. Wood Science Technology, 1978, 12: 187~196

[73] Saucier J R. Management practices and juvenile wood. FPRS 41st Ann Meet Louisville, Kentucky, 1987. 2

[74] Megraw R A. Effect of silvicultural practices on wood quality. TAPPI Res Dev Conf Raleigh, North Carolina, 1986. 27~34

第 3 章 气 候 变 化

气候变化是长时期大气状态变化的一种反映。气候变化主要表征大气各种时间长度的冷暖或干湿变化。冷与暖或者干与湿相互交替组成了不同的变化周期。但是，这些变化周期是不严格的，在一个周期内前后阶段往往不具有对称性，而且不同周期的长度还可以相差很大。气候变化就是这样一种比较复杂而且是周而复始的准周期变化[1]。

气候变化存在着多种不同的周期，周期越长，变化的幅度越大。现代资料能分辨出几年周期的气候变化，是研究气候变化的基本资料。历史气候史料能反映几十至几百年的气候变化，是现代气候变化的重要背景。树轮资料、地质资料能反映上千年、上万年的气候变化，给出这一期间气候变化的总趋势。树轮资料、地质资料与历史资料虽然是古代资料，但是它们所反映的气候变化周期对现代气候变化有制约作用。

世界上任何事物，要知道它的未来，必先了解它的过去，气候也是这样。研究较长时期的气候变化是十分有意义的。长时期尺度的气候是较短时间气候状态的背景和分析依据。不知过去的气候变化，就弄不清当前气候的来龙去脉，也就不能认识和评价现在的气候并预测未来的气候。

3.1 全球气候变化

3.1.1 全球气候变化状况

全球气候变化及其影响是当今人类面临的最严峻的挑战之一，也是人类历史上前所未有的大规模创造物质财富的结果。对构造事件的发生、地球温室气体浓度增加所导致的全球气候变化的关注与日俱增，气候变化已成为科学家们关注研究的一个热点，这种已经出现的全球变化可能将对环境、经济、社会、文化等带来深远的影响[2]。

20 世纪 80 年代以来，全球气温出现了最明显的上升趋势，全球性气候变暖成为研究的热点问题[3, 4]。根据美国国家宇航局（NASA）哥达德空间研究院（GISS）2005 年度报告得知，2005 年（气象年，指 2004 年 12 月至 2005 年 11 月）全球地面温度与先前测得的最暖的一年 1998 年的温度几乎是相当的。而且研究还发现，增暖是普遍的，且北半球高纬地区增暖最明显。全球平均温度在最近 30 年升高了 0.6℃，在过去 100 年升高了 0.8℃。确切地说，过去全球缓慢变暖，且波动较大，但在 1975 年以后，全球平均温度几乎以 0.2℃·10a^{-1}的速度在升高。由最近 50 年全球年平均温度和各季节平均温度的变化趋势可见，增暖最显著的地方是阿拉斯加、西伯利亚和南极半岛等地区，大部分洋面也是增温的。这些边远地区的增暖说明，全球变暖并不是由局地城市的影响造成的，而是一种全球普遍存在的现象[5]。大陆比海洋增温严重，其蒸发量也比较大，造成中、低纬度的海洋降水量多，温度大，海洋的蒸发量有所降低。其他地区也有水面蒸发量减少的现象，例如，美国、前苏联、中亚、印度、日本和澳大利亚等国家或地区，20 世纪中期以来的水面蒸发量均有明显下降[6]。全球和东亚地区 21 世纪均表现为明显的增暖，中、高纬地区的增暖大于中、低纬地区，冬、春季的增暖更为明显。未来的增暖幅度随温室气体排放情景和模式不同而有一定差异。预估未来的降水量在北半球中、高纬度地区增加明显，低纬地区降水量则有减少趋势。这些结果与 IPCC 第三次评估报告结论基本一致。南亚和南海夏季风到 21 世纪中期将减弱，而到 21 世纪后期可能增强；东亚冬季风在未来 100 年将呈现持续变弱趋势[7]。

3.1.2　全球气候变化研究的最新进展

自全球气候变化第三次评估报告（TAR）以来，通过对大量数据集和资料分析的改进与延伸、地理覆盖范围的扩大、对不确定性问题更深入的认识以及更为广泛多样的观测等途径，在认识当前气候如何发生时空变化方面取得了进展。自 1960 年以来对冰川和积雪，以及近 10 年来对海平面高度和冰盖，有了不断增加的综合观测。

气候系统变暖是毫不含糊的，目前从观测中得到的全球平均气温和海温升高、大范围雪和冰融化以及全球平均海平面上升的证据支持了这一观点，在这方面得出了最新观测事实[8]。

（1）根据全球地表温度器测资料，全球气候呈现以变暖为主要特征的显著变化。最近 12 年中有 11 年位列 1850 年以来最暖的 12 个年份之中。近 50 年平均线性增暖速率（每 10 年增 0.13℃）几乎是近 100 年的 2 倍。相对于 1850～1899 年，2001～2005 年总的温度增加为 0.76℃。

（2）对探空和卫星资料进行新的分析表明，对流层中下层温度的增暖速率与地表温度记录类似，并在其各自的不确定性范围内相一致，这在很大程度上弥合了 TAR 中所指出的差异。

（3）至少从 1980 年以来，陆地和海洋上空以及对流层上层的平均大气水汽含量已有所增加。

（4）观测表明，全球海洋平均温度的增加已延伸到至少 3000 m 深度，海洋已经并且正在吸收 80% 被增添到气候系统中的热量。这一增暖引起海水膨胀，有助于海平面上升。

（5）南北半球的山地冰川和积雪总体上都已退缩。冰川和冰帽减少有助于海平面上升（这里的冰帽不包括格陵兰和南极）。

（6）总体来说，格陵兰和南极冰盖的退缩已对 1993～2003 年的海平面上升贡献了 0.41mm·a^{-1}（范围为 0.06～0.76mm·a^{-1}）。格陵兰和南极溢出的一些冰川的流速已经加快，这消耗了冰盖内部的冰。

（7）在 1961～2003 年期间，全球平均海平面上升的平均速率为 1.8 mm·a^{-1}。在 1993～2003 年期间，该速率有所增加，约为 3.1 mm·a^{-1}。目前尚不清楚在 1993～2003 年期间出现的较高速率反映的是年代际变率还是长期增加趋势。从 19 世纪到 20 世纪，观测到的海平面上升速率的增加具有高可信度，整个 20 世纪的海平面上升高度估计为 0.17 m。

已在大陆、区域和洋盆尺度上观测到气候的多种长期变化，包括北极温度与冰的变化，降水量、海水盐度、风场以及包括干旱、强降水、热浪和热带气旋强度在内的极端天气方面的广泛变化。

近 100 年来，北极平均温度几乎以两倍于全球平均速率的速度升高。然而，北极温度具有很高的年代际变率。

（1）观测得到 1925～1945 年存在一个暖期。

（2）1978 年以来的卫星资料显示，北极年平均海冰面积以每 10 年 2.7% 的速率退缩。较大幅度的退缩出现在夏季，为每 10 年 7.4%。

（3）自 20 世纪 80 年代以来，北极多年冻土顶层温度的上升幅度已高达 3℃。在北半球地区，从 1900 年以来，季节性冻土覆盖的最大面积已减少了约 7%，而春天的减少达 15%。

（4）已在一些地区观测到降水量在 1901～2005 年存在长期趋势。其中在北美洲和南美洲东部、欧洲北部、亚洲北部和中部，已观测到降水量显著增加；在萨赫勒、地中海、非洲南部、亚洲南部部分地区，已观测到降水量的减少。降水量的时空变化很大，在其他一些地区尚未观测到确定的长期趋势。

（5）从 1960 年以来，两半球中纬度西风在加强。

（6）自 1970 年以来，在更大范围地区，尤其是在热带和副热带，观测到了强度更强、持续更长的干旱。

（7）强降水事件的发生频率有所上升，并与增暖和观测到的大气水汽含量增加相一致。

（8）近 50 年来已观测到了极端温度的大范围变化。冷昼、冷夜和霜冻已变得更为少见，而热昼、热夜和热浪变得更为频繁。

（9）热带气旋每年的个数没有明显变化趋势。卫星资料显示，大约从 1970 年以来，全球呈现出热带气旋强度增大的趋势，与观测到的热带海表温度升高相关。

目前尚无足够的证据确定其他某些变量是否存在着变化趋势，如大尺度的全球海洋经向翻转环流，小尺度的龙卷风、雹、闪电和沙尘暴等。

3.1.3 全球未来气候变化预估

大量可用的数值模拟结果，连同用使用观测约束条件的新方法，为估计未来气候变化许多方面的可能性提供了量化的基础。模式模拟考虑了一系列包括理想化排放或浓度假定的未来可能情形，这些包括 2000～2100 年排放情景特别报告（SRES）解释性标志情景，以及 2000 年或 2100 年后温室气体和气溶胶浓度保持稳定条件下的模式试验[8]。

在一系列 SRES 排放情景下，预估未来 20 年增暖为每 10 年 0.2℃。即使温室气体和气溶胶浓度稳定在 2000 年水平，每 10 年也将进一步增暖 0.1℃。

（1）自 1900 年 IPCC 第一次评估报告以来，预估结果显示出 1900～2005 年全球平均温度升高约为每 10 年 0.15～0.3℃，而观测结果为每 10 年约增加 0.2℃，二者的可比性增强了近期预估结果的可信度。

（2）模式试验表明即使所有辐射强迫因子都保持在 2000 年水平，但由于海洋缓慢的响应，未来 20 年仍有每 10 年约 0.1℃的进一步增暖。如果排放处于 SRES 各情景范围之内，则增暖幅度预计将是其两倍（$0.2℃ \cdot 10a^{-1}$），以上均不考虑气候政策干预。模式预估结果的最佳估计表明，在所有有人类居住的大陆，SRES 情景的选择对 2030 年前的平均变暖幅度影响不大。

以等于或高于当前的速率持续排放温室气体，会导致进一步增暖，并引发 21 世纪全球气候系统的许多变化，这些变化很可能将大于 20 世纪的观测结果。

（1）21 世纪末全球平均地表气温可能升高 1.1～6.4℃（6 种 SRES 情景，与 1980～1999 年相比）。

6 种 SRES 情景为：A1F1——化石能源为主，环境污染严重。

A1T——非化石能源为主，环境污染减少。

A1B——所有资源平衡协调利用。

A2——自给自足以及地方性保护，注重环境保护。

B1——经济结构向服务和信息方面发展，高效资源技术利用。

B2——重点集中经济、社会和环境持续发展的地方性方案。

（2）增暖趋向于降低陆地和海洋的大气二氧化碳吸收，提高存留在大气中的人为排放的比例。在 A2 情景下，二氧化碳反馈作用对应的 2100 年相应的全球平均增暖在 1℃以上。

　　(3) 基于模式预测，相对于 1980~1999 年平均，6 个 SRES 情景下 21 世纪末全球平均海平面的上升幅度预估范围为 0.18~0.59 m。

　　目前对变暖的分布和其他区域尺度特征的预估结果更为可信，包括风场、降水，以及极端事件和冰的某些方面的变化。

　　(1) 21 世纪的变暖预估结果显示出与情景无关的空间地理分布型，这与近几十年的观测结果相似。预计陆地上和北半球高纬地区的增暖最为显著，而南大洋和北大西洋的变暖最弱。

　　(2) 雪覆盖面会退缩，大部分多年冻土区的融化深度会广泛增加。

　　(3) 所有 SRES 情景下的预估结果显示，北极和南极的海冰会退缩。某些预估结果显示，21 世纪后半叶北极暮夏的海冰将几乎完全消融。

　　(4) 热事件、热浪和强降水事件的发生频率很可能将会持续上升。

　　(5) 基于模式的模拟结果，年热带气旋（台风和飓风）的强度可能会更强，伴随着更高峰值的风速和更强的降水；热带气旋的个数会减少的预估可信度比较低。

　　(6) 热带以外的风暴路径会向极地方向移动，引起热带外地区风、降水和温度场的变化，延续近半个世纪以来所观测到的总体分布型的变化趋势。

　　(7) 高纬地区的降水量很可能增多，而多数副热带大陆地区的降水量可能有所减少（A1B 情景下到 2100 年会减少多达 20%）。

　　(8) 基于当前模式的模拟结果，21 世纪大西洋经向翻转环流（MOC）将很可能减缓，到 2100 年可能降低 25%（范围为 0~50%）。

　　由于各种气候过程、反馈与时间尺度有关，即使温室气体浓度趋于稳定，人为增暖和海平面上升仍会持续数个世纪。

　　(1) 如果辐射强迫被稳定在 B1 或 A1B 水平的 2100 年时的排放情景下，预计全球温度将会进一步增暖 0.5℃，并主要发生在 22 世纪。

　　(2) 如果辐射强迫稳定在 2100 年 A1B 水平上，到 2300 年，单独的热膨胀会引起海平面升高 0.3~0.8m（相对于 1980~1999 年），并且由于将热量混合到深海需要一段时间，海平面上升的局面会在此后许多世纪以递减的速率持续下去。

　　(3) 预估结果显示，格陵兰冰盖的退缩会在 2100 年后继续对海平面上升产生贡献。现有模式结果表明，1.9~4.6℃的全球平均增暖（相对于工业化前）如果持续千年，会最终导致格陵兰冰盖的完全消融，进而造成海平面升高约 7 m。这些温度值与推断出的 125 000 年前末次间冰期的温度相当，古气候资料显示，当时极地冰面积缩减，海平面升高 4~6 m。

　　(4) 目前的全球模式研究预估结果表明，南极冰盖将会维持在非常寒冷的状态，不至于会出现大范围表层融化的现象，而且由于降雪增加，冰量还会增大。然而，如果动力冰耗主导了冰盖的质量平衡，有可能会发生冰量的净损失。

(5) 由于清除 CO_2 所需的时间尺度, 过去和未来的人为 CO_2 排放将使增暖和海平面上升现象持续千年以上。

3.2 中国气候变化

中国位于亚欧大陆的东南侧, 东临太平洋, 西有世界最广、最高的高原, 幅员辽阔, 地形复杂, 是世界著名的季风气候区。受全球气候变化的影响, 中国气候也存在多时间尺度的变化特征。受季风的影响, 中国还有其本身气候变化的特殊性。

3.2.1 气温的变化

在全球变暖背景下, 近 100 年来中国年平均气温明显增加, 升温幅度为 0.5~0.8℃, 比同期全球升温幅度平均值 (0.6℃±0.20℃) 略高。20 世纪主要有两个增暖期, 分别出现在 20~40 年代与 80 年代中期以后。这两个增温期的温度上升幅度大致相同。与全球及北半球平均状况一样, 中国近 100 年的增温也主要发生在冬季和春季, 夏季气温变化不明显; 与全球变化不同的是, 中国 20 世纪 20~40 年代增温十分显著[9]。

近 50 年中国增暖尤其明显, 主要发生在 20 世纪 80 年代中期以后。在最近的 50 年, 全国年平均地表气温增加 1.1℃, 增温速率为每 10 年 0.22℃, 明显高于全球或北半球同期平均增温速率。北方和青藏高原增温比其他地区显著。中国西南地区出现降温现象, 春季和夏季降温尤为突出。长江中下游地区夏季平均气温也呈降低趋势。由于气温上升, 我国的气候生长期已明显增长, 青藏高原和北方地区增长更多。

3.2.2 降水量的变化

由于中国处于东亚季风区, 降水的气候振荡要比气温的振荡复杂得多。近 100 年和近 50 年中国年降水量变化趋势不显著, 但年代际波动较大。20 世纪初期和 30~50 年代年降水量偏多, 20 年代和 60~80 年代偏少, 近 20 年降水呈增加趋势。1990 年以来, 多数年份年降水量均高于常年。从季节上看, 近 100 年中国秋季降水量略为减少, 而春季降水量稍有增加。近 47 年 (1956~2002 年) 全国平均年降水量呈现增加趋势[8]。

中国年降水量趋势变化存在明显的区域差异。1956~2000 年, 长江中下游和东南地区年降水量平均增加了 60~130 mm, 西部大部分地区的年降水量也有比较明显的增加, 东北北部和内蒙古大部分地区有一定程度的增加。但是, 华北、西北东部、东北南部等地区年降水量出现下降趋势, 其中黄河、海河、辽河和淮河流域 1956～2000 年平均年降水量减少了 50～120 mm[7]。

3.2.3　其他气候因素的变化

近 50 年中国的日照时间、水面蒸发量、近地面平均风速、总云量均呈显著减少趋势。风速减少最明显的地区在中国西北。全国平均总云量在内蒙古中西部、东北东部、华北大部以及西部个别地方减少较为显著。全国年平均日照时间 1956～2000 年减少了 5%（130h）左右。日照时间减少最明显的地区是中国东部，特别是华北和华东地区，1956～2000 年水面蒸发量（蒸发皿蒸发量）减少 6%左右[6]。

水面蒸发量减少主要发生在 20 世纪 70 年代中期以后。水面蒸发量下降明显的地区在华北、华东和西北地区，其中海河和淮河流域年水面蒸发量 1956～2000 年下降了 13%（220 mm）左右。中国近 50 年最大积雪深度也有所增加，这可能主要是西部地区冬季降雪量增加带来的结果。

3.2.4　极端气候事件的变化

在气候变暖背景下，中国极端天气气候事件的频率和强度出现了明显的变化。近 50 年来，全国平均的炎热日数呈现先下降后增加的趋势，而近 20 年上升较明显。自 1950 年以来，全国平均霜冻日数减少了 10 天左右，这与日最低气温比日最高气温增幅更明显的事实是一致的。中国近 50 年的寒潮事件频数显著下降。中国华北和东北地区干旱趋势严重，长江中下游流域和东南地区洪涝也加重。与降水相关的极端气候事件变化具有明显的区域性。近 50 年来，长江中下游流域和东南丘陵地区夏季暴雨日数增多较明显，西北地区发生强降水事件的频率也有所增加。中国西北东部、华北大部和东北南部干旱面积呈增加趋势。20世纪 90 年代以来登陆中国的台风数量呈现下降趋势，近 50 年来东南沿海地区台风降雨量也有所减少。另外，中国北方包括沙尘暴在内的沙尘天气事件发生频率总体上呈下降趋势。

3.2.5　中国未来气候变化的预估

中国科学家对中国未来 20～100 年的气候变化趋势进行了预估。未来 20～100 年，中国地表气温升高明显，降水量也呈增加趋势。和全球一样，21 世纪中国地表气温将继续上升，其中北方增暖大于南方，冬、春季增暖大于夏、秋季。与气候平均值比较（表 3-1），2020 年中国年平均气温将增加 1.3～2.1℃，2030年增加 1.5～2.8℃，2050 年增加 2.3～3.3℃。预计到 2020 年，全国平均年降水量将增加 2%～3%，到 2050 年可能增加 5%～7%。降水日数在北方显著增加，南方变化不大。降水变化时空变率较大，不同模式给出的结果差异明显。

表 3-1 未来中国年平均地表气温与降水变化（相对 1961～1990 年平均值）[7]

气候要素	2020 年	2030 年	2050 年	2100 年
温度变化/℃	1.3～2.1	1.5～2.8	2.3～3.3	3.9～6.0
降水变化/%	2～3		5～7	11～17

未来中国的极端天气气候事件发生频率可能会发生变化。区域气候模式的预估结果表明，中国地区的日最高和日最低气温都将升高，但日最低气温的升高更为明显，日差将进一步减小。未来南方的大雨日数将显著增加，暴雨天气可能会增多。

3.3 黑龙江省帽儿山地区近 30 年气候变化

全球气候变化对我国森林初级生产力地理分布格局不会发生显著影响，但会使森林生产力增加 1%～10%，并从东南向西北递增。东北森林的组成和结构将发生较大变化，落叶阔叶树将逐步成为优势树种[10]。笔者根据黑龙江省帽儿山气象站获取的气候观测资料，对黑龙江省帽儿山地区近 30 年气候变化趋势进行了比较系统的分析，发现该地区的总气候体变化动态既蕴含了全球气候变化特征，又表现出了当地的特点。

3.3.1 气温的变化

温度是影响植物生长、分布的重要指标。东北地区位于我国最高纬度，是受全球气候变暖影响增温最显著的地区之一，既是气候敏感区也是生态环境的脆弱带，其气候变化既受到全球气候变暖的影响，又具有本地区的地域性特点[11]。自 1980 年以来，东北地区的黑龙江省哈尔滨市为全球增暖幅度较大城市之一，特别是 1991 年后 10 年，哈尔滨年平均气温上升 2.2℃，1995 年高达 6.1℃，创下历史极值[12]。距哈尔滨不远的帽儿山实验林场近 30 年气温的变化趋势如图 3-1 所示，20 世纪 70 年代以来，采样地温度升高是总的趋势，增温趋势为 0.106℃·a^{-1}，1982 年年平均气温达 5.99℃，1995 年更是高达 6.1℃，创下历史最高值。

不同季节增温幅度有所不同，月平均气温年际变化记录显示冬季增温是主要趋势（图 3-2）。月增温幅度最大的是 2 月，增温趋势 0.339℃·a^{-1}。其次是 3 月（0.232℃·a^{-1}）和 1 月（0.136℃·a^{-1}）。春季和秋季的温度变化较为平和。作为落叶松主要生长期的 6 月、7 月年平均值增幅不大。这些记录表明，最大增温出现在冬季和春季而不是夏季和秋季，这与潘华盛等根据观测资料分析近百年来黑龙江省气温变化的结果一致[12]。这也就是说，最冷月平均温度值比最热月

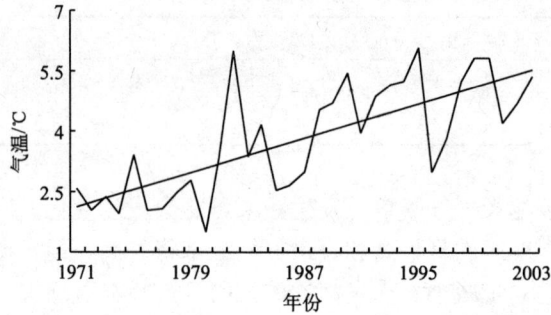

图 3-1　采样地年平均气温变化 ［气象观测资料取自
帽儿山气象站（1971～2003 年），以下同］

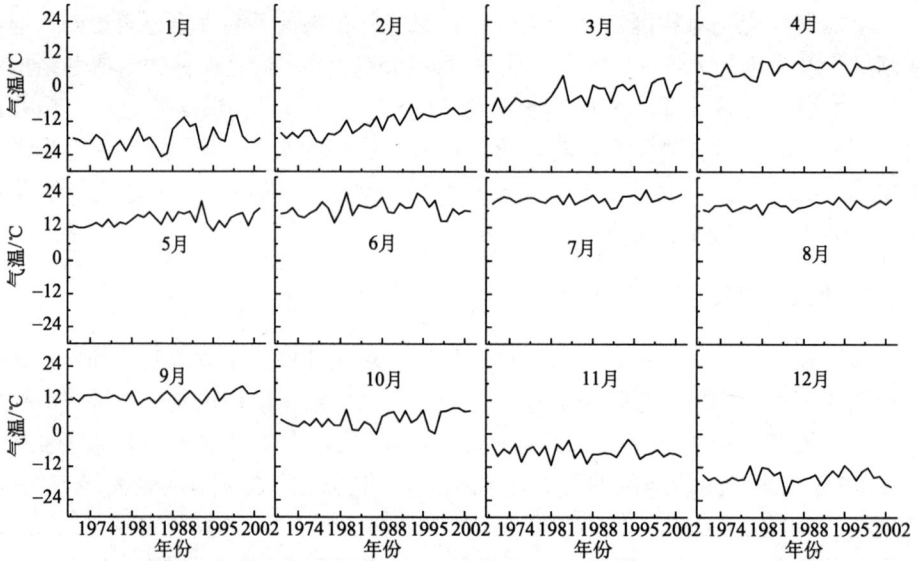

图 3-2　采样地 12 个月份的年平均气温变化

平均温度值升高明显，其后果是减少了采样地树木形成层组织的休眠期，使形成层组织分裂增生的时间提前，延长人工林树木的生长期。

3.3.2　降水量的变化

中国北方干旱和半干旱区是区域环境最脆弱的地区之一，而地表水分的变化是决定该地区植物生存环境演变的最根本因素[13]。在黑龙江大部分地区降水量有所增加[14]。采样地近几十年降水量的基本变化趋势是增加的，但是增加幅度不大（图3-3），增加趋势为 $0.415\ \mathrm{mm \cdot a^{-1}}$。在1984年出现了极端最低降水值，仅为 33.44 mm。

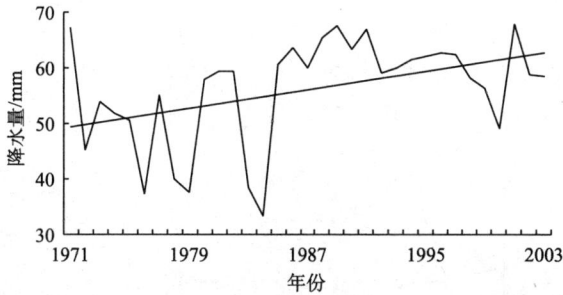

图 3-3　采样地年平均降水量变化

采样地不同月份降水量的增加幅度有所不同（图3-4），增加幅度最大的是11月，增加趋势为 $2.903\ \mathrm{mm \cdot a^{-1}}$，其次是3月（$2.139\ \mathrm{mm \cdot a^{-1}}$）和4月（$1.076\mathrm{mm \cdot a^{-1}}$）。然而并不是所有的月份的降水量都呈增加趋势。6月、7月、8月和9月的降水量有所减少。春季降水略有增加，夏、秋季降水均有减少趋势，此结果与吉奇等对近50年东北地区降水变化的分析结果一致[15]。

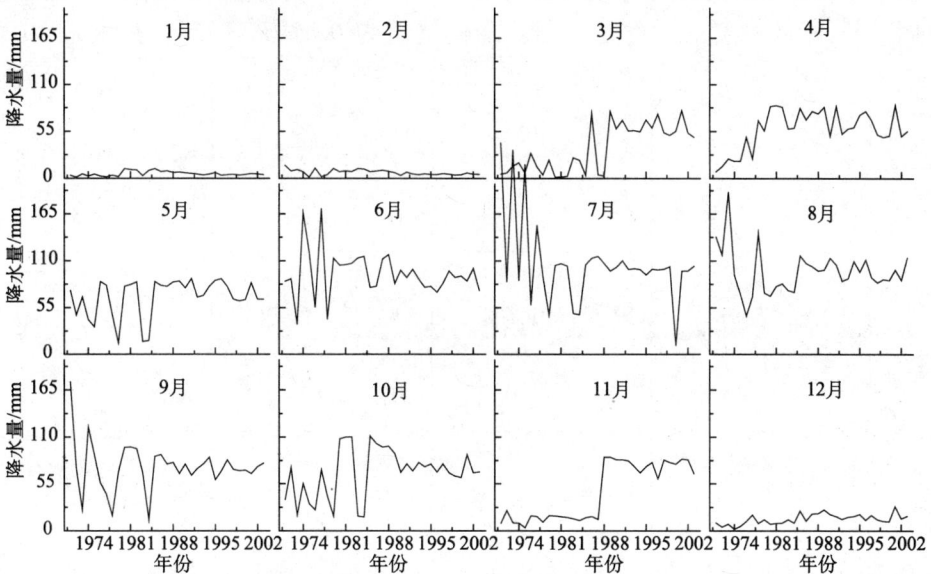

图 3-4　采样地12个月份的年平均降水量变化

3.3.3　相对湿度的变化

最新的研究表明：由于降水减少和温度升高的共同作用，全球干旱面积在近
50年扩大了1倍[16]，我国东北地区的相对湿度表现为显著的下降趋势[17]。采样
地气温增加明显，降水量的增加趋势不大，其结果必然会导致年平均相对湿度有
所降低，但是降低幅度不大（图3-5），仅为 $0.432\% \cdot a^{-1}$。

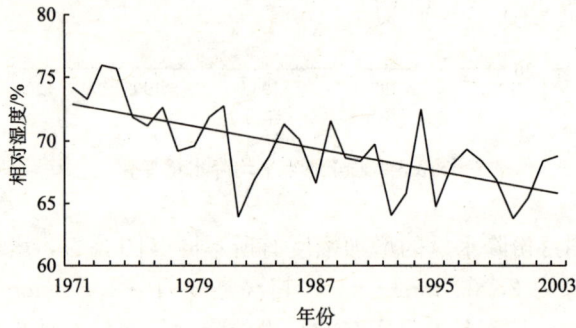

图 3-5　采样地年平均相对湿度变化

月平均相对湿度年际变化记录显示 4～11 月相对湿度降低是主要趋势
（图3-6），降低幅度最大的是9月，降低趋势为 $0.472\% \cdot a^{-1}$。其次是 10 月

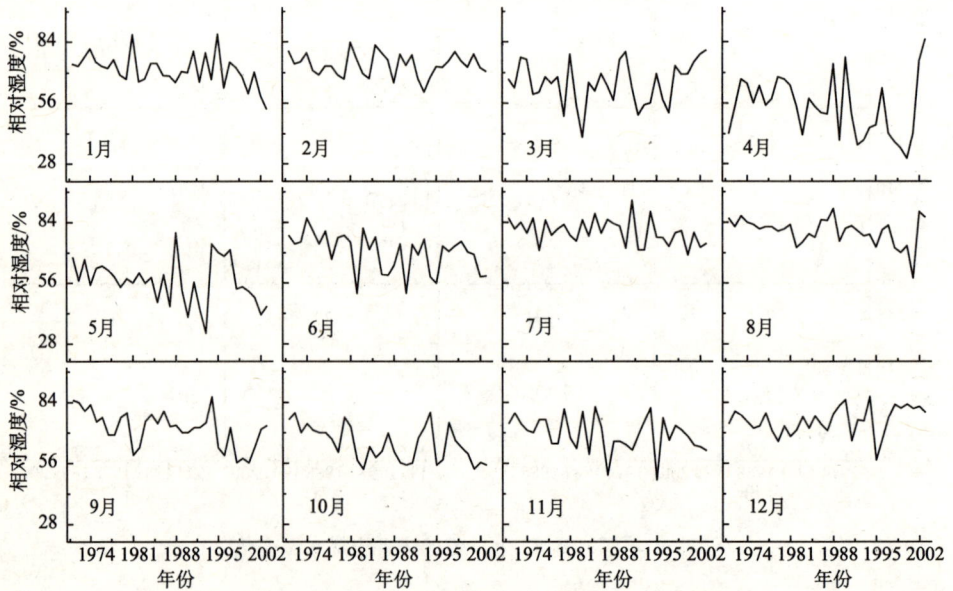

图 3-6　采样地 12 个月份的年平均相对湿度变化

$(0.419\% \cdot a^{-1})$ 和 6 月 $(0.407\% \cdot a^{-1})$。

3.3.4　日照时间的变化

近 50 年中国的日照时间、总云量均呈显著减少趋势。全国平均总云量在内蒙古中西部、东北东部、华北大部以及西部个别地区减少较为显著。全国年平均日照时间 1956~2000 年减少了 5%（130 h）左右。日照时间减少最明显的地区是中国东部，特别是华北和华东地区[18]。近几十年采样地的日照时间略有降低，降低趋势为 $0.013 h \cdot a^{-1}$（图 3-7）。特别是在 1986 年出现了一次极端日照时间最少值，平均日照时间仅为 6h。

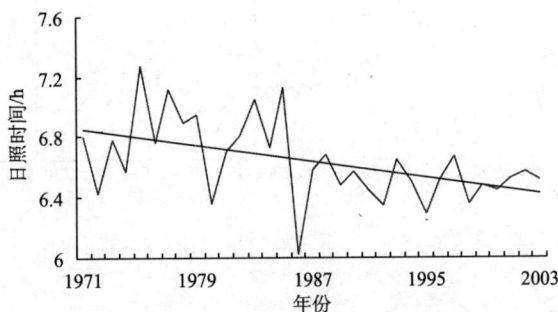

图 3-7　采样地年平均日照时间变化

不同季节日照时间的年际变化不同（图 3-8），月平均日照时间年际变化记录显示冬季日光照射时间缩短是主要趋势，缩短幅度最大的是 3 月，缩短时间为 $0.187 h \cdot a^{-1}$，其次是 1 月、2 月和 12 月（约为 $0.15 h \cdot a^{-1}$）。然而，树木生长季（4~9 月）的日照时间有所增加，增加幅度最大的是 7 月，延长时间为 $0.121 h \cdot a^{-1}$。

3.3.5　地温的变化

近 50 年中国年平均地温的年际变化大致分为下降阶段、候冷期及上升阶段，地温的区域变化特征显著，20 世纪 90 年代后东北地区地温增温最显著。地温季节变化中，冬季地温年际变化特征与其他季节相比差异较显著[19]。受气温的影响，采样地地面温度升高也是总的趋势，而且比气温的增加幅度稍大（图 3-9），增温趋势约为 $0.178℃ \cdot a^{-1}$。值得注意的是，与 1981 年前相比较，在 1981 年之后，地温最高温度降低了近 10℃，而地温最低温度则升高了近 10℃，尽管平均温度变化不明显，但是地面温度差变化非常显著。

月平均地温年际变化记录显示冬季增温是主要趋势，增温幅度最大的是 2

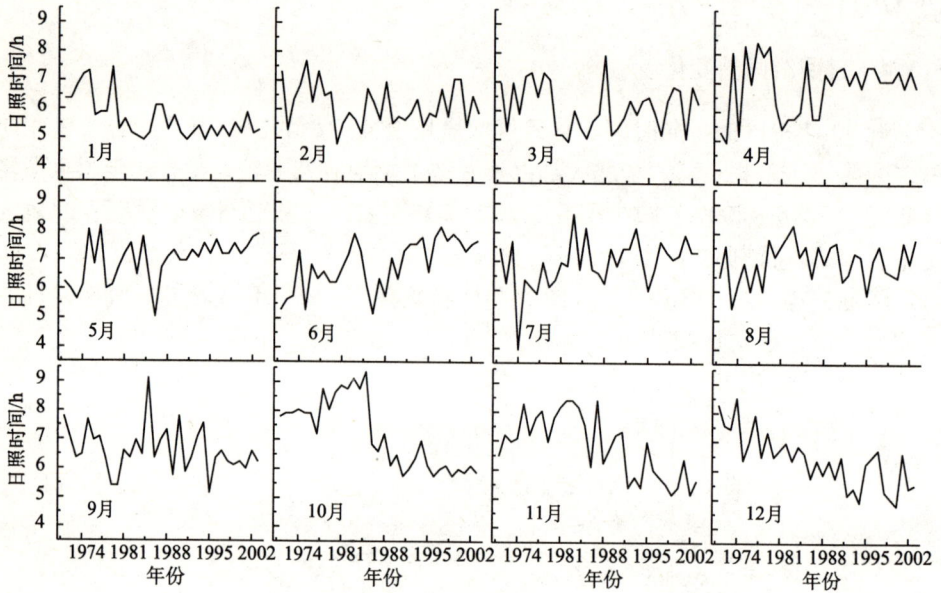

图 3-8　采样地 12 个月份的年平均日照时间变化

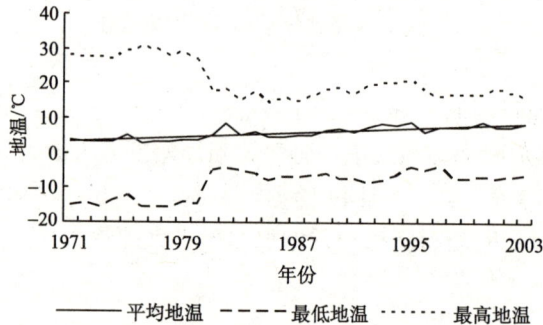

图 3-9　采样地年平均地温变化

月，增温趋势为 0.399℃ · a^{-1}。其次是 1 月和 12 月，增温趋势约为 0.30℃ · a^{-1}（图 3-10）。地面温度增温主要体现在地面温度最小值上。最低地温增温趋势最明显的季节出现在秋季和冬季（图 3-11），增温幅度最大的月份是 11 月，增温幅度达 0.589℃ · a^{-1}，其次为 9 月（增温趋势为 0.489℃ · a^{-1}）和 2 月（增温趋势为 0.479℃ · a^{-1}）。然而，与最低地温正好相反，最高地温年际变化记录显示降温是主要趋势（图 3-12），降温趋势比较明显的是处于生长季的 3~9 月。降温幅度最大的是 7 月，降温趋势为 0.648℃ · a^{-1}，其次为 9 月（降温趋势为

$0.573℃ \cdot a^{-1}$）和 3 月（降温趋势为 $0.548℃ \cdot a^{-1}$）。

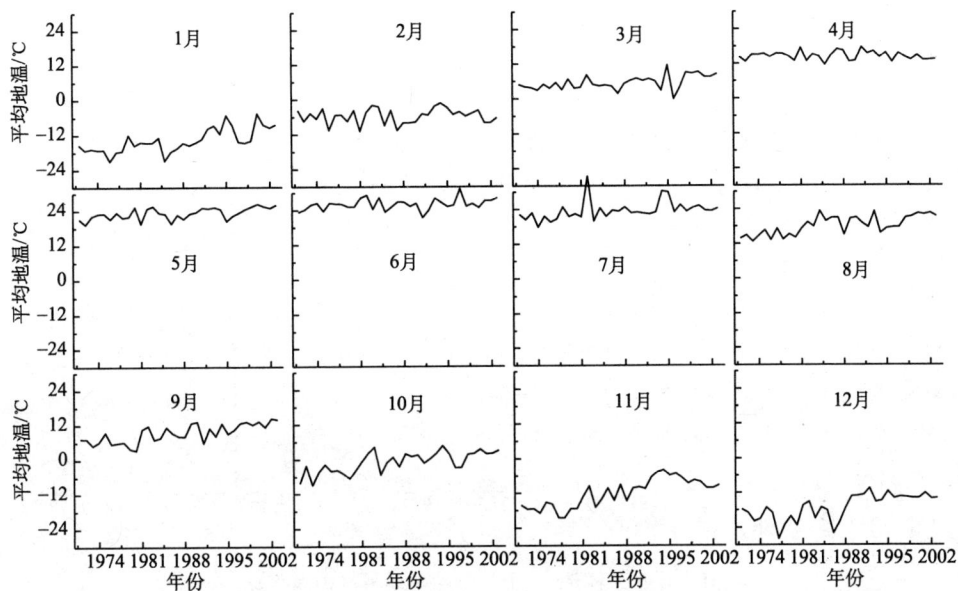

图 3-10 采样地 12 个月份的平均地温年际变化

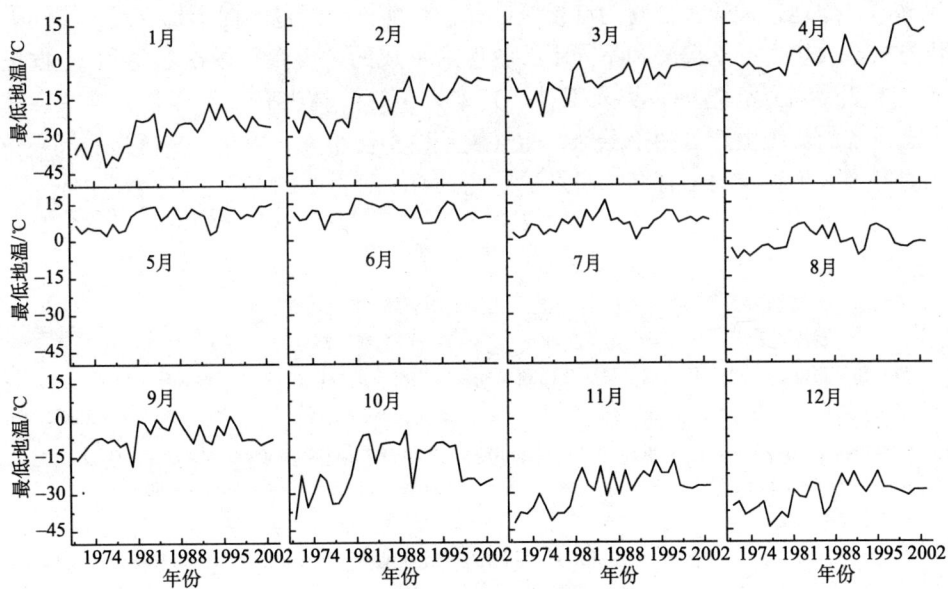

图 3-11 采样地 12 个月份的平均最低地温变化

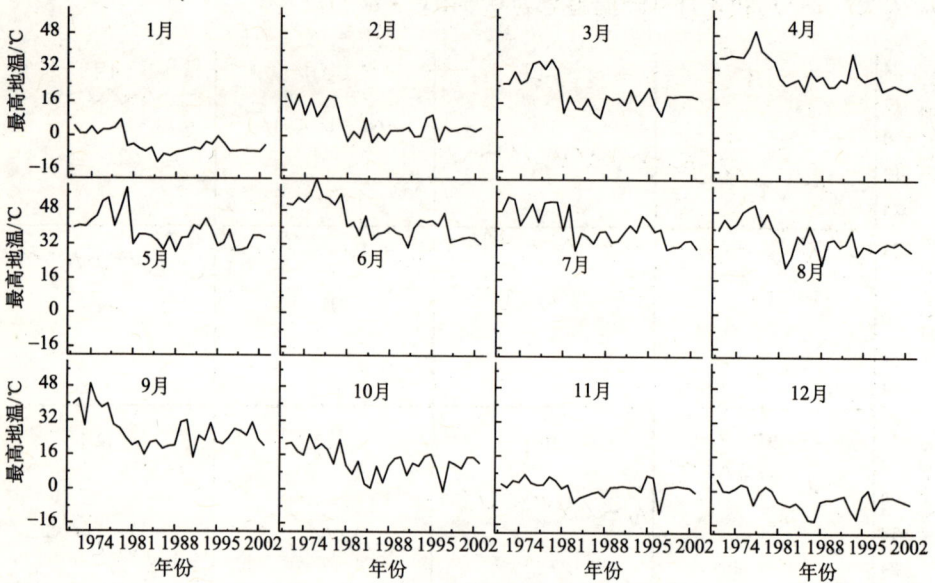

图 3-12　采样地 12 个月份的平均最高地温变化

　　黑龙江省帽儿山地区植被属长白植物区系，是东北东部山区较典型的天然次生林区，原地带性顶极群落为红松阔叶林。目前拥有经过不同干扰方式（不同采伐方式、火烧、开垦等）和不同干扰程度后形成的 2 万余公顷次生林和 20 世纪 50 年代开始陆续营造的各类人工林，其中人工针叶林占有一定面积。这些森林生态系统的初级生产力相差悬殊，与气候条件密切相关。因此，掌握当地气候变化对开展人工林定向培育和木材形成研究具有十分重要的意义。

参 考 文 献

[1] 黄兵明. 天气与气候（一）. 北京：银冠电子出版有限公司，2003. 19

[2] 宋巧云，魏凤英. 年代际气候变化研究进展. 气象科技，2006，34 (1)：1～6

[3] 苗秋菊，张婉佩. 2005 年全球气候变化回顾. 气候变化研究进展，2006，2 (1)：43～45

[4] Mann M E, Bradley R S, Hughes M K. Northern hemisphere temperature during the last millennium: inferences, uncertainties and limitations. Geophysical Research Letters, 1999, 26: 759～762

[5] Roderick M L, Farquhar G D. The cause of decreased pan evaporation over the past 50 years. Science, 2002, 298: 1410, 1411

[6] 金玮，王成善，崔杰. 全球气候变化综述. 沉积与特提斯地质，2006，26 (1)：107～110

[7] 丁一汇，任国玉，石广玉等. 气候变化国家评估报告（I）：中国气候变化的历史和未来趋势. 气候变化研究进展，2006，2 (1)：4～10

[8] 国家气候中心. 全球气候变化的最新科学事实和研究进展——IPCC 第一工作组第四次评估报告初步解读. 环境保护，2007，(6A)：27～30

[9] 唐国利，任国玉. 近百年中国地表气温变化趋势的再分析. 气候与环境研究，2005，10 (4)：281~288

[10] 林而达，许吟隆，蒋金荷. 气候变化国家评估报告 (Ⅱ)：气候变化的影响与适应. 气候变化研究进展，2006，2 (2)：51~56

[11] 孙凤华，杨素英，陈鹏狮. 东北地区近 44 年的气候暖干化趋势分析及可能影响. 生态学杂志，2005，24 (7)：751~755

[12] 潘华盛，张桂华，徐南平. 20 世纪 80 年代以来黑龙江气候变暖的初步分析. 气候与环境研究，2003，8 (3)：348~355

[13] 马柱国. 我国北方干湿演变规律及其与区域增暖的可能联系. 地球物理学报，2005，48 (5)：1011~1018

[14] 蔡福等，明惠青，刘兵等. 采用地统计学和 GIS 技术对东北地区不同时期降水的分析. 中国农业气象，2006，27 (4)：296~299

[15] 吉奇，宋冀凤，刘辉. 近 50 年东北地区温度降水变化特征分析. 气象与环境学报，2006，22 (5)：1~5

[16] Aiguo D, Trenberth K E, Qian Taotao. A global dataset of Palmer Drought Severity index for 1870-2002: relationship with soil moisture and effects of surface warming. Journal of Hydrometeorology, 2004, 5 (6): 1117~1130

[17] 刘波，马柱国，丁裕国. 中国北方近 45 年蒸发变化的特征及与环境的关系. 高原气象，2006，25 (5)：840~848

[18] Li Chunyang, Viher A, Puhakainen A T et al. Ecotype-dependent control of growth, dormancy and freezing tolerance under seasonal changes in Betula pendula Roth. Trees, 2003, 17 (2): 127~132

[19] 陆晓波，徐海明，孙丞虎等. 中国近 50a 地温的变化特征. 南京气象学院学报，2006，29 (5)：706~712

第4章 木材气候学的数量化方法

4.1 气候数据的量化采集

气候参数测定是指利用一定的测定手段对作业环境气候条件参数进行检测，以评定作业环境气候条件是否符合安全作业要求。气候条件参数主要有气温、地温、降水、气压、湿度、风速、风向、照度等[1]。

4.1.1 气温测定

气温是衡量空气冷热程度的量，表示空气分子运动的平均动能。常用摄氏度（t）表示，也有用华氏度（F）表示的，理论研究工作中常用热力学温度（T）表示，其间换算关系：

$$t = \frac{5}{9}(F - 32) \tag{4-1}$$

$$t = T - 273.15 \tag{4-2}$$

通常所说的气温一般指距地面 1.25～2.0 m 处的大气温度。露天测量时，为了防止太阳辐射对测量值产生影响，测温仪器必须放在百叶箱或防辐射罩内，还要使测量元件有良好的通风条件。室内测量时，要注意热物体辐射的影响，应避开热物体的直接辐射，选择接近平均温度点作为测点。目前测量气温的常用仪器主要有玻璃温度计、双金属温度计和数字式温度计等。

4.1.1.1 玻璃温度计

玻璃温度计（图 4-1）的感应部分是一个充满测温液体的玻璃球或玻璃柱，示度部分为玻璃毛细管。测温液体常用的有水银、乙醇和甲苯等。由于玻璃球内的液体的热胀系数远大于玻璃，因此毛细管中的液柱随温度变化而升降，可表示温度。常用的有最高温度计、最低温度计（图 4-2）和干湿球温度表。最高温度计的构造是在球部底部置一根玻璃针，直伸到毛细管口，使毛细管口变狭。温度上升时，水银膨胀上升，温度下降时，狭管阻止水银下降，因而可测得最高温度。最低温度计用乙醇作测温液，在毛细管内放一枚游标，温度上升时，乙醇可越过游标上升，温度下降时，液面的表面张力带动游标下滑，游标位置可读出最低温度。用玻璃温度计测量气温时，应将温度计挂于测点 5～10 min 后读数。

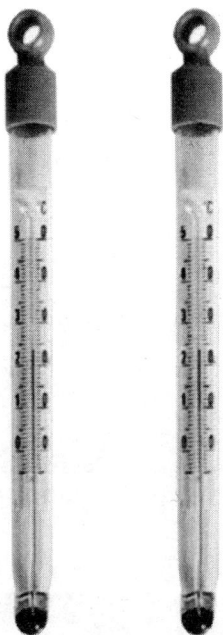

图 4-1　玻璃温度计

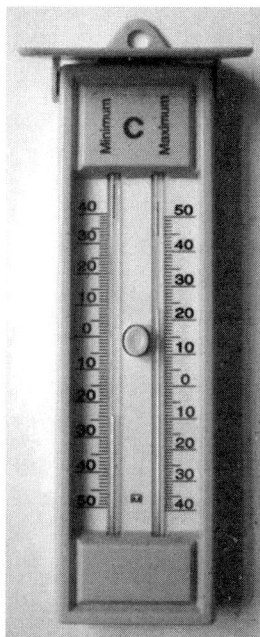

图 4-2　最高、最低温度计

4.1.1.2　双金属温度计

双金属温度计是能自动连续记录气温变化的仪器。它的感应元件是双金属片，由膨胀系数相差较大的两片金属焊接而成，将其一端固定，另一端随温度变化而发生位移，位移量与气温接近线性关系。自记系统由自记钟和自记笔组成，自记笔与放大杠杆相连并受感应元件操纵（图 4-3）。双金属温度计是一种适合测量中、低温的现场检测仪表，可用来直接测量液体、气体和蒸汽的温度。仪表精度的等级一般能达到 1.0 级，仪表上壳采用防腐材料，耐温性可以高达 200℃，最低为 −40℃。双层密封

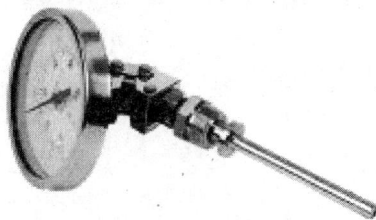

图 4-3　双金属温度计

胶圈，防腐、防水性能好。保护管焊接采用全自动氩气保护管，焊缝牢固，晶间腐蚀小。标度盘是铝氧化印刷盘，表面清晰，式样美观。指针为内可调式。

图 4-4　数字式温度计

4.1.1.3　数字式温度计

数字式温度计（图 4-4）通过温度传感器将温度转化为电信号，经转换后，直接以数字方式显示温度测定结果，使用方便。

4.1.2　降水量测定

降水量是用来衡量降水多少的一个概念，它是指雨水（或融化后的固体降水）既不流走，也不渗透到地里，同时也不被蒸发掉而积聚起来的一层水的深度，通常以毫米（mm）为单位。降水量的测定包括降雨量和降雪量的测定。测定降雨量的仪器通常为雨量器和虹吸雨量计；测定降雪量用雨量器或量雪尺。

4.1.2.1　雨量器

雨量器是用于测量一段时间内累积降水量的仪器（图 4-5）。其外壳是金属圆筒，分上下两节，上节是一个口径为 20 cm 的盛水漏斗，为防止雨水溅失，保持器口面积和形状，筒口用坚硬铜质做成内直外斜的刀刃状；下节筒内放一个储水瓶用来收集雨水。测量时，将雨水倒入特制的雨量杯内读取降水量毫米数。降雪季节将储水瓶取出，换上不带漏斗的筒口，雪花可直接收集在雨量筒内，待雪融化后再读数，也可将雪称出重量然后根据筒口面积换算成毫米数。

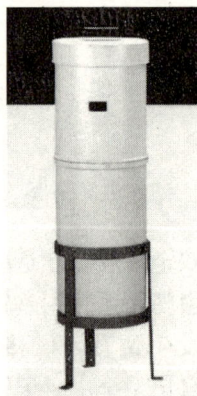

图 4-5　雨量器

4.1.2.2　虹吸雨量计

虹吸雨量计是台站常用的可连续记录降水量和降水时间的自记仪器。其上部盛水漏斗的形状和大小与雨量器相同（见图 4-6）。虹吸雨量计的筒口直径通常为 20 cm。接水器是圆筒形，底部成圆锥形（漏斗状），中有小圆孔。接水器装在圆筒形的铁柜顶部，浮子室和自记钟等都装在铁柜里。浮子室有管子与接水器的漏斗部分相连，使雨水能直接流入浮子室内。浮子室内有浮子和固定在浮子上的直杆，直杆的顶端从浮子室伸出来。自记笔和直杆相连，自记纸卷在记钟筒上面。虹吸管紧密地套入浮子室的侧管里面。雨量计安置在观测场内雨量器的旁边，放在埋入土中的木柱或木台上（并用三根铁丝固定）。接水器口离地面的高

度以仪器本身高度和便于观测为准，器口应
水平。

　　下雨时，雨水从接水器流入浮子室之后，
浮子室中水逐渐升高，浮子跟着上升，与浮
子相连的笔杆也随着上升，笔尖在自记纸上
连续记下一条降水量变化的曲线。浮子室中
的水达到一定高度，即笔尖达到自记纸上限
时（一般相当于 10 mm 或 20 mm 的降水量），
水就自动从虹吸管中排出来；随后浮子下降，
笔尖又落到零线上。若仍有降水，笔尖又随
之上升，继续记录。自记曲线的坡度可表示
降水强度。

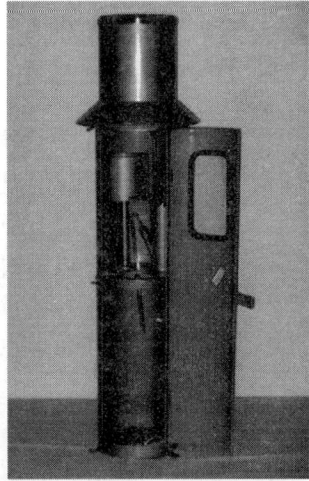

图 4-6　虹吸雨量计

4.1.3　相对湿度测定

　　相对湿度表示为某温度时空气的绝对湿度与同一温度下水的饱和蒸气压的百
分比。绝对湿度表示每立方米空气中所含的水蒸气的量，单位是 $kg \cdot m^{-3}$。相
对湿度的测定仪器有三类：毛发湿度计、干湿球湿度计和数字型湿度计。

4.1.3.1　毛发湿度计

　　毛发湿度计是利用脱脂人发（或牛的肠衣）随空气湿度变化而伸缩的特性达
到测定的目的。当空气湿度增大时，毛发伸长，反之，毛发缩短。湿度从零到
100％时，毛发伸长 2.5％，伸长量与湿度变化成正比。通过毛发带动仪器的连
杆机构，从而使仪器指针随空气湿度变化而摆动（图 4-7）。该种类型的仪器可

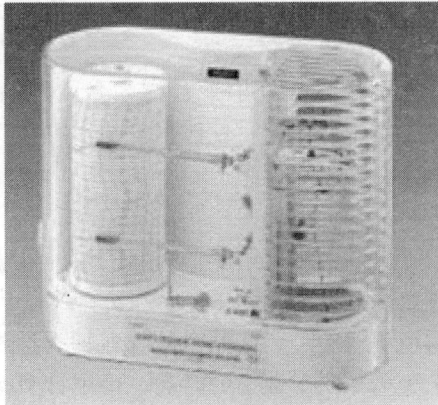

图 4-7　毛发湿度计

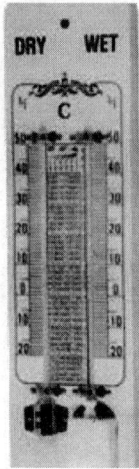

图 4-8　干湿球湿度计

做成自动录式，以记录全过程空气湿度的变化。

4.1.3.2　干湿球湿度计（表）

干湿球湿度计由干温度计和湿温度计组成（图 4-8）。

湿温度计液球上的纱布中的水分蒸发时，吸收热量，温度下降，干、湿温度计之间就形成温度差 Δt。温度差 Δt 与相对湿度 Ψ 成正比。根据 Δt 值及干温度或湿温度查表即得相对湿度 Ψ。干湿球湿度计的测湿精度为：玻璃温度计的读数可估读到 $0.1℃$。对相对湿度产生的误差为：$30℃$ 时，误差约 1%；$-30℃$ 时，误差约 18%。我国规范规定：$-10℃$ 以下停止使用干湿球湿度计。测定时，首先以水润湿纱布，根据干、湿温度计的读数，求出两者温差，查表即得相对湿度。

4.1.3.3　数字型湿度计

利用湿度敏感材料制作传感器，当空气湿度变化时，湿度敏感材料传感器电参数也随之变化，电量通过放大电路放大，在读数仪表上反映出空气的湿度大小。利用湿度传感器，可实现对作业环境空气湿度的连续监控。目前比较流行的是数字型温湿度计，可以同时显示大气温度值和相对湿度值。

湿度敏感材料类型主要有以下两种。

（1）电阻式湿度片：利用吸湿膜片随湿度变化改变其电阻值的原理制成，常用的有碳膜湿敏电阻和氯化锂湿度片两种。前者用高分子聚合物和导电材料炭黑，加上黏合剂配成一定比例的胶状液体，涂覆到基片上组成电阻片；后者是在基片上涂上一层氯化锂乙醇溶液，当空气湿度变化时，氯化锂溶液浓度随之改变，从而也改变了测湿膜片的电阻。这类元件的测湿精度较干湿表低，主要用在无线电探空仪和遥测设备中。

（2）薄膜湿敏电容：是指以高分子聚合物为介质的电容器，因吸收（或释放）水气而改变电容值。它制作精巧，性能优良，常用在探空仪和遥测中。

4.1.4　日照时间测定

日照时间又称日照时数，表示太阳照射时间的量。日照时间分为可照时数和实照时数两种：可照时数指一天内太阳中心从东方地平线到西方地平线所经历的总时数，由该地的纬度和日期决定；实照时数（即日照时数）是不受云和天气及地物影响，太阳直射光线实际照射地面的时数，可用日照计测定。实照时数与可照数之比为日照百分率，它可以衡量一个地区的光照条件。日照时间的测定仪器常用暗筒式照度计，也可以采用聚焦式照度计或光电照度计。

4.1.4.1　暗筒式照度计

暗筒式照度计又称感光（即乔唐式）照度计
（图 4-9）。这种日照计有一个圆形暗筒，暗筒上留
有小孔，当阳光透过小孔射入筒内时，装在筒内
涂有感光药剂的日照纸上便留下感光迹线，利用
感光迹线即可计算出日照时数，这是气象台站常
用的仪器。日照计应安置在从日出到日没都能受
到太阳照射的地方，固定在木柱顶端的木板上，
木柱埋入地内，底座离地高约 1.2 m。底座应保
持水平，筒轴与南北线重合，筒口朝北，松动螺
旋，使指示针与观测点的纬度对准，再加以固定。

图 4-9　暗筒式照度计

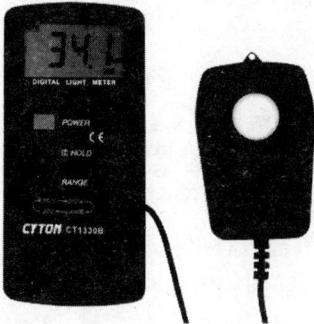

图 4-10　光电式照度计

4.1.4.2　光电式照度计

光电式照度计如图 4-10 所示。根据 1981 年
WMO 第八届仪器和观测方法委员会建议，将太
阳直接辐射强度≥120W·m^{-2}作为日照阈值。使
用阈值为 120 W·m^{-2}的直接日射表作为日照基
准仪器，当太阳直接辐射照射到受光元件时，受
光元件输出与直接辐射相对应的脉冲电压，当脉
冲电压幅度超过阈值电压时，输出一个时间脉冲，
作为日照时数记录下来。

4.1.4.3　聚焦式照度计

聚焦式照度计利用太阳光经玻璃球折射聚焦，在日照纸上留下烧灼焦痕，根
据焦痕的总长度计算出日照时数（图 4-11）。

4.1.5　地温测定

地温是地表面和以下不同深度处土壤温度的统称，单位为℃。地面温度是大
气与地表结合部的温度状况，地中温度是地面以下任何深度的土壤温度，地温的
测定仪器有地面温度计、曲管地温计等。

4.1.5.1　地面温度计

地面温度计一套三支，包括普通温度计（又称 0 cm 温度计）、最高温度计和

图 4-11 聚焦式照度计 (http://www.ccnpic.com/magnify.php?
userid=008&img_id=008-5044&chn=1)

最低温度计。其构造原理和使用方法与测气温的干球、最高和最低温度计相同，只是由于地面温度变化范围较宽，它们的刻度和测量的范围较大。地面温度计安装在观测场的最南面，平放在地面上，按普通、最低、最高的顺序，由北向南，各表间隔为 5 cm，球部朝东，表身及球部一半埋入土中，一半露出地面，以便观测。冬季出现积雪时，应把地面 3 支温度计放在未被破坏的雪面上进行观测。若继续下雪，或者天气放晴，温度计重新被雪埋或下陷到积雪内时，均应在巡视仪器时把温度计重新放置在雪面上。否则，若扒雪观测，读数就会偏高；若是晴天积雪融化，温度计球部下陷至雪内，普通温度计和地面最高温度计读数则会偏低。

4.1.5.2 曲管地温计

曲管地温计一套四支（包括 5 cm、10 cm、15 cm、20 cm），构造与普通温度计基本一样，只是外形不同，球部和表身成 135°（图 4-12）。安放时各曲管地温计相隔 10 cm。地面在白天和夏季温度高，夜间和冬季温度低，日、年变化明显。这些变化一般随深度增加而减小。地温最高值、最低值的出现时间随深度增加而延迟。地温的高低对近地面气温和植物的种子发芽及其生长发育，还有微生物的繁殖及其活动，都有很大影响。气象站一般观测地面以及地面以下 5 cm、10 cm、15 cm、20 cm、40 cm、80 cm、160 cm 和 320 cm 深度的地温，以及地面每天的最高、最低温度。地温资料对农、林、牧业的区域规划有重大意义。

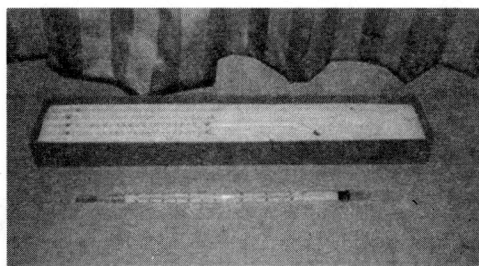

图 4-12　曲管地温计

4.1.6　气压测定

气压是指在任何表面的单位面积上空气分子运动所产生的压力。通常用所测高度以上单位截面积的垂直大气柱的重量表示。气压的大小与海拔、大气温度、大气密度等有关，一般随高度升高按指数规律递减。气压有日变化和年变化。一年之中，冬季比夏季气压高。一天中，气压有一个最高值、一个最低值，分别出现在 9～10 时和 15～16 时，还有一个次高值和一个次低值，分别出现在 21～22 时和 3～4 时。气压日变化幅度较小，一般为 0.1～0.4kPa，并随纬度增高而减小。气压变化与风、天气的好坏等关系密切，因而是重要的气象因子。通常所用的气压单位有 Pa、mmHg、mbar。它们之间的换算关系为：100 Pa＝1 mbar≈3/4 mmHg。气象观测中常用的测量气压的仪器有水银气压计、空盒气压计、气压计。

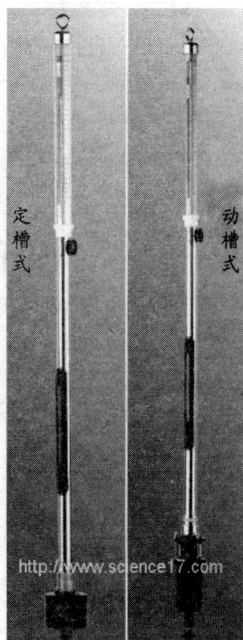

图 4-13　水银气压计
(http://www. science17. com/detail. asp?id＝7297)

4.1.6.1　水银气压计

测定气压一般用动槽式（福丁式）和定槽式（寇鸟式）两种水银气压计（图 4-13）。两种水银气压计都是由内管、外套管和水银槽三部分组成。水银气压计要安装在温度变化小，光线充足又不受阳光照射，空气流通而又不直吹风，且无震动的小屋子里。将其垂直挂在室内的墙上或柱上，高度以便于观测为宜。

4.1.6.2　空盒气压表

空盒气压表分为感应、传动放大、指针三部分。感应部分是一组有弹性的

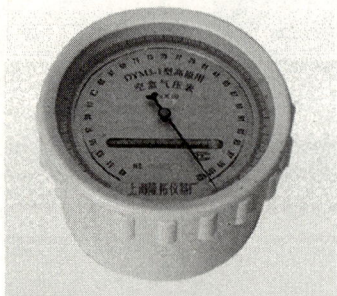

图 4-14　空盒气压表

密封的圆形金属空盒。气压增大时，空盘被压缩，经传动放大部分带动指针向右偏转，气压示度升高；反之则降低（图 4-14）。

4.1.7　风的测定

风是相对于地表面的空气运动，通常指它的水平分量，以风向、风速或风力表示。风向指气流的来向，常按 16 方位记录。风速是空气在单位时间内移动的水平距离，以 m·s^{-1} 为单位。大气中水平风速一般为 $1.0\sim10$ m·s^{-1}，台风、龙卷风风速有时可达到 102 m·s^{-1}。而农田中的风速可以小于 0.1 m·s^{-1}。风速的观测资料有瞬时值和平均值两种，一般使用平均值。风的测量多用电接风向风速计、轻便风速表、达因式风向风速计，以及用于测量农田中微风的热球微风仪等仪器进行；也可根据地面物体征象按风力等级表估计。

4.1.7.1　电接风向风速计

电接风向风速计由感应器、指示器和记录器三部分组成（图 4-15）。感应器安装在室外（观测场）或楼上的杆子上，指示器和记录器则置于室内，用一长电线与感应器相连，上部是风速表。在风速表内部有电接装置。风杯每转 80 圈相当于风的行程 200 m。当风的行程达 200 m 时，发生一次电接。

图 4-15　电接风向风速计

外面感应部分的风速、风向就可在贴在自记钟筒上的记录纸上记录下来。

还有一种用亮灯指示风向风速的九灯风向风速仪。其感应部分与上述风向风速计相似，只是接收部分不用自记纸，而是用亮灯显示。

4.1.7.2　风压板测风器

风压板测风器是根据能绕轴转动的平板在风力作用下所掀起的角度大小与风力的关系而制成的。风对平板的压力大致与风速的平方成正比。风压板测风器包括风向、风速两部分。风向标和风压板都固定在一个金属套管上，套管套在一个中心轴上，能随风向变化而自由转动，风向标的球部正好对着风的来向。为确定风向，在中心轴下部又附有固定的放射状的指示八个方向的铁针。风速部分是在风压板的一侧装一弧形架，架上有八根表示风速的指针（0～7 号）。风压板有轻型（200 g）、重型（800 g）两种。经常用的是轻型。

4.2　木材材性指标的测定

生长在同一生态环境中的树木，受到同样气候条件限制的年轮宽窄变化应该是同步的。设想在某一个年轮序列存在失踪年轮、断然或伪年轮，那么它同另外一个树干上读得的年轮序列就无法重叠起来。把这两个序列点在图上，年轮变化曲线就会出现明显的位相差，这样就比较容易检查出哪一段不符合，原因是什么，并最终确定出每个年轮正确的生长年份。在剔除种遗传因素、培育措施、立地条件等后，认为仅气候变化可对正确地定出年份的所有序列有影响。这些在汇总并进行标准化后建立的序列，被称为年表。采集合格的树轮标本，并建立出理想的最终年表，是树轮分析中基础的工作，也是整个木材形成与气候变化关系研究成败的关键。质量不高的样本显然不能建立起理想的年表。即使树木标本是合乎要求的，但由于量测等分析过程中的误差，往往也会造成整个分析工作的失败。因此，只有通过严格的取样、精确的量测等一系列步骤，才能保证最终年表的建立。

4.2.1　野外取样

和其他许多学科一样，标本质量的高低，直接决定最终成果的可靠性。在树木年轮气候学中，野外取样是最为关键的工作。如果标本不能符合基本要求，那么对这些标本的进一步加工、分析都将是徒劳无益的，也不可能将其转换成可靠的数据。

4.2.1.1　取样环境的选择

树木生长除受气候条件影响外，还受到其他许多环境因子的影响，包括树木的位置、土壤湿度、自然环境的变化等。因此，在采样前必须严格考虑限制因子定律所造成的后果。也就是说，应设法判断采集的对象是否以气候条件为其主要限制因子，其他非气候因子则应尽可能影响很小且较稳定。因此，在进行年轮气候学研究时，选择树木标本有一定的原则，比如，选择未受过人类影响的树木，选择林缘木和孤立木，环境要相对稳定。在一片森林中取样时，还要尽可能避免在密林深处截取标本。对于天然林来说，或许我们可以做到，但是在研究木材形成与气候变化的关系时，特别是人工林木材形成与气候变化的关系时，人类的干涉是不可避免的。我们只能采取其他的方法来消除其影响。

对于同一棵树，树木基部处的序列最为敏感，也就是说靠近基部的年轮序列用作气候分析是适宜的，而接近树冠的年轮变化与气候因子的关系不佳，不宜用作分析。树干标本的采集高度以靠近树干基部为宜。然而，在实际取样时，为操作方便，采集者可以不拘于靠近树干基部，而是在稍稍偏高的部位，甚至可到达胸径部位。这对复本年轮取样并无本质影响。

在野外，当我们采集树木年轮标本时，应同时目测每个标本的敏感程度。通常，可以审视各个年轮宽度的差异，尤其是相邻两个年轮宽度的变化状况。若是各个年轮宽度差异不大，即没有什么明显的窄轮与宽轮，则这种标本敏感程度较小，不是我们所希望的标本，应予舍弃。如果在标本上年轮宽度的逐年变异较大，出现了相当多的窄轮和宽轮，那么这就是敏感度较大的标本。宽度的逐年变异越大，敏感度也就越大，往往也就能从中获得较多的气候信息，是较好的树木年轮标本。

就小环境而言，影响敏感度的因子有以下几个[2]。

(1) 地形：主要是坡度和悬崖石壁的影响。其规律为：悬崖优于石壁；迎风坡优于背风坡；陡坡优于缓坡，但坡度越过一定临界值时，敏感度向相反方向变化。

(2) 土壤厚度：从山区来说，土层越多，它的持水量就越多，因而土层厚度应与敏感度成反比。当土层很薄时，持水量几乎为零，树木生长的敏感度也就随之增大。

(3) 遮蔽度：树株在幼年期，受其他大树的遮蔽，使树木的幼年期发育不良，对外界因子反应不太敏感，一般称为变压木。但到一定时期以后，由于生长环境变更和自身生长发育关系，就有良好的敏感性。

(4) 坡向：表现在一个山体上较为显著，小地形的坡向虽有影响，但并不突出。

(5) 地下水：由于地下水位状况的不同，可使相距很近的两株树敏感度相差很大。另外，有的树木尽管也属于林缘木，但由于地下水位较高，且在树木根系与水层之间无岩石层阻隔，极易获得足够的水分供应，不适于作标本。

在取样时，还经常遇到树木生长发育很差，甚至有些畸形的树木，这主要是其生长受到温度或水分的限制造成的，对于选作标本并无妨碍。某些地方的树木病腐比较严重，尤其是材心病腐从外表不易辨认，在采样时应予以注意。可以通过下述三种办法判断这类病腐状况。

(1) 该树的根茎是否大量外露，根茎有无腐朽。若是根茎大量外露，且有腐朽，则树干基部的材心多已病腐。根茎间腐朽越厉害，材心病腐也越严重。

(2) 树干上有无各种病腐子实体。例如，柏树上会有木质坚硬的哈尔蒂木层孔菌（*Phellinus hartigu*）和硬革菌（*Streum sp.*），云杉树上常有云杉白腐菌（*Trametes abietis*）等。这些子实体通常与树干材心病腐有某种联系。

(3) 用生长锥钻取或用重物敲打树干，根据音响情况来推测。材心已腐朽的树干经敲打声音通常较沙哑。

　　芬兰最近发明了一种树木雷达探测仪。用这种雷达探测仪可迅速查出树木是否已开始腐烂及树干腐朽的程度。这种雷达探视仪附带有一个显示终端装置。操作时把雷达发射接收器沿着树干向上推进。如果被检查的树木已腐朽，雷达发出的无线电波就会从树干的后侧或腐朽处折回，这时，显示器上就会立即反映出这一情况。这种探测仪重量轻，携带方便，不会损坏树木，并可将雷达探测的情况用录像带储存起来，以便进行复查和加以比较。

　　综上所述，可用作分析的树木年轮标本不是随意可以取到的，应该经过比较严格的选择树木的过程，在限制地点取样。

4.2.1.2　试材的采集方式

　　目前，树轮标本的采集主要有两种方式：一种是截取整个圆盘；另一种是用生长锥钻取横截面上的树芯。

　　截取圆盘标本有利于年轮的全方位分析以及对各种虚假生长轮的判明，同时也能提供给其他分析项目使用，经过简单的加工，则可成为永久保存的标本。但它也有很大的缺点，即取样时必定要毁坏树木，尤其是标本较多时大量木材被废弃，浪费很大。同时，在标本的采集、搬运和保存过程中也将浪费很大的人力、物力。圆盘取样的工具多用长柄龙锯或油锯。

　　用生长锥取样是近年来许多国家较多采用的方法。这种方法在取样、运输和保存时都显得相当方便，而且在保证树木正常生长的前提下，为大量复本标本的取得提供了便利条件。按国际年轮资料库的要求，一组标准的标本至少要取10～20棵树的钻芯，而且每棵树要取两个钻芯作为复本。在已开展过树木年轮分析并有很好交叉定年年表的地区，或在已知确切种植日期和年限的人工林，可以少取一些标本，但也需要有足够的标本作为保证。不难想象，如果都要用圆盘标本代替钻芯标本，将伐倒多少树木，造成多大的浪费，甚至造成局地生态环境的恶化。所以，现在许多国家采集树木年轮标本，已摒弃伐树取盘，而以生长锥所取的钻芯代替。

　　取样用的生长锥由三部分组成（图 4-16）：

　　(1) 锥柄。即钻取树芯用的把手，同时又是存放锥体的容器。

　　(2) 锥体。为一前端带有锋利螺旋刃口的狭长形圆筒。

　　(3) 取芯勺。为一前端带有细齿刃的半圆形通条。

　　使用时，先将锥体取出装在锥柄上，用力压进树干，尽力保持水平，对准树心。然后，用力均衡地顺时针方向旋转锥柄，使锥体钻入树干（图 4-16）。注意钻进时不要摇动，以保证钻芯的完整。当锥体进入树干 3～5 cm 后，通常要用取芯勺试探锥体圆筒内是否有钻芯，其长度是否与钻进深度基本一致。得到满意的试探结果以后，可以继续钻。一旦钻到所需要的深度或最大限度的深度时，插入

图 4-16　生长锥及其取样方法

取芯勺，并反时针旋转锥柄几下，然后取出取芯勺，即可取出树芯。最后将锥体反时针退出。

4.2.1.3　试材的编号与记录

选择好采样对象后，要记载树木的生长状况、生态条件、树种、采样日期、地点、坡向、海拔以及其他明显的特点。这样操作对于进一步做年轮分析是很有帮助的。采样地点还应该用经纬度记载，并在地图上找到相应的位置，以便确定采样地点离气象台站的远近。同时也要注明所用的地图名称和比例尺。

标本要在野外按地点、按树种编号，并在标本上作好明显的标记，为以后的分析研究做好准备。在记载各项内容时，应力求做到客观、简要。同时根据研究课题、对象的差异，还可以记载其他更多方面的内容。在野外，通常可携带事先编制的登记表及时填写。

4.2.1.4　采集样本的注意事项

（1）用生长锥取样时，要将生长锥端稳、摆平，对正树心，否则钻芯标本容易曲扭、断裂或破碎，甚至造成锥体折断。同时要尽量避开结疤和其他缺陷处取样。在发现转动锥柄过紧或过松时，很可能遇上树干的结疤或空腐处，这就要立即停止钻进，迅速退出，以免夹钻，损坏工具。

用取芯勺抽取钻芯时，要将勺尖紧贴锥体圆筒内壁，平稳而又果断地插入和取出，以保证树芯标本的完好。同时，要注意保持锥体和取芯勺尖刃的清洁和锋利，切不可将其与石头、铁器等硬物接触。

对生长锥各部分器件的洁化，在野外可用煤油或其他洁净剂清洗。

（2）在野外采集标本后，可先用简单的方法大体上检查一下标本的质量。对圆盘标本，用凿子或扁铲弄出一两道从树芯到树皮的清晰槽印来；对于钻芯标本，用锋利的小刀削平一下，然后手持放大镜，判断是否带有结疤，年轮变化是否连续，同时还要检查一下年轮宽窄变化，即敏感度是否较大，有无很显著的畸形生长，并大体推测一下失踪年轮、断轮和伪年轮现象是否很多，并检验一下是否大多数标本均包含一些相同的窄年轮。如果当场发现问题，可以及时改换取样部位更新取样，对问题严重的，则需要考虑是否改换原先选择的生态环境或树种，这样可以保证标本的质量，以利于实验室的进一步分析。

（3）标本的搬运和携带也应小心，避免过多振荡，尤其是钻芯标本，更应妥善保管。在野外，一般可用带槽的标本板尽快地粘牢夹紧取出的钻芯或将标本用软管套装。使用标本板时应在测量标本前先将编号写在标本板上，然后用乳胶将钻芯粘牢在标本板的槽中，并使标本高出标本板一半多。待干后，将标本板夹紧捆牢。

（4）保证安全也是野外年轮取样时需要重视的问题，不仅由于取样环境往往山势陡峭，而且由于生长锥和油锯的放置不当或使用不妥，也常造成事故。因此在取样时，应事先制定好若干守则或章程，严格遵守纪律。

4.2.2　试材的预处理

无论是生长锥钻芯，还是圆盘或其他类型标本，自野外带回实验室以后，应尽快进行处理，使其成为可供定年、量测和进一步分析的样本。否则，木质标本较易断裂、曲扭、虫蛀，造成严重缺损则无法使用。

由生长锥取得的钻芯，样本较细，容易折断，加工处理时应多加小心。最初可用粗砂纸或磨光机进行粗加工，一般不要磨掉钻芯直径的四分之一部分。然后可用稍细的砂纸打磨，接着再用更细的砂纸打磨，如此继续下去，直至用最细的砂纸轻轻打平，使其标本表面非常光滑、发亮，甚至可用柔软的毛毡摩擦标本，保持其光洁。最终的钻芯标本，还得至少保留原直径 1/2 以上的部分。

如果某些钻芯已经断裂，须小心对准接口，不能丢失一点点木质部分，并用胶粘牢，在标本板的相应部位做出标记，以免误认。若是有的钻芯已经曲扭，千万不可用手去硬掰，而是用热的水蒸气逐渐湿润标本，同时用手缓缓地将其拧正，然后固定在标本板中，待干燥后再磨光。

4.2.2.1　样本的磨光

对于用于年轮密度测定的钻芯样本，需要从两面磨光，只留下厚度为 2～3 mm 的薄片。对这类加工，通常由专门的机器来完成，在此不详细介绍。

对圆盘样本的加工，可用刨子刨平，然后再用各种型号砂纸打磨，直至十分光滑为止。

4.2.2.2　样本的目估

在野外采集到样本后，还需要对它们进行编号，并大体了解其生长状况。另外，对所有标本都应进行一次目估，进一步了解每一个样本的更多信息。通常，着重目测以下两方面问题：一是它的生长状况，包括年轮的走向、清晰程度，是否有结疤、病腐等；二是它包含的年代，即该样本最接近髓心的一个年轮的形成年代和最接近树皮的一个年轮形成年代。目测者可从树皮向里数，按十年间隔作记号，初步将样本长度定出来，为深入进行示意图式定年和计算机处理打下基础。总之，通过目估，可将更多的情况记录在案，所有这些不仅可以对标本有更多的了解，也有利于现代分析技术的采用。

4.2.2.3　样本的标记

当标本表面磨光和目估之后，应该接着确定它的长度（年代）。对于已知取样年代的标本，即从最靠近树皮的一个年轮往髓心逐个数，公元每个第 10 年，如 1980，1970……都在年轮上给出一个标记。每到第 50 年和第 100 年，也分别给出不同的标记。这样每个标本的长度极易识别，也为进一步定年和测量做好准备。

除了年代标记外，一些窄轮、伪年轮、部分遗失年轮，以及年轮的断裂和其他缺陷，都应尽可能在预处理过程中标出，而且使用特定的标记，便于统一。

4.2.2.4　交叉定年技术

交叉定年技术可以从树木年轮的变化，尤其是某些特异的窄轮或其他变异的年轮准确地推断出一些事件的年代。自从 A. E. Douglass 于 1929 年在亚利桑那大学开始使用这种新的断代技术，经过几代树轮学家的不断改进[3~5]，现在已被广泛接受为最精确的年代学手段之一，在年轮气候学和其他分支学科中得到广泛的应用。

4.2.2.5　交叉定年的必要性

采集树木做标本时，人工林的种植年限是确定的，所以不需要进行交叉定年。但是，对于天然林来说，就需要进行交叉定年了。

要确认序列定年的准确可靠，就需要进行交叉定年，而不是只凭某一株树或一两个样本来决定。在一些国家的早期树木年轮研究工作中却可能忽略了这一点，他们往往利用一个树木圆盘或其他很少的标本，进行粗略的定年，确定由树皮向髓心过渡的年数，然后进行宽度量测，得到年轮宽度序列。甚至有人认为，进行树木年轮宽度分析是为了获得长期气候变化信息，个别年份确定是否准确与整个变化趋势关系不大。显然，这些做法和想法都是不正确的。

任何一株树既受大的生态环境影响，又受小的立地条件制约。一般说来，很难找到两株树，它们的生长过程毫无差异，甚至在同一株树的树干横剖面的不同方向上，生长的速率也会有所不同。因此，要了解该地区树木生长的变化不能仅靠很少的标本，而是要有较多的"复本"。对于确定年代来说，复本同样是必要的。只有将同一地区、同一树种的许多树木的年轮宽度逐年变化形式加以比较，才能找出它们的共同特性，明确同步性，其中哪几年应该是窄轮，哪几年应该是宽轮。一些与共性有差异的序列，或者予以调整，或者从"整体"中被剔除。这样每一株树的每一个年轮都能被准确地断定出形成年代，虽然其中一些年轮界线模糊不清，或者根本没有形成，也能通过相互比较分析搞清楚。经过如此处理之后的序列，才真正有代表性，才可称为交叉定年后的年轮年表序列。

如果未经过众多样本反复比较分析，所建立的年轮序列是不完备的，不能作为木材气候学的基本资料，无益于进一步深入的研究工作，甚至会由于年代的差错造成重大失误。因此，交叉定年直接决定了最终年表的质量好坏。

4.2.2.6 交叉定年的基本原理

交叉定年是树轮年代学标尺建立的基本方法。树轮年代学标尺建立在植物生长的基础上，其理论基础是外界环境的变化（如旱、涝、冷、热）会引起树木年轮生长的宽窄年际变化，而且同样的气候环境对不同的树木树轮宽度年际变化的影响是一致的。通过对比一定区域内不同树木在相近生长时段内年轮宽度序列的变化特征，再根据取样时间，对已形成的每一个年轮进行精确断代[6]。

限制因子原理是树轮年代学中的基本原理之一，是指一切生物的生命过程，如植物生长，必须受到其环境限制因子如温度、水分、阳光、营养物质等的制约。如果树木得不到生长所需要的某个环境因子（如降水）的正常供应量，那么，这个因子就成为制约其正常生长的限制因子。如果这个环境限制因子在一定的区域持续足够长的时间，就能利用该区域树轮宽度等的随时间变化的特征进行交叉定年，最终建立起可信的年表。因此，有相同的环境限制因子才能对不同树木之间的年轮宽度的变化特征进行对比，是交叉定年顺利进行的内在原因。根据树轮交叉定年的基本原理，不仅活树可以用来交叉定年，从旧房屋、古墓中取出的木料，甚至埋藏在地下的硅化木、化石木都可以进行交叉定年。取自相同或相似生长环境（如同一地区）的古木和现代的活树，只要它们的生长年代有50～100年的重复时段，利用交叉定年的基本原理，就可以通过对接的方式让年表不断地延长。通过这种方法，科学家们已在欧洲建立起了长达1万年、分辨率到年的树轮年表，为该地区竖起一个高分辨率的年代学标尺[7,8]。

4.2.2.7 三步定年法

目前，国外采用多种途径进行交叉定年。在我国进行这类定年，由于无固定年表可循，更应慎重行事。严格说来需要考虑以下三个步骤进行定年。

1) 选样目测定年

在野外取样时，注意树木生长的生态环境，选择气候因子对树木生长可能起限制作用的地点。例如，在森林上限或向草原过渡的林缘，一般还要考虑远离水体、有一定坡度等地貌条件。同时，还应该考虑到定年的可能性。每当在同一地点采集标本时，除了目估其年轮宽度的逐年变异，即敏感度是否较大以外，还应查看它们是否包含一些相同的窄年轮。

类似的，其他地点所取样本都经历过这种目测定年。初步入选的钻芯，方可带回实验室做进一步分析，以免盲目取样。不过，应该注意到某些钻芯由于年轮变异，也可能造成这几个靠近树皮的窄轮不都出现，或者移位。这时，由于是在野外作业，不可能做更仔细的判断，因而还是可将这种标本带回，日后在实验室再做决断。

2) 示意图式定年

以不同长度的线段，标出较窄的年轮，强调窄年轮对生态环境较为敏感的影响，是目前许多国家广为采用的途径。

通常在 1 mm×1 mm 的坐标纸上，首先标出最靠近树皮的一个年轮年代。若在春季以后取样，此系取样的当年；否则为取样的前一年。接着，以横坐标每一小格表示一年，从右向左依次标出较早的年代。然后根据实际年轮宽度的相对变化，将相对较窄的年轮找出来，以不同长度的线段，在坐标纸上相应的年份处画出来。一般说来，线段的长度可分为四种，即 1 mm、3 mm、6 mm、9 mm。与邻近若干年轮宽度相比，凡较窄的年轮，可画出线段来，年轮越窄，该线段越长。

在标出窄年轮变化型的同时，还应参照在样本初步处理时目测定年的结果，往往可以检查出原先定年的不正确之处。

下一步则将同一株树的两个钻芯的示意图式放在一起，比较它们的差异。如果无明显差异，表明它们可以与其他树的示意图式做进一步比较，如果有明显差异，可通过互相调整，或与其他图式比较，以多数图式为标准，调整少数年轮变化型。也就是假定少数钻芯中存在伪年轮或遗失年轮的情况，在读数序列中合并或增加个数，以求一致。

这种示意图式的绘制，也可以通过宽度量测以后，由计算程序根据逐年宽度大小进行分类，再打印出来。

3) 精确计算定年

进一步精确定年，还可在进行宽度量测以后，由计算机程序控制进行。在国外，已有不少做交叉定年的计算机程序。寻求在已建立的年轮年表与新的年轮序列之间的相关，根据它们重叠部分的相关性，可以大体了解新序列中是否包含伪年轮、遗失年轮或其他错误，即定年是否正确。然而，严格说来，相关性的高低并不意味着年轮序列交叉定年的好坏。有人提出了一种"移动单元定年"计算方法，用一个未定年的短序列与一个已定年的主序列寻求相关。由于该短序列年代不能肯定，就需要逐个移动，使其在某一位置时与主序列相关最好，用以确定未定年序列的年代。这多半在考古研究中应用。也有通过计算两个年轮序列的相关系数、吻合百分率和叠合点数的"t-分布值"，然后由这些统计量的大小推断定年的准确性，并进行适当调整。

上面所述的这些计算程序都是以一对样本的相关性为依据，提出对定年误差的判断。同时这一对样本中要有一个是已定年的序列，且无遗失年轮或伪年轮，因此每次计算只能对一个序列的定年进行检验。美国 R. J. HoImes 提出检查众多序列资料可靠性的新方法，即将一个地点的、经过初步定年的许多年轮宽度序列放在一起，相互比较，以确定各个序列资料中可能存在的伪年轮或遗失年轮等。和许多种定年方法一样，它只是指出某个序列可能存在哪一类的误差，应该予以调整，却并不能给出客观的标准，决定某个序列应被拒绝或被接受进入主序列。因此，它并不能代替其他初步定年，也不能代替人为调整，以建立代表性强的主序列。

通过这种计算，可以保证各个年轮宽度序列的精确定年。分析过程中，还有一些样本的轮宽变化与主序列有较大差异，最终仍不能进入年表计算。

4.2.2.8　其他定年途径

在定年处理的过程中，实际上也还有许多比较简易的方法，用已定年的年表为依据，对新的序列进行定年。这种情况下，要求新的序列与原有年表同属一个树种，并且取样地点也很近，即受同一类型气候因子制约。然后，就可以将其相互重叠的年代进行比较，分析其准确的年代。这里仅简略介绍两种。

1）折线比较

首先将各年的年轮宽度值在坐标纸上点出来，然后每两年之间用直线连接起来，这就是人们熟知的年轮宽度变化折线。将这样两条折线放置在一起，以对应年份作为横坐标，应完全重合，依据它们的波动状况，就可以大体断定是否含有年轮变异但尚未查明。这是因为绝大多数轮宽变化应该一致，逐个年轮宽度大小可能会有差异，但波动的位相应基本吻合。

有时，生长轮宽的年差较小，折线的波动不甚突出，可以采用对数转换，将原来的年轮宽度值改成对数值，就能够把波动振幅加大，有利于判断两个序列的相似性。

2）特征点选择

在国外，尤其是在西欧和北美洲，常有一些年代很长的、经过定年的高质量年表。人们再有同树种的新序列，就可以与原来的年表对照比较。在比较时主要依据原来年表中的某些特征点，而这些特征点又基本上都是在一些窄轮或遗失年轮处。凡是能与这些特征点吻合的，就可以定出年代来，且能检查出新序列中的年轮变异状况。

当然，也可以结合相关性的计算和其他途径进行比较，但关键在于作为特征点的若干窄轮是否选择恰当，在这些点上的吻合程度如何。

在国内，也可以根据气象记录或历史文献记载，选择若干特征点，与树木年轮序列进行对照，用同样的方法予以处理。不过，气象要素和历史文献资料毕竟不同于树木年轮宽度变异，它们不像树木生长受前期影响那样大，因此，分属不同类型序列。在研究树木生长对外界环境响应以及用作验证时，这些资料都是很好的，只是在进行交叉定年时应较为慎重。

4.2.2.9　定年标记识列

在天然林树木样本上定年时应给定统一标记，这样才能使量测准确无误，保证量测顺利进行。在量测前，首先将第一个完整的年轮作为开始年，最后一个完整的年轮作为结束年。此外，量测者还必须正确理解样本经初步定年留下的各种标记含义。主要标记包括以下几种。

1）年代标记

按照惯例，在样本中每10年做出一个标记比较好，标记太密容易混淆，过于分散则不易查找。一般以公元每个第10年给出一个圆点，如1910，1920……但每50年以双点表示；三个点则表示每个世纪的开始。同时，可在标本板或圆盘上注明这些有标记的年份，也有可选择的注明。

2）遗失年轮标记

当目测定年或进一步定年后断定出遗失年轮时，可在应出现此轮的位置给出一个特殊标记，即在两个年轮的交界处两侧，各点出上下位置不等的两个圆点。

3）窄轮标记

非常窄的年轮的标记是在其两边对应地点两个点，这个标记是为了提醒量测者要注意，这一轮很窄，甚至很难看清，量测时只需给出一个非常小的值，如零点几毫米。给出这种窄轮标记的必须是相当窄的年轮才行，否则容易混淆。

4）伪年轮标记

伪年轮是年轮之内的轮，以一横线划出。量测时应注意那是一个年轮，而不能视为两个轮值。

5）其他注意事项

对于断轮或其他情况虽然没有特殊的标记，但在量测时应注意标本本身和标本板上的特别标记。例如，遇到断轮，要把断裂的部分跨过去，不能算入其一个年轮的宽度。同时可在标本板上的相应位置记以问号，以示提醒。其他标记无严格规定，可根据实际需要自行定出。

4.2.3　试样的制备与测定方法

目前比较成熟的用于研究气候变化影响木材形成的材性指标包括物理特征（生长轮密度、生长轮宽度、晚材率、生长速率等）、解剖特征（管胞长度、纤丝角、管胞直径、管胞壁厚、胞壁率）和化学特征等指标。由于木材气候学研究一般是逐年轮进行的，而较准确的力学性质的测量需要一定的规格尺寸和数量，所以关于力学性质的径向变异与气候变化关系的研究还不成熟。

4.2.3.1　木材物理特征

1）生长轮宽度和晚材率

（1）测试方法一：用显微测长仪测量直线上每一年轮的宽度及相应的早材宽度、晚材宽度，精确到 0.01mm。

（2）测试方法二：利用直接微密度扫描仪测得生长轮密度连续的实测值，根据密度变异特点，判定年轮界限和年轮内早材、晚材分界限，利用所编的计算机程序，计算各分界限内的点数，利用每点间的距离为 0.1mm，求得年轮宽度、早晚材宽度与晚材率。此方法证实生长轮宽度、早晚材宽度与生长轮密度、早晚材密度的一一对应关系。

计算晚材率的公式：

$$晚材率 = \frac{晚材带宽}{年轮宽} \times 100\% \tag{4-3}$$

比较了两种测定方法，第二种方法更准确，是一种简便、快捷和精度高的理想测量方法。

2）生长速率

参照 Michael[9] 相对半径增大率（RR）的方法进行测量

$$RR = \frac{(r_2 - r_1)}{r_1} \times 100\% \tag{4-4}$$

式中：r_1 为髓心与生长轮内部界限（早材开始处）的距离；r_2 为髓心与生长轮外部界限（晚材终止处）的距离。

3）生长轮密度

（1）测试原理：使用直接扫描式 X 射线微密度计来测量。其基本原理是 X

射线穿过木材后强度的衰减与木材密度有如下关系：

$$I = I_0 e^{-\mu \rho t} \tag{4-5}$$

$$\rho = \frac{1}{\mu t} \ln \frac{I_0}{I} \tag{4-6}$$

式中：I 为穿过木材后的射线强度；I_0 为穿过木材前的射线强度；ρ 为木材密度（g. cm^{-3}）；t 为试样厚度（cm）；μ 为质量衰减系数（cm$^2 \cdot$ g^{-1}），其值是与 X 射线波长以及物质种类有关的常数。

本项实验 μ 的定标方法为：使用红松木材标准样品，先求出其 ρ，然后对标准木材样品进行扫描，将扫描曲线积分求得总强度 I，其次在同样条件下进行空白扫描，求得 I_0，代入式（4-6）求得 μ。木材质量吸收系数大小不受木材样品厚度的影响，也不受不同方向的 X 射线扫描的影响。该测试方法具有快速、高效、精确的优点，能进行木材年轮与密度组成分析，即能测得木材平均密度，平均早材密度，平均晚材密度，最大、最小密度，木材密度梯度和木材密度的变异幅度等，能研究木材密度的动态变化，真正揭示生长过程中木材密度的变化规律，为材性的改良提供了新手段。

（2）测试系统：X 射线源采用铜钯 X 射线管，发出的 X 射线通过准直狭缝（Φ 0.15 mm）后经单色器滤色，照射到木材样品上。样品置于可平动的样品架上，计算机控制步进电机，将丝杆螺旋转动变为平动。样品在平动过程中保持与 X 射线垂直。接收狭缝的孔径为 0.15 mm。测试中 X 射线管电压为 20 kV，电流为 20 mA。

（3）样品制备：在试样含水率为 12％左右的气干状态下。

从试样尺寸为宽 2.5 m，厚 5 cm，长为从髓心到树皮的半径长的样木上，切取 2.5 cm 宽，3 mm 厚，长度为半径方向长的薄片，薄片厚度必须均匀，表面光滑。

（4）测试时，扫描路径为沿木材径向，扫描速率为 1.6 cm · min^{-1}，取样间隔为 0.1 mm，并用软盘记录其强度。

（5）利用计算机求出各点的密度值。

4.2.3.2　木材的解剖特征

1）管胞长度

管胞长度采用离析法测定，具体步骤如下。

（1）将木材试样（高 15～20 mm，宽 10 mm，长为从髓心到树皮的半径长）按每个生长轮分早材、过渡带和晚材劈成片状，放入试管中，加入 30％硝酸至浸没木材为止，放在试管架上，然后放入烘箱中加热，在 80℃情况下烘 8～10 h。

（2）将试管取出，倒出硝酸，用水冲洗试管中的试样数次，用大拇指按住试管口用力振荡，木材变为木浆。

（3）用针或毛笔挑少量木浆于载玻片上，加上一滴清水，盖上盖玻片置于带测微尺的显微投影仪下测量。

（4）每个试样测量 30 个管胞长度，求出平均值，即为此年轮中早材、过渡带或晚材的平均管胞长度。

2）微纤丝角

采用碘染色法测量生长轮早材、过渡带和晚材切片的微纤丝角，具体步骤如下。

（1）试样的几何尺寸为高 15～20 mm，宽 10 mm，长为从髓心到树皮的半径长。将试样用热水浸泡软化大约 7d，然后在 1∶1 乙醇和甘油混合液中浸泡 15d 以上，取出后按年轮，分早材、过渡带和晚材顺序切片，尽量保持切片与弦切面平行。切片厚度为早材 25 μm 左右，过渡带 18 μm 左右，晚材 12 μm 左右，每个部位切取 5～8 片。

（2）脱木素：将切片放在 10％硝酸和 10％铬酸的混合液中 5～6 min（夏天）。

（3）脱水：将脱木素后的切片用蒸馏水洗净，再在 50％或 80％的乙醇中脱水，时间一般为 2～3 min。

（4）染色：将脱水后的切片放在载玻片上，用 4％～6％的碘化钾溶液 1～2 滴染色；2～3 min 后，用滤纸吸去剩余的碘化钾溶液。

（5）固定：在染色的切片上再加 1～2 滴 40％～50％的硝酸溶液，待切片颜色变成棕褐色，盖上盖玻片，用滤纸吸去多余的硝酸溶液，以免腐蚀显微镜镜头。

（6）测定：将做好的切片放在 400 倍的显微镜下测定。显微镜上配有旋转刻度盘，通过旋转刻度盘，使"十"字线平行于 S2 层微纤丝排列方向，记下读数。两读数之差即微纤丝角度。

所测生长轮内的早材、过渡带和晚材分别选取 2～3 片试样，随机测取 20 个数据。

3）胞壁率和管胞直径

试样与测量微纤丝角的试样为同一块试样。在横切面上切取 15～20 μm 厚的切片，尽可能切的较长，每一圆盘同一部位切 3～5 片，放在处理盘中加水，以免切片卷曲。经番红染色，脱水（经 30％、50％、80％、95％的乙醇），无水乙醇、无水乙醇与二甲苯混合液、二甲苯顺序处理，然后放在载玻片上，用光学树脂胶固定，盖上盖玻片，置于干燥处，待固定好后再进行测定。

采用计算机视觉系统（王金满 1994 年开发）测定，其测定原理为首先对灰度图像进行二值化处理，然后对木材分子边缘进行检测，确定并识别单一管胞分子的几何形状，从而确定其几何尺寸，能对整幅图像中所有木材分子遍历检测，因此，可按每个年轮的早晚材测量管胞分子内外腔直径、壁厚等。木材的胞壁率则根据二值图像中壁的像素数与整个测试区域内像素数的比值来确定。采用此方法具有测量速度快；测试过程简单，人为误差因素少、精度高；测量和分析自动化程度高等优点，是目前最先进的测试方法。

　　木材材性指标在测定完后得到的时间序列还需要通过检验并建立年表才可以用于研究气候变化与木材形成之间的关系。

4.3　木材气候学研究的分析方法

　　从某种意义上来说，同一地点树木年轮的形成可以视为在生长期以前一段时间和生长期内气候变化的函数。欲揭示年轮指标和气候变化之间的相关关系，即求解某种函数表达式时，必须考虑到不同树种的生物学振幅，树木对环境限制性响应的相似程度，以及影响树木生长限制因子的变幅。因此，若干经过定年和生长量订正后的树木年轮宽度序列，是否能用于木材气候学分析，还需要确保它们能真正代表该地区树种的群体生长特性，并能准确地反映出与环境因子密切相关的逐年变异。

4.3.1　简单的统计分析

　　统计方法可定量描述"树木生长-气候变化"相关性的生物学特征，了解树木径向生长变异对气候变化的响应。通常在数学处理时，将年轮宽度值或年轮指数作为预报量（应变量），而把气候要素变化作为预报因子（自变量），建立起一个统计方程式。在这一节里，将简要介绍几种在树轮分析中常用的统计模式，以便概括地分析木材材性指标与气候要素变化之间的基本特征。

4.3.1.1　回归直线

　　在木材材性指标与气候因子关系分析中，最为简单适用的方法是建立一个简单的回归方程。若是材性指标时间序列与对应年份的某个气候要素值在点聚图中的分布近于一根直线，就可以用回归直线来表达。

4.3.1.2　非线性回归

　　在实际分析中，还经常遇到二者明显不呈线性相关的情况，这就需要用点聚图判断已有分布状况接近哪一种已知函数的图形，然后再设法计算出这种相关函数的待定参数。通常遇到的函数形式还有：

（1）双曲线：

$$\frac{1}{Y} = a + \frac{b}{x} \tag{4-7}$$

（2）幂函数：

$$y = ax^b \tag{4-8}$$

（3）指数函数：

$$y = e^{\frac{b}{x}} \tag{4-9}$$

（4）对数函数：

$$y = a + b\lg x \tag{4-10}$$

（5）S 形曲线：

$$y = \frac{1}{(a + be^{-x})} \tag{4-11}$$

所有这些曲线形式，都可以经过变量变换成回归直线计算，且计算量不大。

4.3.1.3　多元回归

年轮材性的变化往往是与两个以上的气候因子变化密切相关，那就需要引进多元回归方程：

$$y = b_0 + b_1 x_1 + b_2 x_2 + \cdots + b_m x_m \tag{4-12}$$

式中：b_0，b_1，…，b_m 均为对应于不同气候变量 x 的回归系数；气候因子从 x_1 到 x_m，共计 m 个。

逐步回归方法虽然能定量、客观地筛选各种因子，最终建立最优的回归方程，但是由于事先给定的这些预报因子表面看来是相互独立的，而实际上一些因子之间有着较高的相关性，这就容易造成预报值的估计值不稳定。因此，逐步回归方法近来较少用于求解树木生长与直接的气候因子关系，而是设法对各种气候预报因子预先进行正交化处理，然后再采用逐步回归或全部因子的多元回归来建立树木生长与气候变化的相关关系。

4.3.2　响应面分析

简单的统计学方法都不能给出直观的图形，因而也不能凭直觉观察最大的影响程度，虽然能找出影响最显著值，但难以直观地判别影响显著区域。为此响应面分析法（也称响应曲面法）应运而生。响应面分析实质也是一种回归方法，它是将体系的响应（如木材密度、管胞长度等木材材性指标）作为一个或多个因素（如气温、降水等气候因子）的函数，运用图形技术将这种函数关系显示出来，以供我们凭借直觉的观察来确定影响显著的气候条件[10]。

显然，要构造这样的响应面并进行分析，首先必须通过大量的量测试验数据建立一个合适的数学模型（建模），然后再用此数学模型作图。建模最常用和最有效的方法之一就是多元线性回归方法。假设指标与因素之间的关系可用线性模型表示，就可得到响应关于各因素水平的数学模型，进而可以图形方式绘出响应与因素的关系图。

4.3.3　响应函数分析

在了解树木年轮生长与气候变化之间的统计相关特性时，虽然简单的线性相关和多元回归、逐步回归等方法仍被广泛地使用着，但它们的局限性已经被充分地意识到了。单个气候因子与木材材性指标的简单相关一般难以说明树木生长对整个气候变化的响应，因为树木生长常常是两个以上因子共同作用的结果。多元回归和逐步回归比起简单的相关分析考虑到了较多因子的综合影响，比较客观。然而预报因子之间往往有较大的相关性，容易使得回归计算的结果不稳定。

为了正确估计树木生长对外界气候因子的响应程度，克服线性相关、多元回归和逐步回归等方法的弊病，20 世纪 70 年代出现了响应函数分析，采用一个半经验的定量模式描述外部气候因素作用于树木生长变化的基本特征，至今在年轮气候学分析中依然是有效的工具之一。

响应函数的基本思路是[11]：先将多个气候要素做主分量变换，再和生长轮资料做逐步回归（或多元回归），然后将主分量的回归系数转换回对应于原始气候要素的回归系数，并以其大小和正负表示树木年轮生长对气候要素的响应程度。

4.3.3.1　主成分分析

主成分分析是将多个实测变量转换为少数几个不相关的综合指标的多元统计分析方法。分析结果是综合指标之间彼此不相关，即各指标代表的信息不重叠。而且，综合指标比原始变量少，但包含的信息量相对损失较少。

假定原始变量：x_1，x_2，x_3，$\cdots$，x_m；

主成分：z_1，z_2，z_3，$\cdots$，z_n。

如果和主分量之间彼此不相关，则主成分分析的数学模型可以写成：

$$z_1 = a_{11}x_1 + a_{12}x_2 + a_{13}x_3 + \cdots + a_{1m}x_m$$

$$z_2 = a_{21}x_1 + a_{22}x_2 + a_{23}x_3 + \cdots + a_{2m}x_m$$

$$z_3 = a_{31}x_1 + a_{32}x_2 + a_{33}x_3 + \cdots + a_{3m}x_m$$

$$\cdots\cdots$$

$$z_n = a_{n1}x_1 + a_{n2}x_2 + a_{n3}x_3 + \cdots + a_{nm}x_m$$

写成矩阵形式为

$$Z = AX \tag{4-13}$$

式中：Z 为主成分向量；A 为主成分变换矩阵；X 为原始变量向量。主成分分析的目的是把系数矩阵 A 求出。主成分 Z_1，Z_2，Z_3，$\cdots$，Z_n 在总方差中所占比重依次递减。从理论上讲，有多少原始变量就有多少主成分，但实际上前面几个主成分集中了大部分方差，因此取主成分数目远远小于原始变量的数目，但信息损失很少。

主分量是以得分表示。主成分得分与原始变量之间的关系式为

$$p_n = a_{n1}\frac{x_{1n} - \overline{x}_1}{\sigma_1} + a_{n2}\frac{x_{2n} - \overline{x}_2}{\sigma_2} + \cdots + a_{nm}\frac{x_{mn} - \overline{x}_m}{\sigma_m} \tag{4-14}$$

式中：p_n 为第 n 个主成分得分；a_{n1}，a_{n2}，a_{n3}，$\cdots$，a_{nm} 为原始变量的主成分特征向量；x_{1n}，x_{2n}，x_{3n}，$\cdots$，x_{mn} 为各原始变量的数据值；x_1，x_2，x_3，$\cdots$，x_m 为各原始变量数据的平均值；σ_1，σ_2，σ_3，$\cdots$，σ_m 为各原始变量数据的标准差。

4.3.3.2 逐步回归分析

逐步回归分析也称逐步进入法，它是向前选择变量法与向后剔除变量法的结合。首先根据方差分析结果选择符合判据的且对因变量贡献最大的自变量进入回归方程。根据向前选择变量方法选入变量。然后根据向后剔除法，将模型中 F 值最小的且符合剔除判据的自变量剔除，重复进行直到回归方程中的自变量均符合进入模型的判据，模型外的自变量都不符合进入模型的判据为止。

4.3.3.3 响应函数分析

通过多元回归分析获得了气候变化对木材物理和解剖特征的影响程度方面的信息。由于多元回归方程的自变量是主成分得分，不是气候数据，因此必须将主分量的偏回归系数转换回原始气候因子的回归系数，计算出生长轮材性指标指数与各月气候因子间的响应函数，来获取生长轮材性径向变异对各月气候因子变化的响应信息。

4.3.4 时间序列分析

时间序列分析方法已广泛地应用在经济学、天文学、地理学和气候学等方面，它是统计学中的一个重要分支。在林业科学的研究过程中，时间序列分析方法最初用来解释和研究树木生长和生活的历史。最近，科学家们采用时间序列分析方法成功实现了对木材材质的预测[12]。本节将介绍采用时间序列分析方法研究气候变化对木材形成的滞后效应和长期趋势的影响。

　　时间序列中反映了曾经发生的所有因果关系和结构关系的影响，它是从总的方面进行考察来说明各种作用力的综合作用。当各种因素错综复杂或有关的资料无法得到时，就可直接将因变量数据按时间顺序排列并建立自相关模型，来反映诸因素的联合影响。

4.3.4.1　单变量时间序列模型

　　任意时点的木材材性指标都会受到许多因素的影响，因此它是一个随机变量。木材的形成过程（如从树木生长开始时）就可由按时间排序的许多这样的随机变量来描述。这样的一个随机变量序列称为随机过程。

　　时间序列背后的随机过程也就是生成这些数据的过程。因此在实际的时间序列当中，很少是平稳序列，它们的均值和方差不为常数，是随时间的更动而变异的。非平稳时间序列经过差分转换为平稳序列，这种方法就是自回归求积移动平均〔autoregressive integrated moving average，ARIMA（p，d，q），其中，d 为差分次数〕法，一般称它是博克斯-詹金斯（B-J）法[13]。在这种时序模型中，被解释变量可由其自身的过去或滞后值以及随机误差来解释，而不像回归模型那样用 n 个回归元素去解释。

　　ARIMA（p，d，q）的表达式如下：

$$X_t = \sum_{i=1}^{p} \varphi_i X_{i-1} - \sum_{j=1}^{q} \theta_j a_{t-j} + a_t \tag{4-15}$$

式中：$t=1$，2，$\cdots$，T；φ_1，φ_2，$\cdots$，φ_p 参数为自回归参数；θ_1，θ_2，$\cdots$，θ_q 为移动平均参数，它们是模型的待估参数。随机项 a_t 服从均值为零、方差为 σ_a^2 的正态分布，它是白噪声序列，且与 X_{t-1}，X_{t-2}，$\cdots$，X_{t-p} 不相关。

4.3.4.2　单位根检验

　　单位根过程是非平稳过程。

$$(1-L)X_t = \alpha + \varepsilon_t \tag{4-16}$$

式中：$t=1$，2，$\cdots$，T；L 为滞后算子；α 分别为零、μ 和 γ；ε_t 为稳定过程。它们的特征方程 $1-w=0$ 有一个单位根 $w=1$，因此可将这三种随机过程通称为单位根过程。

　　通常采用自相关函数图形来判断时间序列的平稳性，但是自相关函数是纯理论性的，对于有限个观测值来说，只能做粗略的分析。运用 Dickey-Fuller 检验（D-F 检验）来判断时间序列的平稳性，精确度更高[14]。

　　假设要检验时间序列 X_t 是否为

$$X_t = \rho X_{t-1} + \varepsilon_t \tag{4-17}$$

如果是，则可以对模型

$$X_t = \alpha + \rho X_{t-1} + \varepsilon_t \tag{4-18}$$

进行估计，然后检验 $\rho=1$ 或 $\alpha=0$ 和 $\rho=1$。DF 检验存在的问题是，总是假定被检验模型中的随机误差项不存在自相关。但是大多数时间序列是不能满足此项假定的。当随机项误差存在自相关时，进行单位根检验是由 Augmented Dickey-Fuller 检验（ADF 检验）完成的。这个检验将 DF 检验的右边扩展为包含滞后变化量的项：

$$X_t = \rho X_{t-1} + \sum_{j=1}^{p} \lambda_j \Delta X_{t-j} + \varepsilon_t \tag{4-19}$$

在此方程中单位根假设为 $\rho=1$。由此可见，ADF 检验只是在方程的右边加入了 p 个滞后项，从而使 ε_t 为白噪声过程。p 的确定，可以根据 λ_1，λ_2，$\cdots$，λ_{p-1} 的显著性检验来进行。

X_t 通过了单整检验后，表明 X_t 是非平稳过程。再对 X_t 的差分 ΔX_t 做检验，如果通过了检验，则 X_t 为一阶单整 ［I（1）序列］或二阶单整 ［I（2）序列］。然后再对 ΔX_t 的差分 Δ（ΔX_t）做检验，如果也通过了检验，则 X_t 至少为三阶单整 ［I（3）序列］……以此类推，直到不能通过检验，拒绝原假设，即不存在单位根为止。通过该检验，也确定了序列的单整阶数。单位根检验最佳滞后阶数按照 AIC（akaike information criterion）准则确定，AIC 值越小，则滞后阶数越佳。

4.3.4.3　格兰杰因果检验

格兰杰因果检验在考察序列 X 是否是序列 Y 产生的原因时采用这样的方法：先估计当前的 Y 值被其滞后期取值所能解释的程度，然后验证通过引入序列 X 的滞后值是否可以提高 Y 的解释程度。如果是，则称序列 X 是 Y 的格兰杰成因，此时 X 的滞后期系数具有统计显著性[15]。

若 X 是 Y 的格兰杰成因，则必须满足两个条件：第一，X 应该有助于预测 Y，即在 Y 关于 X 的过去值的回归中，添加 X 的过去值作为独立变量应当显著地增加回归的解释能力；第二，Y 不应有助于预测 X，其原因是，如果 X 有助于预测 Y，Y 也有助于预测 X，则很有可能存在一个或几个其他变量，它们既是引起 X 变化的原因，也是引起 Y 变化的原因[14]。

检验 X 是否为引起 Y 变化的格兰杰成因的过程如下。

首先，检验原假设 H_0：X 不是引起 Y 变化的格兰杰成因。估计下列两个回归模型：

无约束回归模型（u）：

$$y_t = \sum_{i=1}^{p} \alpha_i Y_{t-i} + \sum_{i=1}^{q} \beta_i X_{t-i} + \varepsilon_t \qquad (4\text{-}20)$$

有约束回归模型（r）：

$$Y_t = \sum_{i=1}^{p} \alpha_i Y_{t-i} + \varepsilon_t \qquad (4\text{-}21)$$

然后，用它们的回归残差平方和 RSS_u 和 RSS_r 构造 F 统计量：

$$F = \frac{(RSS_r - RSS_u)}{RSS_u/(n-p-q-1)} \sim F(q, n-p-q-1) \qquad (4\text{-}22)$$

检验 β_1，β_2，…，β_q 是否显著不为零，其中 n 为样本容量。如果显著不为零，则拒绝原假设 H_0：X 不是引起 Y 变化的格兰杰成因。

其次，将 X，Y 的位置交换，按同样的方法检验原假设 H_0：Y 不是 X 的格兰杰成因。

最后，要得到 X 是 Y 的格兰杰成因的结论，必须同时拒绝原假设"X 不是引起 Y 变化的格兰杰成因"和接受原假设"Y 不是 X 的格兰杰成因"。

原始的格兰杰因果性定义并没有规定变量必须是平稳的，很多计量经济学著作也没有这个限制。但是有一点学术界是有定论的，就是如果变量是非平稳的，那么应用上述公式中的 F 统计量来做推断会产生问题[16, 17]。鉴于此，为保证分析结果的准确可靠，气候因素原始时间序列及人工林木材物理和解剖特征各项指标时间序列必须进行平稳性处理。

4.3.4.4　协整

在时间序列分析中，往往会涉及非平稳变量。若直接对这些变量之间的关系进行分析，则可能产生伪回归现象，从而导致不正确的结论。最近发展起来的协整过程理论为研究这种非平稳时间序列（主要是含单位根的时间序列）水平值之间的关系提供了一种较好的方法[14]。

协整是指多个非平稳变量的某种线性组合是平稳的。对于两个序列 X_t 与 Y_t，如果 $X_t \sim I(1)$，$Y_t \sim I(1)$，并且存在一组非零常数 a_1、a_2，使得 $a_1 X_t + a_2 Y_t \sim I(0)$，则称 X_t 与 Y_t 之间是协整的。

在两个变量 X_t 与 Y_t 是协整的情况下，我们就可以区分 X_t 与 Y_t 之间的长期关系和短期动态。长期关系是指两个时间序列共同漂移的方式。短期动态是指对长期趋势的偏离与长期趋势之间的关系。所以，在这种情况下，数据传统的差分变换将无法发现 X_t 与 Y_t 之间的长期关系。

4.3.4.5　协整检验

协整性的检验有两种方法：一种是基于回归残差的协整检验，另一种是基于回归系数的完全信息协整检验。本章采用 Engle-Granger 两步法，即 EG 两步法检验。

若一阶单整的随机变量 X_t 与 Y_t 是协整的，那么第一步，首先用 OLS 法建立模型，对 X_t 和 Y_t 进行协整回归。

$$Y_t = \alpha + \beta X_t + \nu_t \tag{4-23}$$

式中：$t = 1, 2, \cdots, T$。

第二步，对估计残差 $\hat{\nu}_t$ 做单位根检验。检验可用 ADF 法进行，但是由于 $\hat{\nu}_t$ 是最小二乘估计的残差，对它做单位根检验与一般情况有所不同。对 $\hat{\nu}_t$ 的单位根检验，总是在模型

$$\hat{\nu}_t = \beta_1 \Delta \hat{\nu}_{t-1} + \beta_2 \Delta \hat{\nu}_{t-2} + \cdots + \beta_p \Delta \hat{\nu}_{t-p-1} + \rho \hat{\nu}_{t-1} + \varepsilon_t \tag{4-24}$$

中进行，但临界值表必须根据所检验的协整关系，即协整回归模型的形式进行选择。

4.3.4.6　误差修正模型

误差修正模型是一种能同时考虑变量之间的长期关系和短期动态的一种模型。根据 Granger 定理，两个具有协整关系的变量一定具有误差修正模型的表达形式存在。在误差修正模型中，各个差分项反映了变量短期波动的影响。被解释变量的波动可以分为两部分：一部分是短期波动，一部分是长期均衡。误差修正模型比普通的单方程模型更全面地反映了变量间的短期动态和长期关系的关系。建立误差修正模型一般采用两步，分别建立区分数据长期关系和短期动态的数学模型。

第一步，建立长期关系模型：

$$y_t = \beta_1 X_t + \nu_t \tag{4-25}$$

式中：$t = 1, 2, \cdots, T$。通过水平变量和 OLS 法估计出时间序列变量的关系。若估计结果形成平稳的残差序列 ν_t，那么这两个变量间就存在相互协整的关系。长期关系模型的变量选择是合理的，回归系数具有实际意义。

$$\hat{\nu}_t = Y_t - \hat{\beta}_1 X_t \tag{4-26}$$

第二步，建立短期动态的关系，即误差修正方程。

将长期关系模型中各变量以一阶差分形式重新加以构造，并将长期关系模型所产生的残差序列作为解释变量引入，在一个从一般到特殊的检验过程中，对短期动态关系进行逐项检验，不显著的项逐渐被剔除，直到最适当的表示方法被找到为止。

$$\Delta Y_t = \beta_0 + \alpha \hat{\nu}_{t-1} + \beta_2 \Delta X_t + \varepsilon_t \tag{4-27}$$

参 考 文 献

[1] 花灿华. 气候资料数据管理技术的研究及应用. 气象科技, 1998, 2: 18~25

[2] 吴祥定等. 树木年轮与气候变化. 北京: 气象出版社, 1990. 82

[3] Fritts H C. Trees and Climate. London: Academic Press Inc, 1976. 5~10

[4] Cook E R, Kairiukstis L A. Method of Dendrochronology. Netherland: Kluwer Academic Publisher, 1990. 40~120

[5] Timothy E L. Tree-Ring as Indicators of Ecosytem Health. London: CRC Press Inc, 1995. 1~10

[6] 马利民, 刘禹, 赵建夫. 交叉定年技术及其在高分辨率年代学中的应用. 地学前缘, 2003, 10 (2): 351~355

[7] Jacoby G C. Mongolian tree rings and 20th century warming. Science, 1997, 273: 771~773

[8] Briffa K R. Influence of volcanic eruptions on Northern Hemisphere summer temperature over the past 600 years. Nature, 1998, 393: 450~454

[9] Michael C. Extreme radial changes in wood specific gravity in some tropical pioneers. Wood and Fiber Science, 1998, 20 (3): 344~349

[10] 李江风. 树木年轮水文学研究与应用. 北京: 科学出版社, 2000. 121, 122

[11] 邵雪梅, 吴祥定. 华山树木年轮年表的建立. 地理学报, 1994, 49 (2): 174~181

[12] 王金满. 木材材质预测学. 哈尔滨: 东北林业大学出版社, 1997. 94~95

[13] 杨叔子, 吴雅等. 时间序列分析的工程应用. 武汉: 华中理工大学出版社, 1991. 278~281

[14] 王维国. 计量经济学. 大连: 东北财经大学出版社, 2001. 238~266

[15] 易丹辉. 数据分析与 Eviews 应用. 北京: 中国统计出版社, 2002. 143~150

[16] 周建, 李子奈. Granger 因果关系检验的适用性. 清华大学学报 (自然科学版), 2004, 44 (3): 358~361

[17] 曹永福. 格兰杰因果性检验评述. 数量经济技术经济研究, 2006, 1: 155~160

第5章　气候变化影响木材形成的量化值

年轮气候学研究中，多在无人为干扰的干旱、半干旱地区或原始森林上限附近取样，以建立对气候变化敏感度高的年轮年表[1~3]。"敏感度"一词起源于年轮气候学[4]，意指树轮变化对气候变化的敏感程度或气候变化对树木生长的影响程度。但是对于人工林来说，树木对气候变化的敏感性差，尤其是人工培育措施所产生的非同步振动叠加在气候因子对树木生长的影响上[5]，增加了年表建立的难度。采用年轮气候学的方法确定人工林树木的气候敏感度，其结果不理想，各种因素的影响程度更是难于定量确定。因此，气候变化影响木材形成的量化值的确定需要寻找更科学与更准确的方法得到。

本书笔者从黑龙江省帽儿山林场采集了人工林落叶松等树种的生长轮序列样本，对人工林树木生长轮年表的建立过程以及各种因素影响木材形成的程度进行了深入研究，确立了气候变化影响木材形成，尤其是影响人工林木材形成的量化方法。下面以黑龙江省帽儿山林场立地为阴坡的一棵人工林落叶松树的生长轮宽度序列为例，说明建立人工林树木生长轮年表以及量化确定各种因素影响木材形成的具体方法和步骤。

5.1　年表的建立过程

人工林树木年表的建立采用以下几个步骤进行比较准确可靠。

首先，采用多项式法（或指数函数、直线法等，视树种生长特性而定）拟合树轮原始序列的生长趋势，剔除遗传因素的影响；

其次，采取小波函数进行滤波，剔除培育措施造成的影响。

需要注意的是，由于树轮各项指标序列靠近髓心处的两个生长轮变异性比较大，因此在分析时还需要将这两个生长轮排除在外，同时将最后一年尚未完全形成的生长轮也排除在外。

下面以笔者采集黑龙江省帽儿山林场立地为阴坡的人工林落叶松树的生长轮宽度原始序列为例，说明建立人工林树木生长轮年表的具体方法和步骤。

5.1.1　剔除遗传因素的影响

对生长轮材性指标的单一样本原始序列生长趋势的拟合采用具体问题具体对待的方法，多数采用多项式法，个别采用指数函数和直线法。

对其生长轮宽度的生长趋势进行二次多项式曲线拟合，如图 5-1 中虚线所示。由于培育措施的影响，生长轮宽度的年变化大，造成拟合度比较低（$R^2 = 0.3551$）。无论得到哪一种方式拟合的生长趋势曲线后，都还需要进一步换算成完全消除了遗传因素影响的新序列。通常采用比值的方法，即以生长趋势曲线上每年的拟合值去除每年的实际生长值，求得新的指数序列，此过程也称标准化过程。剔除遗传因素影响后的生长轮宽度序列如图 5-2 中的实线所示。

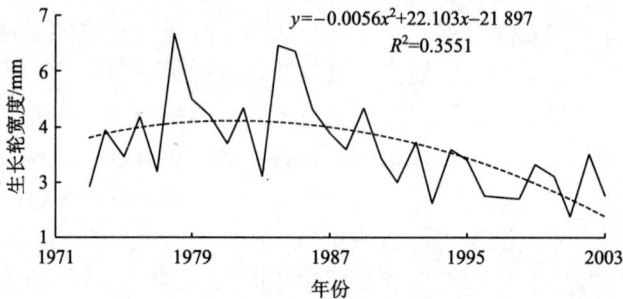

$$y = -0.0056x^2 + 22.103x - 21\,897$$
$$R^2 = 0.3551$$

图 5-1　生长趋势的曲线拟合（数据由笔者取自黑龙江省帽儿山林场立地为阴坡的人工林落叶松）

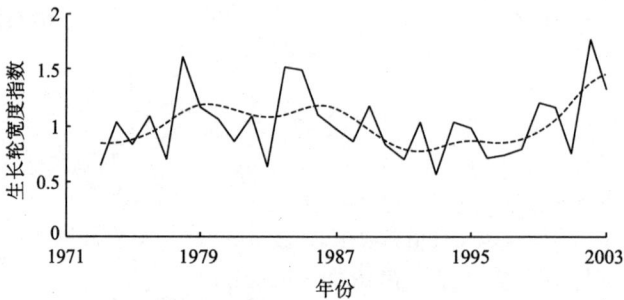

图 5-2　培育措施影响的生长轮宽度变异曲线拟合

5.1.2　剔除培育措施的影响

在人工林树木的生长过程中，人工培育措施的影响不像气候因素那样表现在逐年的材性变化上，也不像遗传因素那样表现为缓慢的趋势性变化，而是属于一种生长轮材性的突变性变化或低频变化[6]。例如，由于树与树之间的生长竞争，处于被压迫的树木在某一时期，其周围树木被间伐掉，它将会得到更有利的生长空间，树木的生长量在随后的一两年有明显的增加。但是这种因间伐措施而造成的生长量增加部分将随着其生长空间的逐渐郁闭而减少直至消失，也就是说，间伐对这棵树木生长的影响也将逐渐减少直至消失[7]。从图 5-2 中可以看出，由于落叶松在 1983 年进行了一次间伐，间伐后的第二年，生长轮宽度明显增大，但是在随后的几年，由于生长空间的再闭合，间伐的影响逐渐消失了。

为了消除培育措施引起的落叶松材性指标的低频变化，采用 Daubechies 小波函数对剔除遗传因素影响后的生长轮材性指标序列进行滤波处理。Daubechies 小波函数系的小波基记为 dbN，N 为序号，且 N＝1，2，…，10。Daubechies 小波函数系中除了 db1（即 harr 小波）外，其他小波没有明确的表达式，但转换函数的平方模是明确的[8]。

对去趋势后的材性指标序列进行滤波的难点在于，除了剔除培育措施对人工林每株树材性指标所产生的低频波动外，还要尽可能多地保留气候因素所产生的高频信号。因此，小波基的选择以及分解层数的选择非常重要。根据人工林抚育日志记录及前人有关各种培育措施对人工林木材影响的年限的研究成果，对剔除遗传因素影响后的生长轮材性指标序列进行 Daubechies 小波函数各个小波基及各分解层的试探性滤波，发现采用 db4 小波基，分解至第二层，效果较好，可以保留较多的气候信号。

对剔除遗传因素影响后的生长轮宽度指标序列采用 db4 小波基，分解至第二层，培育措施造成的低频曲线如图 5-2 中虚线所示。然后采用比值的方法，即以低频曲线上每年的拟合值去除每年的剔除遗传因素影响后的指数值，求得新的指数序列。

5.1.3　剔除立地条件的影响

立地条件的影响造成树与树之间木材物理和解剖特征指标的低频变化，但这种变化与培育措施造成的低频变化不同，是缓慢且持续的，它也会叠加在气候信号上，降低年表的准确性[9, 10]。对于立地条件的影响，采用多样本平均的方法进行消除，得到认为主要受气候因素影响的最终的结构特征指标序列，即年表，

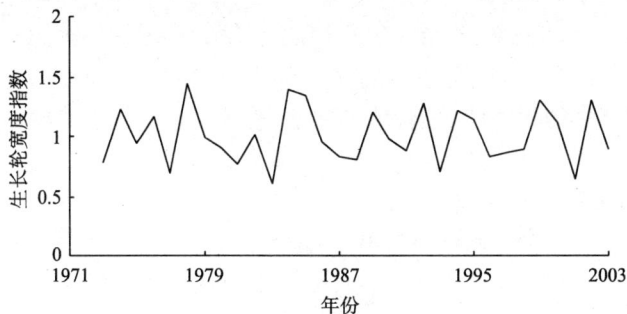

图 5-3　人工林落叶松生长轮宽度年表

见图 5-3。年表的基本分析结果见表 5-1。

表 5-1　人工林落叶松生长轮宽度年表的分析结果

指标	统计特征分析				共同区间分析		
	平均值	标准差	平均敏感度	一阶自相关	树间相关	信噪比	样本总体代表性
RW	0.996	0.181	0.323	−0.049	0.748	5.280	0.938

5.2　年表的合理性验证

本书笔者根据 5.1 节中的例子所用的人工林落叶松原始数据，对 5.1 节中所述方法建立的年表的合理性进行了验证。具体方法是对人工林落叶松生长轮宽度原始序列（a）、剔除生长趋势后的生长轮宽度指数序列（b）、剔除生长趋势和培育措施后的生长轮宽度指数（c）、最终的生长轮宽度年表（d）与当年 9 个月的月平均气温进行单相关分析，月平均气温数据取自帽儿山气象站（1971～2003年）。结果如表 5-2 所示。

表 5-2　经不同处理后的生长轮宽度指数序列与月平均气温的相关系数

序列类型	1 月	2 月	3 月	4 月	5 月	6 月	7 月	8 月	9 月
a	−0.159	−0.487**	−0.297	−0.041	−0.137	0.174	−0.117	−0.311	−0.349
b	−0.024	−0.028	0.067	0.101	0.080	0.065	0.106	−0.046	0.046
c	0.230	−0.006	0.029	0.164	−0.080	0.123	−0.020	0.042	0.024
d	0.201	−0.053	0.046	0.158	−0.060	0.085	−0.035	0.064	−0.032

** 表示在 0.01 水平上显著。

相关分析的结果表明，经过不同处理的生长轮宽度原始序列与气候因子间的相关关系差异很大。未经任何滤波处理的生长轮宽度原始序列 a 与月平均气温的相关性非常显著，但是剔除了生长趋势后的生长轮宽度指数序列 b 与月平均气温和降水量没有显著的相关性，这说明遗传因素的存在干扰了气候因素对人工林落叶松生长轮宽度径向变异的影响。进一步剔除培育措施的影响后，序列 c 的相关系数也发生了明显的变化。例如，生长轮宽度指数与 4 月份气温的相关性增大，与其他月份气温的相关性则明显降低。继续剔除立地条件的影响，建立最终的生长轮宽度年表 d，相关性分别得到削弱或加强，但是变化不明显。

显然，遗传因素、人工培育措施及立地条件所产生的低频波动叠加在气候因素对树木生长的影响上，在研究气候因素与人工林木材物理和解剖特征的关系时如果不将其剔除，必然会大大降低分析结果的可靠性。采用上述方法剔除遗传因素、培育措施和立地条件的影响，建立的年表可以保证年轮气候学分析结果更准确、更可靠。

5.3　气候变化影响木材形成的量化值

遗传学特性对树木生长的影响程度在遗传学上常通过计算广义遗传力的方法定量表征[11]。而气候变化对树木生长的影响程度在年轮气候学上常采用计算方差贡献量定量表征[3]。但是到目前为止，还未见有关培育措施对人工林树木生长的影响程度的定量研究的报道。本书笔者提出采用多元回归分析的方法，依据其判定系数确定不同因素对人工林木材形成的影响程度。

5.3.1　基本理论

根据多个自变量的最优组合建立回归方程来预测因变量的回归分析称为多元回归分析。多元回归分析的模型为

$$\hat{y} = b_0 + b_1 x_1 + b_2 x_2 + b_3 x_3 + \cdots + b_n x_n \tag{5-1}$$

式中：$\hat{y}$ 为根据所有自变量 x_1，x_2，x_3，$\cdots$，x_n 计算出的估计值；b_0 为常数项，b_1，b_2，$\cdots$，b_n 称为 y 对应于 x_1，x_2，x_3，$\cdots$，x_n 的偏回归系数。则可计算出判定系数：

$$R^2 = \frac{\sum (\hat{y}_i - \bar{y})^2}{\sum (y_i - \bar{y})^2} \tag{5-2}$$

R^2 体现了回归模型所能解释的因变量变异性的百分比。如果 $R^2 = 0.775$，则说明变量 y 的变异中有 77.5% 是由变量 x 引起的[8]。

5.3.2　具体方法和步骤

仍以人工林落叶松生长轮宽度为例，测量值序列（RW）为自变量 y，以遗传因素造成生长轮宽度径向变异的生长趋势曲线（growth trend，GT）、培育措施造成生长轮宽度径向变异的拟合曲线（cultivate trend，CT）、气候因素造成生长轮宽度径向变异的生长轮宽度指数序列（standard dendrochronology，STD）为自变量 x，采用逐步回归法做多元回归分析，得到下列多元回归方程：

$$\text{RW} = -0.047 + 3.517 \times \text{STD} \qquad\qquad R^2 = 0.421 \tag{5-3}$$

$$\text{RW} = -5.61 + 3.539 \times \text{STD} + 1.007 \times \text{GT} \qquad R^2 = 0.781 \tag{5-4}$$

$$RW = -6.686 + 3.428 \times STD + 1.156 \times GT + 2.698 \times CT \quad R^2 = 0.913$$
$$(5\text{-}5)$$

从回归分析的结果可知，如果各种因素对人工林落叶松生长轮宽度的径向变异的影响总和是 100%，那么这其中有 42.1% 是由气候因素引起的，有 36%（78.1%−42.1%＝36%）是由遗传因素引起的，有 13.2%（91.3%−78.1%＝13.2%）是由培育措施引起的，仅有 8.7%（100%−91.3%＝8.7%）是由立地条件和其他未知因素引起的。

以上的分析是对单棵树木来说的。由于树与树之间的地形特征和土壤性质的差异，每棵树下的灌木层和草本层特性的差异，以及培育措施对每棵树的影响不同，最终确定的同一地区人工林长白落叶松生长轮宽度受气候因素的影响程度其实是一个范围值，如表 5-3 所示。

表 5-3　气候变化影响落叶松生长轮宽度形成的量化值

指标	最大值	最小值	平均值
RW	51.213	26.503	39.23

显然，对于人工林树木来说，只有充分考虑遗传因素、培育措施、立地条件和气候因素在人工林树木生长过程中所起的作用，对人工林木材物理和解剖特征测量值序列进行分解，才能建立科学、合理的年表，为深入研究气候因素与人工林木材物理和解剖特征的关系奠定基础。

参 考 文 献

[1] Eshete G, Såthl G. Tree rings as indicators of growth periodicity of acacias in the Rift Valley of Ethiopia. Forest Ecology and Management, 1999, 116 (1/3): 107~117

[2] Wilmking M, Juday G P. Longitudinal variation of radial growth at Alaska's northern treeline-recent changes and possible scenarios for the 21st century. Global and Planetary Change, 2005, 47: 282~300

[3] López B C, Sabaté S, Gracia C A et al. Wood anatomy, description of annual rings, and responses to ENSO events of *Prosopis pallida* H. B. K., a wide-spread woody plant of arid and semi-arid lands of Latin America. Journal of Arid Environment, 2005, 61: 541~554

[4] 吴祥定等. 树木年轮与气候变化. 北京：气象出版社, 1990.70, 71

[5] Laurent M, Antoine N, Joël G. Effects of diffent thinning intensities on drought response in Norway spruce (Picea abies (L.) karst.). Forest Ecology and Management, 2003, 183 (1/3): 47~60

[6] 郭明辉. 木材品质培育学. 哈尔滨：东北林业大学出版社, 2001.22, 23

[7] 孙晓梅. 长白落叶松人工林间伐林分的生长模拟. 林业科学研究, 1999.12 (5): 500~504

[8] 胡昌华, 张军波, 夏军等. 基于 MATLAB 的系统分析与设计——小波分析. 西安：西安电子科技大学出版社, 1999：227~229

[9] Zhang Jianwei, Cregg B M. Growth and physiological responses to varied environments among popula-

tions of Pinus ponderosa. Forest Ecology and Management，2005，219（1）：1～12

[10] López-Serrano F R，García-Morote A，Andrés-Abellán M. Site and weather effects in allometries：a simple approach to climate change effect on pines. Forest Ecology and Management，2005，215（1/3）：251～270

[11] 杨传平. 长白落叶松种群遗传变异与利用. 哈尔滨：东北林业大学出版社，2001.97～102

第6章　木材形成对气候变化的响应

　　木材是由各种细胞组成的，各种细胞的形状和特征不同，而且排列状态也不同。木材各部位构造特征的差异引起木材的各向异性。另外，木材树木构造还存在变异性，它不仅表现在外部形态上，也表现在内部构造上，这种变异性有些是受遗传因素影响而产生的，但也有些是受环境的影响（特别是气候变化）而造成的[1]。对于人工林树木来说，人工培育措施的影响，使得木材构造特征的变异更加复杂化。木材的这些构造特征直接影响到木材的后期加工性能。

　　气候变化对树木生长的影响是不言而喻的。在不同的气候条件下，树木生长的差异往往很大。这种影响是综合的，即日照、温度、降水、风、湿度等要素同时对树木年轮生长状况起作用，甚至它还受到包括生长前期若干气候要素变化的制约，也就是说，每一年树木年轮的形成都取决于当年及生长前期的许多气候因子的综合影响。所以深入研究气候年际变化对人工林木材物理特征和解剖特征的影响具有很重要的现实意义。

　　早在20世纪或者更早的时候，就有一些学者尝试建立年轮宽窄变异与某种气候要素变化的可能联系。气候因素对树木年轮形成的影响，一般表现为某年的年轮宽度变化对当年温度、降水等状况的响应，这也是利用树木年轮宽度的变化来推测气候变化的基础。关于木材的形成对气候变化响应的早期研究主要集中在树木的年轮宽度方面，这是由于受研究技术条件的限制，另外树轮宽度的测量简单、直观，可实现对过去气候变化的重建。但是为了研究气候因素对木材形成的影响，单就年轮宽度这一项木材学指标已无法满足需要。随着科学技术水平的提高，检测设备的革新，许多学者从年轮密度、管胞尺寸、细胞壁厚等多个指标入手，全面研究气候对木材形成的影响。

　　本章以木材物理特征和解剖特征为对象，采用响应函数分析方法[2]，研究了人工林长白落叶松、红松和樟子松的木材物理特征和解剖特征对采样地气候年际变化的响应。试材取自东北林业大学帽儿山实验林场老山生态站（北纬45°20′、东经127°34′，平均海拔340m）的人工落叶松林、樟子松林和红松林（1983年进行了一次间伐）。分别选取阳坡、阴坡两块样地，每个树种在每块样地随机选取三棵树，胸高处（1.3m）和根部分别截取25mm、50mm厚圆盘各一个，标明南北方向和记号，带回实验室，作为木材物理特征和解剖特征的试材。圆盘横截面经打磨至光滑，在沿径向方向上，取南北和东西两个方向，用特征年轮定年。由于人工林的栽种时间和采伐时间确定，因此，生长轮定年相对比较容易，生长轮年代的确定结果也非常准确。由于南北方向的定年结果更好一些，因此分析时采用这一结果。

根据树木的生长节律和物候特性，选择了前一年 4 月到当年 9 月的 18 个月的月平均气温、月平均相对湿度、月平均降水量、月平均日照时间、月平均地面温度、月最高地温和最低地温作为参与分析的气候因子，共计 126 个气候因子变量。

由于多元回归分析使用的自变量必须是相互间没有相关关系的独立变量，因此需要通过主成分分析，把原始气候变量变换为相互间没有相关关系的主成分。对 126 个气候因子变量的主成分分析的结果表明，前 26 个主成分的累积贡献率达到 97% 以上（表 6-1），已经能够达到集约气候信息的目的。

表 6-1 气候变量的总方差分解

主成分	特征值	方差贡献率 e /%	累积贡献率/%	主成分	特征值	方差贡献率 e /%	累积贡献率/%
P_1	34.489	27.372	27.372	P_{14}	2.905	2.306	79.829
P_2	11.573	9.185	36.557	P_{15}	2.789	2.213	82.042
P_3	7.085	5.623	42.180	P_{16}	2.730	2.167	84.209
P_4	6.028	4.784	46.964	P_{17}	2.379	1.888	86.097
P_5	5.691	4.516	51.480	P_{18}	2.309	1.832	87.929
P_6	5.026	3.989	55.469	P_{19}	2.096	1.664	89.593
P_7	4.811	3.818	59.287	P_{20}	2.030	1.611	91.204
P_8	4.666	3.703	62.990	P_{21}	1.599	1.269	92.473
P_9	4.225	3.353	66.343	P_{22}	1.525	1.210	93.683
P_{10}	3.775	2.996	69.339	P_{23}	1.343	1.066	94.749
P_{11}	3.664	2.908	72.247	P_{24}	1.255	0.996	95.745
P_{12}	3.494	2.773	75.020	P_{25}	1.086	0.862	96.607
P_{13}	3.154	2.503	77.523	P_{26}	1.028	0.816	97.423

6.1 落叶松木材形成对气候变化的响应

6.1.1 落叶松木材材性指标年表的建立

人工林落叶松木材各项材性指标的标准年表如图 6-1 和图 6-2 所示，年表统计和区间分析结果见表 6-2。解剖特征各项年表的分析结果如表 6-3 所示。

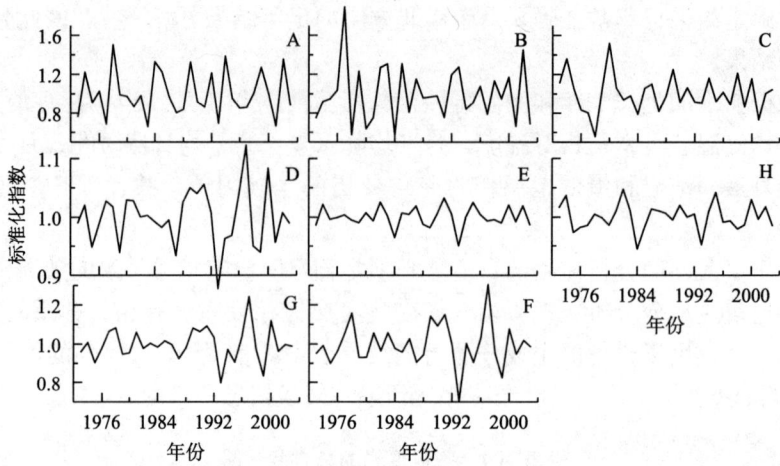

图 6-1　落叶松物理特征各项指标年表（数据资料取自帽儿山实验林场，以下同）

宽度：A. 生长轮；B. 早材；C. 晚材；密度：D. 生长轮；E. 最大值；F. 最小值；G. 早材；H. 晚材

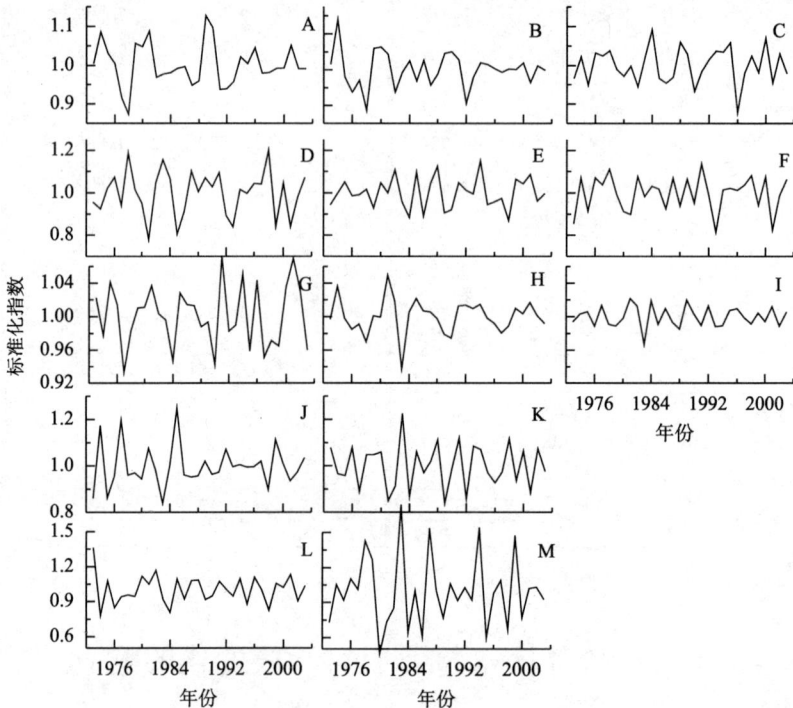

图 6-2　落叶松解剖特征各项指标年表

管胞长度（A. 早材，B. 晚材）；管胞直径（C. 早材，D. 晚材）；管胞壁厚（E. 早材，F. 晚材）；胞壁率（G. 早材，H. 晚材）；壁腔比（J. 晚材，L. 早材）；组织比量（I. 管胞，K. 射线，M. 树脂道）

表 6-2　落叶松物理特征各项年表的分析结果

指标	统计特征分析				共同区间分析		
	平均值	标准差	平均敏感度	一阶自相关	树间相关	信噪比	样本总体代表性
ED	0.998	0.084	0.489	−0.084	0.583	4.730	0.800
EW	0.998	0.291	0.324	0.052	0.622	6.231	0.881
LD	1.000	0.023	0.527	0.023	0.763	3.099	0.940
LW	1.003	0.190	0.140	−0.034	0.523	4.312	0.739
RD	0.999	0.049	0.422	0.009	0.810	6.047	0.957
R_{dmin}	0.997	0.109	0.522	0.003	0.607	3.098	0.896
R_{dmax}	1.000	0.017	0.255	−0.017	0.850	3.266	0.960
RW	0.996	0.181	0.323	−0.049	0.748	5.280	0.938

表 6-3　落叶松解剖特征各项年表的分析结果

指标	统计特征分析				共同区间分析		
	平均值	标准差	平均敏感度	一阶自相关	树间相关	信噪比	样本总体代表性
TP	1.000	0.013	0.579	−0.002	0.813	4.888	0.932
WRP	0.998	0.083	0.538	0.017	0.547	4.619	0.677
RCP	0.996	0.305	0.085	0.055	0.712	5.290	0.830
ECWP	1.001	0.037	0.282	−0.007	0.649	4.852	0.781
ETL	1.001	0.056	0.402	0.010	0.749	5.746	0.869
ETD	1.000	0.046	0.534	−0.008	0.830	5.121	0.937
EWT	1.000	0.073	0.600	0.013	0.601	4.029	0.779
EW/L	1.000	0.073	0.534	0.022	0.793	5.149	0.886
LCWP	1.000	0.021	0.113	0.004	0.732	5.430	0.838
LTL	1.001	0.049	0.388	0.090	0.671	4.367	0.814
LTD	0.998	0.108	0.254	−0.019	0.584	6.301	0.754
LWT	0.998	0.083	0.513	−0.015	0.838	4.152	0.966
LW/L	0.998	0.092	0.093	−0.016	0.720	5.216	0.838

　　物理特征指标包括：早材密度（earlywood density，ED）、早材宽度（earlywood width，EW）、晚材密度（latewood density，LD）、晚材宽度（latewood width，LW)、生长轮密度（ring density，RD)、生长轮密度最大值（ring maximum density，R_{dmax})、生长轮密度最小值（ring minimal density，R_{dmin})、生长轮宽度（ring width，RW)。解剖特征指标包括：管胞组织比量（tracheid proportion，TP)、木射线组织比量（wood ray proportion，WRP)、树脂道组织比量（resin canal proportion，RCP)、早材管胞长度（earlywood tracheid length，ETL)、早材管胞直径（earlywood tracheid diameter，ETD)、早材管胞壁厚（earlywood tracheid wall thickness，EWT)、早材胞壁率（earlywood cell wall percentage，ECWP)、早材壁腔比（earlywood wall/lumen，EW/L)、晚材管胞长度（latewood tracheid length，LTL)、晚材管胞直径（latewood tracheid diameter，LTD)、晚材管胞壁厚（latewood tracheid wall thickness，LWT)、晚材胞壁率（latewood cell wall percentage，LCWP)、晚材壁腔比（latewood wall/lumen，LW/L)。

6.1.2　落叶松木材物理特征指标对气候变化的响应

木材物理特征指标主要是指生长轮宽度和生长轮密度。生长轮宽度是研究气候变化与树木生长关系的最基本的材性指标。随着研究方法和研究技术的提高，材性指标已扩展到木材密度甚至是解剖构造指标。本书选取了早材密度、早材宽度、晚材密度、晚材宽度、生长轮密度、生长轮密度最小值、生长轮密度最大值、生长轮宽度 8 项指标来研究人工林落叶松木材物理特征对气候变化的响应。

6.1.2.1　早材密度

木材密度是影响木材性质的重要因子，可作为评价木材品质最可靠的指数。木材密度是决定物理力学性质的一个基本的重要指标，其变异直接关系到木材材质，因此对木材密度的研究尤其重要。木材密度的差异主要是由木材结构的差异和存在的抽提物引起的。木材密度不仅能间接反映出细胞直径、细胞壁厚度和细胞腔大小等，而且对气候变化极为敏感，包含了无法从生长轮宽度中提取的环境信息[3~6]。在大多数情况下，年轮密度年表所包含的气候信息量可能高于宽度年表[7]。以人工林落叶松早材密度年表（ED）为因变量，以 126 个主成分中的前 26 个主成分得分为自变量进行逐步回归分析，得到多元回归方程：

$$ED = 1 + 0.045 \times P_{18} + 0.034$$
$$\times P_{21} + 0.025 \times P_{20},$$
$$R^2 = 0.54^{**}① \tag{6-1}$$

从回归分析结果可以看出，研究选取的 126 个气候因子可以说明人工林落叶松生长轮早材密度径向变异的 54%，由主成分拟合的早材密度理论值与实测值的相关系数约为 0.735（图 6-3），在 $p=0.01$ 水平上达到了显著相关。

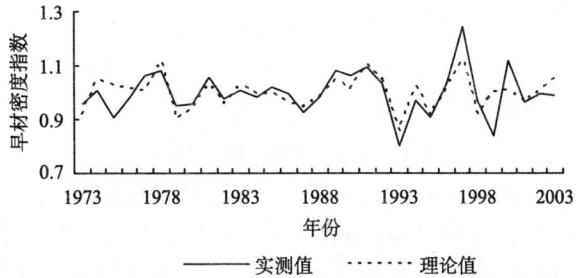

图 6-3　落叶松早材密度指数的理论值与实测值的差异

从前一年生长季开始至当年生长季结束，所选取的气候因子变化对人工林落叶松早材密度有一定影响。对其影响最大的是前一年 4 月的相对湿度，回归系数为 0.275（图 6-4）。

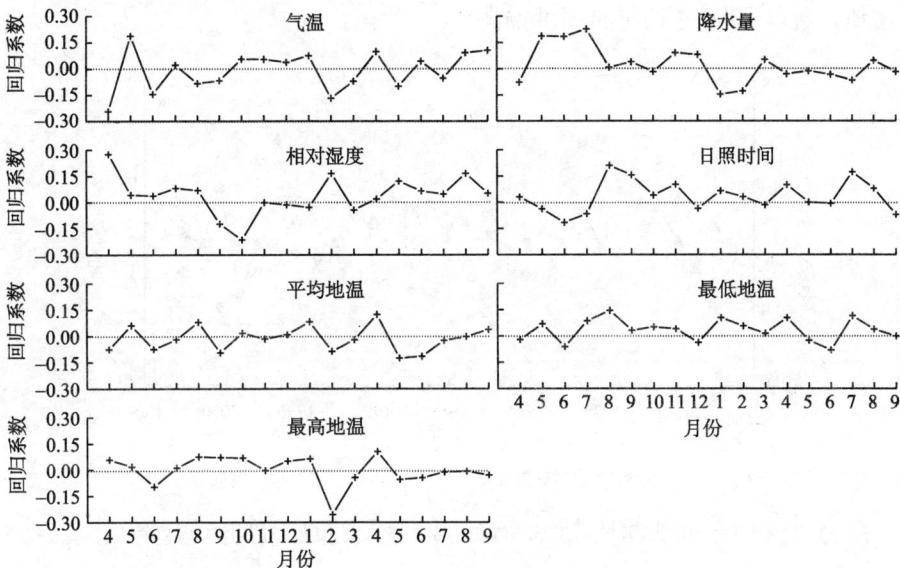

图 6-4　落叶松早材密度指数的响应函数

4 月春暖花开，气温回升，天气变暖，但在中国东北地区，春季降水比较少，造成相对湿度比较低，这对喜好温暖湿润的落叶松的生长发育来说，是个不利条件。4 月落叶松开始生长发育，主要是形成层原始细胞分裂产生早材细胞。如果 4 月的相对湿度比较高，将使落叶松的生长迅速期提前，有利于树木的生长发育，形成层的分裂活动加快，产生的早材的细胞腔比较大，细胞壁比较薄，结果是产生的早材木质部的密度会相对比较低。但是当年 4 月的相对湿度对落叶松早材密度的影响不大，反而是前一年4月相对湿度的"滞后效应"起了非常重要的作用。这说明，当年相对湿度较高，产生的早材细胞量较多，密度相对较低。落叶松对此做出响应，在生长季后期营养物质储备阶段进行更多的储备，为下一年早材细胞的形成做充足的准备，保证早材细胞形成的同时，也提高细胞壁的物质充实量，从而提高下一年的早材密度。

　　由图6-5可知，大部分早材密度指数与前一年4月相对湿度的变化基本一致，峰、谷均对应得较好，仅有个别年份例外。例如，1983年和1989年的相对湿度值偏低，但是与之相对应的1984年和1990年的早材密度值与前一年的早材密度值相比变化不大。这与1984年和1990年的相对湿度值偏高有关。2000年早材密度出现了一个峰值，这与前一年即1999年4月的相对湿度偏低不符，主要是由于4月的相对湿度在1996年出现了一个峰值后，随后几年4月的相对湿度持续降低，降到样本期间内的最低值，而且在2000年4月，气温偏高，降水量比较少，造成形成层细胞分裂速度变慢，产生的细胞腔相对较小，早材实质密度增加，所以2000年的早材密度偏高。

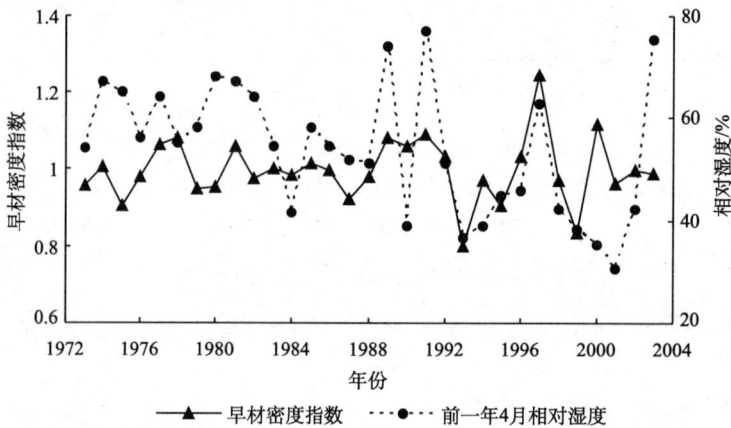

图 6-5　落叶松早材密度指数与前一年4月相对湿度的相关趋势

6.1.2.2　晚材密度

　　晚材是树木在生长季节后期形成的腔小壁厚的细胞，材质致密，材色较深。以落叶松晚材密度年表（LD）为因变量，以前26个主成分得分为自变量进行逐步回归分析得到的多元回归方程为

$$LD = 1.002 + 0.011 \times P_{13} + 0.011 \times P_4 + 0.008 \times P_{11} - 0.008$$
$$\times P_{19} + 0.006 \times P_{21} + 0.006 \times P_{24}, R^2 = 0.706^{**} \tag{6-2}$$

研究选取的126个气候因子可以说明落叶松生长轮晚材密度指数径向变异的

70.6%。由主成分拟合的生长轮晚材密度理论值与实测值的相关性在 $p=0.01$ 水平上显著，相关系数达 0.840（图 6-6）。这说明，研究选择的 18 个气候因子涵盖了引起落叶松生长轮晚材密度径向变异的主要气候因子。

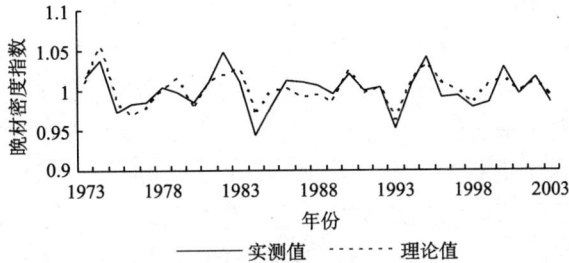

图 6-6　落叶松晚材密度指数的理论值与实测值的差异

与早材密度相比，人工林落叶松晚材密度对所选取的气候因子变化的响应要强烈得多（图 6-7）。晚材密度受前一年 5~8 月降水量的影响非常大，特别是对前一年 8 月的降水量响应最强烈，回归系数高达 0.541。显然，是前一年 5 月、7 月、8 月降水量的"滞后效应"对晚材密度的形成起了非常重要的作用。这几个月份属树叶速生阶段，温度也比较高，所以此时温度不是限制因子。当温度适宜时，水分成了树木生长的主要限制因子，当温度过高导致水分胁迫时，降水量与树木径向生长间存在显著正相关[8,9]。

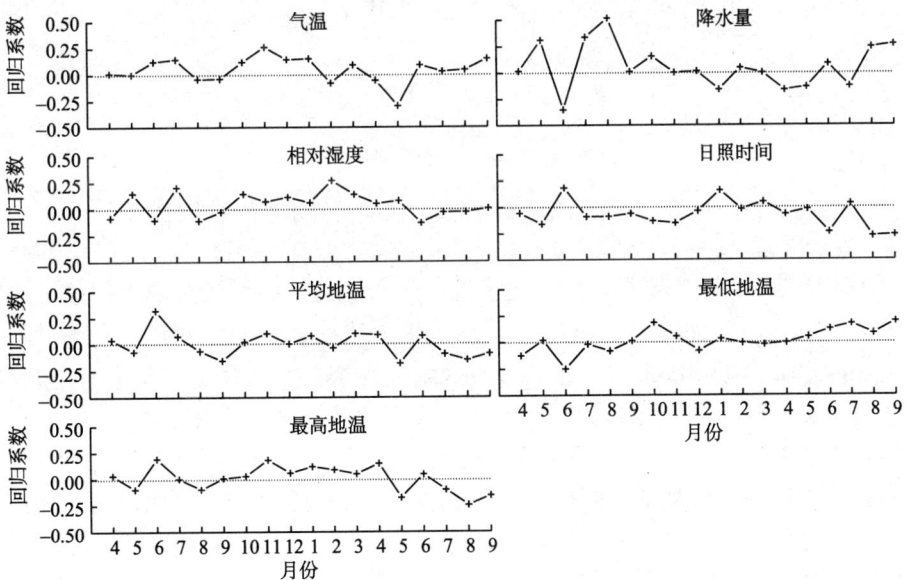

图 6-7　落叶松晚材密度指数的响应函数

　　降水对木材形成的影响主要是通过落叶松的根系来实现的。细根具有巨大的吸收表面积，是林木吸收水分和养分的主要器官[10]。根据 Nonami 等的研究结果[11, 12]，低水势是使扩展期生长速率降低的主要原因，因为细胞壁的物理性质，如弹性和水压传导率改变了。在细胞水平，水压直接影响形成层分生的细胞壁新陈代谢，减少管胞壁中葡萄糖的结合[13]。除此之外，由于酶活化减少，在水压下酶活动只有与水结合才有效[14]。8 月充足的降水有利于形成较高的晚材密度，但是 8 月降水对晚材密度的影响滞后了一年。由图 6-8 看出，晚材密度指数与前一年 8 月降水量的变化基本一致，个别年份例外。例如，1976 年 8 月降水出现了样本期间内的最低值，但是并没有对下一年（1977 年）的晚材密度值产生大的影响，这可能是因为 1977 年 8 月的日照时间出现了样本期间内的最大值，平均日照时间长达 8.17 h，弥补了前一年 8 月降水过低造成的影响。在 2000 年，与早材密度相同，晚材密度也出现了一个较大的峰值，这可能与 2000 年 4 月形成层原始细胞分裂期的气温偏高、降水量较少有关。

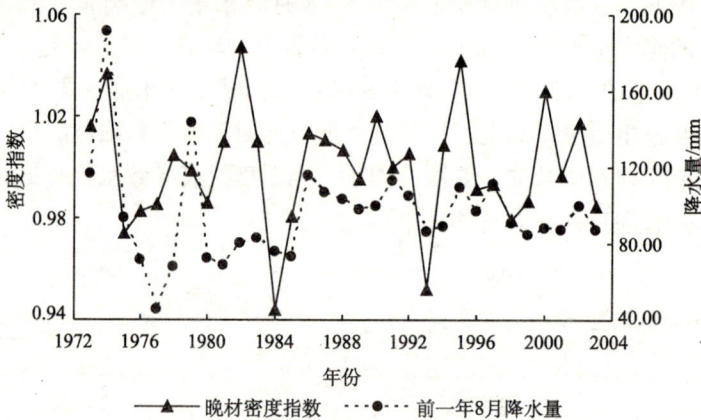

图 6-8　落叶松晚材密度指数与前一年 8 月降水量的相关趋势

　　5 月是春季，枝叶开始萌发，地上部分生长迅速。为了满足地上部分迅速生长的养分需求，植物的根系以最大量参与养分吸收，因此细根生物量最大[15]，温度和降水量是影响细根现存量的重要因素。春季根系生长加快是由土温升高、降水量增加引起的[16]。落叶松林活细根现存量在 5 月就达到最高值[17]，有利于营养物质的聚集。但是 5～7 月降水量充足、细根发达、营养物质聚集的结果并没有影响当年的早材密度，而是到来年晚材形成的时候，这种作用才表现出来。当年 9 月降水对晚材也有积极的影响。但是前一年 6 月降水对当年落叶松晚材密度的影响却是消极的，回归系数为 -0.351。晚材密度指数与前一年 6 月降水量的相关趋势见图 6-9。如果当年 6 月的降水量减少，则落叶松树木体内水势增大，不利于营养物质的运输和吸收，降低木材密度。这种影响被树木"记忆"下来，为了保证来年同一时期的正常生长发育，树木通过生长激素的调控作用，会储备足够的养分，在第二年就容易形成较高的晚材密度。

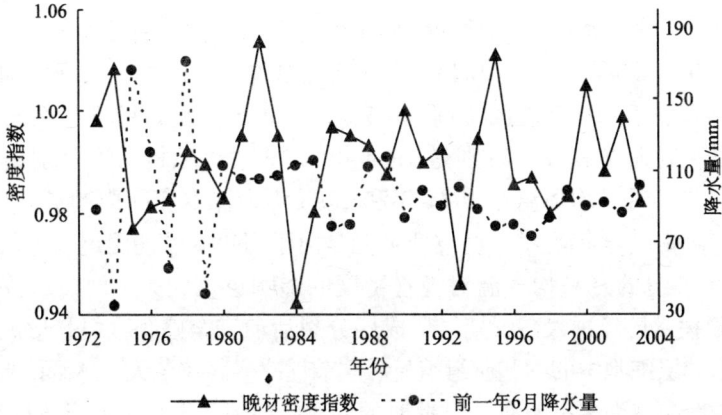

图 6-9　落叶松晚材密度指数与前一年 6 月降水量的相关趋势

晚材密度与前一年 6 月的降水量呈负相关关系，也可能与前一年 6 月地温对落叶松晚材形成有积极的影响有关。前一年 6 月的平均地温对晚材密度指数径向变异的影响比较显著，回归系数为 0.319。但是人工林长白落叶松的晚材密度对生长季地温的响应并不强烈。此结果与王丽丽等[18]关于落叶松（Larix gmelinii）的晚材密度与生长季后期的温度显著相关的结论不一致。月平均地温对晚材密度影响最大的月份出现在当年 5 月，回归系数为 −0.295，晚材密度指数与当年 5 月平均地温的相关趋势见图 6-10。

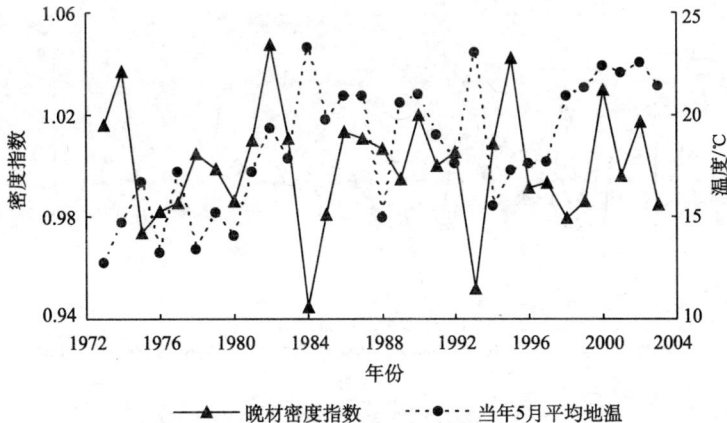

图 6-10　落叶松晚材密度指数与当年 5 月平均地温的相关趋势

　　植物的生长是以一系列的生理生化活动为基础，而这些生理生化活动受到温度的影响。例如，水分和矿质元素的吸收和运输、有机物质的合成和运输等。因此，植物的正常生长要在一定的温度范围内才能进行，在此温度范围内，随着温度的升高，生长加快。但是植物生长的最适宜温度并不是植物生长最健壮时的温度，因为植物生长最快时，物质较多用于生长，体内物质消耗太多，反而没有在较低温度下生长得那么结实。所以，5 月天气温暖，落叶松生长开始加快，此时地温偏低，有利于木材密度的提高。由图 6-10 看出，晚材密度指数与当年 5 月平均地温的变化基本相反。特别是 1984 年和 1993 年晚材密度分别出现了较低值，这恰好与 5 月平均地温在 1984 年和 1993 年为样本期间内的最高值相对应。说明 1984 年和 1993 年晚材密度过低可能是由于当年 5 月地温过高造成的。

　　前一年 11 月的月平均气温对晚材密度的影响也比较大，回归系数为 0.263。11 月落叶松树木已经进入冬眠期，形成层分裂活动完全停止，但是形成层仍在活动之中。形成层细胞中的细胞质组织显示季节性改变。在冬天，休眠的形成层细胞的细胞质中散布着许多小液泡[19]，此时的形成层细胞与生长中的形成层细胞不同，其结构由中间的大液泡控制。液泡在休眠的和活跃的纺锤状细胞中具有不同的作用。在休眠的细胞中，液泡表现为储藏储备的功能。在树木中，冬眠被定义为细胞分裂活动停止，但在天气条件限制的情况下，新陈代谢作用仍在进行。此时，运输能力受限，因此细胞最初分裂所需的能量必定是来自于细胞内部。树木生长不仅与春夏季的温度及降水有关，还受积雪覆盖程度的影响[20]。在进入春天后，虽然根系仍然冻着，但形成层细胞分裂活动可以重新开始了。细胞分裂重新进行时，小液泡结合成比较大的液泡，并且随着储备物质的消耗，液泡质慢慢消失。

　　当年 8 月、9 月的日照时间对落叶松晚材密度的影响也比较显著，回归系数分别为 -0.276 和 -0.264。由图 6-11 看出，晚材密度指数与当年 8 月日照时间的变化基本相反，峰与谷对应较好。

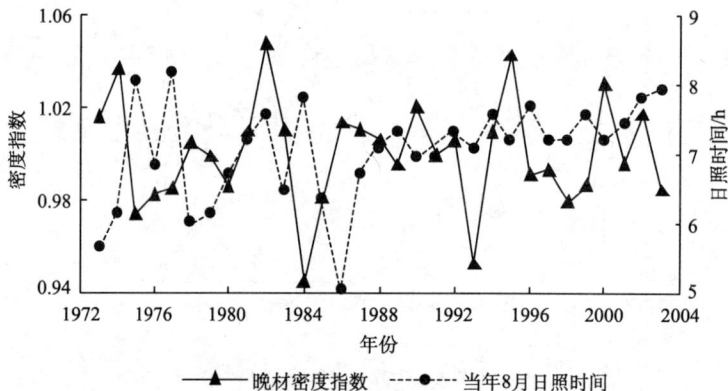

图 6-11　落叶松晚材密度指数与当年 8 月日照时间的相关趋势

　　日照时间主要影响树木的光合作用。人工林树木获取的日照有限，在日照直射水平很高的状态下，例如，在夏季，与孤立树相比，林区内树木获取的光线只有孤立树的 30％左右[21]。8 月和 9 月属人工林落叶松生长季后期，为细胞壁加厚阶段，此时降水量比较少，如果日照时间过长，会增加树木的呼吸作用，树干内水资源耗尽时，木质部的水势会降低。在细胞水平，水压直接影响形成层分生的细胞壁新陈代谢，减少管胞壁中葡萄糖的结合[22]。木材细胞壁加厚受到影响，必然导致木材晚材密度降低。

6.1.2.3　早材宽度

　　生长轮宽度是表征树木年生长量的重要指标，其大小受树种、树龄及生长环境的影响。以落叶松早材宽度年表（EW）为因变量，以前 26 个主成分得分为自变量进行逐步回归分析得到的多元回归方程为

$$EW = 0.991 - 0.111 \times P_{20} + 0.107$$
$$\times P_{10} - 0.09 \times P_{16}, \qquad R^2 = 0.38^{**} \qquad (6\text{-}3)$$

　　选取的 126 个气候因子仅可以说明落叶松生长轮早材宽度指数径向变异的38％。由主成分拟合的早材宽度理论值与实测值的相关性在 $p = 0.01$ 水平上显著，相关系数约为 0.617（图 6-12）。这说明，影响生长轮早材宽度径向变异的因素比较复杂，除了研究选择的 18 个气候因子之外，还有其他未知气候环境因素对落叶松生长轮早材宽度的径向变异产生比较大的影响。

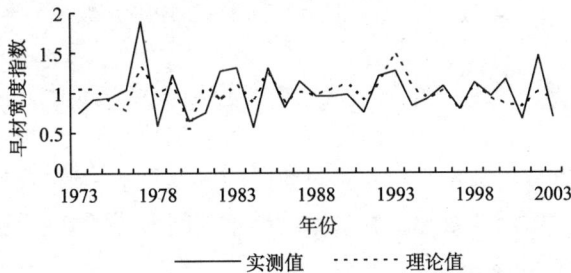

图 6-12　落叶松早材宽度指数的理论值与实测值的差异

　　早材宽度是反映树木生长季早期生长量的一项指标。人工落叶松的早材宽度对前一年 4 月至当年 9 月的气候变化响应比较小（图 6-13），对当年 4 月的日照时间响应比较强烈，标准回归系数为 0.255。这说明日照时间长，落叶松容易形成比较宽的早材。光是森林植被生命活动的能源，它直接影响到森林植被的生长、发育、形态和生产力。光对植物生长的许多过程，如休眠芽的萌发生长、冬季植物生长的减慢、停止、黄化现象及转绿等都有影响。光与落叶松生长发育关

系密切，培育和经营落叶松林，必须考虑光照条件。落叶松有长枝和短枝之分，短枝上的叶是前一年形成的，长枝基部的叶和茎上一部分叶是上年冬芽展开形成的，茎上其余的叶是当年生长期形成的[23]，光可以促进树木幼叶的展开。当年 4 月充足的光照除了有利于落叶松短枝上前一年形成的针叶进行光合作用外，还有利于冬芽展开成叶。

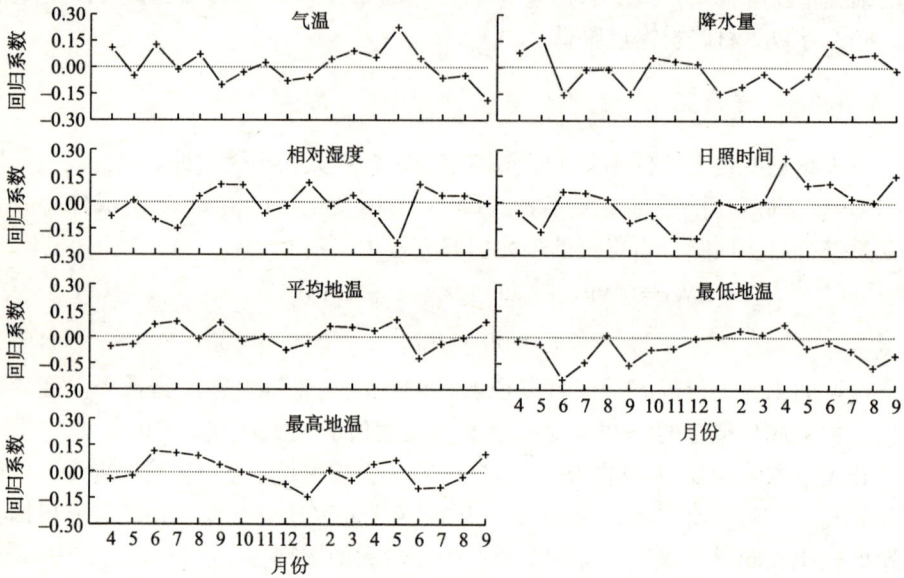

图 6-13　落叶松早材宽度指数的响应函数

由图 6-14 看出，大部分早材宽度指数与当年 4 月光照时间的变化基本一致，峰、谷均对应得较好，仅有个别年份例外。可以用气候变化影响的滞后效应解释个别年份的早材宽度指数与当年 4 月日照时间的变化不一致的现象。例如，1995 年 4 月的平均日照时间非常短，在选取的样本期间内达到最小值，但是相应的早材宽度指数变化并不大，甚至是略有增加。这是由于 1993 年和 1994 年的同一时间日照时间特别充足，光合作用充分，在落叶松树木体内储藏了较多的养分，在 1995 年 4 月日照时间不足时，光合作用减少，通过树木体内营养过量消耗来弥补不足。

6.1.2.4　晚材宽度

落叶松晚材的发育特点应该是内源性的，但它的触发机制目前尚不清楚。由于落叶松的轮宽变化较大，形成层分生组织早材细胞与晚材细胞分化的转折点更可能是由于某一温度的临界值，而不是由光周期触发的[24]。以落叶松晚材宽度

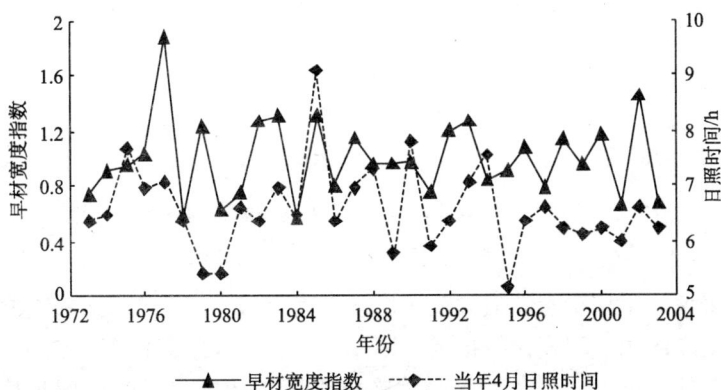

图 6-14　落叶松早材宽度指数与当年 4 月日照时间的相关趋势

年表（LW）为因变量，以前 26 个主成分得分为自变量进行逐步回归分析得到的多元回归方程为

$$LW = 1 - 0.083 \times P_{25}, R^2 = 0.197^{*①} \tag{6-4}$$

结果表明，研究选取的 126 个气候因子仅可以说明落叶松生长轮晚材宽度指数径向变异的 19.7%。由主成分拟合的生长轮晚材宽度理论值与实测值的相关性在 $p=0.05$ 水平上显著，相关系数也仅为 0.444（图 6-15）。这说明，气候因子不是引起落叶松生长轮晚材宽度径向变异的主要因素。这与晚材密度受气候因素影响比较大存在强烈的反差。

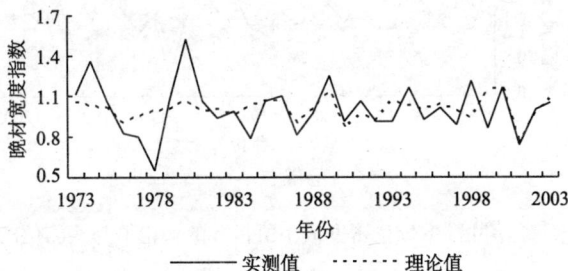

图 6-15　落叶松晚材宽度指数的理论值与实测值的差异

6.1.2.5　生长轮密度

分别以落叶松生长轮密度均值年表（RD）、密度最大值年表（R_{dmax}）和密度最小值年表（R_{dmin}）为因变量，以前 26 个主成分得分为自变量进行逐步回归分

---

① ＊ 表示在 0.05 水平上显著，下同。

析得到的多元回归方程分别为

$$RD = 1.002 + 0.022 \times P_{21} + 0.02 \times P_{18}$$
$$+ 0.019 \times P_{20}, R^2 = 0.492^{**} \tag{6-5}$$
$$R_{dmax} = 1 + 0.006 \times P_{23} + 0.006 \times P_{16}, R^2 = 0.251^* \tag{6-6}$$
$$R_{dmin} = 0.999 + 0.058 \times P_{18} + 0.051 \times P_{21} + 0.038$$
$$\times P_{20} - 0.027 \times P_9, R^2 = 0.688^{**} \tag{6-7}$$

一般来说，生长轮密度最大值多出现在晚材带中，其对气候变化的响应程度应与晚材密度的响应程度比较接近，因此，年轮气候学家们多采用密度最大值来重建古代气候。Briffa 等[25]利用最大晚材密度重建了过去长时间尺度的温度变化；Barber 等[26]利用白云杉的最大晚材密度重建了美国阿拉斯加州近 200 年的夏季气温。但是人工林落叶松生长轮密度最大值对前一年生长季及当年气候变化的响应程度非常弱，选取的 126 个气候因子仅可以说明落叶松生长轮密度最大值指数径向变异的 25.1%，同样也只能说明生长轮密度均值指数径向变异的49.2%。这说明，研究选择的 18 个气候因子对生长轮密度最大值和密度均值的影响不大。但是研究选取的 126 个气候因子可以说明生长轮密度最小值指数径向变异的 68.8%。由主成分拟合的生长轮密度最小值理论值与实测值的相关性在 $p=0.01$ 水平上显著，相关系数为 0.701（图 6-16）。

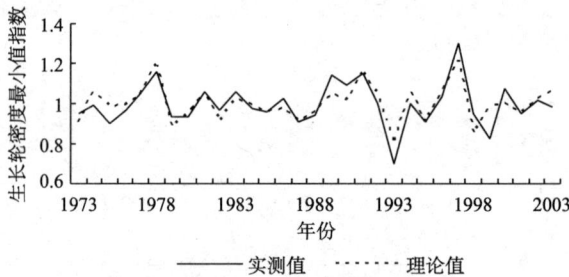

图 6-16　落叶松生长轮密度最小值指数的理论值与实测值的差异

选取的气候因子变化的"滞后效应"对人工林落叶松生长轮密度最小值的径向变异起了非常重要的作用。生长轮密度最小值与早材密度相同，对前一年 4 月的相对湿度的响应最强烈，回归系数为 0.303（图 6-17）。

中国大部分属于干旱半干旱地区，春季天气比较干燥，特别是东北地区，春旱是比较普遍的现象，这对喜好温暖、湿润的落叶松来说，是一个不利条件。落叶松在空气湿度大的地方生长速度快，特别是在幼龄期间。4 月相对湿度较高，有利于落叶松开枝展叶，使落叶松的生长发育期提前。由图 6-18 看出，大部分

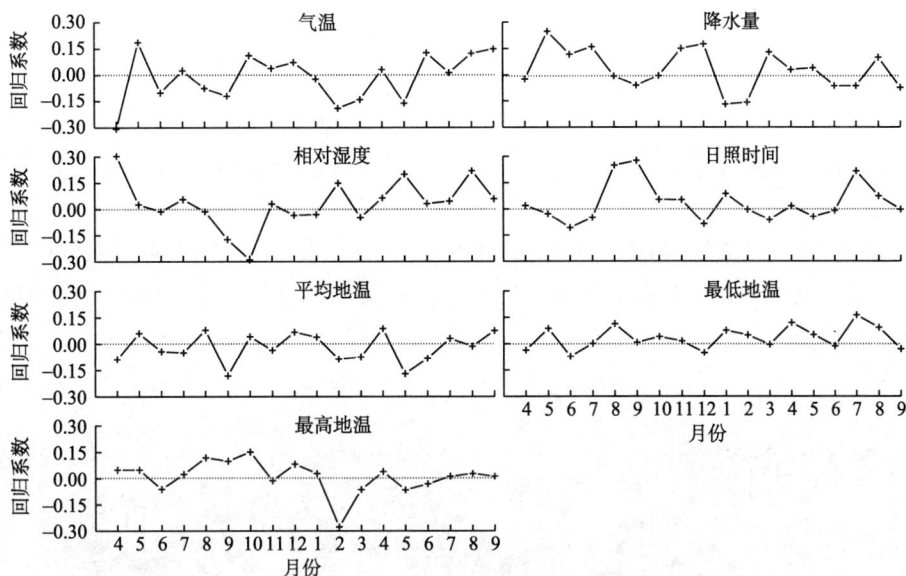

图 6-17　落叶松生长轮密度最小值指数的响应函数

生长轮密度最小值指数与前一年 4 月相对湿度的变化基本一致，峰、谷均对应的较好，仅有个别年份例外。例如，1983 年和 1989 年的相对湿度值偏低，但是与之相对应的 1984 年和 1990 年的密度最小值与前一年的密度最小值相比，变化不大。这与 1984 年和 1990 年的相对湿度值偏高有关。2000 年密度最小值出现了一个峰值，这与前一年即 1999 年 4 月的相对湿度偏低不符，主要是由于 4 月的相对湿度在 1996 年出现了一个峰值后，随后几年持续降低，降到样本期间内的

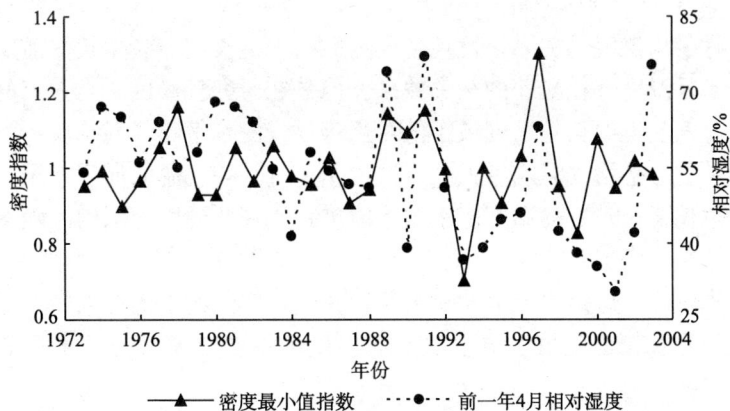

图 6-18　落叶松生长轮密度最小值指数与前一年 4 月相对湿度的相关趋势

最低值。而且在 2000 年 4 月，气温偏高，降水量比较少，造成形成层细胞分裂速度变慢，产生的细胞腔相对较小，早材实质密度增加，所以 2000 年的密度最小值偏高。

前一年 10 月相对湿度对生长轮密度最小值的影响也比较大，但是二者为负相关关系，回归系数为 -0.290。生长轮密度最小值指数与前一年 10 月相对湿度的相关趋势如图 6-19 所示。在落叶松生长季结束时，也就是 10 月中下旬，落叶松大部分针叶变黄。此时，落叶松根系的活动能力减弱，较高的相对湿度有利于根系对土壤中养分的吸收，为来年树木的生长提供充足的营养储备，比较容易形成腔大壁薄的早材管胞，与此同时密度也相对比较小。

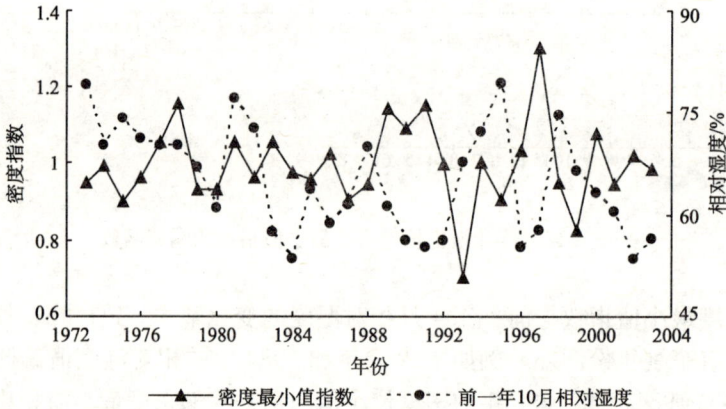

图 6-19　落叶松生长轮密度最小值指数与前一年 10 月相对湿度的相关趋势

月平均气温影响最大的月份也出现在前一年的 4 月，回归系数为 -0.309。刘洪滨和邵雪梅[27]通过研究 1789 年以来秦岭南坡佛坪冷杉、油松和铁杉的生长与 4 月的月平均温度的关系，发现各样点的树木生长明显受生长季前期温度的影响，且与 4 月温度存在显著的相关关系。但是在研究气候因子与人工林落叶松生长的关系时发现，生长轮密度最小值对当年 4 月的月平均气温响应不强烈，却对前一年 4 月的月平均气温响应强烈，这说明 4 月平均气温的滞后作用比较大。植物的正常生长要在一定的温度范围内才能进行，在此温度范围内，随着温度的升高，生长加快。4 月天气温暖，落叶松生长开始加快，植物反而长得不够壮实，木材密度比较低。这是由于落叶松生长较快时，体内物质消耗太多的缘故。由图 6-20 看出，生长轮密度最小值指数与前一年 4 月平均气温的变化基本相反，峰与谷对应较好。

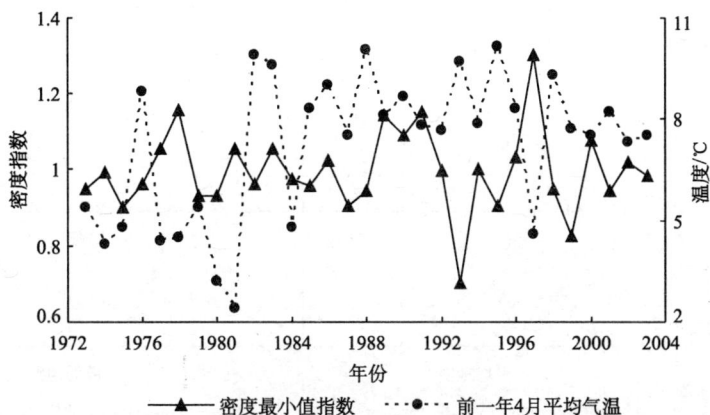

图 6-20　落叶松生长轮密度最小值指数与前一年 4 月平均气温的相关趋势

生长受最高地温影响最大的月份出现在当年的 2 月，回归系数为 −0.278。说明此时地温偏高，落叶松可参与活动的形成层组织增加，特别是吸收营养和水分的毛细根比较多，有利于生长季早到。根系呼吸在土壤呼吸中的贡献率主要受植被根系的物候期和土壤温度的影响[28]。生长受日照时间影响最大的月份出现在前一年的 9 月，回归系数为 0.276。但是当年及前一年生长季的降水量对生长轮密度最小值的径向变异没有显著的影响，这一点也与其对早材密度的影响相同。

6.1.2.6　生长轮宽度

生长轮宽度年表是用于年轮气候学研究的最早的树木材性指标，也是最重要的指标。以落叶松生长轮宽度年表（RW）为因变量，以前 26 个主成分得分为自变量进行逐步回归分析得到的多元回归方程为

$$RW = 0.992 + 0.082 \times P_{10} + 0.063 \times P_3, R^2 = 0.323^{**} \qquad (6\text{-}8)$$

研究选取的 126 个气候因子仅可以说明落叶松生长轮宽度指数径向变异的 32.3%。由主成分拟合的生长轮宽度的理论值与实测值的相关性不显著，相关系数仅为 0.011（图 6-21）。这说明，研究选择的 126 个气候因子不是引起落叶松生长

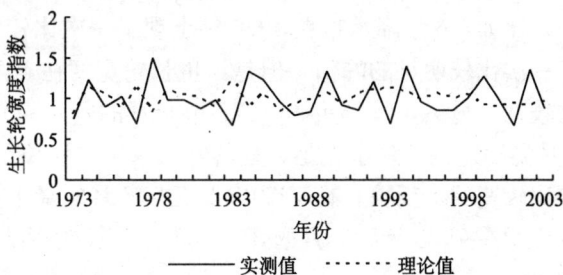

图 6-21　落叶松生长轮宽度指数的理论值与实测值的差异

轮宽度径向变异的主要因素。响应函数分析表明，气候变化对落叶松生长轮宽度的径向变异影响不大（图6-22）。

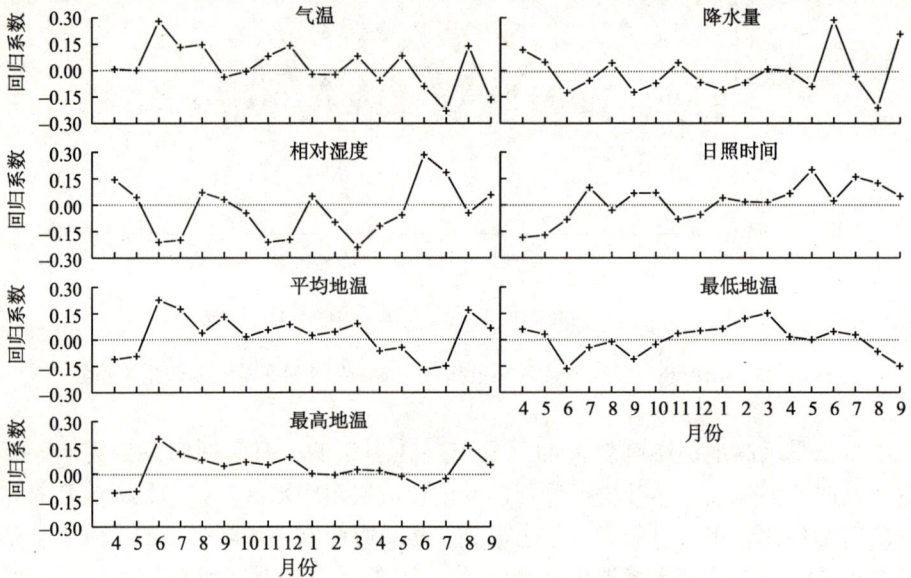

图 6-22　落叶松生长轮宽度指数的响应函数

　　人工林落叶松生长轮宽度指数对当年 6 月的降水量和相对湿度以及前一年 6 月的月平均气温响应强烈，回归系数分别为 0.284、0.287 和 0.279。树木年轮的形成受当年及生长前期气候因子（主要是温度和降水）的综合影响，年轮宽度与气候因子之间存在着复杂的关系。一般来讲，在生长季，降水量对树木的影响最大，年轮宽度往往与降水量正相关[29, 30]，这可能与降水可加快光合产物积累并促进植物的后期生长有关[31]。

　　由生长轮宽度指数与当年 6 月降水量的相关趋势图可以看出（图6-23），生长轮宽度指数与当年 6 月降水量的变化基本一致，峰、谷对应较好。但是也有例外，比如，6 月降水量在 1976 年出现了一次比较明显的低谷值，在 1977 年出现了一次比较明显的峰值，但是，生长轮宽度在 1977 年特别窄，而在 1978 年相对比较宽。显然，1976 年和 1977 年 6 月的降水量对生长轮宽度的影响滞后 1 年。6 月温度适宜，降水充足，是落叶松一年中生长迅速的月份，充足的降水容易产生比较宽的生长轮。在 1980 年以后，6 月的降水量的年际变化波动不是很明显，这说明在 1980 年后 6 月的降水量不是生长轮宽度的径向变异的决定性原因。

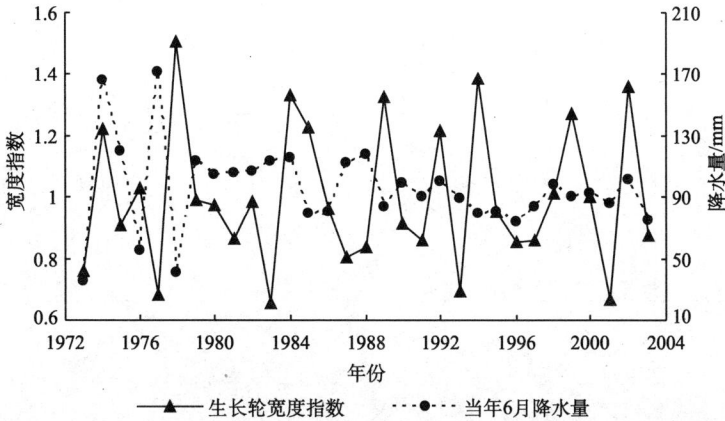

图 6-23　落叶松生长轮宽度指数与当年 6 月降水量的相关趋势

　　由图 6-24 看出，生长轮宽度指数与当年 6 月相对湿度的变化基本一致，峰、谷对应较好。但是也有例外，如 6 月相对湿度在 1982 年出现了一次较低值，但是与之对应的生长轮宽度略宽，而在 1983 年升高时，生长轮宽度指数却出现了一个低谷值，这说明，6 月的相对湿度在 1982 年出现的较低值对生长轮宽度的影响滞后 1 年。6 月的相对湿度较低与当年 6 月的平均气温相对较高有密切的关系，见图 6-25。6 月气温在 1982 年出现了一次极大值，温度达 24℃，但是与之对应的 1983 年的生长轮宽度却比较窄，而 1984 年的生长轮宽度指数出现一个峰值，显然，6 月的平均气温在 1982 年出现的极值滞后了两年才对生长轮宽度的径向变异产生了显著的影响。

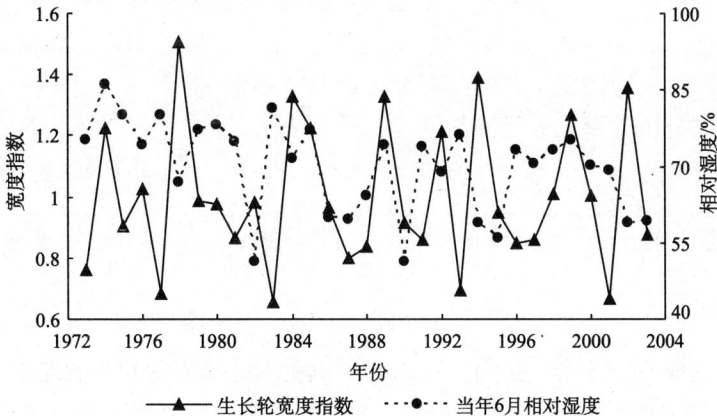

图 6-24　落叶松生长轮宽度指数与当年 6 月相对湿度的相关趋势

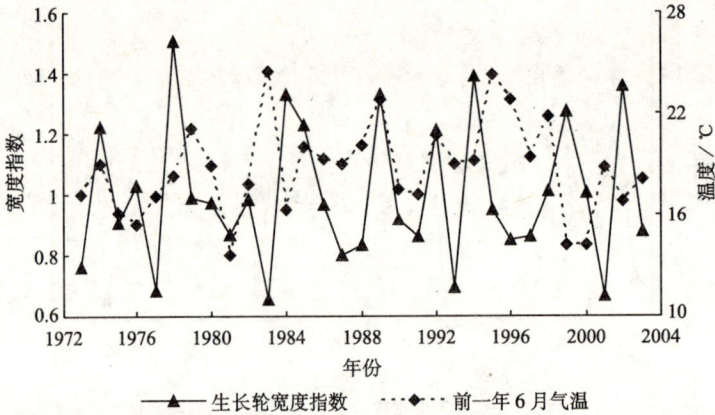

图 6-25　落叶松生长轮宽度指数与前一年 6 月平均气温的相关趋势

6.1.3　落叶松木材解剖特征指标对气候变化的响应

在树木生长过程中，由形成层产生的不同区域的细胞形成和发展彼此独立，它们对环境因素的响应也不同[32,33]，细胞径向伸展和次生壁加厚受生理学上的不同指标的控制[34,35]，很有必要研究气候变化因素对不同阶段细胞形成的影响。

6.1.3.1　组织比量

木材的组织比量是指木材中不同种类细胞的组织占木材体积百分比的统称，对于针叶树材，主要包括树脂道比量、管胞比量、轴向薄壁组织比量和木射线比量。轴向薄壁组织一般含量较少，通常将其归并于管胞中[36]。分别以人工林落叶松管胞组织比量年表（TP）、木射线组织比量年表（WRP）和树脂道组织比量年表（RCP）为因变量，以 126 个主成分中的前 26 个主成分得分为自变量进行逐步回归分析，得到多元回归方程：

$$TP = 1 + 0.007 \times P_6 - 0.004 \times P_{11} + 0.004 \times P_{21} - 0.004$$
$$\times P_{23} + 0.003 \times P_{17} + 0.003 \times P_8, R^2 = 0.779^{**} \quad (6-9)$$

$$WRP = 1 - 0.051 \times P_6 - 0.039 \times P_{21} + 0.031 \times P_{11} + 0.033$$
$$\times P_{23} - 0.029 \times P_8 - 0.020 \times P_{17}, R^2 = 0.843^{**} \quad (6-10)$$

研究选取的 126 个气候因子可以分别说明落叶松管胞和木射线指数径向变异的 77.9% 和 84.3%。由主成分拟合的管胞、木射线组织比量理论值与实测值的相关性在 $p = 0.01$ 水平上显著，相关系数为 0.883 和 0.918（图 6-26、图 6-27）。这说明，研究选择的 126 个气候因子是引起落叶松管胞和木射线组织比量径向变异的主要因素。但是落叶松树脂道组织比量年表在与以 26 个主成分的得分为自变量进行逐步回归分析时，回归方程无法通过显著性检验。这表明，人工林落叶松树脂道组织比量与所选取的气候因子不存在显著的相关关系。

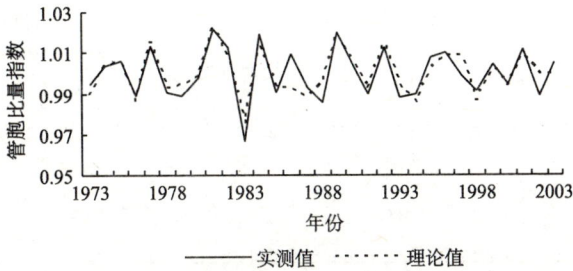

图 6-26　落叶松管胞组织比量指数的理论值与实测值的差异

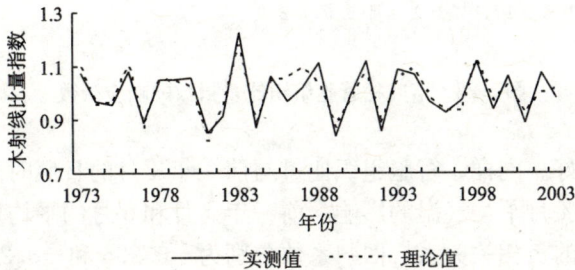

图 6-27　落叶松木射线组织比量指数的理论值与实测值的差异

　　管胞，特别是轴向管胞，是针叶树材中最主要的组成成分，它的主要功能是输导水分和强固树体，占整个木材体积的 90% 以上，因此研究管胞组织对气候变化的响应有非常重要的作用。本书涉及的管胞全部是指轴向管胞。由图 6-28 可知，管胞的组织比量对前一年 4 月到当年 9 月的这 18 个月的气候变量的变化响应强烈。特别是对当年 8 月的日照时间的响应最强烈，回归系数达到了 0.4。管胞组织比量指数与当年 8 月日照时间的相关趋势如图 6-29 所示。管胞组织比量指数与当年 8 月日照时间的变化基本一致，峰、谷对应比较好。8 月和 9 月属人工林落叶松生长季后期，此时日照时间延长，有利于增加晚材管胞的数量。

　　前一年 4 月的平均气温和日照时间对人工林落叶松管胞组织比量的影响也比较显著，回归系数分别是 -0.327 和 -0.259。植物的正常生长要在一定的温度和日照时间范围内才能进行。在此温度范围内，随着温度的升高，生长加快。4 月天气温暖，落叶松生长开始加快，体内物质消耗过多，所以长得不够壮实。由图 6-30 看出，管胞组织比量指数与前一年 4 月平均气温的变化基本相反，曲线

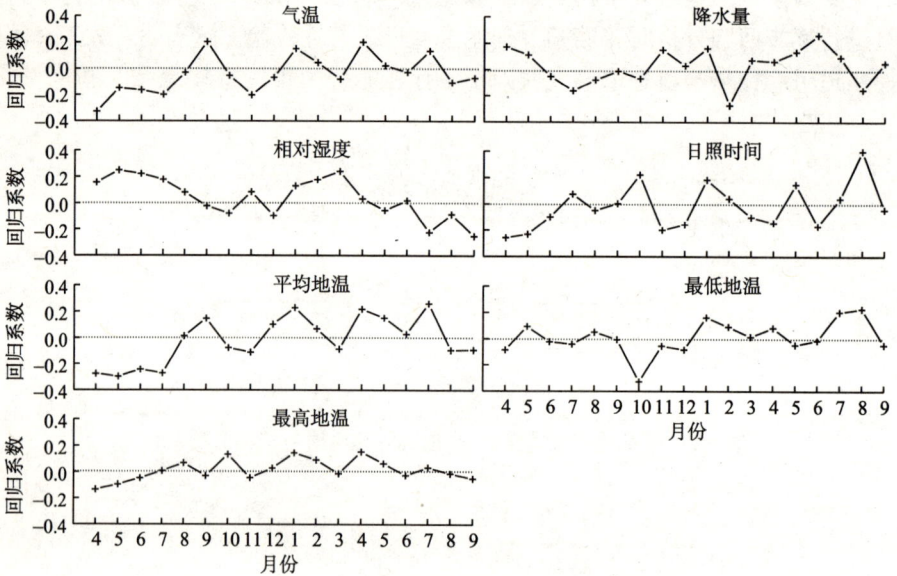

图 6-28　落叶松管胞组织比量指数的响应函数

的峰与谷对应较好。同样，管胞组织比量与前一年 4 月的日照时间的变化也基本相反。受前一年 4 月平均气温的影响，前一年 4 月和 5 月的平均地温与管胞组织比量也存在显著的负相关关系，回归系数分别为 -0.296 和 -0.275。

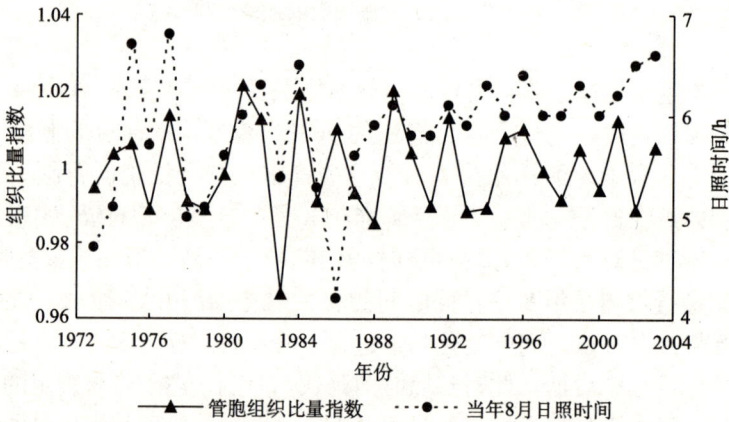

图 6-29　落叶松管胞组织比量指数与当年 8 月日照时间的相关趋势

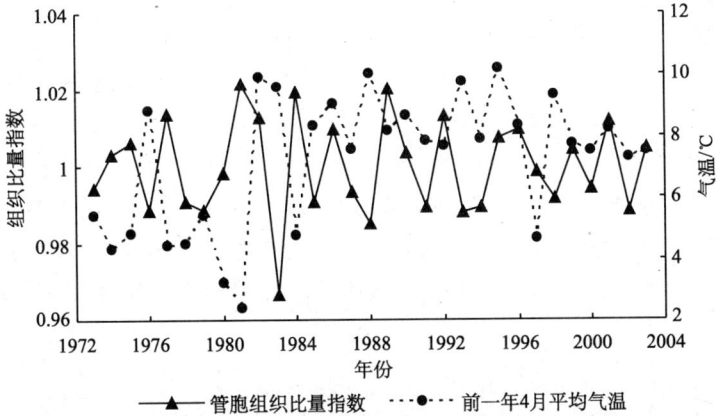

图 6-30　落叶松管胞组织比量指数与前一年 4 月平均气温的相关趋势

前一年 10 月的最低地温对人工林落叶松管胞组织比量的影响也比较显著,回归系数为−0.326。由图 6-31 看出,管胞组织比量指数与前一年 10 月最低地温的变化基本相反,峰与谷对应较好。林木发育包括发芽、展叶、开花、结实等,也包括落叶、休眠等,在林木中,这种发育过程是缓慢并且重复进行的。每个阶段需要通过一定界限温度。一般说来,林木种子发芽、树液流动、叶芽的展开等主要取决于温度临界值的通过。一定的低温强度和低温持续时间,对越冬芽的休眠、花芽分化均具有重要的作用。10 月落叶松生长季结束,温度逐渐降低,如果此时温度偏高,不利于越冬,来年树木生长量低,管胞的组织比量也会减小。

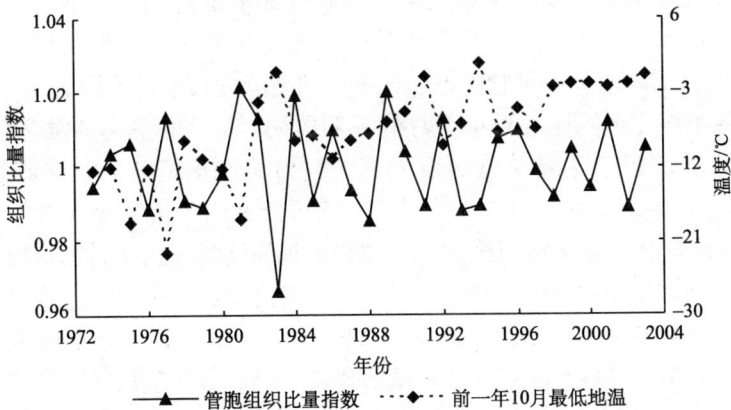

图 6-31　落叶松管胞组织比量指数与前一年 10 月最低地温的相关趋势

　　管胞组织比量受速生期 7 月的平均地温的影响很大。管胞组织比量与当年 7 月的平均地温存在显著的正相关关系，但是与前一年 7 月平均地温存在显著的负相关关系，回归系数分别为 0.260 和 -0.272。地温是影响根系吸水的重要土壤条件。7 月是一年中降水量最大的月份，降水过多时，若排水不良，根系特别是细根处于水淹状态，则树木生长也不良。土壤的蒸腾作用有利于保持土壤的透气性，所以 7 月地温较高有利于提高土壤的透气性，提高根系的吸水能力，增加落叶松树木的生长量（图 6-32）。而且，由于 7 月降水量比较大，尽管 7 月平均地温在 1997 年出现一次极高值，但是对管胞组织比量似乎并没有明显的影响。

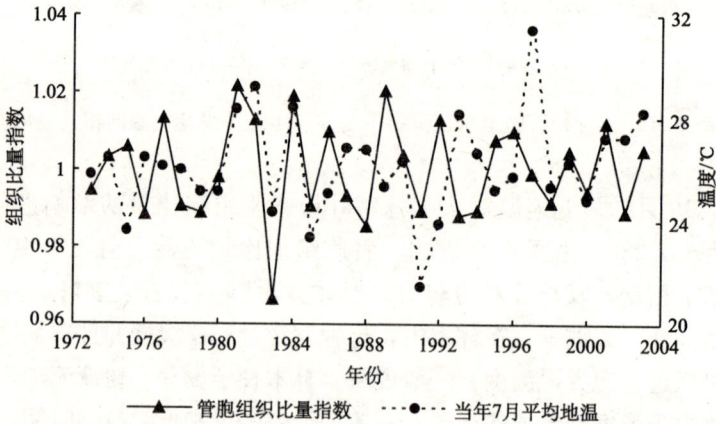

图 6-32　落叶松管胞组织比量指数与当年 7 月平均地温的相关趋势

　　管胞组织比量与当年 6 月的降水量有显著的相关关系，回归系数为 0.264。由图 6-33 看出，管胞组织比量指数与当年 6 月降水量的变化基本一致，峰、谷对应较好。在 1980 年以后，6 月降水量的年际变化波动不是很明显，这说明在 1980 年后 6 月的降水量不是管胞组织比量径向变异的决定性原因。

　　木射线组织比量同样对当年 8 月的日照时间、4 月的平均地温和前一年 10 月的最低地温这三个气候变量响应强烈，但相关性正好相反，回归系数分别是 -0.423、-0.350 和 0.334（图 6-34）。这可能是因为落叶松木材的组织比量分为管胞组织比量、木射线组织比量和树脂道组织比量，由于树脂道组织是木材组织中相当小的部分，所以落叶松木材组织主要是管胞和木射线。木射线组织如果发达，则管胞组织可能会相应减少。由图 6-35 看出，大部分年份木射线组织比量指数与当年 8 月日照时间的变化基本相反，峰、谷对应比较吻合。当年 6 月的降水量、7 月的平均地温等对人工林落叶松木射线组织比量指数也都有一定程度的影响。

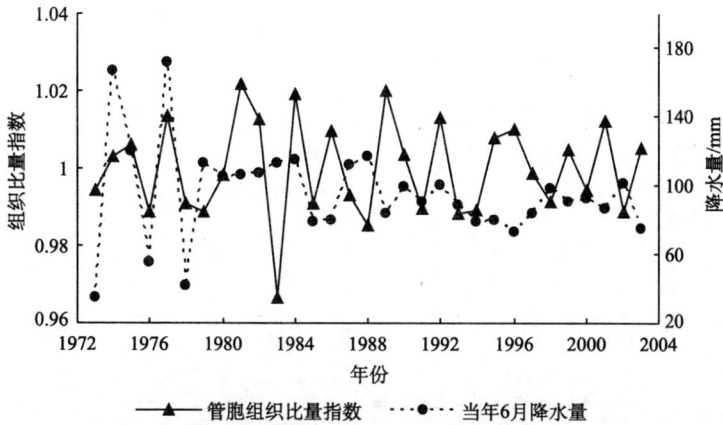

图 6-33　落叶松管胞组织比量指数与当年 6 月降水量的相关趋势

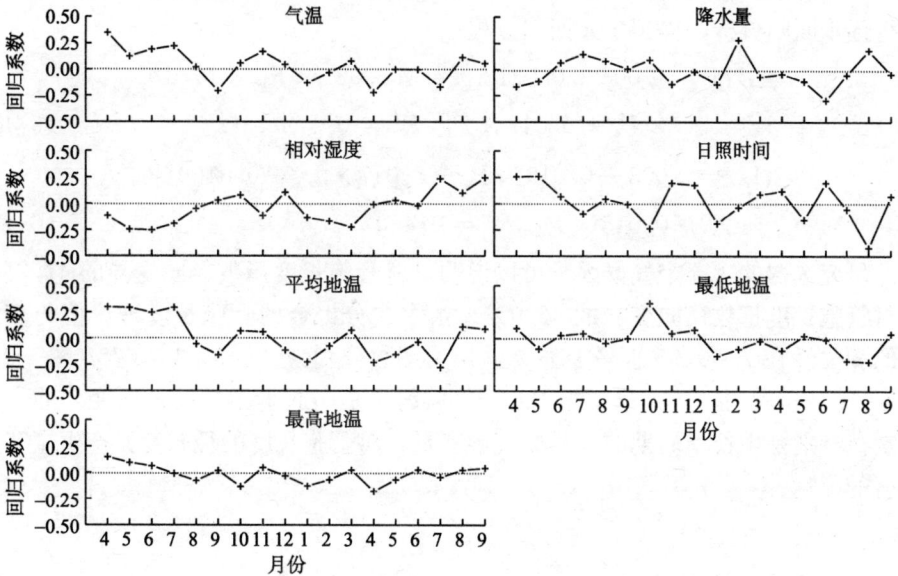

图 6-34　落叶松木射线组织比量指数的响应函数

6.1.3.2　管胞长度

　　木材管胞长度、管胞直径、胞壁率、壁腔比等形态特征，对于工业用材来说是非常重要的材性指标，其大小直接影响到木材的品质与利用[37]。研究管胞形态特征对气候变化的响应具有非常重要的现实意义。以落叶松早材管胞长度年表

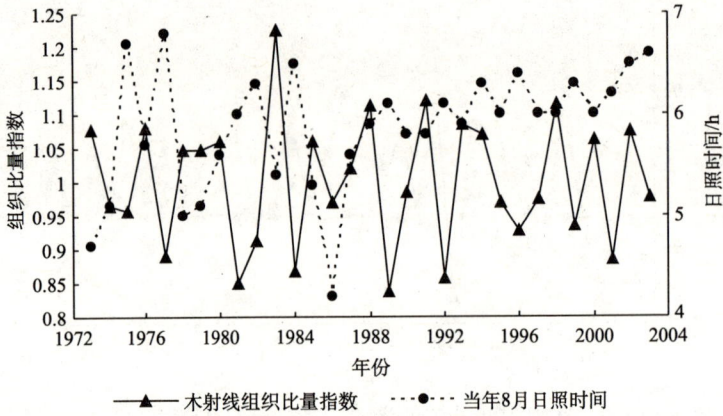

图 6-35　落叶松木射线组织比量指数与当年 8 月日照时间的相关趋势

（ETL）和晚材管胞长度年表（LTL）为因变量，以前 26 个主成分得分为自变量进行逐步回归分析，得到多元回归方程：

$$ETL = 1.003 + 0.021 \times P_{15} + 0.021 \times P_{13} + 0.019$$
$$\times P_4 + 0.017 \times P_{17}, R^2 = 0.472^{**} \tag{6-11}$$

$$LTL = 1.003 + 0.019 \times P_4 - 0.017 \times P_5 + 0.016 \times P_{13}$$
$$- 0.015 \times P_{25}, R^2 = 0.460^{**} \tag{6-12}$$

　　研究选取的 126 个气候因子可以说明早材管胞长度指数径向变异的 47.2%、晚材管胞长度指数径向变异的 46.0%。由主成分拟合的管胞长度理论值与实测值的相关性在 $p = 0.01$ 水平上显著，相关系数分别为 0.687 和 0.678（图 6-36、图 6-37）。这说明，研究选择的 126 个气候因子是引起管胞长度径向变异的主要因素，特别是生长季后期的 9 月的气候变量，对管胞长度的径向变异产生了非常显著的影响。

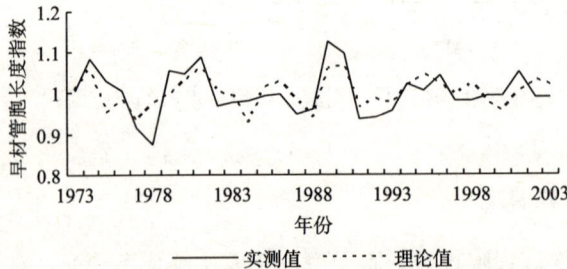

图 6-36　落叶松早材管胞长度指数的理论值与实测值的差异

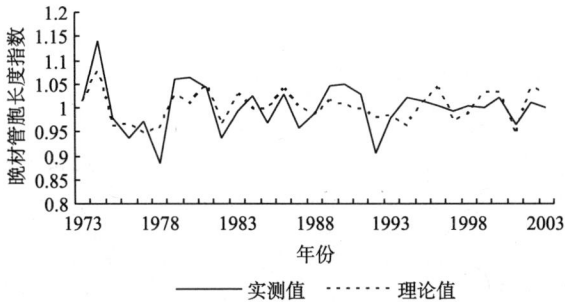

图 6-37　落叶松晚材管胞长度指数的理论值与实测值的差异

　　落叶松早材管胞长度对当年 9 月的月平均降水量、日照时间和平均地温响应强烈，特别是对当年 9 月的降水量，回归系数达到 0.320，如图 6-38 所示。由图 6-39 看出，大部分年份早材管胞长度指数与当年 9 月降水量的变化基本一致，峰、谷均对应的较好，个别年份除外。可以用气候变化影响的滞后效应解释个别年份的早材管胞长度指数与当年 9 月降水量的变化不一致。例如，1984 年 9 月的降水量出现了近 30 年来的最低水平，但是相应的早材管胞长度指数并不低，这是由于 1980～1983 年的 9 月降水量都相当充沛，充足的降水条件在落叶松树木体内储藏了较多的养分，即使在 1984 年同一时期的降水量非常低，落叶松的早材管胞长度指数也没有出现降低的迹象。当年 9 月的平均日照时间与早材管

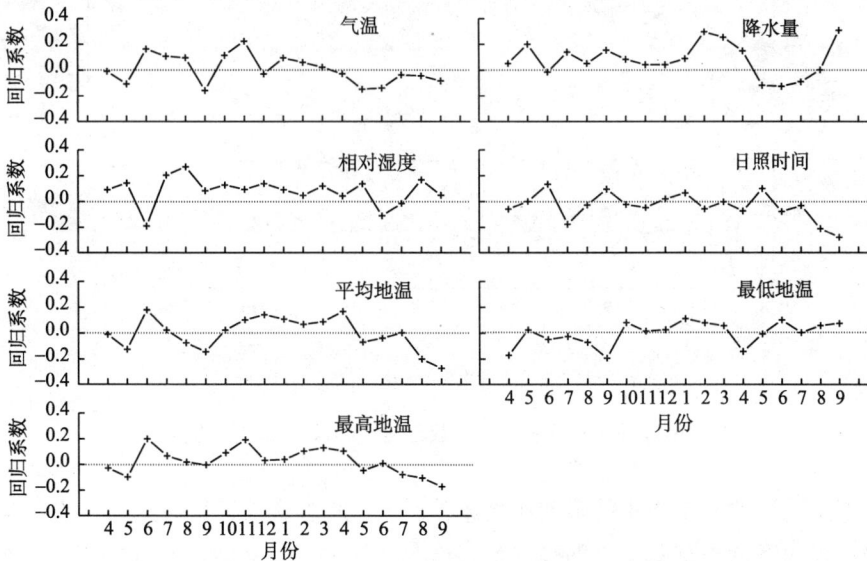

图 6-38　落叶松早材管胞长度指数的响应函数

长度存在显著的负相关关系，回归系数为一0.281。9月如果日照时间过长，会增加树木的呼吸作用，树干内水资源耗尽时，木质部的水势会降低。早材管胞长度指数与当年9月日照时间的相关趋势如图 6-40 所示，大部分年份早材管胞长度指数与当年9月日照时间的变化基本相反，峰与谷均对应的较好，个别年份除外。在1987 年以后，9月日照时间的年际变化波动不是很明显，这说明在 1987 年后 9 月的日照时间不是早材管胞长度径向变异的决定性原因，这与 9 月的平均地温有关。

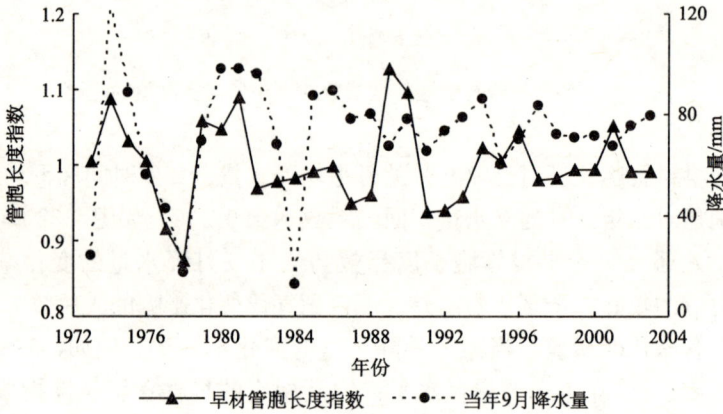

图 6-39　落叶松早材管胞长度指数与当年 9 月降水量的相关趋势

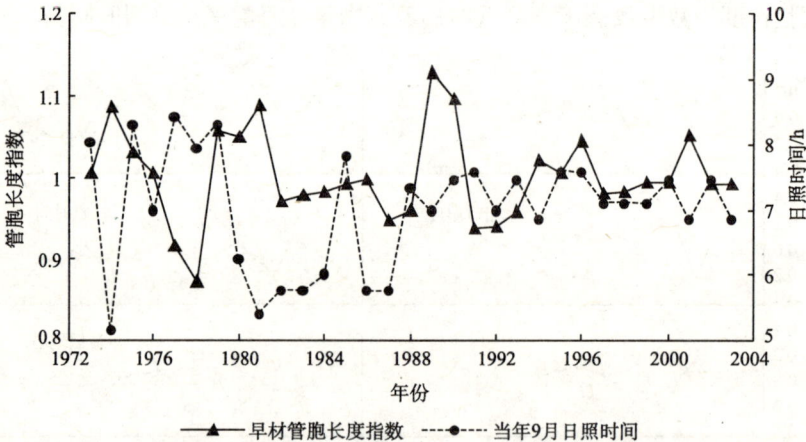

图 6-40　落叶松早材管胞长度指数与当年 9 月日照时间的相关趋势

地温是影响根系吸水的重要土壤条件。9月地温偏高，蒸腾作用加重土壤的干旱，也会降低根系对水分的吸收能力以及木质部内的水势。在细胞水平，水压直接影响形成层分生的细胞壁新陈代谢，减少管胞壁中葡萄糖的结合[22]，导致木材管胞长度偏小。当年 9 月的平均地温与早材管胞长度存在显著的负相关关系，回归系数是－0.274。早材管胞长度指数与当年 9 月平均地温的相关趋势如图 6-41 所示，大部分年份早材管胞长度指数与当年 9 月平均地温的变化基本相反，峰与谷均对应的较好，个别年份除外。

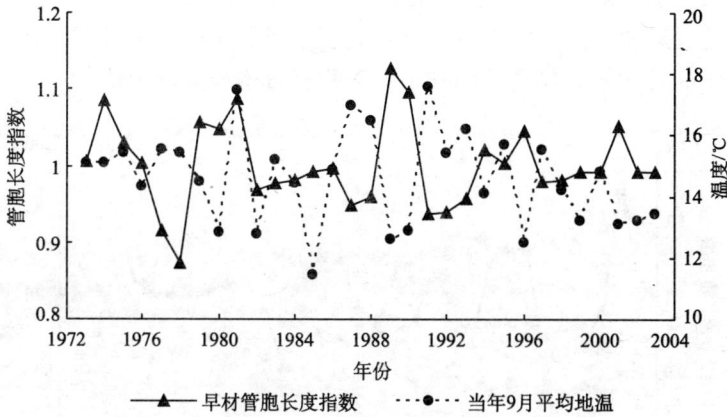

图 6-41　落叶松早材管胞长度指数与当年 9 月平均地温的相关趋势

落叶松晚材管胞长度指数对前一年 8 月降水量的响应很强烈，回归系数为0.369（图 6-42）。由晚材管胞长度指数与前一年 8 月降水量的相关趋势可以看出

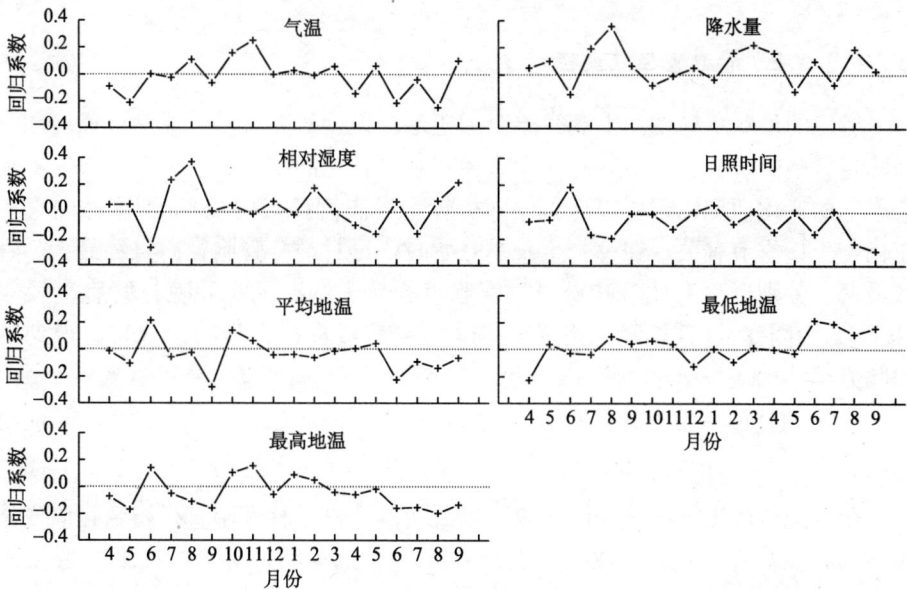

图 6-42　落叶松晚材管胞长度指数的响应函数

（图 6-43），多数年份晚材管胞长度指数与前一年 8 月降水量的变化基本一致，峰、谷均对应的较好，显然 8 月降水的滞后效应对晚材管胞长度产生了显著的影响，但也有个别年份的晚材管胞长度指数与前一年 8 月降水量的变化不一致。晚材的管胞长度受当年 9 月的日照时间影响比较大，这一点与早材管胞长度对当年 9 月日照时间的响应一致，回归系数为 −0.290。9 月日照时间过长，不利于产生较长的落叶松管胞。前一年 9 月的地温对其也有影响，回归系数为 −0.279。显然，前一年 9 月的地温较高，同样不利于晚材管胞长度的形成。

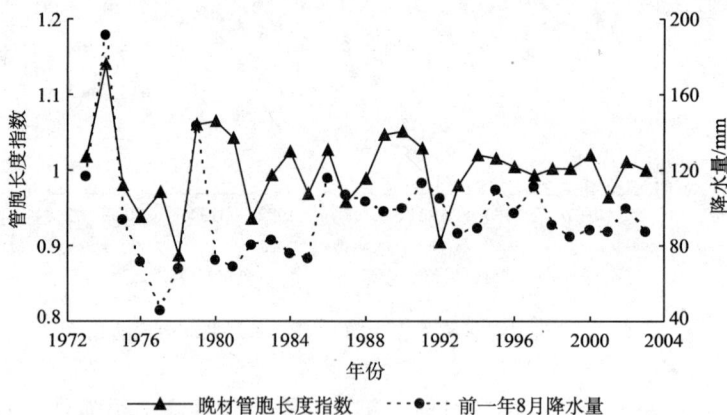

图 6-43　落叶松晚材管胞长度指数与前一年 8 月降水量的相关趋势

6.1.3.3　管胞直径（内径）

管胞的形状从横切面上观察不全为矩形，但为研究方便，通常以径向和弦向来确定管胞的直径。早材管胞弦向直径与晚材管胞的弦向直径近乎相等，不随生长季节的变化而变化，所以这里仅分析管胞径向直径（内径）。管胞径向直径的变化与生长季节有关。在每个生长季开始时，早材部分管胞径向直径最大，管胞壁最薄。分别以人工林落叶松早材管胞直径年表（ETD）和晚材管胞直径年表（LTD）为因变量，以 26 个主成分得分为自变量进行逐步回归分析，得到多元回归方程：

$$\text{ETD} = 1.000 + 0.019 \times P_8 - 0.015 \times P_{15}, R^2 = 0.288^{**} \qquad (6\text{-}13)$$

$$\text{LTD} = 0.997 + 0.053 \times P_{23}, R^2 = 0.240^{**} \qquad (6\text{-}14)$$

研究选取的 126 个气候因子仅可以说明落叶松早材管胞直径指数径向变异的 28.8%、晚材管胞直径指数径向变异的 24%。这说明，选择的 126 个气候因子不是引起落叶松管胞直径径向变异的主要因素。

6.1.3.4　管胞壁厚

分别以人工林落叶松早材管胞壁厚年表（EWT）和晚材管胞壁厚年表（LWT）为因变量，以前 26 个主成分得分为自变量进行逐步回归分析，得到多元回归方程：

$$EWT = 0.997 - 0.039 \times P_4 + 0.032 \times P_{17} + 0.023 \times P_{19} + 0.021$$
$$\times P_5 + 0.021 \times P_{16} - 0.015 \times P_{12}, R^2 = 0.775^{**} \quad (6\text{-}15)$$
$$LWT = 0.996 + 0.040 \times P_{18} + 0.038 \times P_{23} + 0.022 \times P_{21}$$
$$+ 0.022 \times P_{16} - 0.020 \times P_{13}, R^2 = 0.665^{**} \quad (6\text{-}16)$$

研究选取的 126 个气候因子可以说明落叶松早材管胞壁厚指数径向变异的 77.5%、落叶松晚材管胞壁厚指数径向变异的 66.5%。由主成分拟合的早材和晚材管胞壁厚理论值与实测值的相关性在 $p=0.01$ 水平上显著，相关系数分别为 0.880 和 0.815（图 6-44、图 6-45）。这说明研究选择的 126 个气候因子是引起落叶松管胞壁厚径向变异的主要因素。

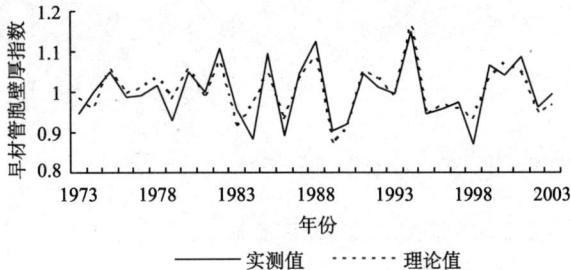

图 6-44　落叶松早材管胞壁厚指数的理论值与实测值的差异

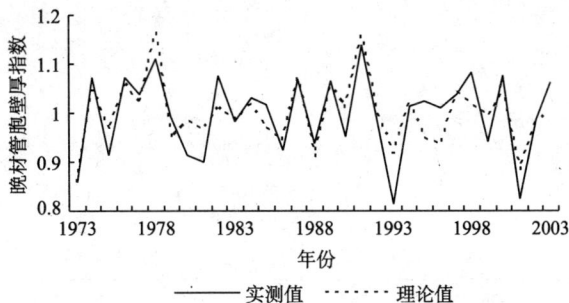

图 6-45　落叶松晚材管胞壁厚指数的理论值与实测值的差异

　　在落叶松木材解剖特征各项指标中，早材管胞壁厚对前一年 4 月至当年 9 月的 18 个月份的气候变量变化的响应最强烈。早材管胞壁厚对前一年 5 月的相对湿度的响应最强烈，回归系数为－0.504（图 6-46）。5 月落叶松处于细胞的分裂形成阶段，落叶松属于喜湿润树种，5 月较高的相对湿度有利于形成层的活动，加速细胞的分裂，产生更多的早材细胞，但是这样会消耗更多储备的养分，从而减少了早材细胞加厚期所需的养分。而且，5 月相对湿度的滞后作用影响显著。由图 6-47 可知，多数年份早材管胞壁厚指数与前一年 5 月相对湿度的变化基本相反，谷与峰基本相对。

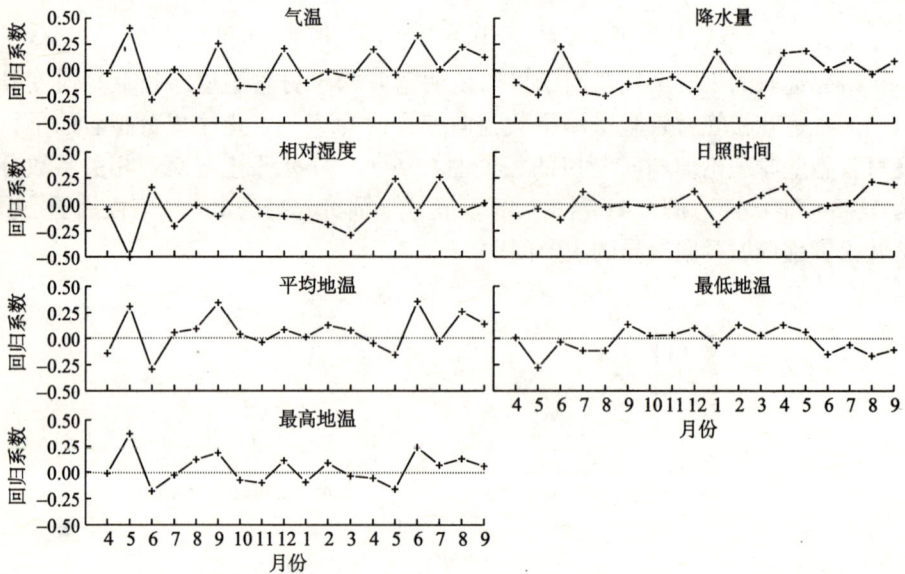

图 6-46　落叶松早材管胞壁厚指数的响应函数

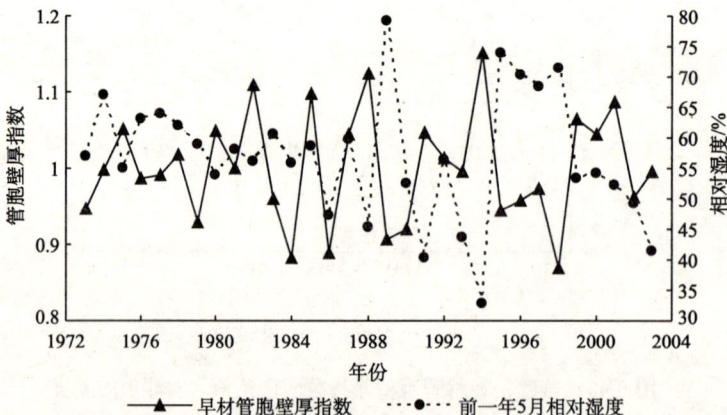

图 6-47　落叶松早材管胞壁厚指数与前一年 5 月相对湿度的相关趋势

落叶松早材管胞壁厚指数对当年及前一年生长季的降水量和日照的响应不显著，但是对当年及前一年生长季的温度表现出强烈的响应，特别是对 5 月、6 月。例如，对前一年 5 月平均气温和最高地温响应的回归系数分别达 0.405 和 0.369，对当年 6 月平均气温和地温的响应回归系数也达到 0.334 和 0.335。根系呼吸在土壤呼吸中的贡献率主要受植被根系的物候期和土壤温度的影响[28]。地温偏高，落叶松可参与活动的形成层组织增加，毛细根比较多，特别有利于吸收营养和水分。但是这也要考虑降水量，因为在生长旺季，温度升高会导致蒸腾加剧，土壤含水量降低，从而抑制树木的生长[38, 39]。树木生长阶段不同以及环境条件改变时，树轮生长的制约因素也会发生变化。Hans 等[40]认为欧洲赤松树木生长与 5 月、6 月降水量呈高度正相关，但在旱季，尤其是 19 世纪末期，树木生长与 6 月、7 月的气温呈负相关。由图 6-48 可知，多数年份早材管胞壁厚指数与前一年 5 月相对平均气温的变化基本一致，谷与峰基本一致，个别年份除外。例如，在 1995 年 5 月，气温出现了样本期间内同期水平的最低值，但这似乎对早材管胞壁厚影响并不大。这需要考虑其他气候变量，例如，当年 7 月的相对湿度对落叶松早材管胞壁厚指数也有显著的影响。由图 6-49 可知，多数年份早材管胞壁厚指数与当年 7 月相对湿度的变化基本一致。7 月高温湿的气候条件有利于早材管胞壁加厚。

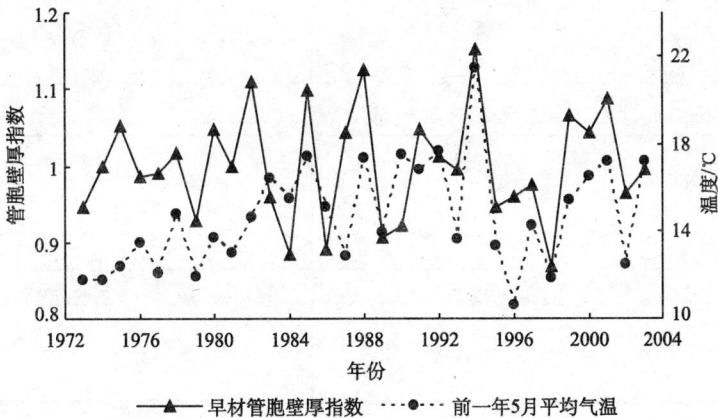

图 6-48　落叶松早材管胞壁厚指数与前一年 5 月平均气温的相关趋势

晚材管胞壁厚对所选取的气候因子变化的响应不如早材管胞壁厚的响应强烈，仅对前一年 9 月的月平均日照时间和前一年 4 月的相对湿度变化响应比较强烈，回归系数分别为 0.310 和 0.289（图 6-50）。日照时间主要是影响树木的光合作用。人工林树木获取的日照有限，在日照直射水平很高的状态下，例如，在

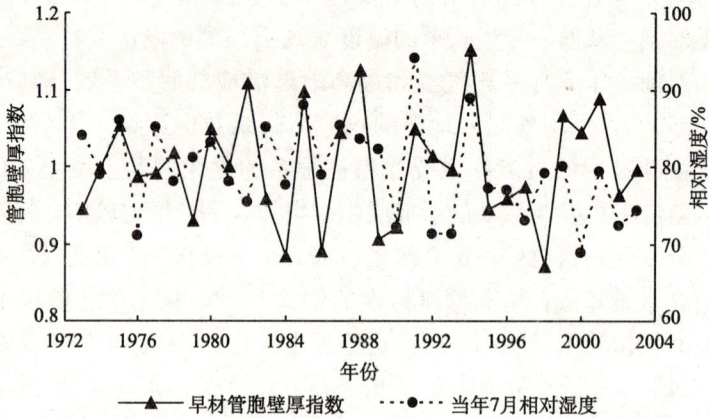

图 6-49　落叶松早材管胞壁厚指数与当年 7 月相对湿度的相关趋势

　　夏季，与孤立树相比，林区内树木获取的光线只有孤立树的 30％左右[20]。由晚材管胞壁厚指数与前一年 9 月日照时间的相关趋势可以看出（图 6-51），多数年份晚材管胞壁厚指数与前一年 9 月日照时间的变化基本一致，峰、谷均对应的较好，显然 9 月日照时间变化的滞后效应产生了显著的影响，但也有个别年份的晚材管胞壁厚指数与前一年 9 月日照时间的变化不一致。例如，1982～1984 年，9

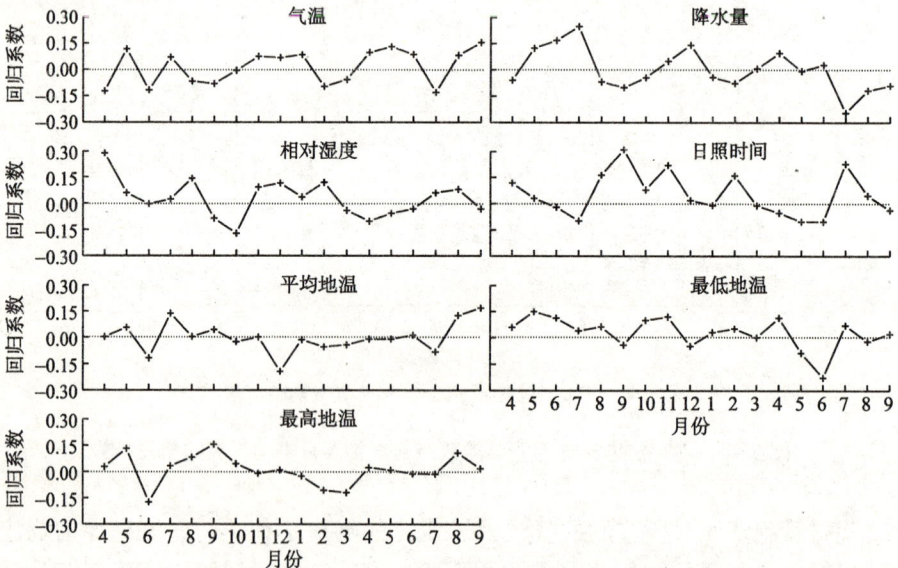

图 6-50　落叶松晚材管胞壁厚指数的响应函数

月的日照时间偏低，但是相应的晚材管胞壁厚指数并不小，这是由于 1978～ 1980 年连续三年 9 月的日照时间比较长，有利于树木的光合作用，落叶松储藏了较多的养分，即使随后几年同一时期的日照时间偏短，落叶松的管胞壁厚指数也反而有所增加。

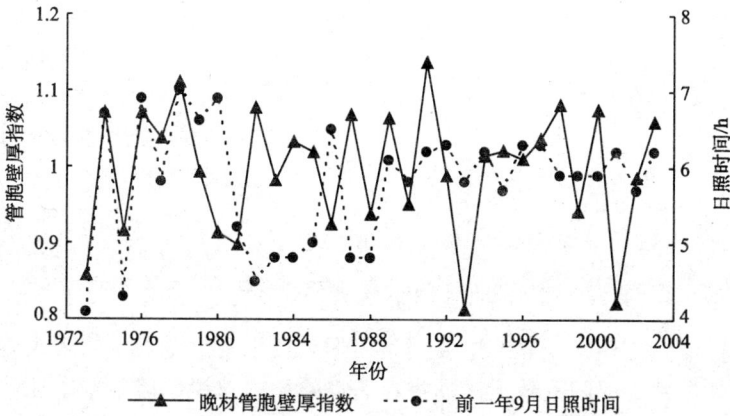

图 6-51　落叶松晚材管胞壁厚指数与前一年 9 月日照时间的相关趋势

6.1.3.5　胞壁率

分别以人工林落叶松早材胞壁率年表（ECWP）和晚材胞壁率年表（LC-WP）为因变量，以前 26 个主成分得分为自变量进行逐步回归分析，得到下列多元回归方程：

$$ECWP = 1.001 - 0.014 \times P_{17} + 0.014 \times P_{26}, R^2 = 0.300^{**} \qquad (6-17)$$
$$LCWP = 1 - 0.009 \times P_{12}, R^2 = 0.191^{*} \qquad (6-18)$$

研究选取的 126 个气候因子仅可以说明落叶松早材胞壁率指数径向变异的 30%，对晚材胞壁率指数径向变异的解释量更小，仅为 19.1%。这说明，研究选择的 126 个气候因子对落叶松胞壁率径向变异的影响不大。

6.1.3.6　壁腔比

人们通常使用壁腔比表示纤维形态与制浆适合度的关系。细胞壁的绝对厚度与纸张性能关系不大，但壁腔比，即胞壁厚度和胞腔之比对纸张却有很大影响。壁腔比小的管胞，打浆时容易崩解、帚化，细胞间结合紧密，制成的纸张强度大[41]。分别以人工林落叶松早材壁腔比年表（EW/L）和晚材壁腔比年表（LW/L）为因变量，以前 26 个主成分得分为自变量进行逐步回归分析，得到多元回归方程：

$$EW/L = 1.006 - 0.050 \times P_8 - 0.044 \times P_4 - 0.041 \times P_{12} - 0.036$$
$$\times P_{19} - 0.044 \times P_{14} + 0.036 \times P_{13} - 0.029 \times P_{23}$$
$$+ 0.027 \times P_5 - 0.024 - P_{10}, R^2 = 0.873^{**} \qquad (6\text{-}19)$$

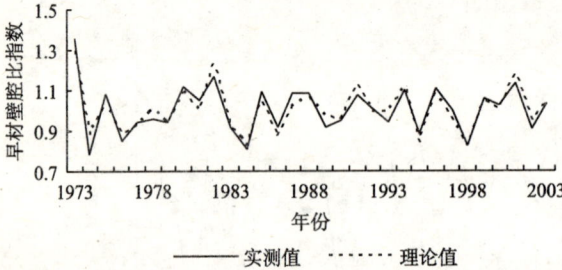

图 6-52 落叶松早材壁腔比指数的理论值与实测值的差异

研究选取的 126 个气候因子可以说明落叶松早材壁腔比指数径向变异的 87.3%。由主成分拟合的早材壁腔比理论值与实测值的相关性在 $p = 0.01$ 水平上显著，相关系数为 0.934（图 6-52），这说明，研究选择的 18 个气候因子是引起落叶松早材壁腔比径向变异的主要因素。但是在以晚材壁腔比年表为因变量进行逐步回归分析时，回归系数无法通过显著性检验，这说明晚材壁腔比值几乎不受所选取的气候因子变化的影响，这与对壁腔比年表的气候敏感度分析结果基本一致（表 6-3）。

落叶松早材壁腔比对当年 6～8 月的降水量的响应强烈，特别是对当年 8 月降水量的响应，回归系数高达 0.483，对 7 月降水量的响应也达到了 0.413（图 6-53）。由图 6-54 看出，在大部分年份早材壁腔比指数与当年 8 月降水量的变化

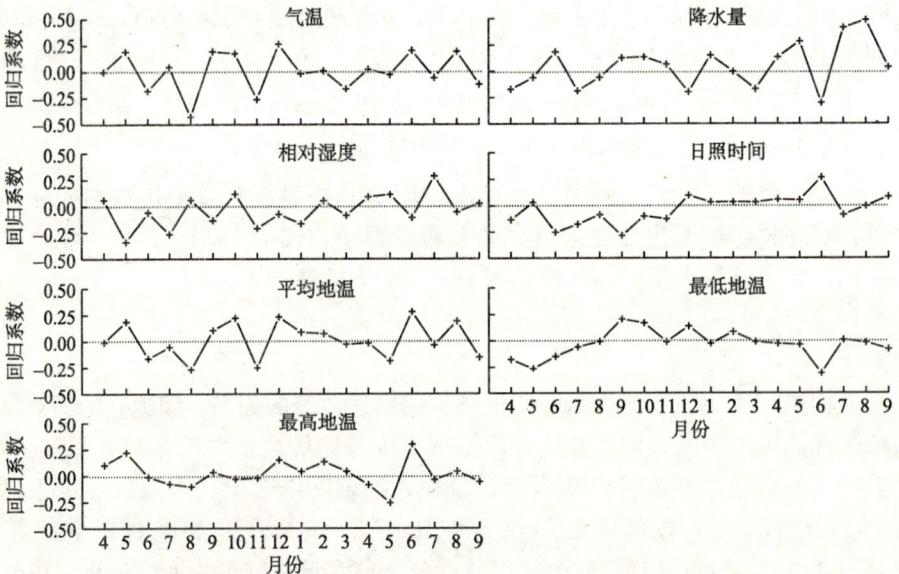

图 6-53 落叶松早材壁腔比指数的响应函数

基本一致，峰、谷均对应的较好，个别年份除外。可以用气候变化影响的滞后效应解释个别年份的早材壁腔比指数与当年 8 月降水量的变化不一致的现象。例如，1978 年 8 月的降水量非常大，明显超过了历年同一时期的平均值水平，但是相应的早材壁腔比指数并不大，这是由于 1975～1977 年的少雨造成的，特别是 1976 年 8 月的降水量严重低于历年同一时期的平均值水平，树木体内营养消耗过多，致使 1978 年 8 月树木生长时储藏的养分少，影响了早材管胞壁加厚，从而使早材壁腔比指数不大。1978 年 8 月充足的降水条件使落叶松树木体内储藏了较多的养分，即使随后几年同一时期的降水量偏低，落叶松的早材壁腔比指数却反而有所增加。

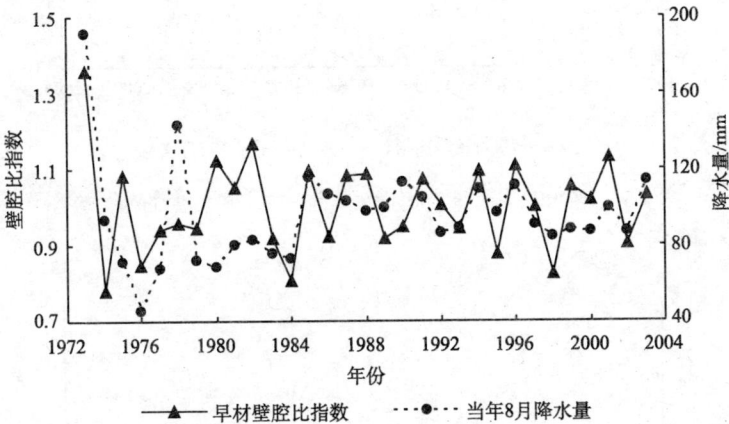

图 6-54 落叶松早材壁腔比指数与当年 8 月降水量的相关趋势

落叶松早材壁腔比对前一年 8 月平均气温和平均地温的响应也很强烈，特别是气温，回归系数为 -0.427（图 6-53）。与当年 8 月降水量对早材壁腔比的影响不同，前一年 8 月平均气温与早材壁腔比成负相关。这与 8 月落叶松树木的生长特性有关。8 月落叶松早材管胞形态基本形成，此时主要为细胞壁物质充实阶段，即早材细胞壁加厚阶段，此时温度过高，会加重水分的蒸腾，从而使早材壁腔比指数不大。前一年 8 月的平均地温与早材壁腔比同样存在显著的负相关关系。由图6-55看出，早材壁腔比指数与前一年 8 月气温的变化基本相反。当年 8 月气温对其影响不大，反而前一年 8 月气温对其产生了显著的影响，这是气候变化影响的滞后效应造成的。当秋末的温度过高时，树木的呼吸和代谢作用加强，这加速了储存营养的消耗，对植物的次年生长不利[42, 43]。

早材壁腔比与当年 6 月的最高地温存在显著的正相关关系，回归系数为 0.298。这与 Galina 等的研究结果一致，Galina 认为在植物生长季的开始阶段（5 月末到 6 月），原始细胞分裂产生木质部细胞的数量与此时温度存在显著的正相关[22]。落叶松早材壁腔比对当年 6 月的地温、降水量和日照的响应也比较强烈，特别是最低地温，回归系数为－0.311（图 6-56）。6 月温度高有利于树木分裂形成更多的细胞，但是也减少了后期细胞壁物质充实的养分。

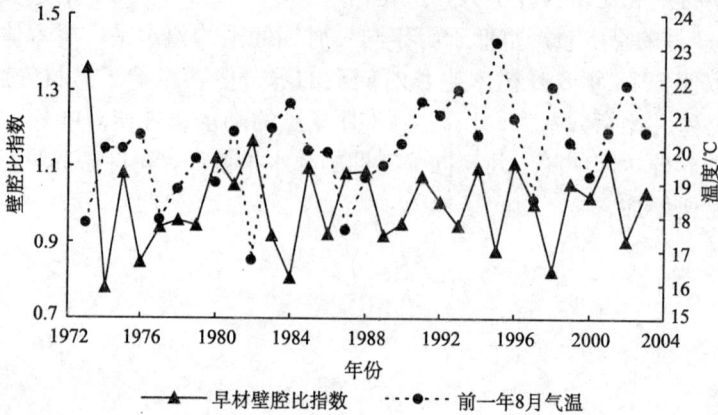

图 6-55　落叶松早材壁腔比指数与前一年 8 月气温的相关趋势

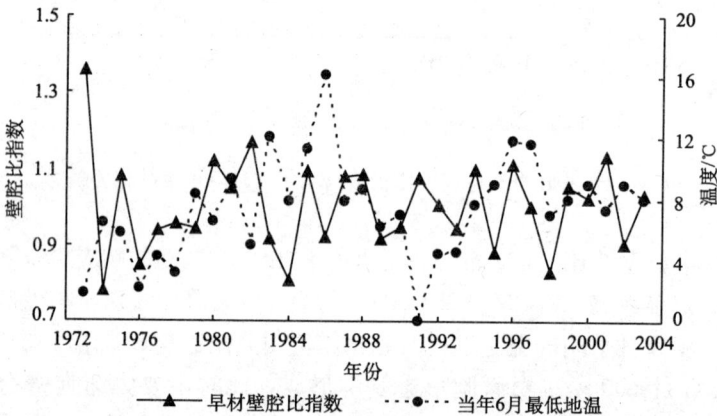

图 6-56　落叶松早材壁腔比指数与当年 6 月最低地温的相关趋势

早材壁腔比对前一年 5 月相对湿度和最低地温的响应也比较强烈，特别是相对湿度，回归系数为－0.341。由图 6-57 看出，早材壁腔比指数与前一年 5 月相对湿度的变化基本相反，个别年份除外。5 月是早材细胞形成的时期，5 月相对湿度较高有利于落叶松产生腔大、壁薄的早材细胞，使得早材壁腔比值比较小。但是 5 月的相对湿度对当年早材壁腔比值的影响不显著，这种影响在滞后 1 年后才显著表现出来。

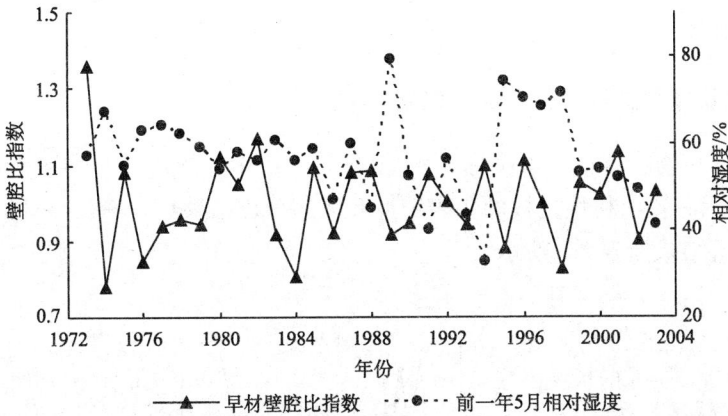

图 6-57 落叶松早材壁腔比指数与前一年 5 月相对湿度的相关趋势

其他气候变量，例如，前一年 9 月的日照、当年及前一年 7 月的相对湿度等对早材壁腔比也有不同程度的影响。

6.2 红松木材形成对气候变化的响应

红松（*Pinas koyaiensis*）俗称果松，属松科松属，是常绿高大乔木，雌雄同株、异花树种。它是我国珍贵用材树种之一。我国营造红松用材林已有 90 多年的历史，在东北地区有大面积的红松用材林基地。我国学者于新中国成立初期的 20 世纪 50 年代就开始对阔叶红松林进行了大量研究，至此已有关于红松林的林型分类、结构、动态、物种间的关系、个体生态、采伐更新、经营技术以及红松林人工造林等方面的数百篇研究论文，分别从不同的角度阐述了对红松及阔叶红松林的研究结果，对指导红松林的培育起到了重要作用。

为了科学培育红松人工林，一些学者对红松和气候因子之间的关系也开展了广泛的研究[44~47]。红松在年轮气候学研究中也常被选作树种。例如，刘广深等根据树轮稳定碳同位素组成（$\delta^{13}C_t$）序列可较灵敏地记录降水变化的事实，利用长白山红松树轮 $\delta^{13}C_t$ 序列与松花江年径流量之间的平行变化关系，重建了近 200 年来松花江年径流量的变化[48]。徐海等研究发现安图红松树轮碳同位素与上年 5~7 月平均低云量间存在显著的负相关关系，借此可以重建该区近 200 年来 5~7 月平均低云量的变化[49]。纵观大量研究材性的文献，其中讨论气候因子与材性指标直接关系的研究报道甚少，仅见郭明辉等采用简单相关分析初步研究了气象因子与红松材性指标的直接关系[50]。本节深入揭示红松木材材性与气候特性之间的关系，为红松人工林优质木材培育模式的确定提供科学依据。

6.2.1　红松木材材性指标年表的建立

红松木材物理特征各项指标年表如图 6-58 所示，解剖特征各项指标年表如图 6-59 所示。各项材性指标的年表统计和区间分析结果见表 6-4。解剖特征各项年表的分析结果如表 6-5 所示。

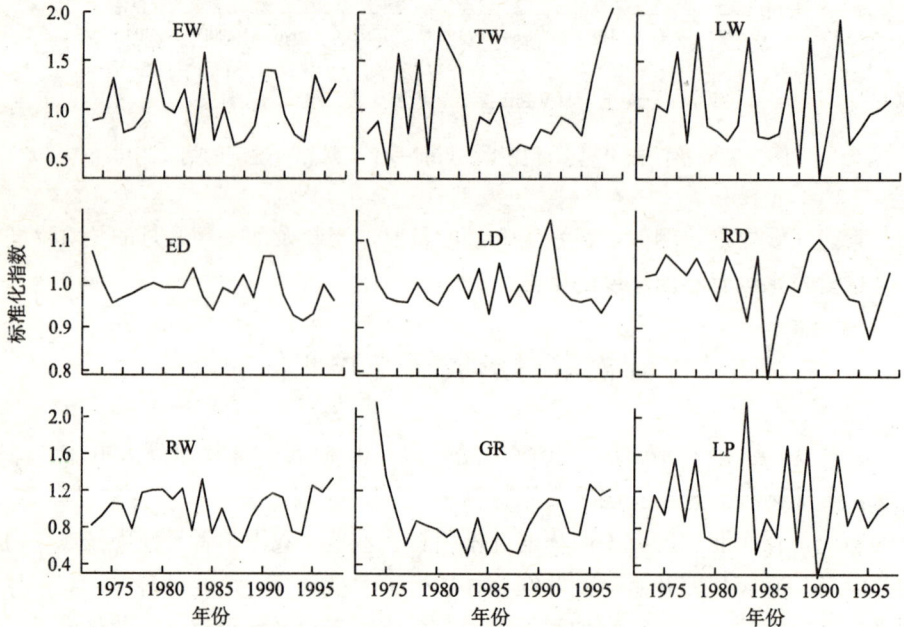

图 6-58　红松物理特征各项指标年表

红松木材物理特征指标增加了三个指标，包括：过渡带宽度（transitional wood width，TW）、生长速率（growth rate，GR）、晚材率（latewood percentage，LP）。解剖特征指标不包括组织比量，但是另外增加了其他几个指标，包括：过渡带管胞长度（transitional tracheid length，TTL）、过渡带管胞直径（transitional tracheid diameter，TTD）、过渡带管胞壁厚（transitional tracheid wall thickness，TWT）、过渡带胞壁率（transitional cell wall percentage，TCWP）、过渡带壁腔比（transitional wall/lumen，TW/L）。

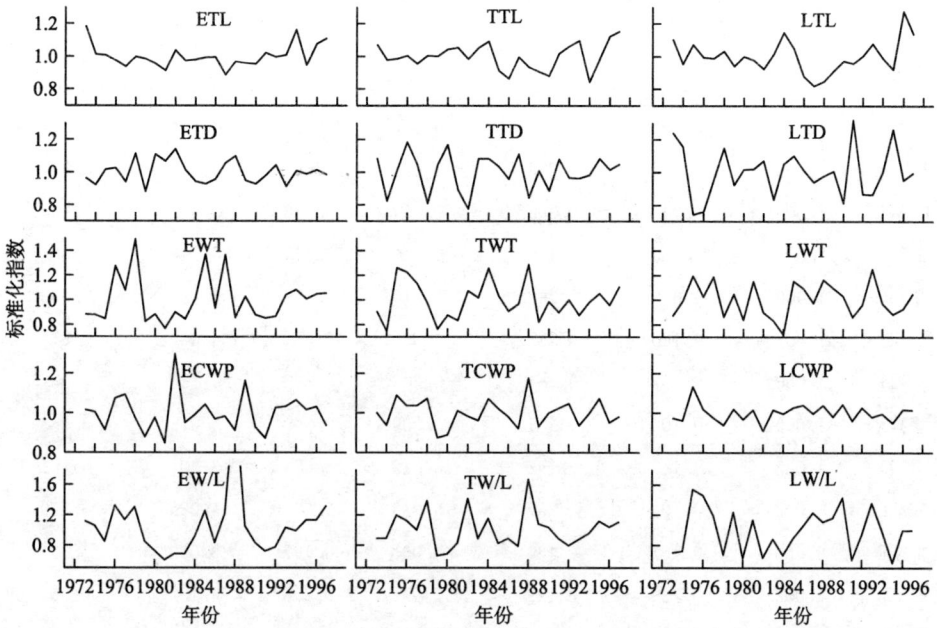

图 6-59　红松解剖特征各项指标年表

表 6-4　红松物理特征各项年表的分析结果

指标	统计特征分析				共同区间分析		
	平均值	标准差	平均敏感度	一阶自相关	树间相关	信噪比	样本总体代表性
ED	0.995	0.055	0.112	0.083	0.584	4.711	0.899
LD	1.002	0.072	0.610	−0.013	0.765	3.049	0.923
RD	0.987	0.041	0.261	0.222	—	3.450	0.898
EW	1.013	0.291	0.231	0.052	0.672	6.230	0.871
TW	1.034	0.470	0.377	0.031	0.339	2.232	0.769
LW	1.000	0.449	0.243	0.034	0.524	4.316	0.839
RW	1.010	0.215	0.353	0.049	0.758	5.290	0.932
GR	0.916	0.362	0.102	−0.003	0.207	3.090	0.856
LP	1.000	0.463	0.132	−0.018	0.856	3.276	0.961

表 6-5　　红松解剖特征各项年表的分析结果

指标	统计特征分析				共同区间分析		
	平均值	标准差	平均敏感度	一阶自相关	树间相关	信噪比	样本总体代表性
ECWP	1.000	0.096	0.350	−0.003	0.720	4.444	0.871
TCWP	1.000	0.068	0.023	−0.023	0.651	3.021	0.907
LCWP	1.000	0.044	0.392	−0.004	0.736	5.430	0.838
ETL	1.002	0.070	0.141	0.010	0.744	5.746	0.869
TTL	1.000	0.080	0.262	0.010	0.452	6.330	0.883
LTL	1.002	0.100	0.481	0.090	0.471	4.367	0.814
ETD	1.000	0.067	0.344	−0.008	0.832	5.121	0.937
TTD	1.000	0.109	0.201	0.009	0.559	7.218	0.983
LTD	1.002	0.149	0.142	0.019	0.684	6.301	0.754
EWT	1.002	0.191	0.257	0.013	0.600	4.029	0.779
TWT	0.998	0.151	0.130	0.003	0.567	5.003	0.731
LWT	1.002	0.139	0.119	−0.015	0.808	4.152	0.966
EW/L	1.053	0.421	0.208	0.022	0.703	5.149	0.886
TW/L	1.006	0.236	0.290	0.003	—	5.342	0.961
LW/L	0.991	0.292	0.251	−0.010	0.721	5.216	0.880

6.2.2　红松木材物理特征指标对气候变化的响应

以人工林红松生长速率（GR）、早材密度（ED）的年表为因变量，以 126 个主成分中的前 26 个主成分得分（$P_1 \sim P_{26}$）为自变量进行逐步回归分析时，回归方程无法通过显著性检验。这表明，人工林红松生长速率、早材密度与所选取的气候因子不存在显著的相关关系。

6.2.2.1　早材宽度

以人工林红松早材宽度年表（EW）为因变量，以 126 个主成分中的前 26 个主成分得分为自变量进行逐步回归分析，得到多元回归方程：

$$EW = 1.01 + 0.124 \times P_5, R^2 = 0.208^* \qquad (6-20)$$

从回归分析结果可以看出，研究选取的 126 个气候因子可以说明人工林红松早材宽度径向变异的 20.8%，由主成分拟合的早材宽度理论值与实测值的相关系数约为 0.456（图 6-60），在 $p = 0.05$ 水平上显著。

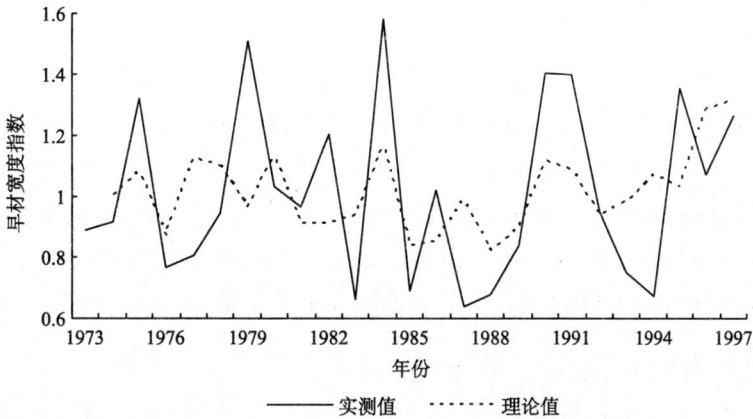

图 6-60 红松早材宽度指数的理论值与实测值的差异

从前一年生长季开始至当年生长季结束，所选取的气候因子变化对人工林红松早材宽度影响不大。影响比较显著的是当年 6 月平均地温，回归系数为 0.255（图 6-61）。说明此时地温偏高，红松可参与活动的形成层组织增加，特别是吸收营养和水分的毛细根比较多，有利于形成比较宽的早材区域。根系呼吸在土壤呼吸中的贡献率主要受植被根系的物候期和土壤温度的影响。

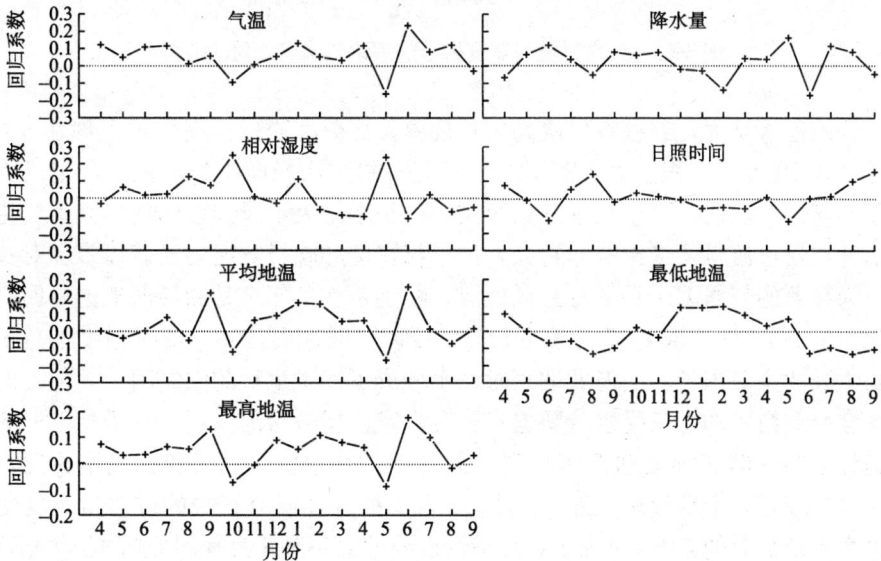

图 6-61 红松早材宽度指数的响应函数

6.2.2.2　过渡带宽度

以人工林红松过渡带宽度年表（TW）为因变量，以 126 个主成分中的前 26 个主成分得分为自变量进行逐步回归分析，得到多元回归方程：

$$TW = 1.091 - 0.264 \times P_2 + 0.228 \times P_{16}, R^2 = 0.439^{**} \qquad (6\text{-}21)$$

从回归分析结果可以看出，研究选取的 126 个气候因子可以说明人工林红松过渡带宽度径向变异的 43.9%，由主成分拟合的过渡带宽度理论值与实测值的相关系数约为 0.663（图 6-62），在 $p = 0.01$ 水平上显著。

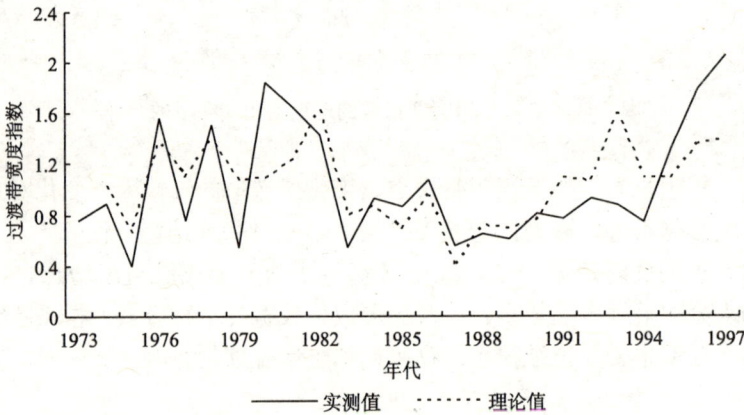

图 6-62　红松过渡带宽度指数的理论值与实测值的差异

王永范等认为，红松有二次高生长现象，部分红松二次高生长出现在 8 月 5 日至 9 月 10 日，与积温关系密切[51]。但是红松二次径向生长现象的产生机制目前还不清楚。从前一年生长季开始至当年生长季结束，所选取的气候因子变化对人工林红松过渡带宽度影响非常大，比早材宽度和晚材宽度要显著得多。对其影响最为显著的气候因子是 7 月最低地温，特别是前一年 7 月的最低地温，回归系数为 −0.386（图 6-63）。7 月温度较高，说明此时地温偏高，此时温度不是限制红松生长的主要因子，当温度适宜时，水分成了树木生长的限制因子，但是温度过高会导致树木的生长受水分胁迫。过渡带宽度指数与前一年 7 月最低地温的相关趋势如图 6-64 所示，过渡带宽度与前一年 7 月最低地温的变化基本相反，峰与谷对应较好，个别年份除外。4 月、5 月的最低地温对红松的过渡带宽度的形成也产生了显著的影响，4 月、5 月最低地温偏高不利于红松过渡带宽度的形成。但是 2 月、3 月最高地温对其产生了积极的影响。2 月、3 月是东北地区冬、春交替的月份，此时地温升高，有利于土壤解冻，有利根系特别是细根的迅速形成。过渡带宽度指数与当年 3 月最高地温的相关趋势如图 6-65 所示，过渡带宽度与当年 3 月最高地温的变化基本一致，峰、谷对应较好，个别年份除外。这说明生长季低温越低，高温越高，土坡水分充足，红松径向生长量越大。当然，高、低温在生长季节是有一定范围的，这种结果反映了植物的温周期现象。而温周期对植物的有利作用是因为适当的高温有利于光合作用，夜间适当低温使呼吸作用减弱，光合产物消耗减少，有利于营养净积累[52]。

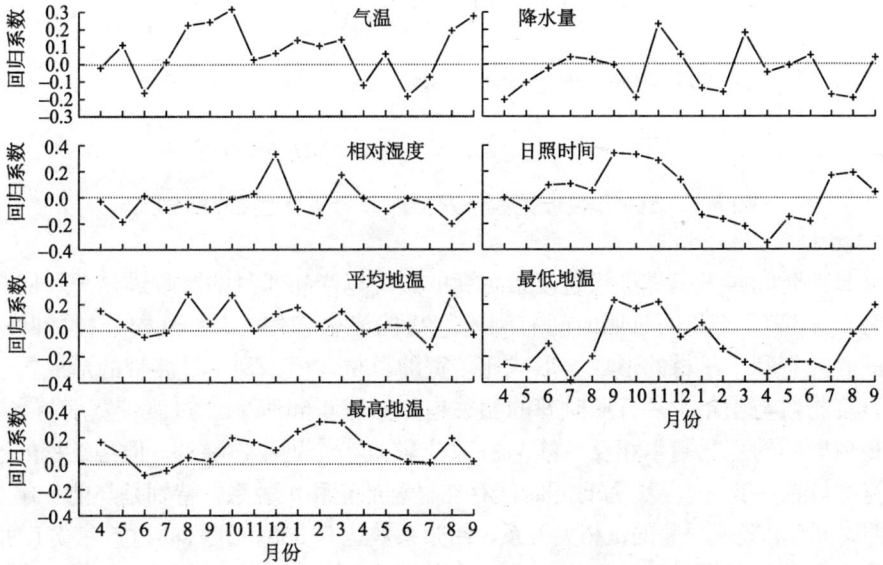

图 6-63　红松过渡带宽度指数的响应函数

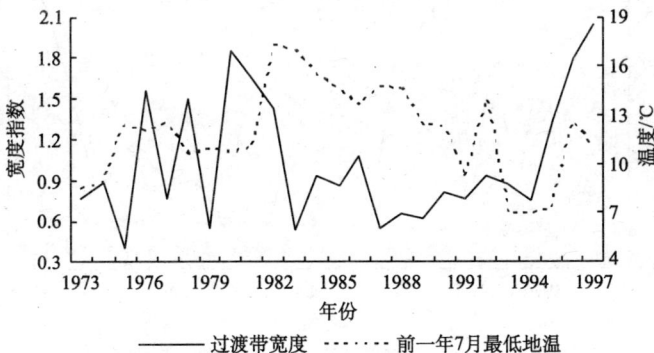

图 6-64　红松过渡带宽度指数与前一年 7 月最低地温的相关趋势

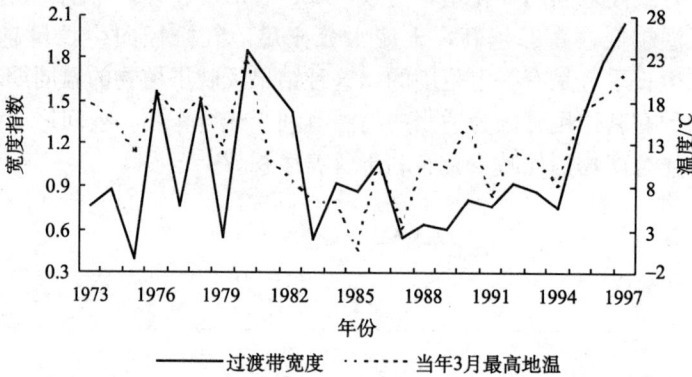

图 6-65　红松过渡带宽度指数与当年 3 月最高地温的相关趋势

日照时间对人工林红松过渡带宽度的影响以当年 4 月的影响最显著，回归系数为－0.350。充足的日照时间有利于红松的光合作用，4 月红松开枝展叶，充足的光照有利于早材的形成，形成比较宽的早材，但不利于过渡带的形成。过渡带宽度指数与当年 4 月日照时间的相关趋势如图 6-66 所示。过渡带宽度与当年 4 月日照时间的变化基本相反，峰与谷对应较好，个别年份除外。但是红松的过渡带宽度与前一年 9 月、10 月日照时间存在显著的正相关关系，特别是与前一年 9 月日照时间存在特别显著的正相关关系，回归系数达 0.338。红松的过渡带宽度指数与前一年 9 月日照时间的变化基本一致，峰、谷对应较好，个别年份除外，见图

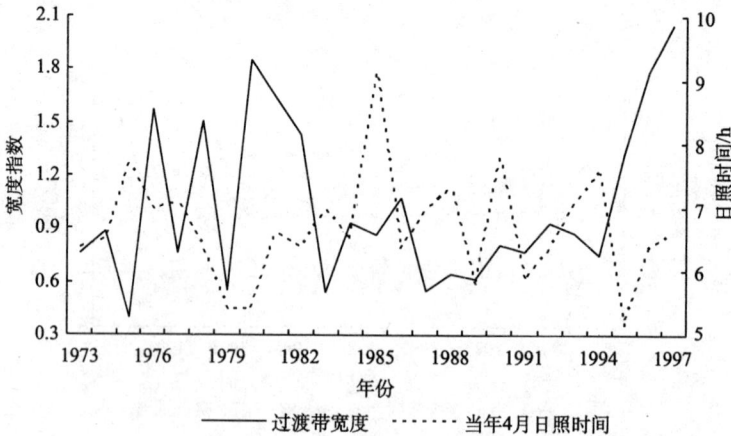

图 6-66　红松过渡带宽度指数与当年 4 月日照时间的相关趋势

6-67。9月、10月东北地区人工林红松的径向生长基本已经停止，此时树木进行的光合作用，主要是为来年树木的生长发育提供营养储备，9月、10月光照时间延长，有利于进行更多的物质储备，在第二年红松生长时形成比较宽的过渡带。

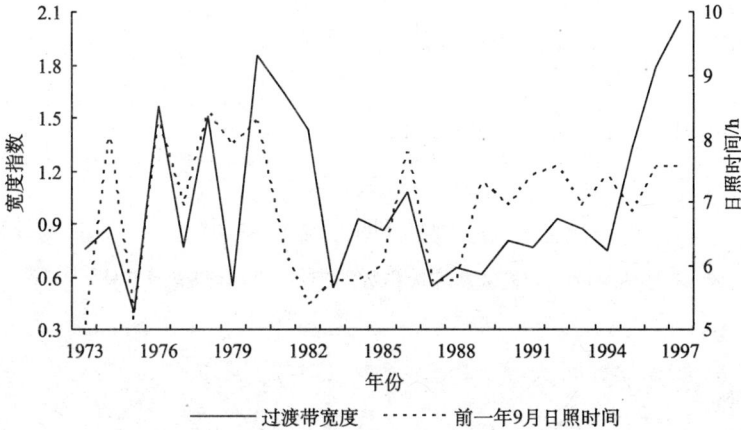

图 6-67　红松过渡带宽度指数与前一年 9 月日照时间的相关趋势

6.2.2.3　晚材宽度

以人工林红松晚材宽度年表（LW）为因变量，以 126 个主成分中的前 26 个主成分得分为自变量进行逐步回归分析，得到多元回归方程：

$$LW = 1.017 + 0.316 \times P_{25} + 0.18 \times P_{15}, R^2 = 0.39^* \qquad (6-22)$$

从回归分析结果可以看出，研究选取的 126 个气候因子可以说明人工林红松晚材宽度径向变异的 39%，由主成分拟合的晚材宽度理论值与实测值的相关系数约为 0.624（图 6-68），在 $p=0.05$ 水平上显著。

研究选取的气候因子变化对人工林红松晚材宽度的影响与对早材宽度一样，影响不大。对其影响比较显著的是当年 5 月的平均降水量，回归系数为 0.270（图 6-69）。降水对木材形成的影响主要是通过红松的根系来实现的。细根具有巨大的吸收表面积，是林木吸收水分和养分的主要器官。低水势是使扩展期生长速率降低的主要原因，这是因为细胞壁的物理性质，如弹性和水压传导率改变了。在细胞水平，水压直接影响形成层分生的细胞壁新陈代谢，减少了管胞壁中葡萄糖的结合。红松林活细根在 5 月吸收大量的养分，现存量就达到最高值，有利于营养物质的聚集，致使当年晚材的宽度比较宽。

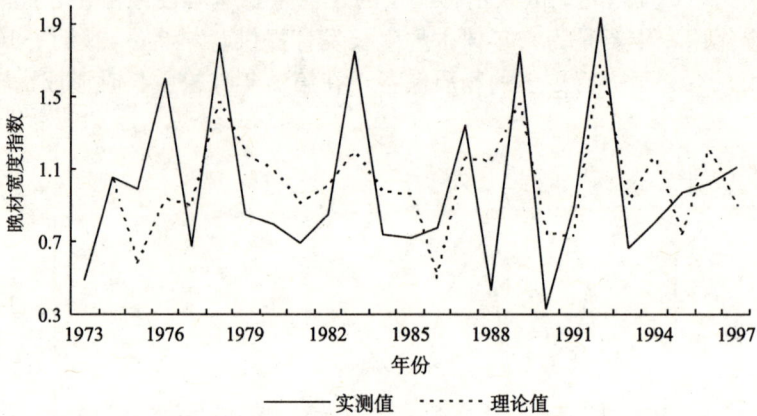

图 6-68　红松晚材宽度指数的理论值与实测值的差异

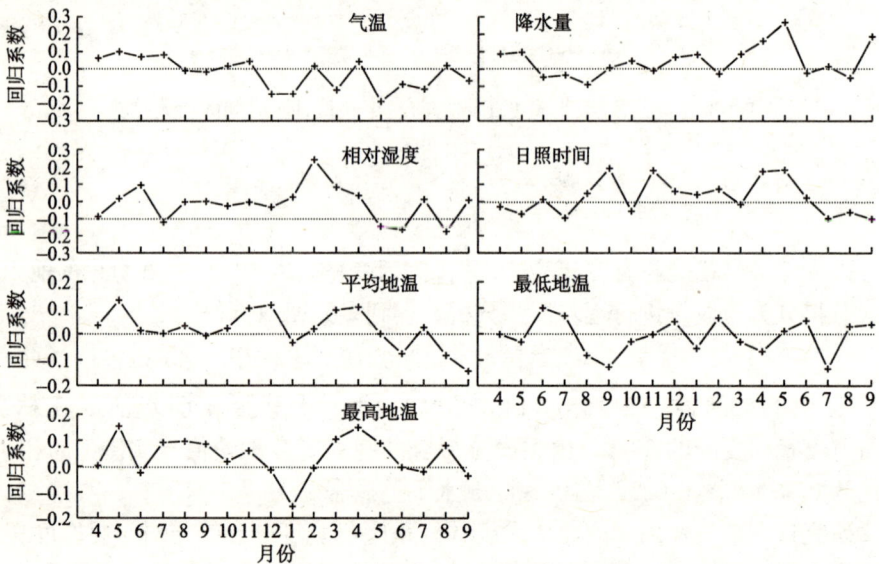

图 6-69　红松晚材宽度指数的响应函数

6.2.2.4　生长轮宽度

以人工林红松生长轮宽度年表（RW）为因变量，以 126 个主成分中的前 26 个主成分得分为自变量进行逐步回归分析，得到多元回归方程：

$$RW = 0.999 + 0.092 \times P_5 - 0.093 \times P_{20}, R^2 = 0.408^{**} \qquad (6-23)$$

从回归分析结果可以看出，研究选取的 126 个气候因子可以说明人工林红松生长轮宽度径向变异的 40.8%，由主成分拟合的生长轮宽度理论值与实测值的相关系数约为 0.638（图 6-70），在 $p=0.05$ 水平上显著。

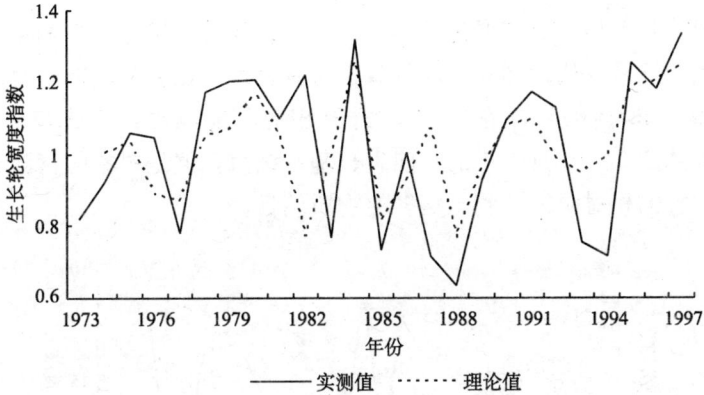

图 6-70　红松生长轮宽度指数的理论值与实测值的差异

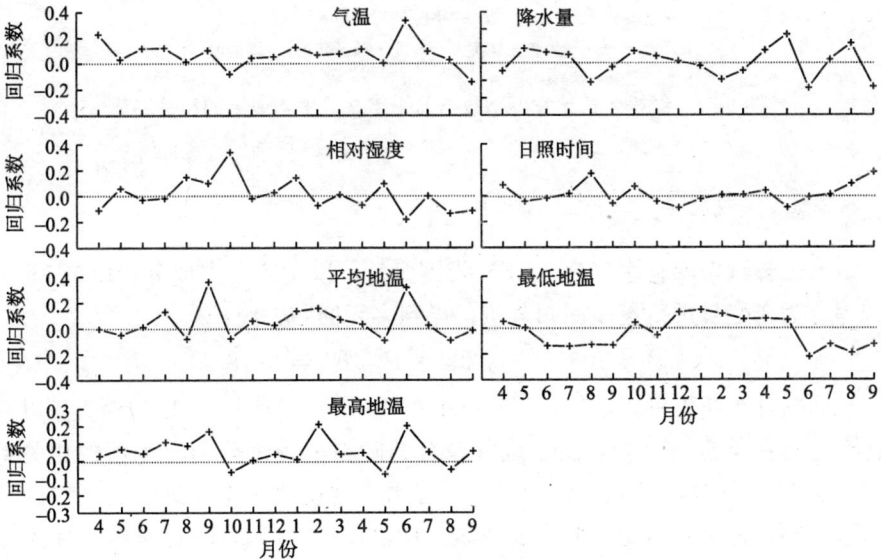

图 6-71　红松生长轮宽度指数的响应函数

　　红松对光、温、水的匹配要求较高，温度是影响红松萌芽的主要因子。在展叶期，红松林与此时期的积温和降水量显著相关；展叶至种子成熟期红松与降水量无关，与辐射相和该段时期内的积温极显著相关[53]。本研究发现，温度是研究选取的气候因子中影响红松生长轮宽度径向变异的最主要因素。其中，前一年9月平均地温对其影响最大，回归系数达到0.441（图6-71）。红松的生长轮宽度与前一年9月平均地温的变化基本一致，峰、谷对应较好，个别年份除外，见图6-72。当年6月平均地温和平均气温也对其表现出显著的影响，回归系数分别为0.316和0.335。另外，前一年10月的相对湿度也对其有比较显著的影响，回归系数为0.339。10月红松的径向生长基本结束，但是树木的营养储备仍在进行之中，适宜的相对湿度有利于更多的物质储备。

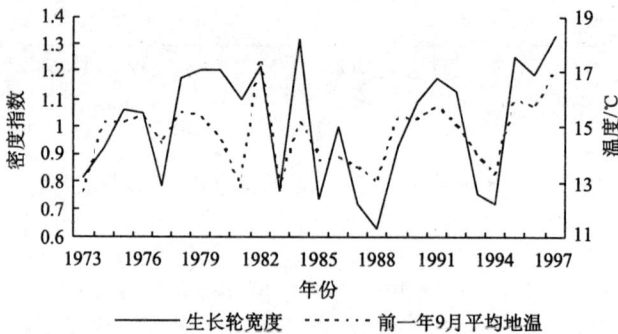

图6-72　红松生长轮宽度指数与前一年9月平均地温的相关趋势

6.2.2.5　晚材率

　　以人工林红松晚材率年表（LP）为因变量，以126个主成分中的前26个主成分得分为自变量进行逐步回归分析，得到多元回归方程：

$$LP = 1.019 + 0.202 \times P_{13}, R^2 = 0.185^* \qquad (6-24)$$

　　从回归分析结果可以看出，研究选取的126个气候因子可以说明人工林红松晚材率径向变异的18.5%，由主成分拟合的晚材率理论值与实测值的相关系数为0.431（图6-73），在$p=0.05$水平上显著。这说明，研究选取的气候因子不是引起红松晚材率径向变异的主要因素。由图6-74可知，晚材率对气候因子响应的回归系数比较小（都在±0.230以下），没有达到显著水平。

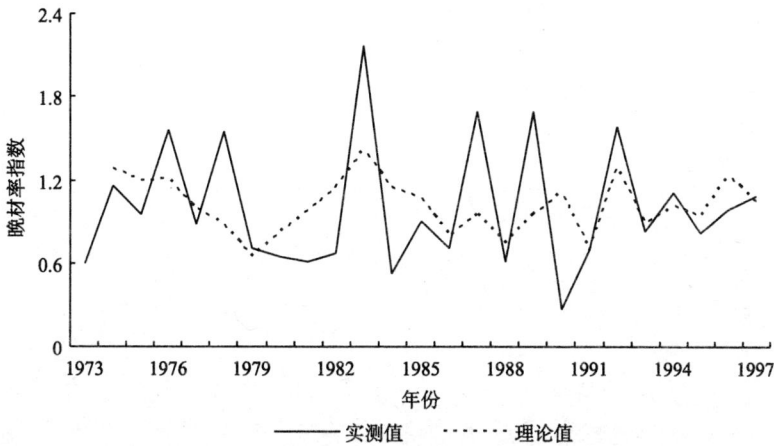

图 6-73 红松晚材率指数的理论值与实测值的差异

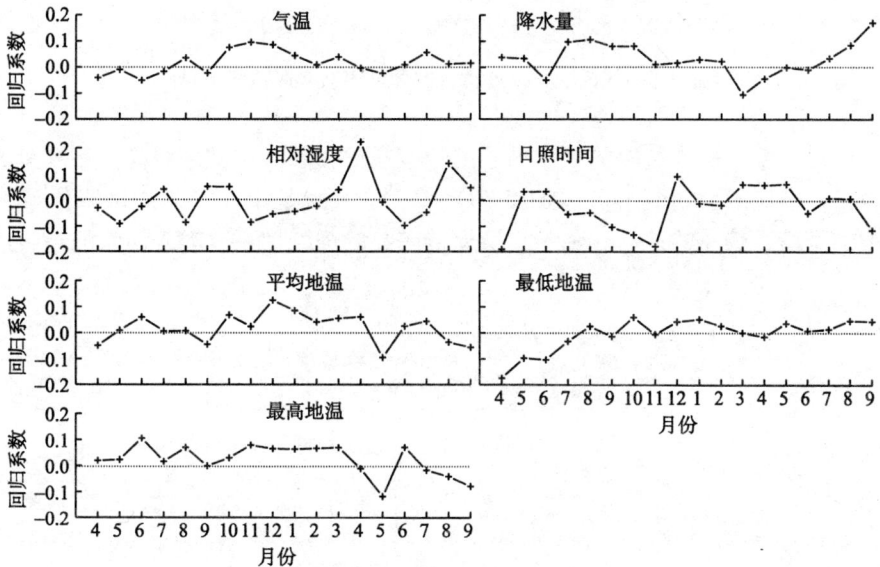

图 6-74 红松晚材率指数的响应函数

6.2.2.6 晚材密度

以人工林红松晚材密度年表（ED）为因变量，以 126 个主成分中的前 26 个主成分得分为自变量进行逐步回归分析，得到多元回归方程：

$$LD = 1.006 + 0.033 \times P_6 - 0.025 \times P_{10} - 0.022 \times P_{12} - 0.021 \times P_7$$

$$- 0.021 \times P_8 + 0.017 \times P_{14} + 0.019 \times P_5 + 0.014 \times P_4$$

$$- 0.013 \times P_1, R^2 = 0.916^{**} \tag{6-25}$$

从回归分析结果可以看出，研究选取的 126 个气候因子可以说明人工林红松生长轮晚材密度径向变异的 91.6%，由主成分拟合的晚材密度理论值与实测值的相关系数约为 0.957（图 6-75），在 $p=0.01$ 水平上显著。

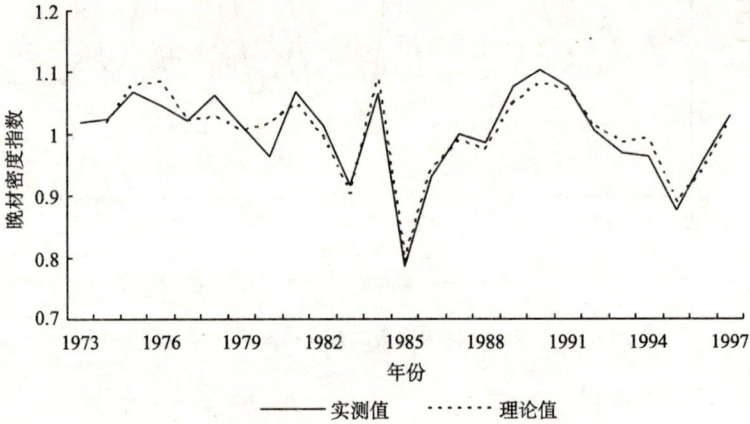

图 6-75　红松晚材密度指数的理论值与实测值的差异图

晚材密度对研究选取的气候因子的响应非常强烈。特别是对前一年 8 月的平均地温，响应函数达到 −0.6（图 6-76）。7 月、8 月是中国东北地区降水量最为集中的月份，较高的地温有利于土壤保持较高的透气性，有利于根系的呼吸以及

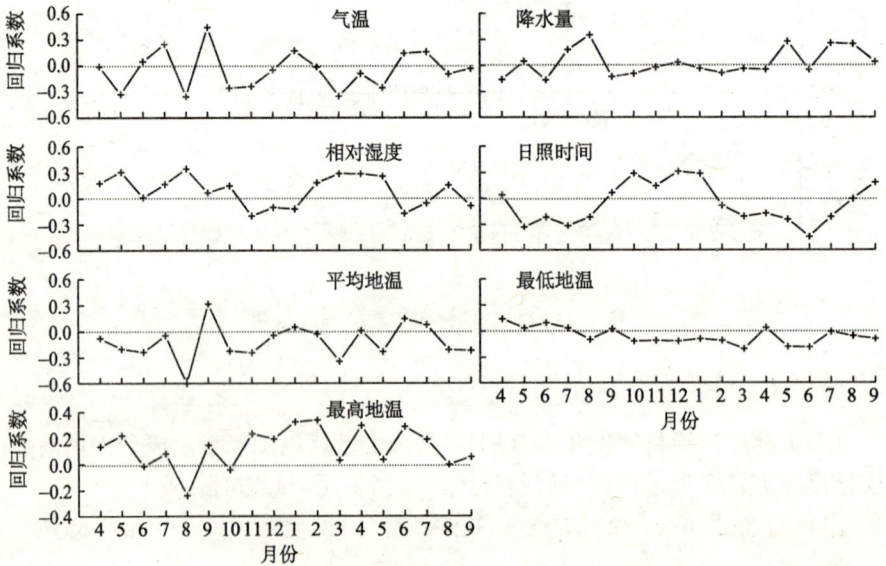

图 6-76　红松晚材密度指数的响应函数

对土壤中养分的吸收，促进树木的径向生长，产生腔大壁薄的木材细胞。与这相应，木材的密度就会比较低。但是当年 8 月的地温并没有对红松的晚材密度产生显著的影响，而是在滞后 1 年后对晚材密度产生了显著的影响。红松的晚材密度与前一年 8 月平均地温的变化基本相反，峰与谷对应较好，个别年份除外，见图 6-77。前一年 8 月平均地温与晚材密度的显著相关可能与前一年 8 月的平均气温有关，前一年 8 月平均气温与晚材密度同样存在显著的相关关系，回归系数达到了－0.353。当年 1 月、2 月和 4 月、6 月的最高地温对晚材密度有积极的影响。

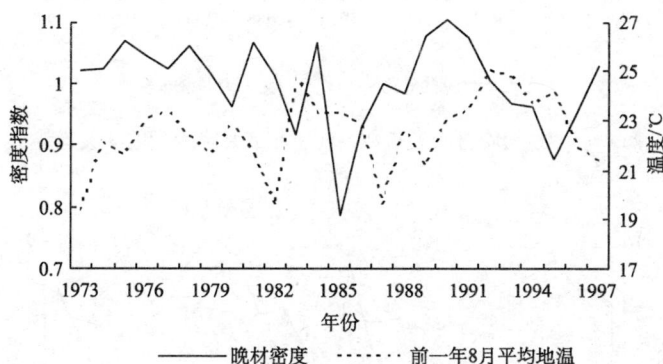

图 6-77　红松晚材密度指数与前一年 8 月平均地温的相关趋势

前一年 8 月的降水量同样对红松晚材密度产生了显著的影响，回归系数为 0.349（图 6-78）。红松的晚材密度与前一年 8 月平均降水量的变化基本一致，峰、谷对应较好，个别年份除外。由于前一年 8 月的温度和降水量对晚材密度有显著的影响，造成前一年 8 月的相对湿度与晚材密度的形成也有显著的相关关系，回归系数为 0.343。另外，当年 3～5 月的相对湿度对晚材密度的形成也产生了积极的影响。

日照时间对晚材密度的影响以当年 6 月最显著，回归系数高达－0.450。当年 6 月日照时间与晚材密度指数存在显著的负相关关系。红松的晚材密度与当年 6 月日照时间的变化基本相反，峰与谷对应较好，个别年份除外，如图 6-79 所示。6 月日照时间变化，光合有效辐射也随之变化，进而影响到红松树液的流动[54]，而树液流动是红松树木营养运输的主要途径，其结果是影响到木材细胞组织的形成。

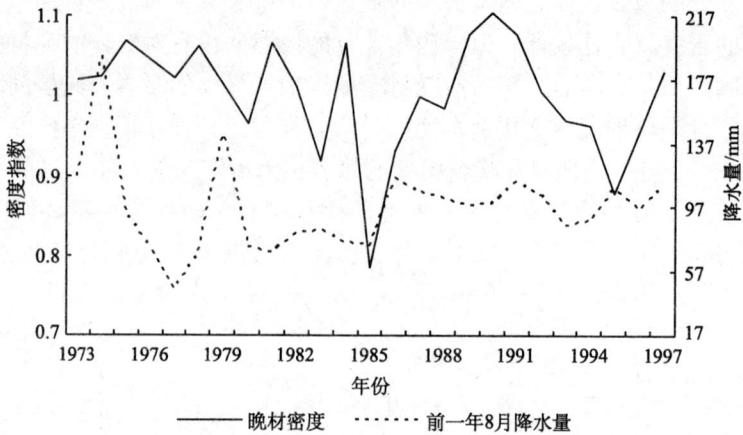

图 6-78　红松晚材密度指数与前一年 8 月降水量的相关趋势

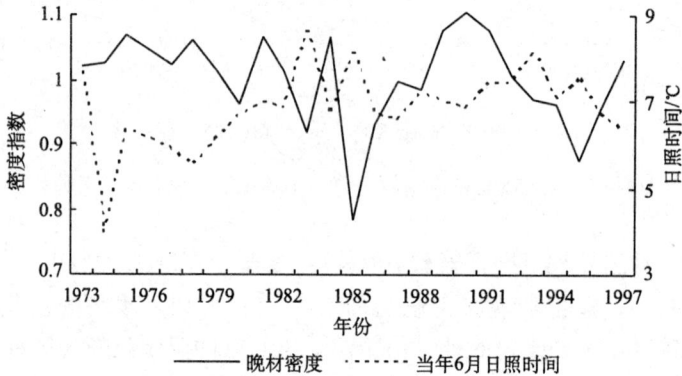

图 6-79　红松晚材密度指数与当年 6 月日照时间的相关趋势

6.2.2.7　生长轮密度

以人工林红松生长轮密度年表（RD）为因变量，以 126 个主成分中的前 26 个主成分得分为自变量进行逐步回归分析，得到多元回归方程：

$$\text{RD} = 0.984 - 0.024 \times P_{23} + 0.014 \times P_{15}, R^2 = 0.449** \qquad (6\text{-}26)$$

从回归分析结果可以看出，研究选取的 126 个气候因子可以说明人工林红松生长轮密度径向变异的 44.9%，由主成分拟合的生长轮密度理论值与实测值的相关系数约为 0.638（图 6-80），在 $p = 0.01$ 水平上显著相关。

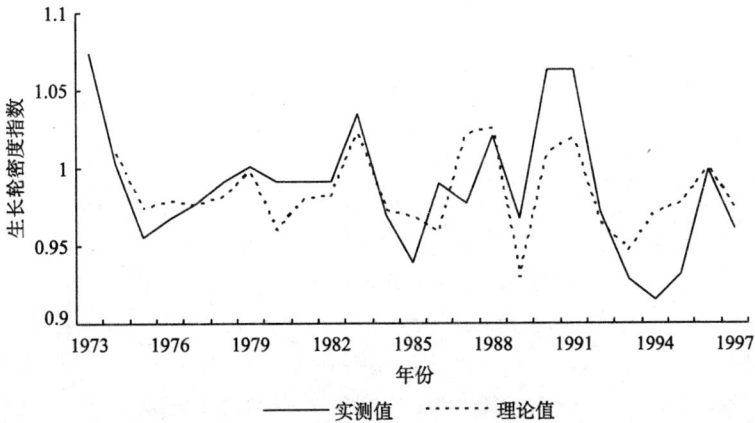

图 6-80　红松生长轮密度指数的理论值与实测值的差异

　　人工林红松生长轮密度对研究选取的气候因子变化的响应不太强烈。红松生长轮密度对当年 9 月平均地温的响应最强烈，回归系数为－0.266（图 6-81）。由图 6-82 看出，生长轮密度数与当年 9 月平均地温的变化基本相反，峰与谷对应较好，个别年份除外。

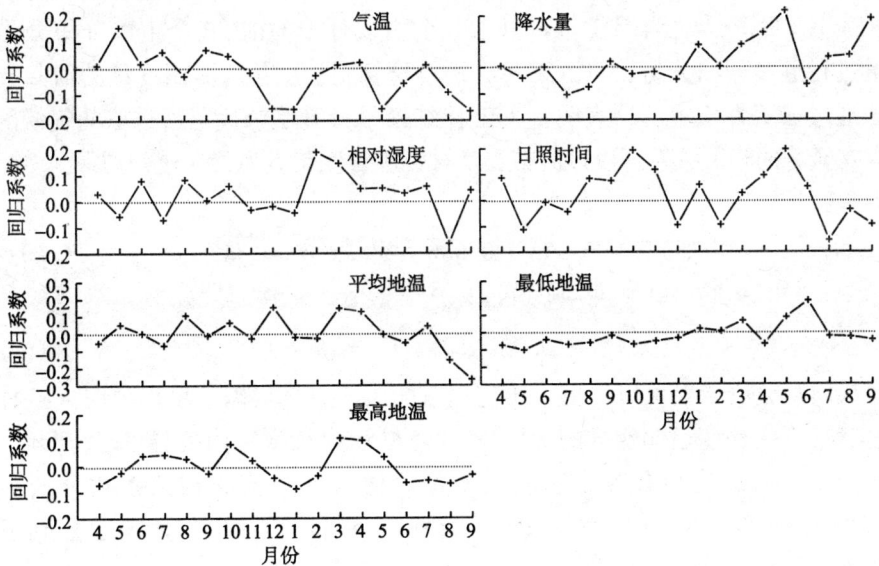

图 6-81　红松生长轮密度指数的响应函数

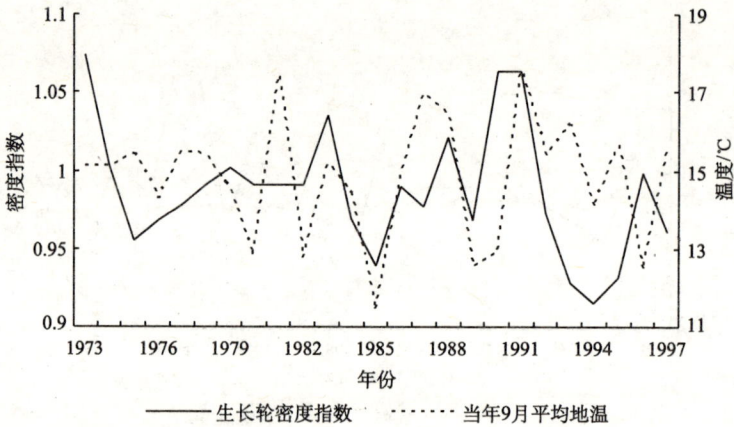

图 6-82　红松生长轮密度指数与当年 9 月平均地温的相关趋势

6.2.3　红松木材解剖特征指标对气候变化的响应

6.2.3.1　管胞长度

以人工林红松早材管胞长度（ETL）、过渡带管胞长度（TTL）和晚材管胞长度（LTL）年表为因变量，以 126 个主成分中的前 26 个主成分得分为自变量进行逐步回归分析，以人工林红松早材管胞长度年表为因变量的回归方程无法通过显著性检验。这表明，人工林红松早材管胞长度与所选取的气候因子不存在显著的相关关系。以过渡带和晚材管胞长度年表为因变量分别得到多元回归方程：

$$TTL = 0.995 + 0.036 \times P_5, R^2 = 0.232^* \tag{6-27}$$

$$LTL = 0.993 + 0.055 \times P_5 + 0.031 \times P_{13} + 0.027$$
$$\times P_{11} + 0.027 \times P_{16}, R^2 = 0.722^{**} \tag{6-28}$$

从回归分析结果可以看出，研究选取的 126 个气候因子可以说明人工林红松过渡带管胞长度径向变异的 23.2%、晚材管胞长度径向变异的 72.2%。由主成分拟合的过渡带和晚材管胞长度理论值与实测值的相关系数分别约为 0.481 和 0.850（图 6-83、图 6-84），分别在 $p=0.05$、0.01 水平上达到了显著相关。

过渡带管胞长度与当年 6 月的平均地温存在显著的正相关关系，回归系数为 0.269，图 6-85。在植物生长季的开始阶段（5 月末到 6 月），原始细胞分裂产生木质部细胞，6 月温度高有利于树木分裂形成更多的细胞，并有利于细胞的延

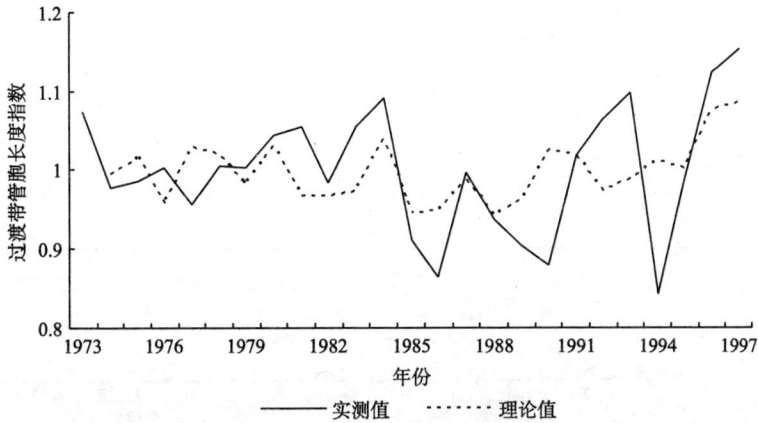

图 6-83　红松过渡带管胞长度指数的理论值与实测值的差异

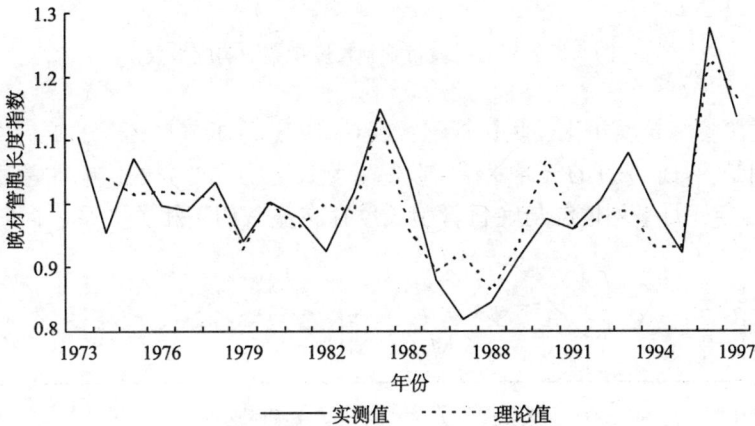

图 6-84　红松晚材管胞长度指数的理论值与实测值的差异

展，形成比较长的细胞。过渡带管胞长度对当年 5 月相对湿度的响应也比较强烈，回归系数为 0.251。5 月是春季，红松枝叶开始萌发，树木迅速生长，为了满足树木地上部分迅速生长的养分需求，红松以最大量的根系参与养分吸收，因此细根生物量最大，温度和降水量是影响细根现存量的重要因素。春季根系生长加快是由土温升高和降水量增加引起的，二者的协同作用也就是相对湿度对植物生长的影响，5 月较高的相对湿度有利于过渡带产生较长的管胞。前一年 10 月较高的相对湿度有利于营养物质的聚集。

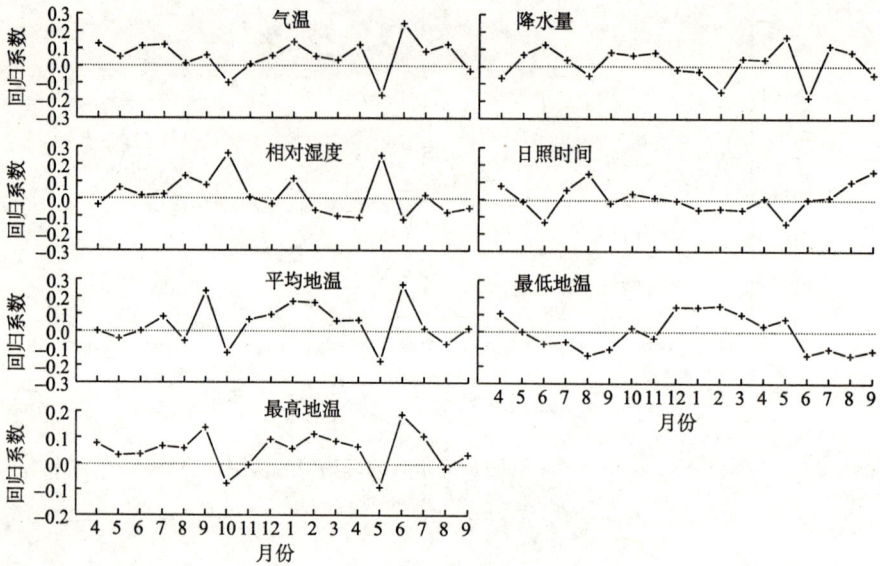

图 6-85 红松过渡带管胞长度指数的响应函数

与过渡管胞长度相比，晚材管胞长度对研究选取的气候因子的响应要强烈的多。特别是 5 月、6 月的气候变化对晚材管胞长度径向变异的影响非常显著（图 6-86）。当年 6 月平均地温与晚材管胞长度存在显著的正相关关系，回归系数高

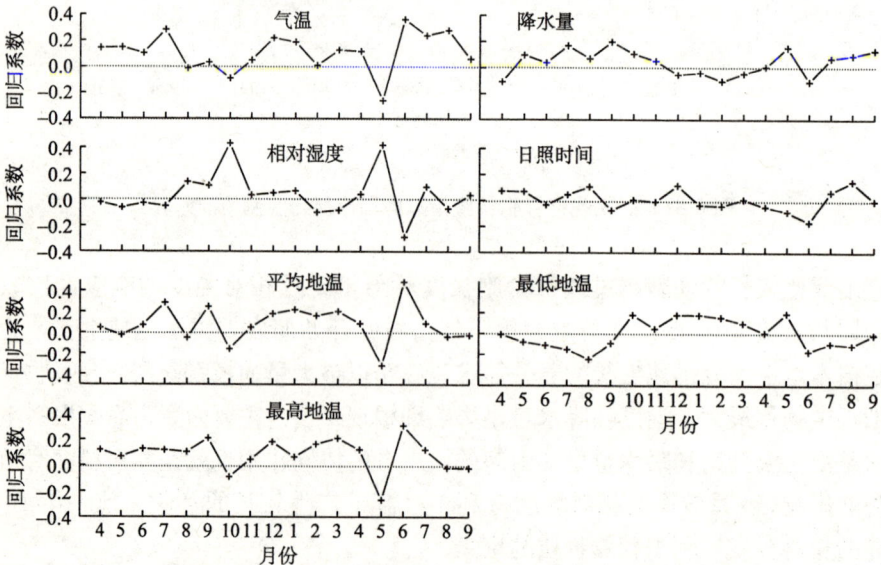

图 6-86 红松晚材管胞长度指数的响应函数

达 0.485。由图 6-87 看出，晚材管胞长度指数与当年 6 月平均地温的变化基本一致，峰、谷对应较好，个别年份除外。当年 6 月的平均气温和最高地温与晚材管胞长度也有显著的正相关关系。红松木材管胞的形成和树木的光合作用密切相关，红松单叶化叶片的净光合速率随着温度的增加而上升，在 25℃ 时达到了最大值，在温度为 30℃ 时则开始下降。叶片的最大的净光合速率、光补偿点和光饱和点在 7 月达到最大[55]。7 月的温度对晚材管胞长度的影响存在一年滞后效应，前一年 7 月的平均气温和平均地温与晚材管胞长度存在显著的正相关关系。

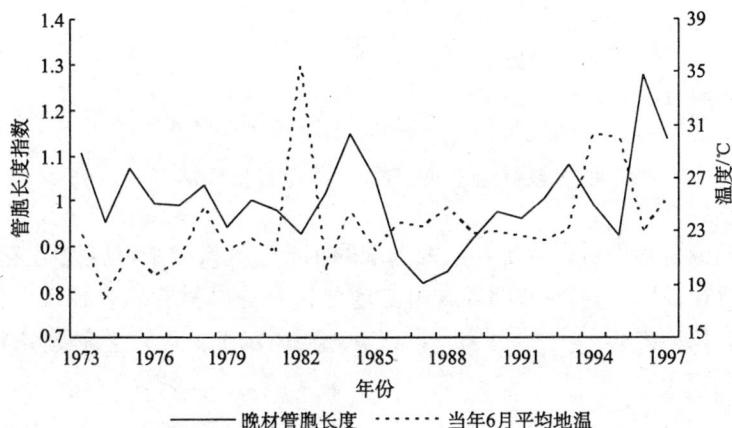

图 6-87　红松晚材管胞长度指数与当年 6 月平均地温的相关趋势

当年 5 月的温度与晚材管胞长度存在显著的负相关关系，而当年 5 月的相对湿度则与晚材管胞长度存在显著的正相关关系，回归系数达 0.419。由图 6-88 看出，晚材管胞长度指数与当年 5 月平均相对湿度的变化基本一致，峰、谷对应较好，个别年份除外。前一年 10 月相对湿度与晚材管胞长度存在显著的正相关关系，回归系数达 0.432。

6.2.3.2　管胞直径

以人工林红松早材管胞直径（ETD）、过渡带管胞直径（TTD）和晚材管胞直径（LTD）年表为因变量，以 126 个主成分中的前 26 个主成分得分为自变量进行逐步回归分析，发现以人工林红松过渡带管胞直径和晚材管胞直径的年表为因变量的回归方程无法通过显著性检验。这表明，人工林红松过渡带管胞直径和晚材管胞直径与所选取的气候因子不存在显著的相关关系。早材管胞直径与气候因子主成分的多元回归方程为

$$ETD = 1.008 + 0.032 \times P_{15} - 0.027$$
$$\times P_{10} + 0.025 \times P_9, R^2 = 0.528^{**} \tag{6-29}$$

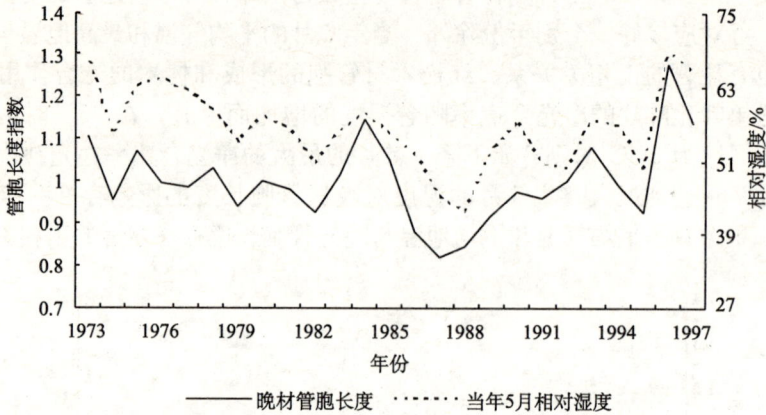

图 6-88　红松晚材管胞长度指数与当年 5 月相对湿度的相关趋势

　　从回归分析结果可以看出，研究选取的 126 个气候因子可以说明人工林红松早材管胞直径径向变异的 52.8%。由主成分拟合的早材管胞直径理论值与实测值的相关系数约为 0.727（图 6-89），在 $p=0.01$ 水平上达到了显著相关。

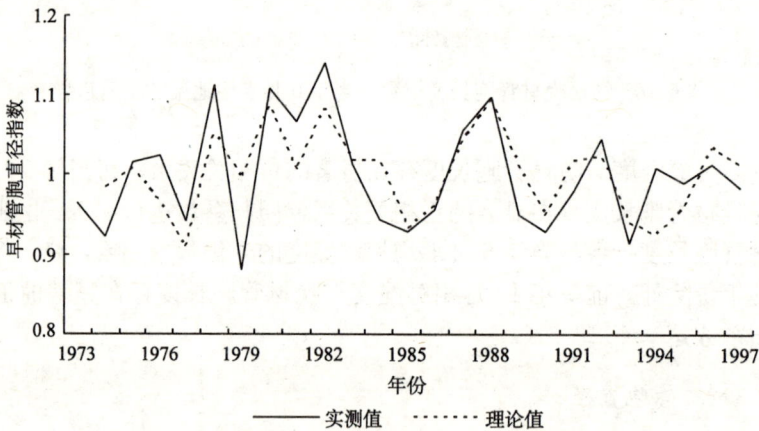

图 6-89　红松早材管胞直径指数的理论值与实测值的差异

　　早材管胞直径对研究选取的气候因子的响应比较强烈，特别是对当年 6 月的降水量响应强烈，回归系数为 -0.347（图 6-90）。显然，早材管胞直径与当年 6 月的降水量存在显著的负相关关系，但是与当年 4 月、5 月的降水量存在显著的正相关关系。由图 6-91 看出，早材管胞直径指数与当年 5 月降水量的变化趋势基本一致，峰、谷对应较好，个别年份除外。

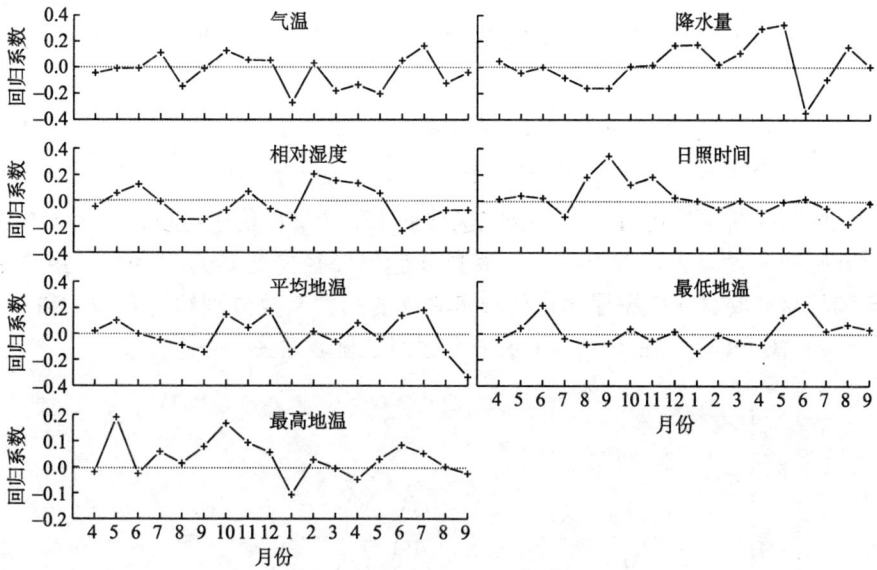

图 6-90　红松早材管胞直径指数的响应函数

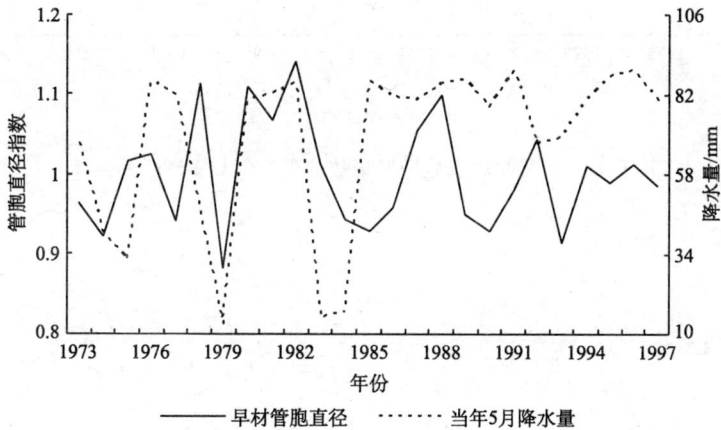

图 6-91　红松早材管胞直径指数与当年 5 月降水量的相关趋势

6.2.3.3　管胞壁厚度

以人工林红松早材管胞壁厚（EWT）、过渡带管胞壁厚（TWT）和晚材管胞壁厚（LWT）年表为因变量，以 126 个主成分中的前 26 个主成分得分为自变量进行逐步回归分析，以人工林红松过渡带管胞壁厚年表为因变量的回归方程无法通过显著性检验。这表明，人工林红松过渡带管胞壁厚与所选取的气候因子不存在显著的相关关系。以早材和晚材管胞壁厚年表为因变量分别得到多元回归方程：

$$EWT = 1.011 + 0.078 \times P_3, R^2 = 0.166^* \tag{6-30}$$

$$LWT = 1.016 - 0.053 \times P_{15} + 0.061 \times P_{20}, R^2 = 0.596^{**} \tag{6-31}$$

从回归分析结果可以看出，研究选取的 126 个气候因子可以说明人工林红松早材管胞壁厚径向变异的 16.6%、晚材管胞壁厚径向变异的 59.6%。由主成分拟合的早材和晚材管胞壁厚理论值与实测值的相关系数分别约为 0.481 和 0.850（图 6-92、图 6-93），在 $p=0.01$ 水平上达到了显著相关。

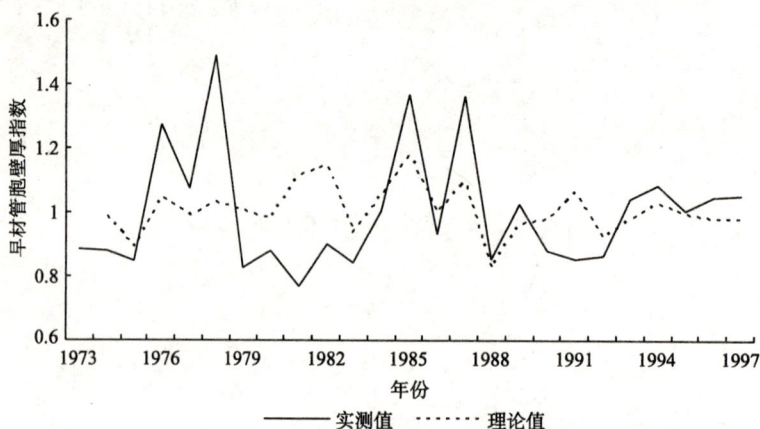

图 6-92　红松早材管胞壁厚指数的理论值与实测值的差异

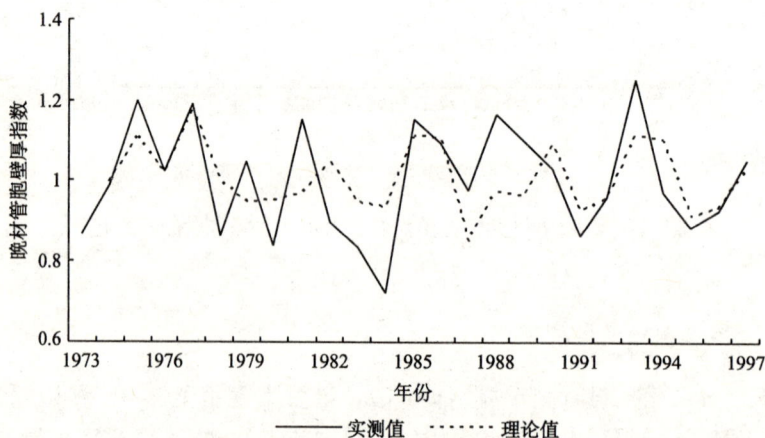

图 6-93　红松晚材管胞壁厚指数的理论值与实测值的差异

人工林红松早材管胞壁厚度对研究选取的气候因子的变化不大，仅对前一年12 月的气温响应强烈，回归系数为 0.257（图 6-94）。12 月红松树木已经进入冬眠期，形成层分裂活动完全停止，但是形成层仍在活动之中。形成层细胞中的细胞质组织显示季节性改变。这是由于在冬天，红松树木中休眠的形成层细胞由具有储备功能的大液泡控制，细胞分裂活动停止。进入春季，形成层细胞开始活动，消耗储备的物质，液泡质慢慢消失。

由图 6-95 可知，晚材管胞壁厚对气候因子响应的回归系数都比较小，没有达到显著水平（回归系数在 ±0.25 以下）。这说明，气候因子变化对晚材管胞壁厚度的影响比较大，但是研究选取的气候因子不是引起红松晚材管胞壁厚度径向变异的主要因素。

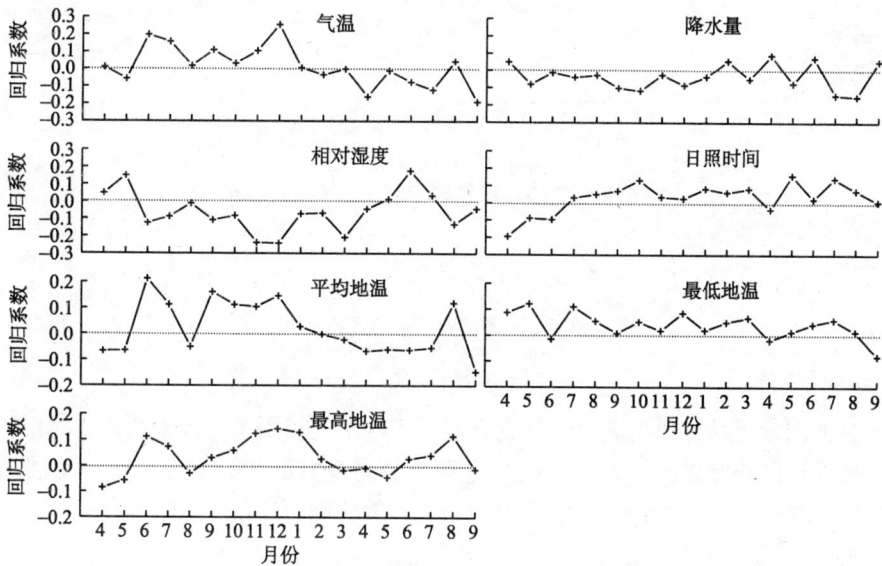

图 6-94　红松早材管胞壁厚指数的响应函数

6.2.3.4　壁腔比

以人工林红松早材壁腔比（EW/L）、过渡带壁腔比（TW/L）和晚材壁腔比（LW/L）年表为因变量，以 126 个主成分中的前 26 个主成分得分为自变量进行逐步回归分析，以人工林红松早材壁腔比年表为因变量的回归方程无法通过显著性检验。这表明，人工林红松早材壁腔比与所选取的气候因子不存在显著的相关关系。得到过渡带和晚材壁腔比与气候变量主成分的多元回归方程：

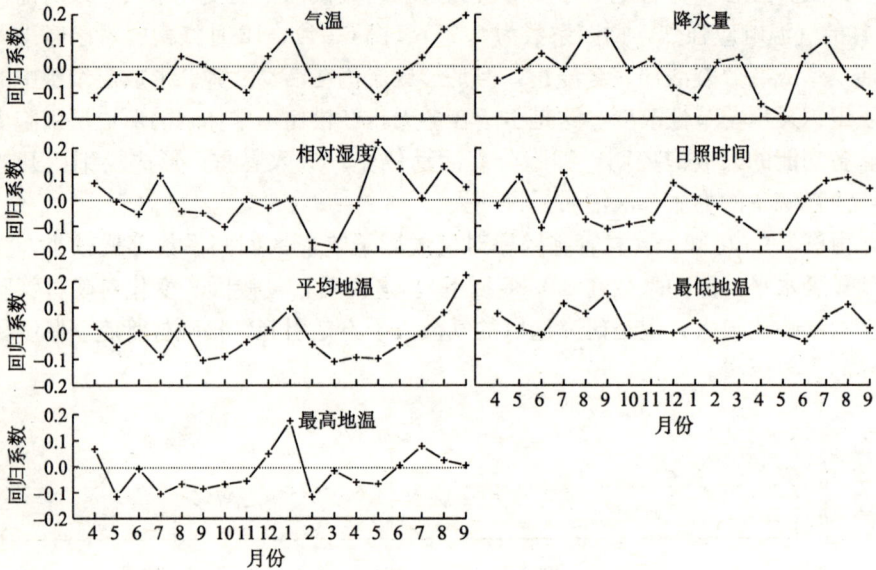

图 6-95　红松晚材管胞壁厚指数的响应函数

$$\text{TW/L} = 1.035 - 0.122 \times P_{21} + 0.114 \times P_{20}$$

$$- 0.075 \times P_7, R^2 = 0.564^{**} \tag{6-32}$$

$$\text{LW/L} = 1.013 - 0.123 \times P_{12} - 0.112 \times P_{17}, R^2 = 0.364^* \tag{6-33}$$

从回归分析结果可以看出，研究选取的 126 个气候因子可以说明人工林红松过渡带壁腔比径向变异的 56.4%、晚材壁腔比径向变异的 36.4%。由主成分拟合的过渡带和晚材壁腔比理论值与实测值的相关系数分别约为 0.751 和 0.596（图 6-96、图 6-97），在 $p=0.01$、0.05 水平上达到了显著相关。

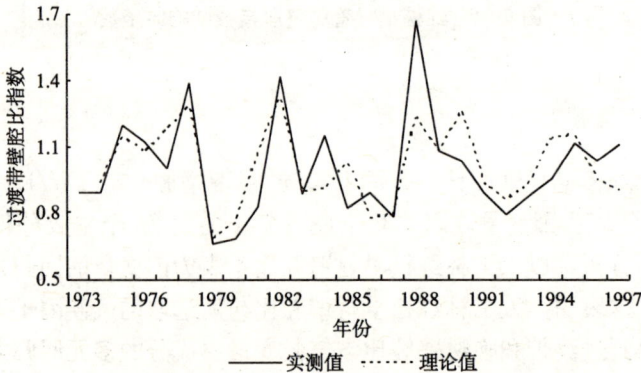

图 6-96　红松过渡带壁腔比指数的理论值与实测值的差异

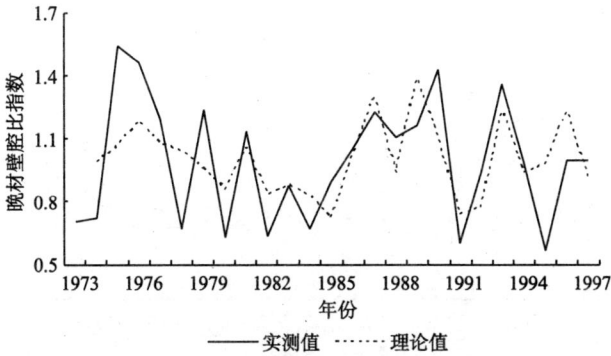

图 6-97　红松晚材壁腔比指数的理论值与实测值的差异

人工林红松过渡带壁腔比对气候因子变化的响应不太强烈。红松过渡带壁腔比对当年 9 月降水量的响应最强烈，回归系数为 0.279（图 6-98）。由图 6-99 看出，过渡带壁腔比指数与当年 9 月降水量的变化基本一致，峰、谷对应较好，个别年份除外。

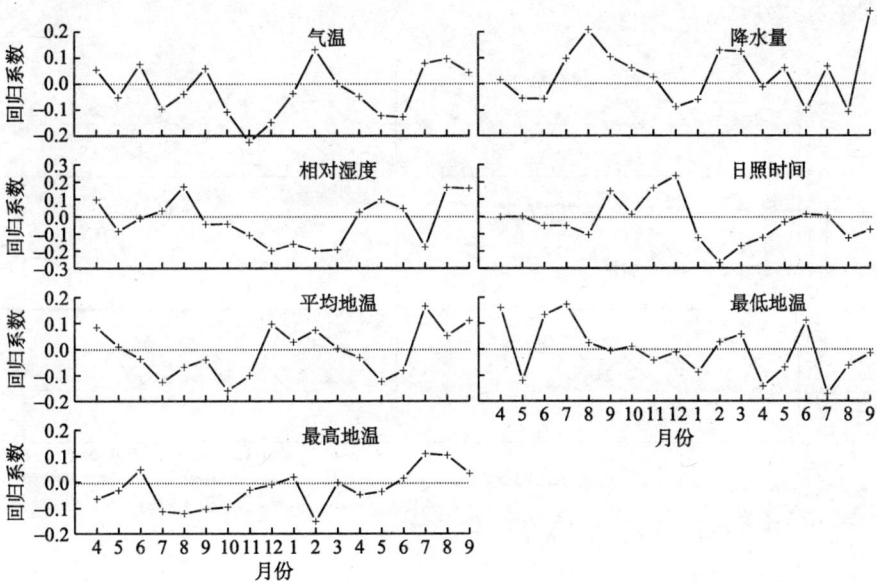

图 6-98　红松过渡带壁腔比指数的响应函数

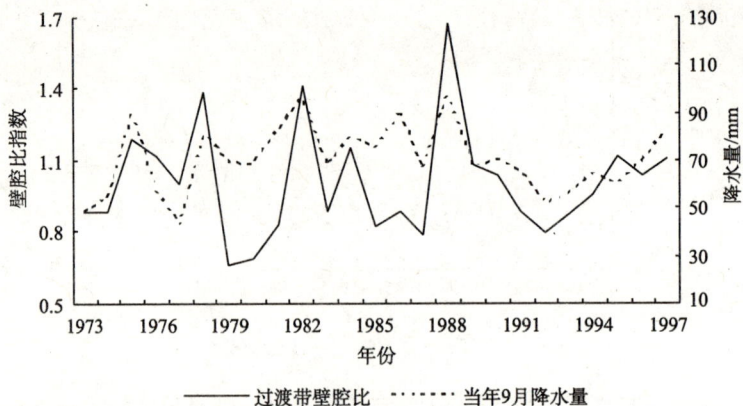

图 6-99　红松过渡带壁腔比指数与当年 9 月平均降水量的相关趋势

　　人工林红松晚材壁腔比对气候因子变化的响应不太强烈。红松晚材壁腔比对当年 3 月平均气温的响应最强烈，回归系数为－0.259（图 6-100）。由图 6-101 看出，晚材壁腔比指数与当年 3 月平均气温的变化基本相反，峰与谷对应较好，个别年份除外。

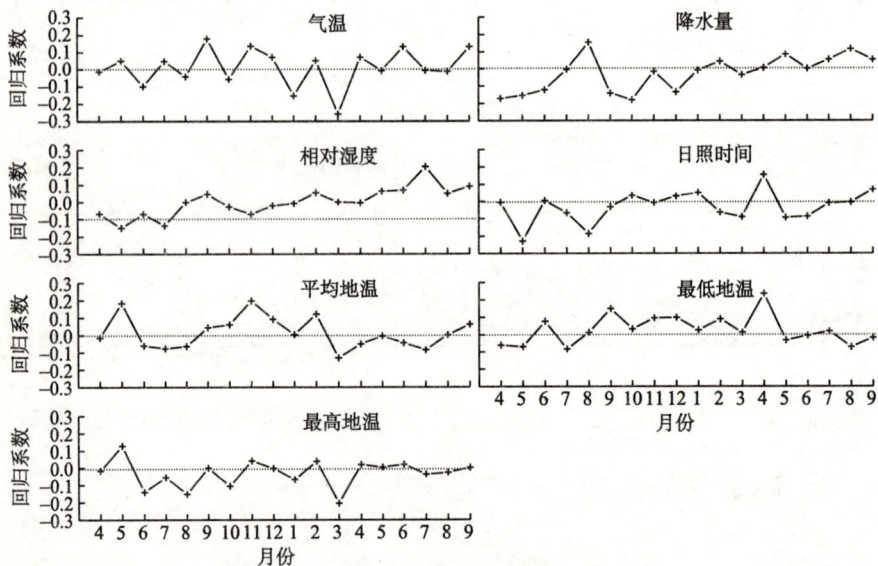

图 6-100　红松晚材壁腔比指数的响应函数

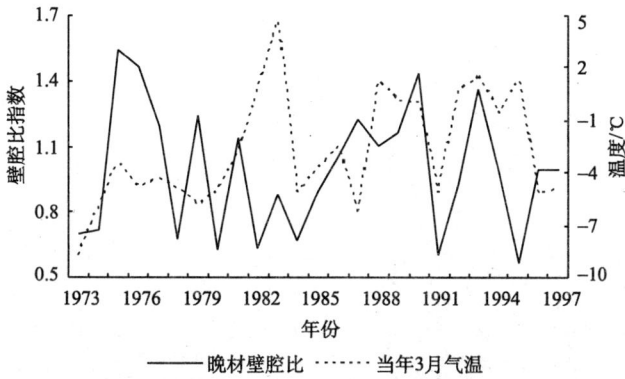

图 6-101　红松晚材壁腔比指数与当年 3 月平均气温的相关趋势

6.2.3.5　胞壁率

以人工林红松早材胞壁率（ECWP）、过渡带胞壁率（TCWP）和晚材胞壁率（LCWP）年表为因变量，以 126 个主成分中的前 26 个主成分得分为自变量进行逐步回归分析，分别得到多元回归方程：

$$ECWP = 1.006 + 0.066 \times P_{23} + 0.046 \times P_{20} + 0.029$$
$$\times P_{13} + 0.026 \times P_3, R^2 = 0.732^{**} \tag{6-34}$$

$$TCWP = 1.003 - 0.032 \times P_{21}, R^2 = 0.213^* \tag{6-35}$$

$$LCWP = 1.001 - 0.023 \times P_{12} + 0.018 \times P_{11} - 0.016 \times P_{15}$$
$$- 0.015 \times P_{19}, R^2 = 0.597^{**} \tag{6-36}$$

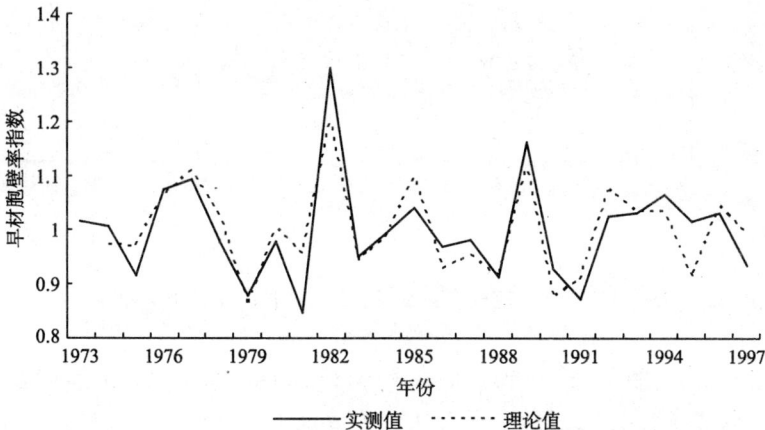

图 6-102　红松早材胞壁率指数的理论值与实测值的差异

　　从回归分析结果可以看出，研究选取的 126 个气候因子可以说明人工林红松早材胞壁率径向变异的 73.2%、人工林红松过渡带胞壁率径向变异的 21.3%、晚材胞壁率径向变异的 59.7%。由主成分拟合的胞壁率理论值与实测值的相关系数分别约为 0.855、0.461 和 0.722（图 6-102、图 6-103、图 6-104），分别在 $p=0.01$、0.05、0.01 水平上达到了显著相关。

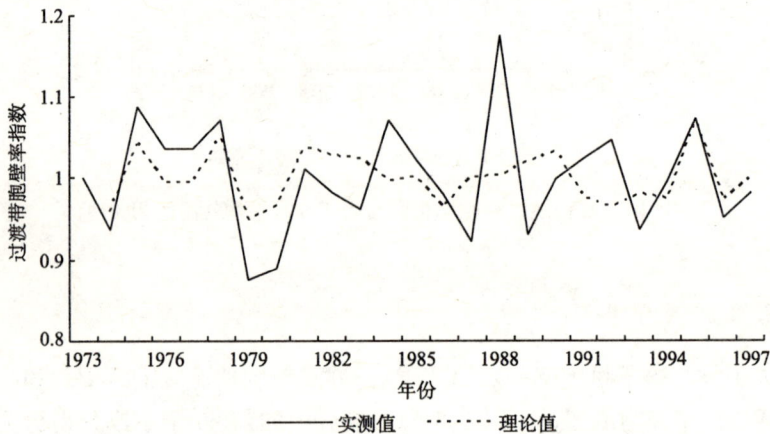

图 6-103　红松过渡带胞壁率指数的理论值与实测值的差异

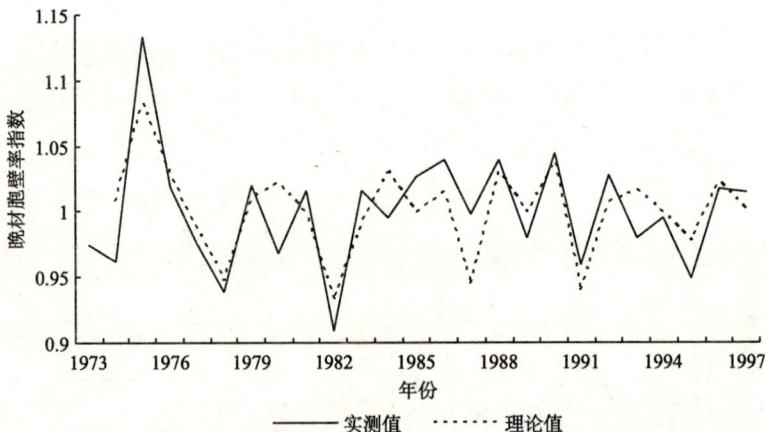

图 6-104　红松晚材胞壁率指数的理论值与实测值的差异

　　由图 6-105、图 6-106 可知，早材和过渡带胞壁率对气候因子响应的回归系数都比较小（在 0.400 以下），没有达到显著水平。这说明，研究选取的气候因子不是引起红松早材和过渡带胞壁率径向变异的主要因素。

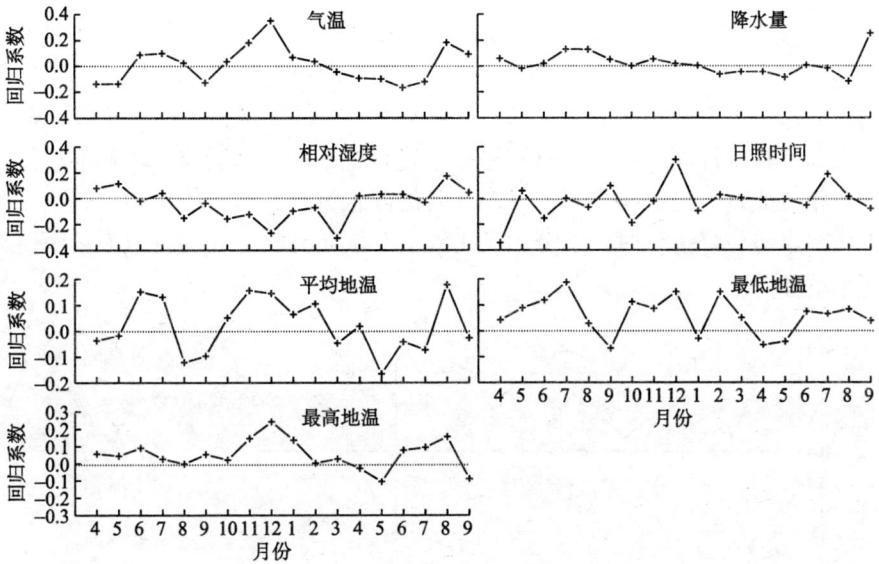

图 6-105　红松早材胞壁率指数的响应函数

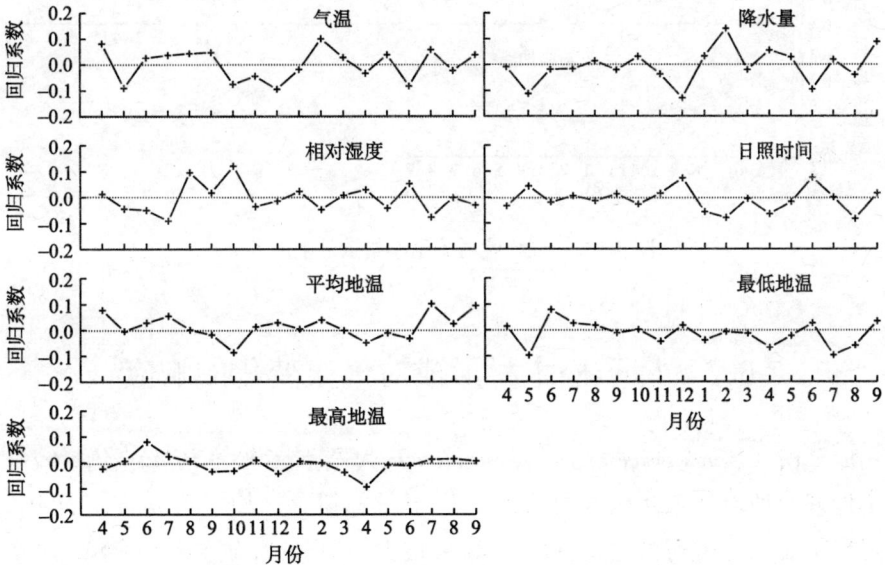

图 6-106　红松过渡带胞壁率指数的响应函数

晚材胞壁率对研究选取的气候因子的响应非常强烈，特别是对前一年 11 月、12 月的温度和相对湿度。晚材胞壁率对 11 月、12 月相对湿度的响应最强烈，回归系数分别为 0.390 和 0.392（图 6-107）。晚材胞壁率与当年 9 月的平均气温和平均地温存在显著的正相关有关系。9 月为红松木材晚材管胞加厚阶段，适宜的温度有利于管胞加厚，提高晚材胞壁率。晚材胞壁率还与当年 8 月降水量存在显著的正相关关系，但是与当年 4 月和 5 月的降水量存在显著的负相关关系。当红松木质部水势下降过低时，水分因子可能成为限制红松生长的决定因素而使其生长速率下降[56]。

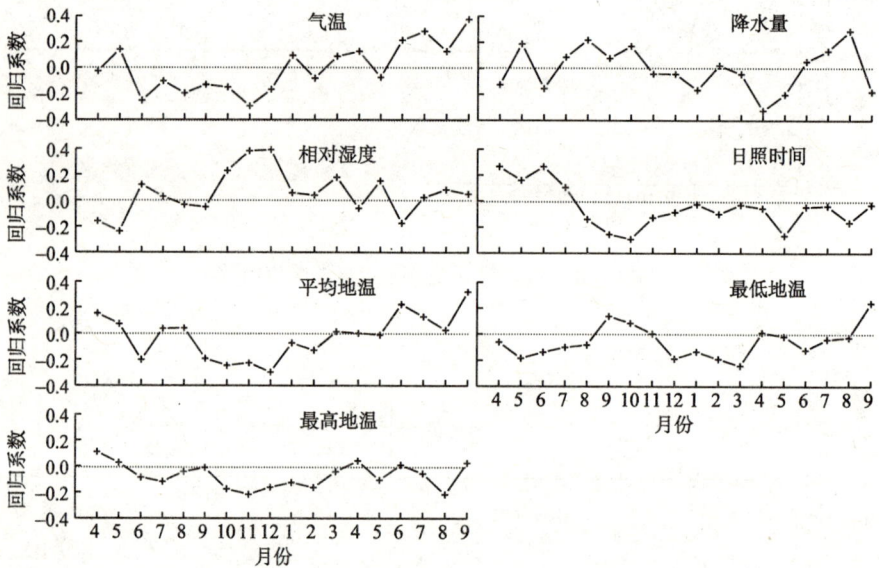

图 6-107　红松晚材胞壁率指数的响应函数

6.3　樟子松木材形成对气候变化的响应

樟子松（*Pinus sylvest* var. *mongolica*）为欧洲赤松（*Pinus sylvestris*）的一个地理变种，是东北地区主要的速生用材林树种。樟子松是常绿针叶大乔木，树干通直，树高可达 30 m，胸径可达 1m。它的寿命一般为 150～200 年，中龄以前生长迅速，成长较快，晚期生长速度明显下降。樟子松是强阳性树种，喜光，对生长条件适应性强，能耐寒、耐干旱、耐瘠薄，对各种土壤的适应性强，能适应土壤水分较少的山脊及向阳山坡，以及较干旱的沙地和石砾沙地。樟子松生长快、材性好，经过近些年的人工引种栽培和造林，成为一个有前途的造林树种。

　　樟子松树体含脂量大，易燃烧，但是材质优良，广泛用于纸张、家具、人造板、船舶、桥梁等的制造；由于木材本身具有特殊的香味，樟子松木材日益受到人们的青睐[57]。樟子松作为松林的一种，在中国针叶林中占有及其重要的地位，其经济价值非常可观。也正因为这样，近三四年来其蓄积量大幅度下降。所以加强对樟子松天然林的保护、合理利用和可持续发展，以及做好樟子松人工林的培育工作是当务之急。

　　近年来一些学者对影响樟子松生长的气候因子做了研究。影响樟子松生长的气候因素可以分为三类，即地温和气温，降水和蒸发，以及日照时数。其中，温度和水分是影响樟子松生长的主导因子[58]。但是不同地区的樟子松受气候因素影响的主导因子并不相同。丁晓纲等研究得出在毛乌素地区影响樟子松高生长的主要气候因子为：前一年降水量、>10℃积温和年蒸发量，其中水分因子（如降水量）在树木生长中起着重要作用，前一年的降水量对后一年的高生长有显著的影响作用。热量也是影响油松樟子松生长的主要因子之一，>10℃积温与樟子松的高生长关系紧密[59]。刘建泉等则认为在气象因素中，年蒸发量、日照时数、>10℃积温、极端最高气温是影响樟子松生长的主要气象指标，年平均气温、无霜期、极端最低气温是次要指标，年降水量、气温日较差为补充指标；樟子松树高生长量受年蒸发量的影响极显著，受年平均气温和>0℃积温的影响显著，即年蒸发量、年平均气温、>0℃积温的增加能够极显著或显著促进樟子松树高生长量的增长。樟子松直径生长量受气象因子的综合影响，主要影响因子为年降水量，其次为年蒸发量，再次为气温日较差、年平均气温和无霜期，年降水量的增加能够促进樟子松直径生长量的增长，气温日较差的增加能够降低樟子松直径的生长量[60]。

　　本节将对黑龙江省东北林业大学帽儿山实验林场老山生态站（北纬45°20′、东经127°34′，平均海拔 340 m）的人工樟子松林进行分析，研究樟子松木材物理特征和解剖特征对当年及前一年生长季气候变量变化的响应。

6.3.1　樟子松木材材性指标年表的建立

　　樟子松木材物理特征各项指标年表如图 6-108 所示，解剖特征各项指标年表如图 6-109 所示。各项材性指标的年表统计和区间分析结果见表 6-6。解剖特征各项年表的分析结果如表 6-7 所示。

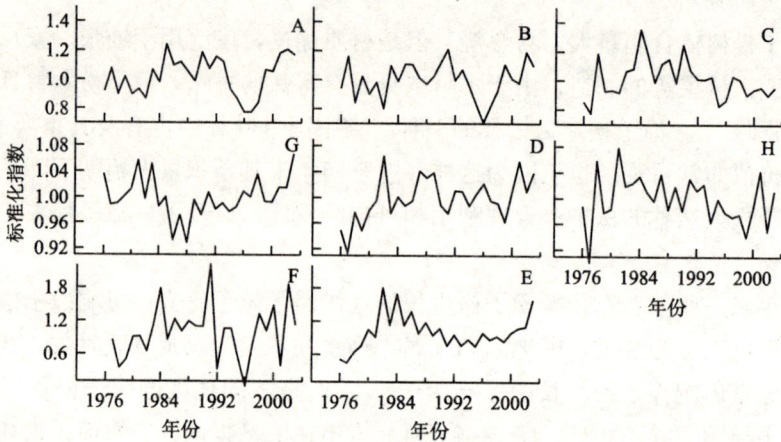

图 6-108　樟子松物理特征各项指标年表

A. 生长轮宽度；B. 早材宽度；C. 晚材宽度；D. 生长轮密度；E. 晚材率；

F. 生长速率；G. 早材密度；H. 晚材密度

表 6-6　樟子松物理特征各项年表的分析结果

指标	统计特征分析				共同区间分析		
	平均值	标准差	平均敏感度	一阶自相关	树间相关	信噪比	样本总体代表性
ED	1.001	0.031	0.133	0.011	0.573	4.896	0.991
EW	1.008	0.127	0.231	0.040	0.622	4.231	0.841
LD	1.001	0.038	0.215	0.029	0.768	3.032	0.972
LW	1	0.138	0.220	−0.019	0.520	4.112	0.939
RD	1.001	0.035	0.626	0.021	0.822	6.047	0.907
LP	1.000	0.342	0.406	0.003	0.645	4.098	0.896
GR	1.000	0.488	0.219	−0.025	0.750	5.266	0.967
RW	1.011	0.146	0.250	−0.009	0.848	5.289	0.998

表 6-7　樟子松解剖特征各项年表的分析结果

指标	统计特征分析				共同区间分析		
	平均值	标准差	平均敏感度	一阶自相关	树间相关	信噪比	样本总体代表性
TP	1	0.023	0.112	0.012	0.819	4.808	0.990
WRP	0.985	0.353	0.151	0.017	0.847	4.618	0.654
RCP	1	0.173	0.252	−0.055	0.717	5.260	0.860
ECWP	1.004	0.089	0.143	0.008	0.669	4.872	0.700
ETL	1.001	0.048	0.386	0.011	0.549	5.946	0.832

续表

指标	统计特征分析				共同区间分析		
	平均值	标准差	平均敏感度	一阶自相关	树间相关	信噪比	样本总体代表性
ETD	1.000	0.037	0.220	−0.008	0.834	5.191	0.907
EWT	1.001	0.091	0.239	0.013	0.609	5.029	0.979
EW/L	0.920	0.231	0.324	0.023	0.790	5.140	0.812
LCWP	1.000	0.029	0.239	0.014	0.932	6.430	0.938
LTL	1.001	0.028	0.155	0.090	0.651	4.367	0.804
LTD	0.999	0.071	0.326	−0.039	0.581	8.301	0.766
LWT	1.001	0.073	0.209	−0.010	0.538	4.111	0.897
LW/L	1.011	0.136	0.287	0.014	0.733	5.334	0.800

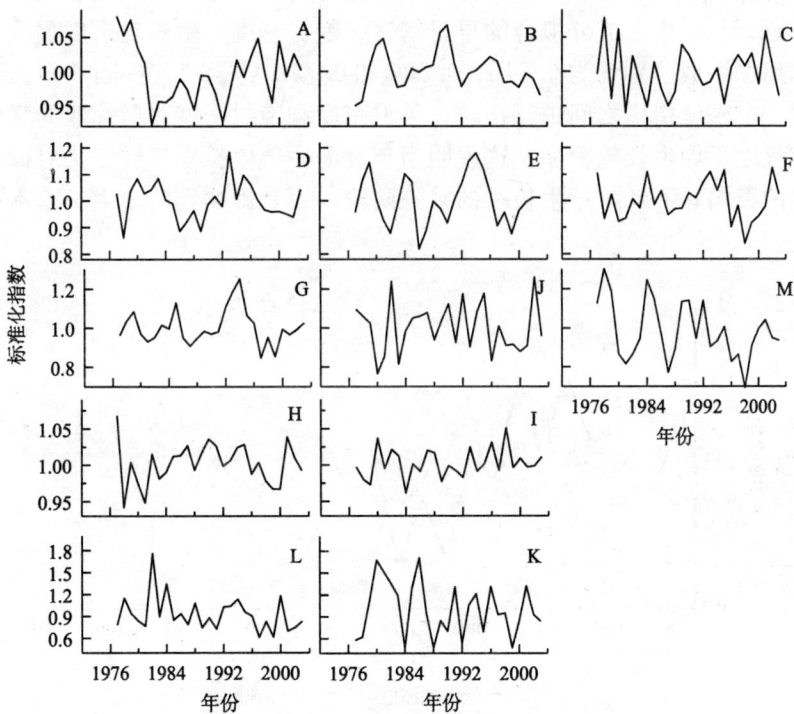

图 6-109　樟子松解剖特征各项指标年表

管胞长度（A. 早材，B. 晚材）；管胞直径（C. 早材，D. 晚材）；管胞壁厚（E. 早材，F. 晚材）；
胞壁率（G. 早材，H. 晚材）；壁腔比（J. 晚材，L. 早材）；组织比量（I. 管胞，K. 射
线，M. 树脂道）

6.3.2 樟子松木材物理特征指标对气候变化的响应

6.3.2.1 生长轮密度

以人工林樟子松早材密度（ED）、晚材密度（LD）和生长轮密度（RD）年表为因变量，以 126 个主成分中的前 26 个主成分得分为自变量进行逐步回归分析，得到多元回归方程：

$$ED = 1.003 - 0.014 \times P_2 + 0.012 \times P_9$$

$$- 0.041 \times P_{23}, R^2 = 0.294^* \tag{6-37}$$

$$LD = 0.999 - 0.019 \times P_{20}, R^2 = 0.281^{**} \tag{6-38}$$

$$RD = 0.997 - 0.021 \times P_1 + 0.013 \times P_{16}$$

$$- 0.010 \times P_5, R^2 = 0.565^* \tag{6-39}$$

从回归分析结果可以看出，研究选取的 126 个气候因子可以说明人工林樟子松早材密度径向变异的 29.4%、晚材密度径向变异的 28.1%、生长轮密度径向变异的 56.5%。由主成分拟合的早材密度、晚材密度、生长轮密度理论值与实测值的相关系数分别约为 0.542、0.530 和 0.752（图 6-110～图 6-112）。樟子松木材三个密度指标之间进行比较，早材密度和晚材密度对所选取的气候因子的响应程度不如生长轮密度，这说明当年及前一年生长季气候变化对樟子松木材密度的影响并不针对于生长季的某一阶段，而是影响到整个生长季木材密度的形成。

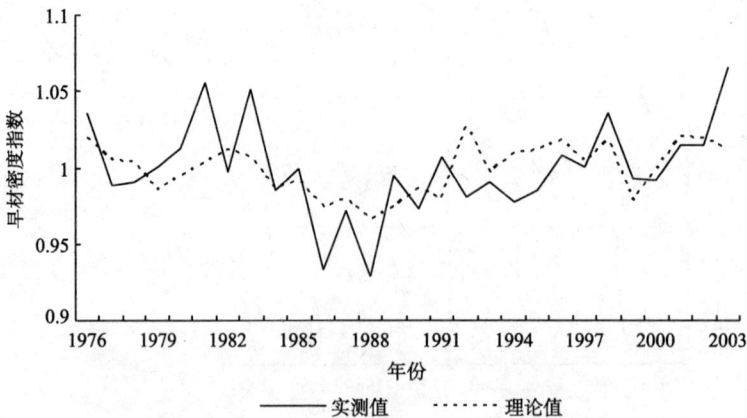

图 6-110　樟子松早材密度指数的理论值与实测值的差异

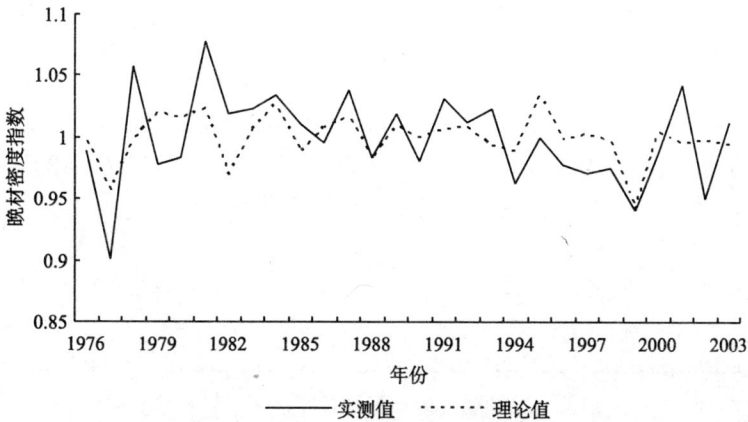

图 6-111　樟子松晚材密度指数的理论值与实测值的差异

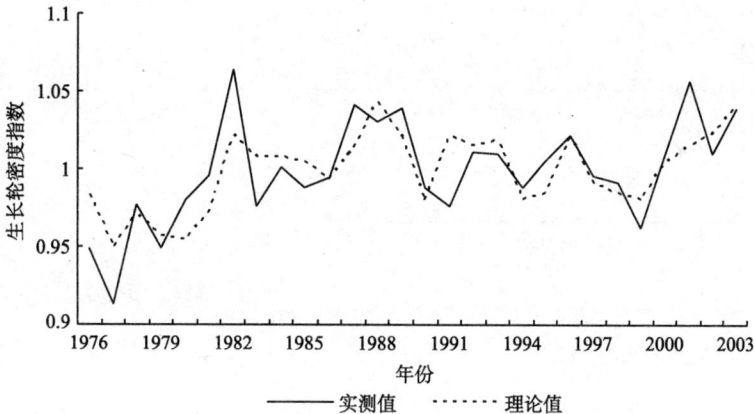

图 6-112　樟子松生长轮密度指数的理论值与实测值的差异

　　早材密度的响应函数如图 6-113 所示。早材密度受 4～7 月最低地温影响最大，与这些气候变量之间存在显著的负相关关系。4～7 月是樟子松早材的形成时期，地温特别是最低地温较高有利于提高根系的活动能力，促使樟子松早材的形成，容易形成腔大壁薄的早材细胞。同时，早材密度也会比较低。早材密度对前一年 4 月最低地温的响应最大，回归系数为 −0.343。早材密度指数与前一年 4 月最低地温的相关趋势如图 6-114 所示。早材密度与前一年 4 月最低地温的相关性非常好，特别是在 1988 年，早材密度值出现了谷值，而与此相对应的 4 月最低地温在 1987 年出现了峰值，温度达到了 3.73℃，远高于近 30 年的平均值（−5.64℃）。另外，在 1981 年，早材密度指数出现了一个峰值，而这一值与前一年4月最低地温出现一极端最低值（－18.4℃）对应。显然，1981年早材密度较大与前一年4月最低地温严重偏低有关。由响应函数分析可知，早材密度还与当年1～3月最高地温以及前一年10月平均地温和气温存在显著的正相关关系。前一年秋末冬初的气温和平均地温影响树木的营养积累。目前许多研究表明，这种营养积累过程经常会出现树液流量峰值，类似动物冬眠前的准备，是树木为应对严寒的冬季和漫长的早春而采取的生理措施[61]。

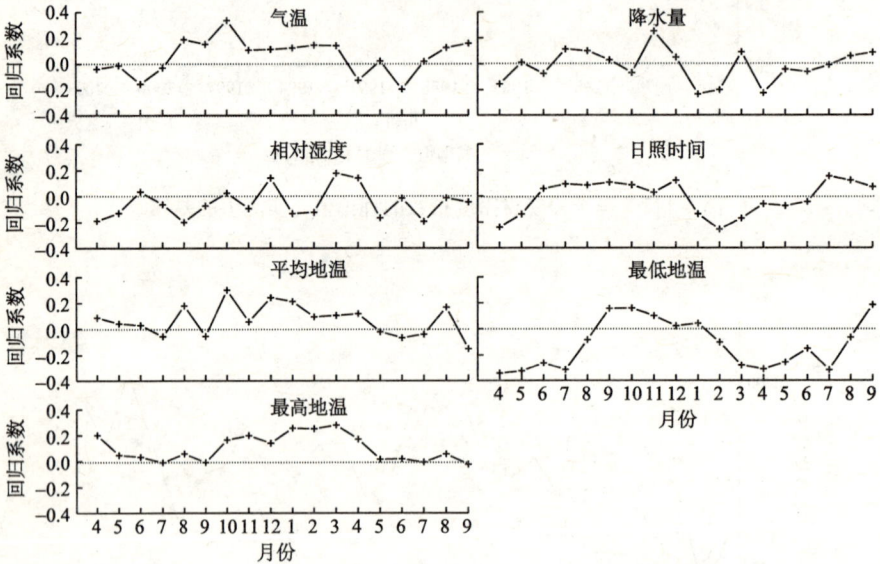

图 6-113　樟子松早材密度指数的响应函数

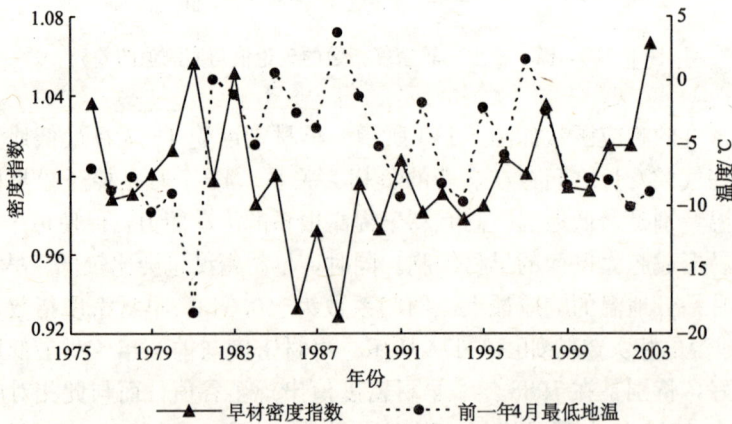

图 6-114　樟子松早材密度指数与前一年4月最低地温的相关趋势

晚材密度的响应函数如图 6-115 所示。当年及前一年气候变化对晚材密度的径向变异有一定的影响，但是影响程度并没有达到显著水平（回归系数都在 ±0.200 以下）。

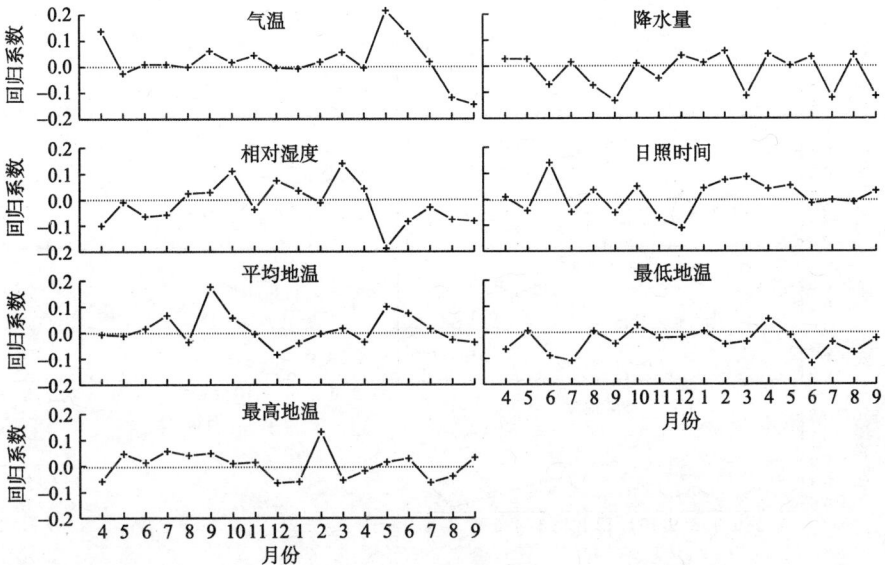

图 6-115　樟子松晚材密度指数的响应函数

生长轮密度的响应函数如图 6-116 所示。当年及前一年气候变化对生长轮密度的径向变异影响非常强烈。研究所选取的许多气候因子都与生长轮密度存在显著的相关性，特别是与多数最高地温变量之间存在显著的负相关关系。生长轮密度对当年 7 月最高地温的响应最强烈，回归系数为 -0.626。生长密度指数与当年 7 月最高地温的相关趋势如图 6-117 所示。7 月本是树木生长的速生期，但也是整个生长季中温度最高的月份，过高的气温会增加树木的蒸腾量，而地温过高，轻者使土壤水分过干、板结，重则造成树木根系烧伤至死。7 月最高地温在 1976~1980 年间过高，均在 50℃ 以上。樟子松生长季各月蒸腾速率与当月的平均气温和地面温度有关，一般来说，平均气温高、地面温度值高，樟子松的月平均蒸腾速率也大[62]。随着气温的升高，蒸腾速率呈升高的趋势。张国盛等测定了乌素沙地樟子松的蒸腾速率与气温的关系，发现呈直线相关，其相关系数达 0.5691。但是从 7 月 16 日的测定结果来看，14 时气温最高（35.5℃），但该时樟子松的蒸腾速率反而下降。这主要是因为温度从 30℃ 再向上增加时，叶温上升气孔关闭，蒸腾减少。这表明连续的升温使樟子松的蒸腾速率不断增加，造成体内水分高度亏缺，而此时根系又不能吸收足够的水分以补偿高蒸腾引起的水分亏空，从而引起气孔的关闭，导致蒸腾速率降低[63]。水分亏缺，营养运输受限制，木材的密度相应减少。1998 年之后，7 月最高地温值又偏离平均值出现过低的趋势，均在33℃以下，这一现象又与这几年樟子松生长轮密度指数值偏大相对应。

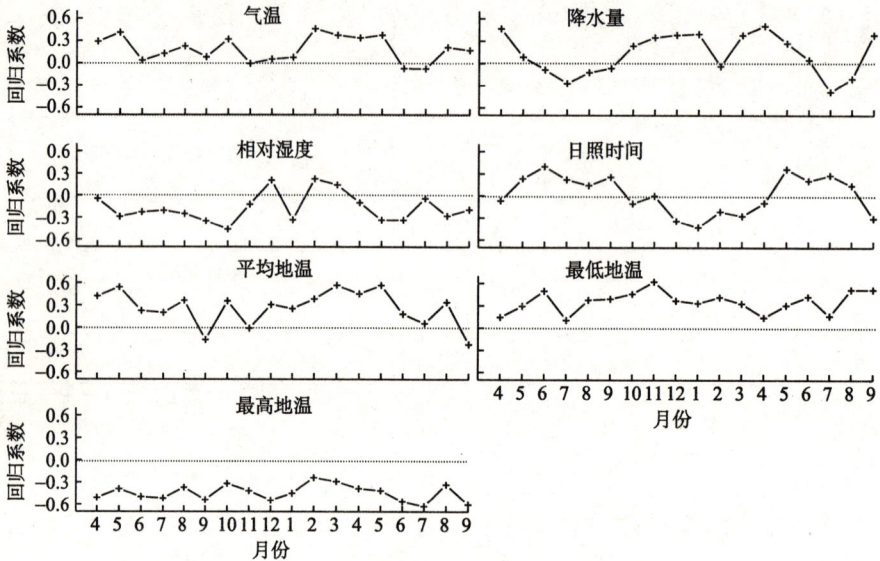

图 6-116　樟子松生长轮密度指数的响应函数

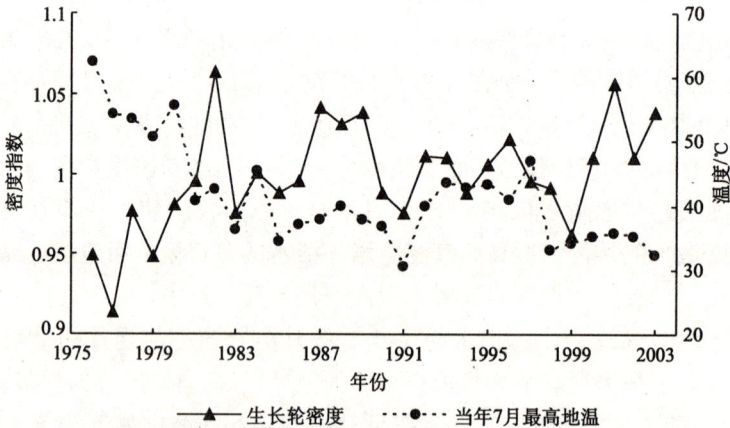

图 6-117　樟子松生长密度指数与当年 7 月最高地温的相关趋势

6.3.2.2　生长轮宽度

以人工林樟子松早材宽度（EW）、晚材宽度（LW）和生长轮宽度（RW）

年表为因变量，以 126 个主成分中的前 26 个主成分得分为自变量进行逐步回归
分析，以人工林樟子松早材宽度年表为因变量的回归方程无法通过显著性检验。
这表明，人工林樟子松早材宽度与所选取的气候因子不存在显著的相关关系。晚
材宽度和生长轮宽度则与选取的气候因子存在显著的相关，分别得到多元回归
方程：

$$LW = 0.992 + 0.077 \times P_2 + 0.056 \times P_{12} - 0.050 \times P_{22}$$
$$- 0.032 \times P_{10} + 0.035 \times P_{16}$$
$$+ 0.033 \times P_1 + 0.030 \times P_2, R^2 = 0.831^{**} \tag{6-40}$$
$$RW = 1.031 - 0.059 \times P_5 + 0.053 \times P_9$$
$$- 0.041 \times P_{23}, R^2 = 0.441^* \tag{6-41}$$

　　从回归分析结果可以看出，研究选取的 126 个气候因子可以说明人工林樟子
松晚材宽度径向变异的 83.1%、生长轮宽度径向变异的 44.1%。由主成分拟合
的晚材宽度、生长轮宽度理论值与实测值的相关系数分别约为 0.977 和 0.664
（图 6-118、图 6-119），在 $p = 0.01$、0.05 水平上显著。

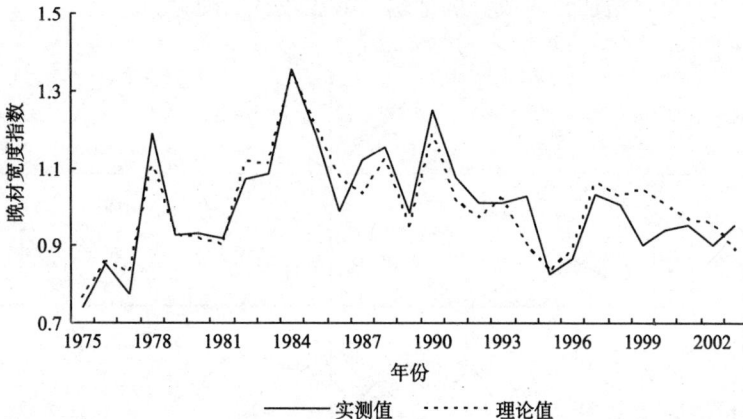

图 6-118　樟子松晚材宽度指数的理论值与实测值的差异

　　樟子松晚材宽度的响应函数如图 6-120 所示。当年及前一年气候变化对晚材
宽度的径向变异影响强烈。樟子松的晚材与生长季节的长短相关[64]。研究所选
取的许多气候因子都与晚材宽度存在显著的相关性，特别是与多数最高地温变量
之间存在显著的负相关关系，而与多数最低地温变量之间存在显著的正相关关
系。晚材宽度对当年 5 月最低地温的响应最强烈，回归系数为 0.638。樟子松晚
材宽度对当年及前一年 4 月的降水量响应也很强烈，存在显著正相关。我国属于
干旱半干旱地区，对于大多数植物来说，早春容易发生生理干旱，樟子松在不断

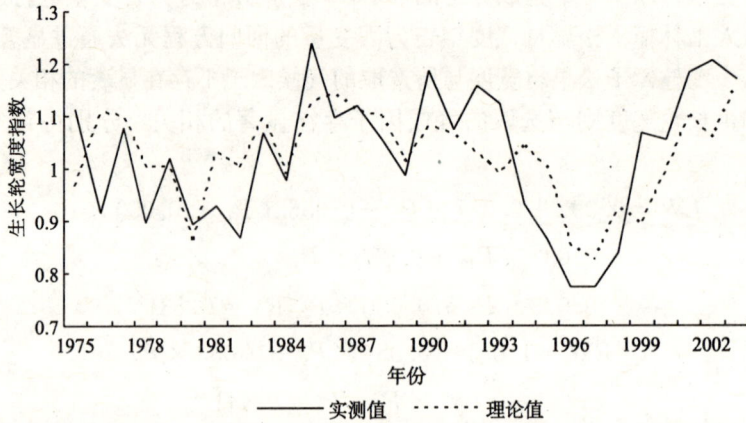

图 6-119　樟子松生长轮宽度指数的理论值与实测值的差异

受变化的地理、历史环境控制和推动的进化过程中，形成了耐干旱特性，但是在早春发生严重干旱时同样会发生生理干旱[65]。早春充足的降水有利于樟子松避免发生生理干旱，增加营养成分的运输，形成较宽的晚材。

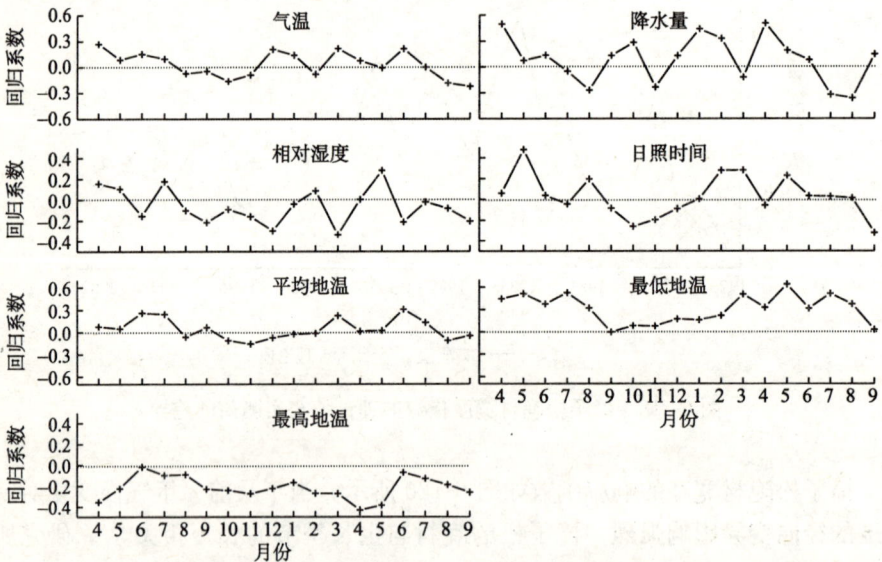

图 6-120　樟子松晚材宽度指数的响应函数

生长轮宽度的相应函数如图 6-121 所示。生长轮宽度对当年及前一年气候变化的响应不如晚材宽度强烈。在研究所选取的许多气候因子中，当年 6 月平均气温和平均地温对生长轮宽度的影响最强烈，其次是当年 5 月的相对湿度。当年 5 月和 9 月的日照时间对生长轮宽度的影响也比较显著，标准回归系数分别为 0.255 和 -0.322。樟子松由于受强光照的影响，高生长缓慢，生长量低；反之，胸径生长旺盛期出现的早，则连年生长量大，旺盛期持续的时间长[66]。9 月日照时间较短，照射强度也比较弱，则樟子松生长轮宽度比较窄，其主要原因是晚材量较少。

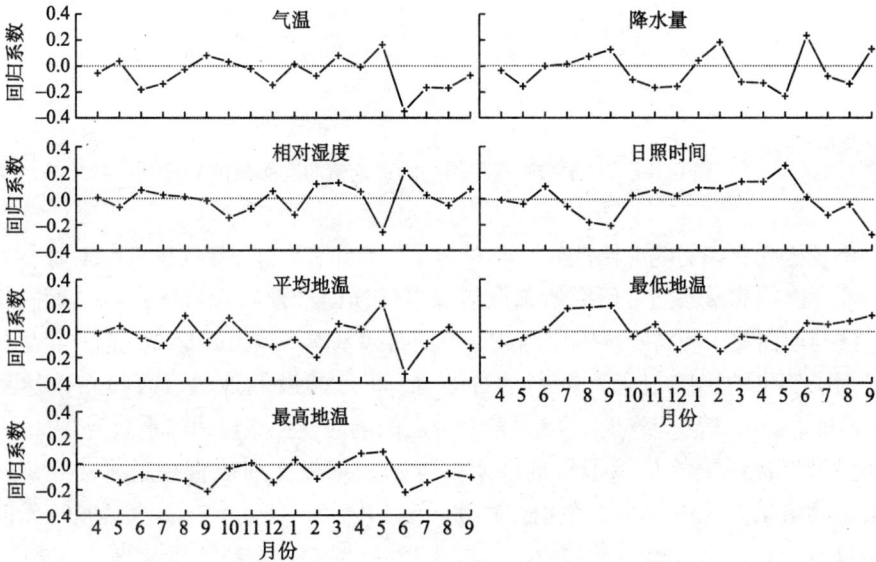

图 6-121　樟子松生长轮宽度指数的响应函数

6.3.2.3　晚材率

以人工林樟子松晚材率（LP）年表为因变量，以 126 个主成分中的前 26 个主成分得分为自变量进行逐步回归分析，得到多元回归方程：

$$LP = 0.994 - 0.126 \times P_{10} + 0.140 \times P_{16} + 0.149 \times P_1 - 0.123$$

$$\times P_4 - 0.088 \times P_5 + 0.076 \times P_{12}, R^2 = 0.724^{**} \tag{6-42}$$

从回归分析结果可以看出，研究选取的 126 个气候因子可以说明人工林樟子松晚材率径向变异的 72.4%。由主成分拟合的晚材率理论值与实测值的相关系数约为 0.851（图 6-122），在 $p = 0.01$ 水平上达到了显著相关。

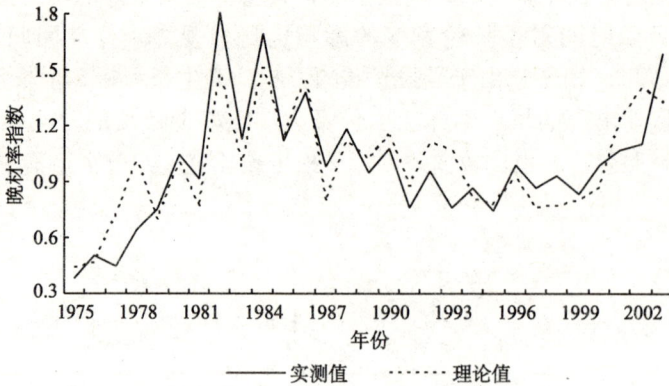

图 6-122　樟子松晚材率指数的理论值与实测值的差异

　　樟子松晚材率的响应函数如图 6-123 所示。当年及前一年气候变化对晚材率的径向变异影响非常强烈。研究所选取的许多气候因子都与晚材率存在显著的相关性，这与前面关于晚材宽度响应函数分析的结果基本一致。晚材率受前一年生长季气候因子变化的影响显著，特别是对 6 月、9 月的最低地温，回归系数达到了 0.507 和 0.480。晚材率对当年 8 月最低地温的响应最强烈，回归系数为 0.508。最低地温最直接影响的是樟子松的根系，特别是细根。细根直径通常小于 5mm，细根生物量虽然仅占根系总生物量的 3%～30%[67]（Vogt et al.，1996），但其生长量可占森林初级生产力的 50%～75%[68]。细根具有巨大的吸收表面积，是

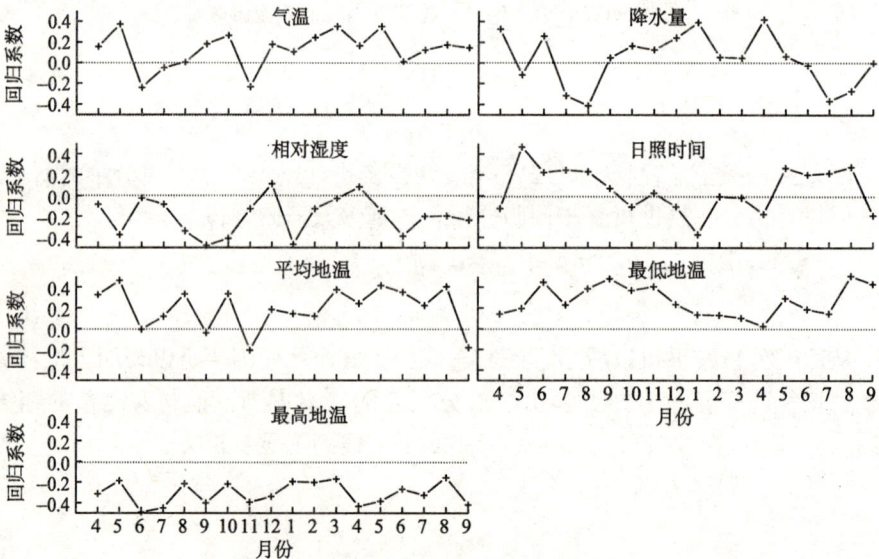

图 6-123　樟子松晚材率指数的响应函数

林木吸收水分和养分的主要器官。其生长和周转迅速，对森林生态系统物质循环和能量流动起着十分重要的作用[69]。人工林樟子松活细根现存量最大值出现在生长季的 6 月，最小值出现在 7 月、8 月[70]。生长季最低地温偏低，会造成细根量减少，影响对水分和营养的吸收，从而抑制樟子松树木的生长。晚材宽度指数与当年 8 月最低地温的相关趋势如图 6-124 所示。晚材率指数的变化趋势基本和当年 8 月最低地温的变化趋势一致，个别年份存在偏差，主要是由于其他气候因素造成。

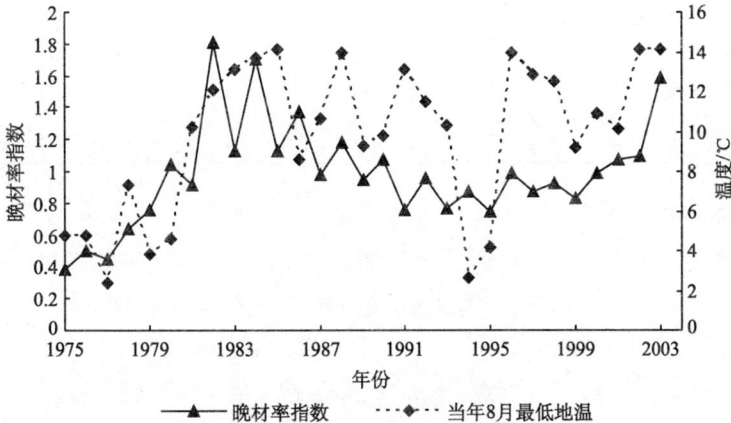

图 6-124　樟子松晚材率指数与当年 8 月最低地温的相关趋势

6.3.2.4　生长速率

以人工林樟子松生长速率（GR）年表为因变量，以 126 个主成分中的前 26 个主成分得分为自变量进行逐步回归分析，回归方程无法通过显著性检验。这表明，人工林樟子松生长速率与所选取的气候因子不存在显著的相关关系。

6.3.3　樟子松木材解剖特征指标对气候变化的响应

6.3.3.1　管胞长度

以人工林樟子松早材和晚材管胞长度年表为因变量，以 126 个主成分中的前 26 个主成分得分为自变量进行逐步回归分析，分别得到多元回归方程

$$ETL = 0.992 + 0.020 \times P_5 - 0.017 \times P_{17} - 0.017$$
$$\times P_{13} - 0.014 \times P_1 - 0.011 \times P_2, R^2 = 0.741^{**} \tag{6-43}$$
$$LTL = 1.002 + 0.012 \times P_{22}, R^2 = 0.169^* \tag{6-44}$$

从回归分析结果可以看出，研究选取的 126 个气候因子可以说明人工林樟子

松早材管胞长度径向变异的 74.1%、晚材管胞长度径向变异的 16.9%。由主成分拟合的早材管胞长度、晚材管胞长度理论值与实测值的相关系数分别约为 0.861 和 0.411（图 6-125、图 6-126），在 $p=0.01$、0.05 水平上达到了显著相关。

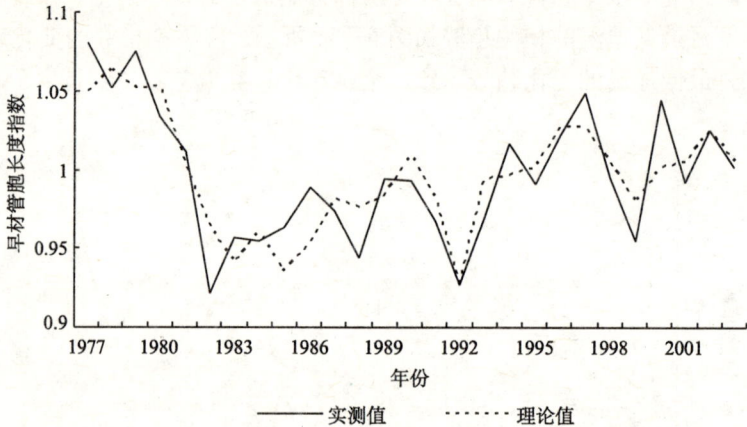

图 6-125　樟子松早材管胞长度指数的理论值与实测值的差异

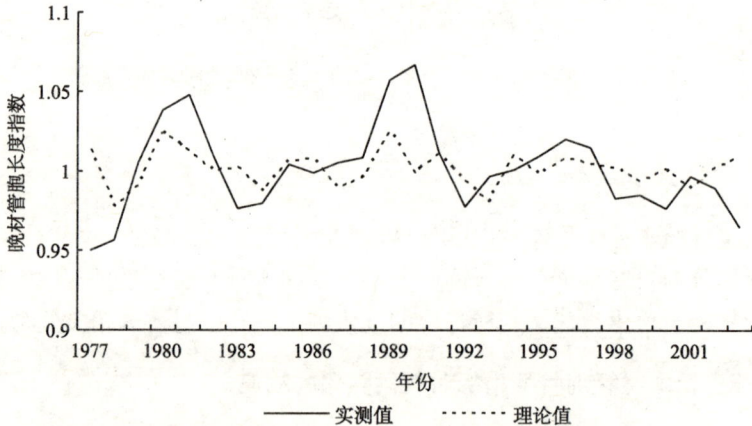

图 6-126　樟子松晚材管胞长度指数的理论值与实测值的差异

人工林樟子松木材的材性指标中，早材管胞长度对前一年 4 月到当年 9 月的月平均气候变化的响应最强烈，特别是对地温的响应强烈（图 6-127）。樟子松属耐寒树种，例如，在科尔沁沙地，在 2001 年出现了极端最低气温，比历年最低气温低 3.0～8.2℃，在这样的极端气候条件下，同一地区的杨树固沙林枯死率达 8%～33%，樟子松林分枯死率仅为 0～6%[71]。但是极端的地温会显著影响木材的形成。早材管胞长度与最低地温存在负相关关系，特别是与当年和前一年 7 月、8 月的最低地温存在显著的负相关关系，与前一年 5 月最低地温的相关关系也比较显著，回归系数为－0.273。早材管胞长度与最高地温存在正相关关系，特别是与当年 2～9 月的最高地温存在显著的正相关关系，与前一年 4 月、5 月、7 月、9 月的相关关系也非常显著。但是仅与前一年 9 月的平均地温相关关系显著。研究所选的当年以及前一年生长季气候因子变量对晚材管胞长度有一定的影响，但并没有达到显著水平。

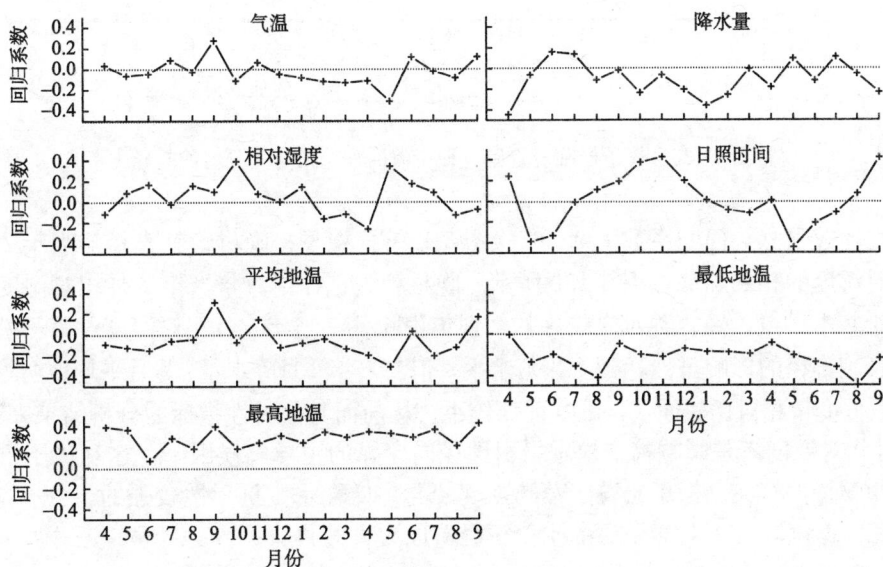

图 6-127　樟子松早材管胞长度指数的响应函数

6.3.3.2　管胞直径

以人工林樟子松晚材管胞直径（LTD）年表为因变量，以 126 个主成分中的前 26 个主成分得分为自变量进行逐步回归分析，得到多元回归方程：

$$LTD = 0.994 + 0.038 \times P_{10} + 0.026 \times P_{16} + 0.023$$
$$\times P_{26} - 0.023 \times P_9, R^2 = 0.573** \tag{6-45}$$

从回归分析结果可以看出，研究选取的 126 个气候因子可以说明晚材管胞直径径向变异的 57.3%。由主成分拟合的晚材管胞直径理论值与实测值的相关系数约为 0.757（图 6-128），在 $p=0.01$ 水平上达到了显著相关。

樟子松晚材管胞直径对当年 6 月降水量、7 月相对湿度和 9 月平均地温的响应强烈，回归系数分别为 0.290、0.264 和 0.327，对前一年 8 月的平均气温响

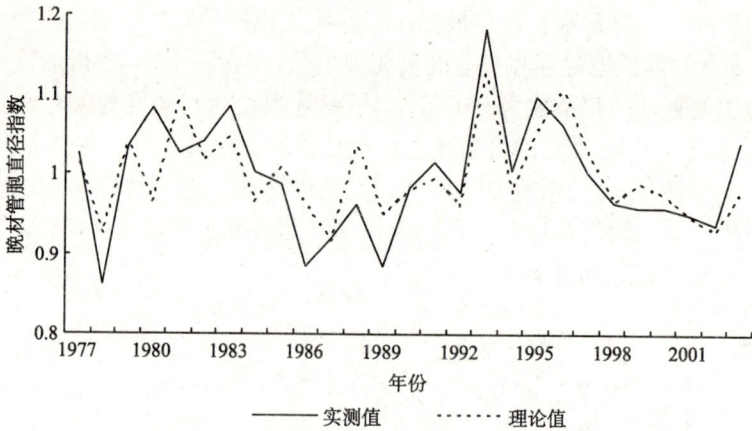

图 6-128　樟子松晚材管胞直径指数的理论值与实测值的差异

应也比较强烈，回归系数为 0.265（图 6-129）。樟子松晚材管胞直径与当年 7 月相对湿度的相关趋势如图 6-130 所示。晚材管胞直径指数与当年 7 月相对湿度的变化基本一致，峰、谷对应较好，个别年份除外。当年 7 月相对湿度对樟子松晚材管胞直径的影响虽然达到了显著水平，但与当年 6 月降水量、9 月平均地温等其他气候变量相对比较而言，影响程度较小。从前面其他材性指标的分析结果来看，7 月相对湿度不是影响樟子松木材材性径向变异的主导气候因子，这和樟子松的生物学特性有关。樟子松属于蒸腾强度较弱，低耗水、抗旱性较强的树种[72]，7 月相对湿度较低，对樟子松的生长不会造成太大的胁迫。

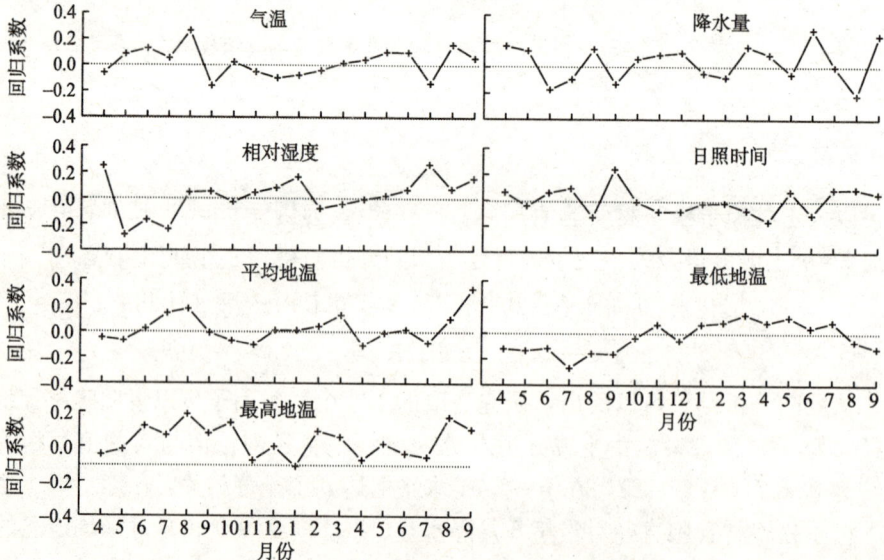

图 6-129　樟子松晚材管胞直径指数的响应函数

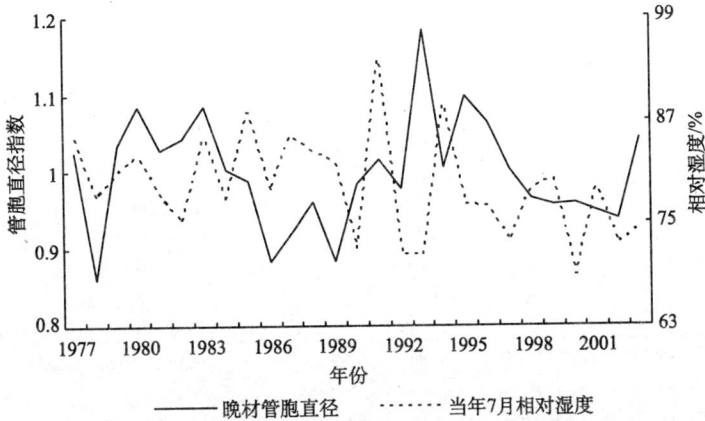

图 6-130 樟子松晚材管胞直径指数与当年 7 月相对湿度的相关趋势

6.3.3.3 管胞壁厚度

以人工林樟子松早材管胞壁厚（EWT）和晚材管胞壁厚（LWT）年表为因变量，以 126 个主成分中的前 26 个主成分得分为自变量进行逐步回归分析，分别得到多元回归方程：

$$\text{EWT} = 0.999 - 0.042 \times P_{14}, R^2 = 0.197^* \tag{6-46}$$

$$\text{LWT} = 1.000 + 0.034 \times P_9, R^2 = 0.197^* \tag{6-47}$$

从回归分析结果可以看出，研究选取的 126 个气候因子可以说明人工林樟子松管胞壁厚径向变异的 19.7%。由主成分拟合的管胞壁厚理论值与实测值的相关系数都约为 0.444（图 6-131、图 6-132），在 0.05 水平上达到了显著相关。

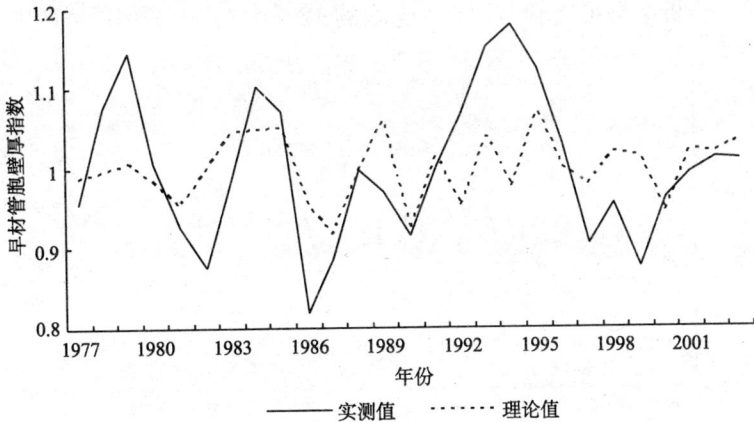

图 6-131 樟子松早材管胞壁厚指数的理论值与实测值的差异

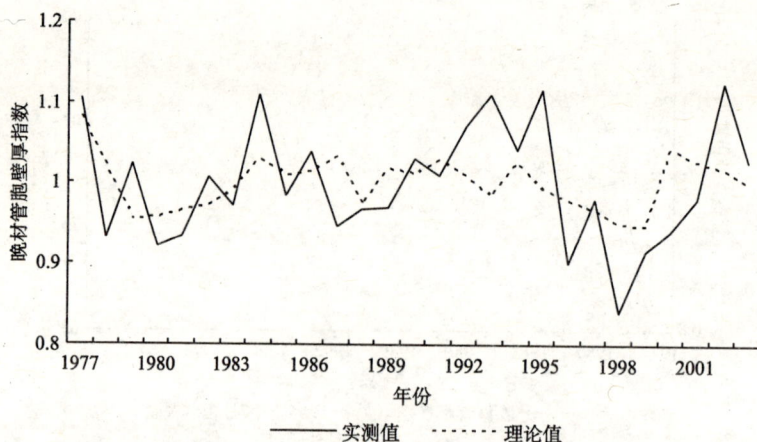

图 6-132　樟子松晚材管胞壁厚指数的理论值与实测值的差异

　　樟子松管胞壁厚对前一年 4 月到当年 9 月的气候变化有响应，但是响应程度未达到显著水平。

6.3.3.4　胞壁率

　　以人工林樟子松早材胞壁率（ECWP）和晚材胞壁率（LCWP）年表为因变量，以 126 个主成分中的前 26 个主成分得分为自变量进行逐步回归分析，分别得到多元回归方程：

$$\text{ECWP} = 1.000 + 0.038 \times P_{10} + 0.032 \times P_{25}, R^2 = 0.326^* \qquad (6-48)$$

$$\text{LCWP} = 1.002 + 0.015 \times P_9, R^2 = 0.256^* \qquad (6-49)$$

　　从回归分析结果可以看出，研究选取的 126 个气候因子可以说明人工林樟子

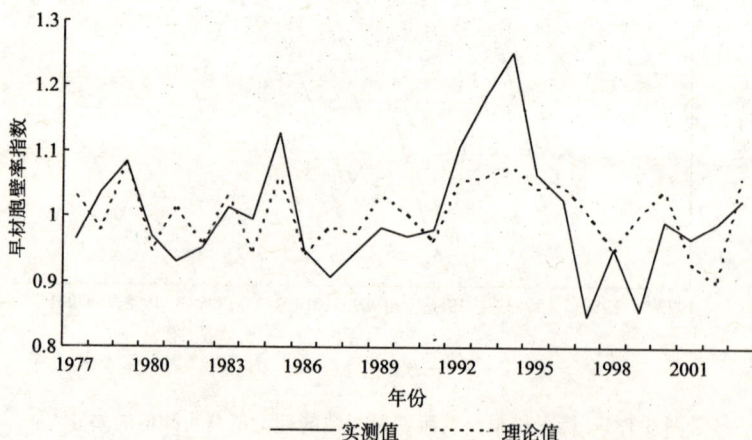

图 6-133　樟子松早材胞壁率指数的理论值与实测值的差异

松早材胞壁率径向变异的 32.6%、人工林樟子松晚材胞壁率径向变异的 25.6%。由主成分拟合的早材胞壁率、晚材胞壁率理论值与实测值的相关系数分别约为 0.571 和 0.506（图 6-133、图 6-134），都在 $p=0.05$ 水平上达到了显著相关。

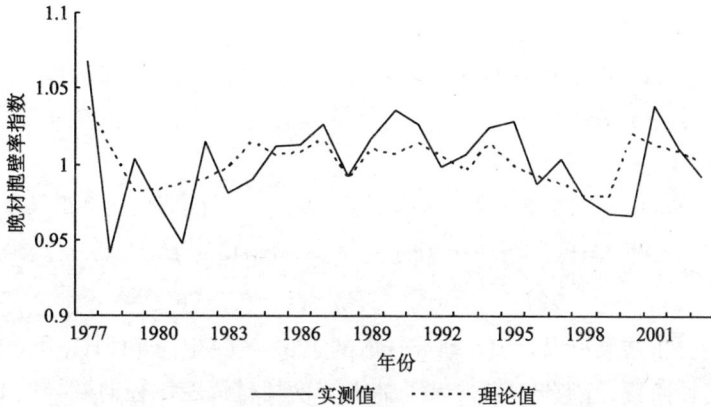

图 6-134　樟子松晚材胞壁率指数的理论值与实测值的差异

　　　樟子松早材胞壁率仅对当年 6 月的降水量的响应达到显著水平，回归系数为 0.253，见图 6-135。6 月较高的相对湿度有利于樟子松的生长。如果 6 月降水不足，会影响木材的形成，因为当樟子松受到水分胁迫时，生长和代谢都会受到严

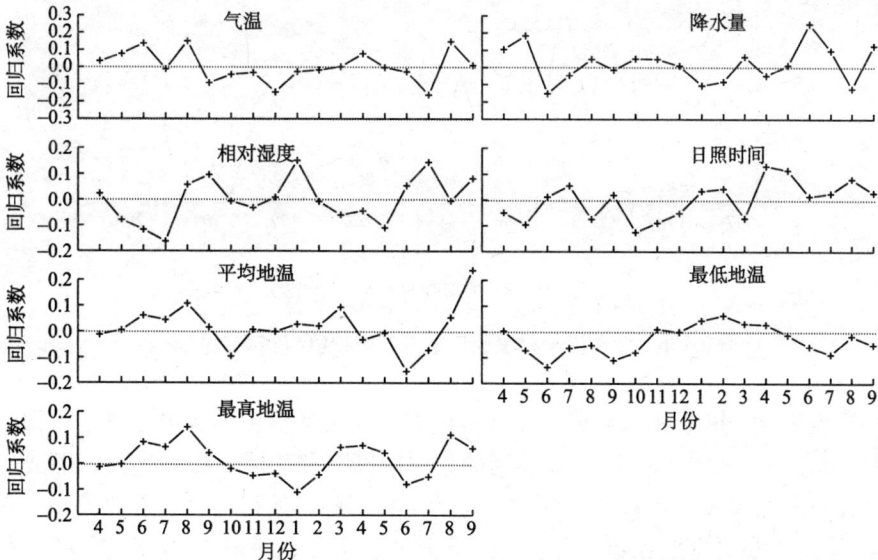

图 6-135　樟子松早材胞壁率指数的响应函数

重影响[73,74]，而且这些影响是多方面的，其中对光合作用的影响尤为重要[75]。当土壤含水量为 40% 田间持水量时，樟子松光合速率、气孔导度、蒸腾速率都降低，表现出干旱胁迫，土壤含水量为 20% 田间持水量时胁迫达到最大。但是晚材胞壁率对前一年 4 月到当年 9 月气候变化的响应不强烈，未达到显著水平。

6.3.3.5　壁腔比

以人工林樟子松早材壁腔比（EW/L）和晚材壁腔比（LW/L）年表为因变量，以 126 个主成分中的前 26 个主成分得分为自变量进行逐步回归分析，分别得到多元回归方程：

$$EW/L = 0.922 + 0.094 \times P_{16} - 0.086 \times P_4, R^2 = 0.294^* \qquad (6\text{-}50)$$

$$LW/L = 0.998 - 0.054 \times P_{26} - 0.045 \times P_{18} - 0.047$$

$$\times P_4 - 0.047 \times P_{24}, R^2 = 0.576^{**} \qquad (6\text{-}51)$$

从回归分析结果可以看出，研究选取的 126 个气候因子可以说明人工林樟子松早材壁腔比径向变异的 29.4%、人工林樟子松晚材壁腔比径向变异的 57.6%。由主成分拟合的早材壁腔比、晚材壁腔比理论值与实测值的相关系数分别约为 0.546 和 0.759（图 6-136、图 6-137），在 $p=0.05$、0.01 水平上达到了显著相关。

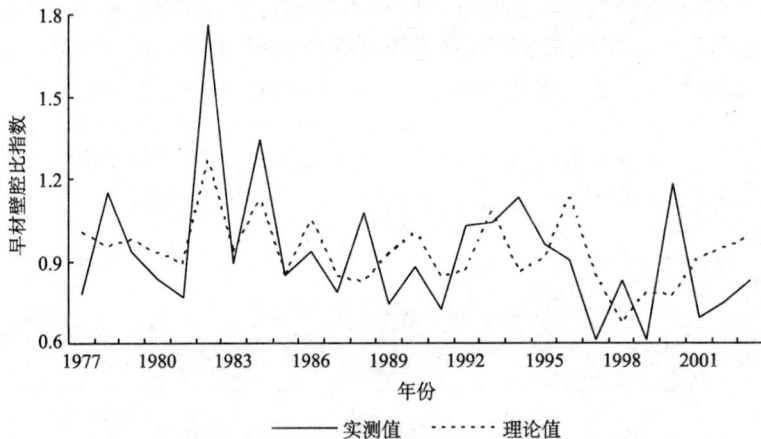

图 6-136　樟子松早材壁腔比指数的理论值与实测值的差异

樟子松早材壁腔比仅对前一年 5 月的相对湿度的响应达到显著水平，回归系数为－0.325，见图 6-138。5 月较高的相对湿度有利于樟子松的生长，形成层细胞分裂速度比较快，容易产生腔大壁薄的早材细胞，使得早材壁腔比偏小。由图 6-139 看出，早材壁腔比指数与前一年 5 月相对湿度的变化基本相反，峰与谷对应较好，个别年份除外。

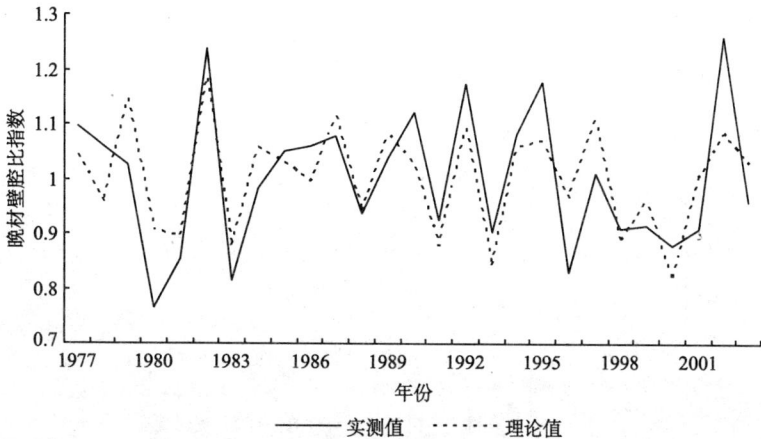

图 6-137　樟子松晚材壁腔比指数的理论值与实测值的差异

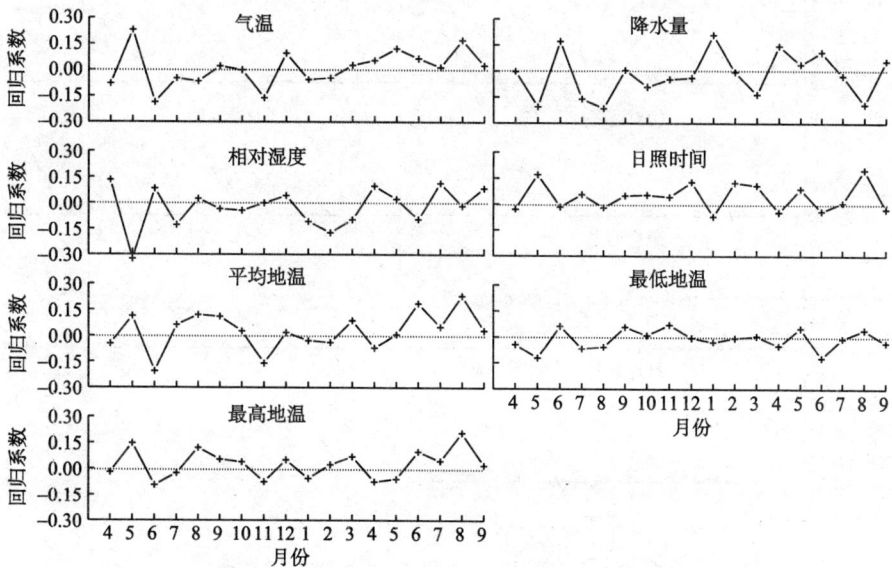

图 6-138　樟子松早材壁腔比指数的响应函数

　　樟子松晚材壁腔比仅对前一年 7 月的降水量的响应达到显著水平，回归系数为 -0.288，见图 6-140。7 月的降水量充足有利于木材晚材细胞的形成，产生腔大壁薄的细胞，使晚材壁腔比指数较小。从樟子松木材的其他材性指标来看，降水量对樟子松树木生长的影响不如地温显著，这可能与樟子松的抗旱性有关。樟子松是抗旱性较强的树种，明显强于落叶松、侧柏、油松等其他针叶树种[76]。

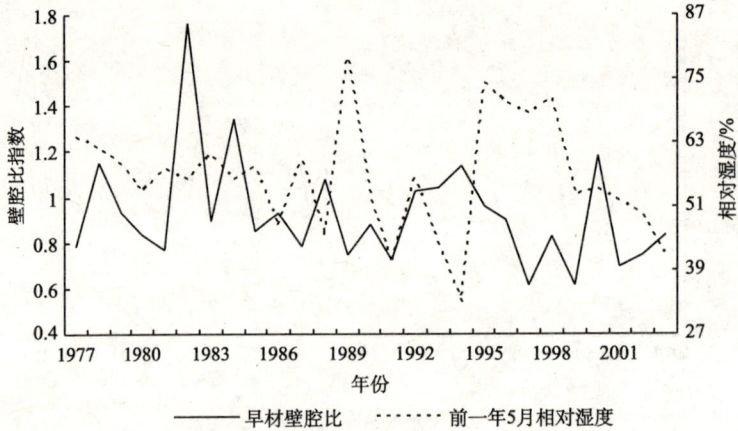

图 6-139　樟子松早材壁腔比指数与前一年 5 月相对湿度的相关趋势

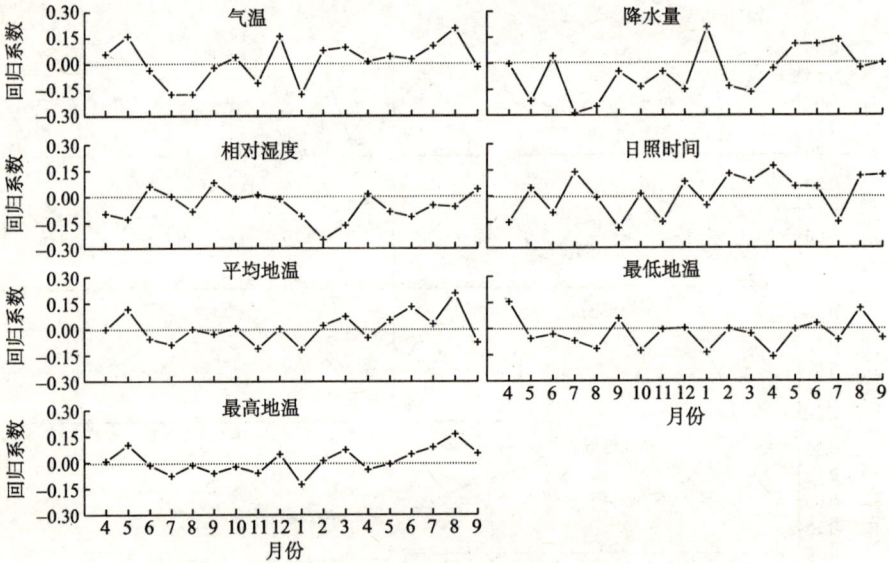

图 6-140　樟子松晚材壁腔比指数的响应函数

6.3.3.6　组织比量

以人工林樟子松管胞组织比量（TP）、木射线组织比量（WRP）和树脂道组织比量（RCP）年表为因变量，以 126 个主成分中的前 26 个主成分得分为自变量进行逐步回归分析，以人工林樟子松管胞组织比量年表为因变量的回归方程无法通过显著性检验。这表明，人工林樟子松管胞组织比量与所选取的气候因子不存在显著的相关关系。木射线和树脂道组织比量则与选取的气候因子存在显著

的相关，分别得到多元回归方程

$$RCP = 0.973 + 0.074 \times P_9 + 0.062 \times P_{12} + 0.049$$

$$\times P_{25} - 0.044 \times P_{22}, R^2 = 0.560^{**} \tag{6-52}$$

$$WRP = 0.991 + 0.152 \times P_{22} - 0.121 \times P_{24}, R^2 = 0.299^* \tag{6-53}$$

　　从回归分析结果可以看出，研究选取的 126 个气候因子可以说明人工林樟子松树脂道组织比量径向变异的 56%、木射线组织比量径向变异的 29.9%。由主成分拟合的树脂道组织比量、木射线组织比量理论值与实测值的相关系数分别约为 0.749 和 0.533（图 6-141、图 6-142），在 $p = 0.01$、0.05 水平上达到了显著相关。

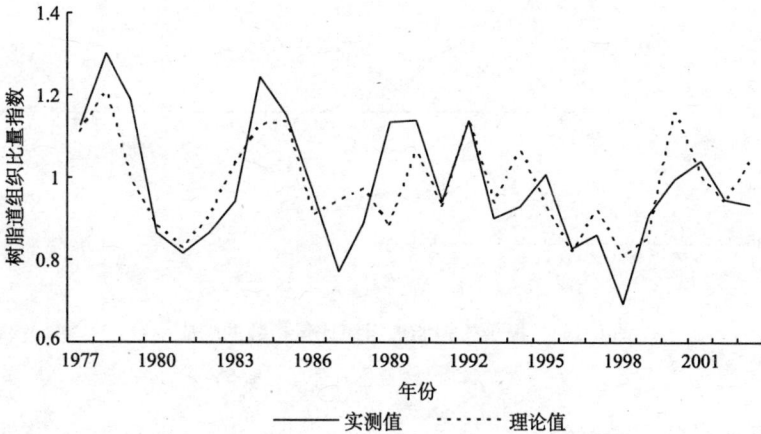

图 6-141　樟子松树脂道组织比量指数的理论值与实测值的差异

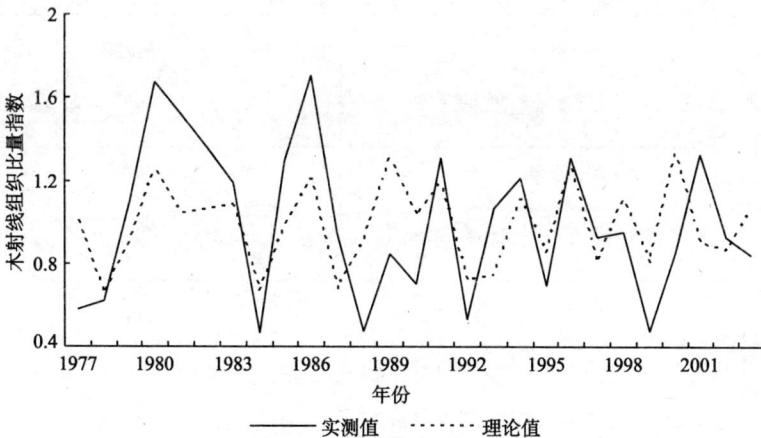

图 6-142　樟子松木射线组织比量指数的理论值与实测值的差异

从樟子松组织比量的响应函数图来看（图 6-143、图 6-144），研究选取的气候因子对木射线组织比量的影响没有达到显著水平（回归系数都在±0.200 以下），但是当年 8 月降水量对树脂道组织比量产生了显著的影响，回归系数达−0.363。

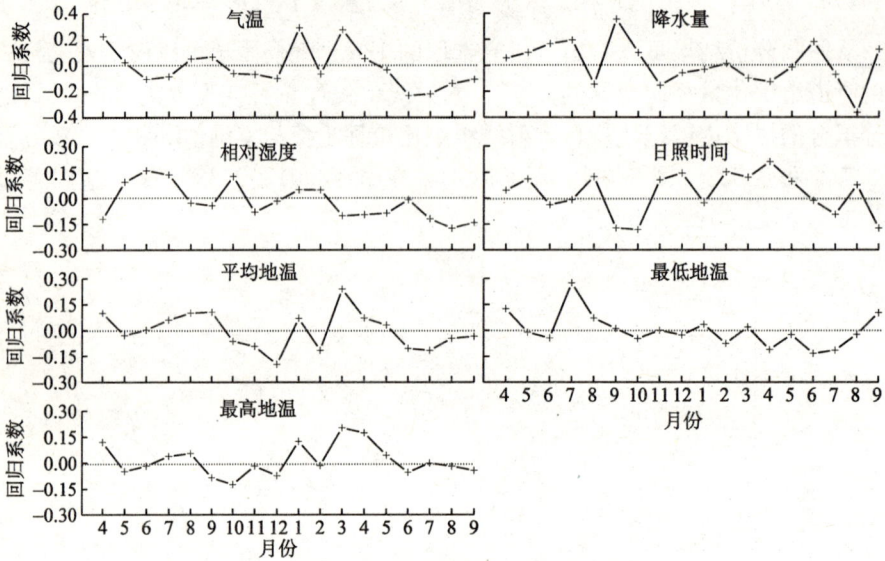

图 6-143　樟子松树脂道组织比量指数的响应函数

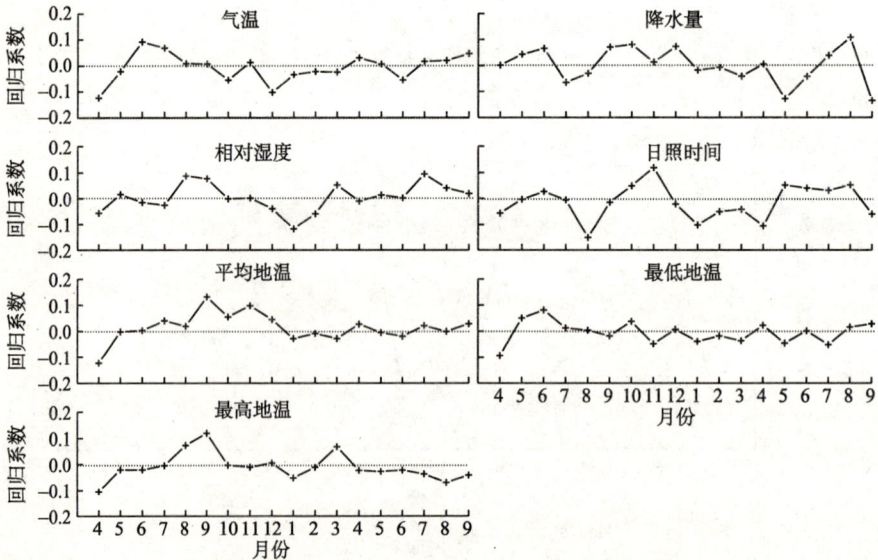

图 6-144　樟子松木射线组织比量指数的响应函数

前一年 9 月降水量对树脂道组织比量也有显著的影响，回归系数为 0.356。当年 3 月平均气温和前一年 7 月的最低地温对树脂道组织比量的影响比较显著，回归系数分别为 0.275 和 0.290。

6.4　本章小结

本章采用年轮气候学方法，研究了人工林长白落叶松、红松和樟子松木材物理和解剖特征各项指标对前年 4 月到当年 9 月的 18 个月的气候变量的响应，樟子松木材材性的响应最强烈，其次是落叶松和红松。具体结论如下：

（1）对于落叶松木材物理特征，密度各项指标对气候变化的响应程度强于宽度各项指标；晚材密度的响应程度强于早材密度，而晚材宽度的响应程度弱于早材宽度。对于落叶松木材解剖特征，早材各项指标对当年及前一年生长季气候年际变化的响应程度要高于晚材各项指标。落叶松木材材性对前一年 8 月降水量的响应最强烈，其次是前一年 5 月的相对湿度和当年 8 月的降水量。

（2）对于红松，木材物理特征中对气候变化的响应最强烈的是晚材密度，其次是过渡带宽度和生长轮宽度；木材解剖特征中对气候变化响应最强烈的是胞壁率，其次是晚材管胞长度。红松木材材性对前一年 8 月平均地温（回归系数达 -0.600）的响应最强烈，其次是当年 6 月的平均地温（回归系数达 0.485）、当年 6 月的日照时间和前一年 10 月的相对湿度和前一年 9 月的平均气温。

（3）对于樟子松，木材物理特征各项指标对气候变化的响应程度显著强于解剖特征各项指标。物理特征中对气候变化响应最强烈的是生长轮密度，其次是晚材率和晚材宽度；解剖特征中对气候变化响应最强烈的是早材管胞长度；晚材密度的响应程度弱于早材密度，而晚材宽度的响应程度强于早材宽度。樟子松木材材性对地温的响应最强烈，特别是当年 5 月最低地温，回归系数达 0.638，其次是当年 7 月和 9 月的最高地温。

参 考 文 献

[1] Antonova G F, Stasova V V. Effects of environmental factors on wood formation in Scots pine stems. Trees, 1993, 7 (4): 214~219
[2] Fritts H C. Trees and Climate. London: Academic Press Inc, 1976. 5~10
[3] Wimmer R, Grabner M. Effects of climate on vertical resin duct density and radial growth of Norway spruce (*Picea abies* (L.) Karst.). Trees, 1997, 11 (5): 271~276
[4] D'Arrigo R D, Jacoby G C. Northern North American tree-ring evidence for regional temperature changes after major volcanic events. Climatic Change, 1999, 41 (1): 1~15
[5] Schongart J, Junk W J, Piedade M T F et al. Teleconnection between tree growth in the Amazonian

flood plains and the ElNino-Southern Oscillation effect. Global Change Biology, 2004, 10 (5): 683~692

[6] 何吉成, 王丽丽, 邵雪梅. 漠河樟子松树轮指数与标准化植被指数的关系研究. 第四纪研究, 2005, 25 (2): 252~257

[7] 邵雪梅, 吴祥定. 华山树木年轮年表的建立. 地理学报, 1994, 49 (2): 174~181

[8] 刘洪滨, 邵雪梅. 利用树轮重建秦岭地区历史时期初春温度变化. 地理学报, 2003, 58 (6): 779~884

[9] Makinen H, Nojd P, Kahle H P et al. Large-scale climatic variability and radial increment variation of Piceaabies (L.) Karst. Incentral and Northern Europe. Trees, 2003, 17 (2): 173~184

[10] Chen H, Harmon M E, Sexton J et al. Fine root decomposition and N dynamics in coniferous forests of the Pacific Northwest. Forestry Research, 2002, 32 (2): 320~331

[11] Nonami H, Boyer J S. Primary events regulating stem growth at low water potentials. Plant Physiol, 1990, 93: 1600~1609

[12] Nonami H, Boyer J S. Wall extensibility and cell hydraulic conductivity decrease in enlarging stem tissues at low water potentials. Plant Physiol, 1990, 93: 1610~1619

[13] Whitmore F W, Zahner R. Evidence for a direct effect of water stress on tracheid cell wall metabolism in pine. For Sci, 1967, 13 (4): 397~400

[14] Ford E D, Robard A W, Piney M D. Influence of environmental factors on cell production and differentiation in the early word of *Piceas Sitchensis*. Ann Bot, 1978, 42: 683~692

[15] 陈金林, 许新键, 姜志林. 空青山次生栎林周转. 南京林业大学学报, 1991, 23 (1): 6~10

[16] Gholz H L. Organic matter dynamics of fine roots in plantations of slash pine in north Florida. Forestry Research, 1986, 16: 529~538

[17] 朱胜英, 周彪, 毛子军. 帽儿山林区 6 种林分细根生物量的时空动态. 林业科学, 2006, 42 (6): 13~19

[18] 王丽丽, 邵雪梅, 黄磊. 黑龙江漠河兴安落叶松与樟子松树轮生长特性及其对气候的响应. 植物生态学报, 2005, 29 (3): 380~385

[19] Rensing K H, Samuels A L. Cellular changes associated with rest and quiescence in winter-dormant vascular cambium of Pinus contorta. Trees, 2004, 18 (4): 373~380

[20] Villalba R, Lara A, Boninsegna J A et al. Large-scale temperature changes across the southern Andes: 20th-century variations in the context of the past 400 years. Climatic Change, 2003, 59 (1/2): 177~232

[21] Henskens F L, Battaglia M, Cherry M L et al. Physiological basis of spacing effects on tree growth and form in Eucalyptus globules. Trees, 2001, 15 (6): 365~377

[22] Antonova G F, Stasova V V. Effects of environmental factors on wood formation in larch (Larix sibirica Ldb.) stems. Trees, 1997, 11 (8): 462~468

[23] 王战. 中国落叶松林. 北京: 中国林业出版社, 1992. 16~24

[24] Larcher W. Physiological Plant Ecology. 3rd Ed. Berlin: Springer-Verlag, 1995. 113~147

[25] Briffa K R, Osborn T J, Schweingruber F H. Large-scale temperature inferences from tree rings: a review. Global and Planetary Change, 2004, 40: 11~26

[26] Barber V A, Juday G P, Finney B P. Reconstruction of summer temperatures in interior Alaska from tree-ring proxies: evidence for changing synoptic climate regimes. Climatic Change, 2004, 63 (1/2): 91~120

[27] 刘洪滨，邵雪梅．秦岭南坡佛坪1789年以来1~4月平均温度重建．应用气象学报，2003，14（2）：188~196

[28] 杨金艳，王传宽．东北东部森林生态系统土壤呼吸组分的分离量化．生态学报，2006，26（6）：1640~1647

[29] 朱海峰，王丽丽，邵雪梅．雪岭云杉树轮宽度对气候变化的响应．地理学报，2004，59（6）：863~870

[30] Akkemik U. Dendroclimatology of umbrella pine (Pinus pinea L.) in Istanbul, Turkey. Tree-Ring Bulletin, 2000, 56: 17~20

[31] Zhang Q B, Cheng G D, Yao T D et al. A 2326-year tree-ring record of climate variability on the northeastern Qinghai-Tibetan Plateau. Geophysical Research Letters, 2003, 30 (14): 1739~1742

[32] Antonova G F, Shebeko V V. Formation of xylem in conifers. 1. Formation of annual wood increment in Larix sibirica shoots. Lesovedenie, 1981, 4: 36~43

[33] Antonova G F, Shebeko V V, Maljutina E S. Seasonal dynamics of cambial activity and tracheid differentiation in Scots pine stem. Chem Wood (USSR), 1983, 1: 16~22

[34] Larson P R. A physiological consideration of the springwood summerwood transition in red pine. For Sci, 1960, 6 (2): 110~122

[35] Richardson S D. The external environment and tracheid size in conifers. In: Zimmermann M H. The Formation of Wood in Forest Trees. New York: Academic Press, 1964. 367~388

[36] 刘一星，赵广杰．木质资源材料学．北京：中国林业出版社，2004.72

[37] Panshin A J, de Zeeuw C. Textbook of Wood Technology. New Zealand: Mcgraw-Hill Book Company, 1980. 98~102

[38] Jacoby G, Solomina O, Frank D et al. Kunashir (Kuriles) Oak 400-year reconstruction of temperature and relation to the Pacific Decadal Oscillation. Palaeogeography, Palaeoclimatology, Palaeoecology, 2004, 209 (1/4): 303~311

[39] 袁玉江，邵雪梅，魏文寿．乌鲁木齐河山区树木年轮-积温关系及\517e积温的重建．生态学报，2005，25（4）：756~762

[40] Hans W L, Mats N, Tina M. Summer moisture variability in east central Sweden since the mid-eighteenth century recorded in treerings. Geografiska Annaler, 2004, 86 (3): 277~287

[41] 周峰．落叶松间伐幼龄材的材质及其造纸性质兼论伐期的造林问题．林业科学，1980，3：163

[42] Rolland C. Tree-ring and climate relationships for Abies alba in the internal Alps. Tree-Ring Bulletin, 1993, 53: 1~11

[43] Cherubini P, Schweingruber F H, Forester T. Morphology and ecological significance of intra-annual radial cracks in living conifers. Trees, 1997, 11: 216~222

[44] 阎秀峰，李晶，祖元刚．干旱胁迫对红松幼苗保护酶活性及脂质过氧化作用的影响．生态学报，1999，19（6）：850~854

[45] 李晶，马书荣，阎秀峰．干旱胁迫对红松幼苗针叶超微结构的影响．木本植物研究，2000，20（3）：324~327

[46] 金昌杰，关德新，朱廷曜．长白山阔叶红松林太阳辐射分光谱特征．应用生态学报，2000，11（1）：19~21

[47] 张群，范少辉，沈海龙．红松混交林中红松幼树生长环境的研究进展及展望．林业科学研究，2003，16（2）：216~224

[48] 刘广深，戚长谋，林学钰．树轮——流域径流变化的记录．长春科技大学学报，1997，27（3）：333～336

[49] 徐海，洪业汤，朱咏煊．安图红松树轮稳定碳同位素记录的低云量信息．地球化学，2002，31（4）：309～314

[50] 郭明辉，陈广胜，王金满．红松人工林木材解剖特征与气象因子的关系．东北林业大学学报，2000，28（4）：30～35

[51] 王永范，焕章，杨辉．红松生长发育规律研究．吉林林业科技，2005，34（4）：34～37

[52] 刘波．红松人工林季节周期生长与气象要素的分析．林业勘查设计，2007，（2）：43，44

[53] 温秀卿，高永刚，王育光．兴安落叶松、云杉、红松林木物候期对气象条件响应研究．黑龙江气象，2005，（4）：34～36

[54] 孙龙，王传宽，杨国亭．应用热扩散技术对红松人工林树干液流通量的研究．林业科学，2007，43（11）：8～14

[55] 唐凤德，韩士杰，张军辉．长白山阔叶红松林叶片光合特征对环境因子的响应模拟．辽宁工程技术大学学报，26（6）：950～952

[56] 祖元刚，王文杰，王慧梅．边缘效应带和保留带内红松幼林水分生态的差异．植物生态学报，2002，26（5）：613～620

[57] 刘一星．中国东北地区木材性质与用途手册．北京：化学工业出版社，2004.31

[58] 周智彬．沙漠地区樟子松生长的多元统计分析及影响因子研究．防护林科技，2002，1：1～4

[59] 丁晓纲，李吉跃，哈什格日乐．毛乌素沙地气候因子对樟子松、油松生长的影响．河北林果研究，2005，31（4）：309～312

[60] 刘建泉，陈江．影响酒泉地区樟子松生长的因素及其生长量预测模型．东北林业大学学报，2003，20（5）：10～12

[61] 陈仁升，康尔泗，张智慧．黑河流域树木液流秋末冬初的峰值现象．生态学报，2005，25（5）：1221～1228

[62] 孟鹏，雷泽勇，韩辉．彰武松蒸腾速率规律研究．防护林科技，2005，3：36～38

[63] 张国盛，王林和，董智．乌素沙地几种植物蒸腾速率的季节变化特征．内蒙古林学院学报，1998，20（1）：7～12

[64] 王丽丽，邵雪梅，黄磊．黑龙江漠河兴安落叶松与樟子松树轮生长特性及其对气候的响应．植物生态学报，2005，29（3）：380～385

[65] 南海涛，孙少辉．预防樟子松生理干旱造林技术．林业实用技术，2007，6：18，19

[66] 苏红军，赵锋，李洪光．沙地樟子松生长规律的研究．防护林科技，2005，5：12，13

[67] Vogt K A，Vogt D J，Palmiotto P A et al. Review of root dynamics in forest ecosystems grouped by climatic forest type and species. Plant and Soil, 1996, 187: 159～219

[68] Hendrick R L, Pregitzer K S. The demography of fine root in a northern hardwood forest. Ecology, 1992, 73 (3): 1094～1104

[69] Gordon W S, Jackson R B. Nutrient concentrations in fine roots. Ecology, 2000, 81 (1): 275～280

[70] 朱胜英，周彪，毛子军．帽儿山林区6种林分细根生物量的时空动态．林业科学，2006，42（6）：13～19

[71] 焦树仁．科尔沁沙地极端气候条件对外来树种影响的研究．防护林科技，2007，6：15～17

[72] 胡振华，王电龙，呼延跃．雁北沙地樟子松、油松和小叶杨生长规律及蒸腾特性研究．山西农业大学学报（自然科学版），2007，27（3）：245～249

[73] 朱美云，田有亮，郭连生．不同气候湿度下樟子松耐旱生理特征的变化．应用生态学报，1996，7 (3)：250～254

[74] 王立臣，韩士杰，黄明茹．干旱胁迫下沙地樟子松脱落酸变化及生理响应．东北林业大学学报，2001，29 (1)：40～43

[75] 朱教君，康宏樟，李智辉．不同水分胁迫方式对沙地樟子松幼苗光合特性的影响．北京林业大学学报，2006，28 (2)：57～63

[76] 宗福生，丁丽萍．张掖灌区几种常用针叶树种抗旱性能研究．防护林科技，2005，6：26，27

第7章 气候变化影响木材形成的滞后效应

气候的影响一般表现为某年的气候状况与当年生长轮木材材性的变化相对应，但也有的能影响到下一年生长轮的形成，有的甚至可以影响到后 10 年的生长轮木材的形成，这在生长理学上称为滞后效应[1]。王淼在研究气温对长白山树木生长的影响时发现，树木生长不仅受当年气温的影响，而且受前一年、甚至是前几年气温的影响[2]。通过对人工落叶松、红松、樟子松的木材物理和解剖特征各项指标进行响应函数分析，发现前一年 4 月到当年 9 月的 18 个月的气候因子变化对木材物理和解剖特征的滞后影响非常显著。例如，落叶松晚材密度、晚材管胞长度受前一年 8 月降水量的影响比较大，晚材管胞壁厚仅对前一年 9 月的日照时间响应强烈等。在第 6 章的响应函数分析时发现，选择的 126 个气候因子对木材物理和解剖特征部分指标径向变异的影响不大，甚至没有什么影响，然而在对这些构造特征进行气候变化的影响程度分析时又证实了气候变化的影响确实存在，这说明气候因素的滞后影响起了非常重要的作用，而且气候变化对这些指标影响的滞后期限可能在两年之上。

纵观大量研究材性的文献，其中讨论气候因子变化的滞后效应与材性指标直接关系的研究报道甚少。这是因为树木是多年生长的植物体，在生长过程中受多种因素的影响，确定气候因子的滞后影响非常困难。为此，笔者提出采用时间序列分析的方法，来分析气候因子变化的滞后效应对人工林树木木材物理和解剖特征的直接影响。

时间序列分析方法已广泛地应用在经济学、天文学、地理学和气候学等方面，它是统计学中的一个重要分支。在林业科学的研究过程中，时间序列分析方法最初用来解释和研究树木生长和生活的历史。最近，科学家们采用时间序列分析方法成功实现了对木材材质的预测[3]。本章将采用前面章节所述的时间序列分析方法来研究气候因素滞后效应对人工林木材物理和解剖特征的影响，从而找出气候因子的滞后效应与材性指标最为紧密的关系，为人工林优质木材培育模式的确定提供科学依据。

7.1 气候变化影响落叶松木材形成的滞后效应

本章的数据处理工作主要通过 Eviews3.1 统计分析软件完成。Eviews 是美国 QMS 公司研制的在 Windows 下专门从事时间序列数据分析、回归分析和预测的工具。使用 Eviews 可以迅速地从数据中寻找出统计关系，并用得到的关系去预测数据的未来值。虽然 Eviews 是经济学家开发的，但是其运用领域并不局限于处理经济时间序列，即使是跨部门的大型项目，也可以采用 Eviews 进行处理。

　　选取人工林落叶松 8 个物理特征指标、13 个解剖特征指标和 84 个气候因子变量［月平均气温（temperature），T_n；月平均降水量（precipitation），P_n；月平均相对湿度（relative humidity），H_n；平均日照时间（sunshine time），S_n；月平均地温（earth temperature），E_n；月最高地温（earth maximal temperature），E_{an}；月最低地温（earth minimal temperature），E_{in}。n 表示月份］，共计 105 个变量。运用 ADF 法对这些变量进行单位根检验，结果如表 7-1 所示。一部分变量具有平稳性（$d=0$），大部分变量不具平稳性（$d=1\sim3$），不具平稳性的变量需进行 1 阶差分，甚至 2 阶、3 阶差分才能达到平稳。

表 7-1　落叶松材性指标单位根检验结果

变量	(C, T, L)	d	变量	(C, T, L)	d	变量	(C, T, L)	d
ED	(C, 0, 1)**	1	T_2	(C, T, 1)*	0	H_{12}	(C, T, 1)*	0
EW	(C, 0, 1)**	1	T_3	(C, T, 3)**	0	P_1	(C, T, 8)**	0
LD	(C, 0, 2)**	1	T_4	(C, 0, 1)**	1	P_2	(C, T, 8)*	0
LW	(C, 0, 4)**	2	T_5	(0, 0, 1)**	1	P_3	(C, T, 1)*	0
RD	(C, T, 1)*	0	T_6	(C, T, 1)*	0	P_4	(C, T, 9)*	0
Rd$_{min}$	(C, T, 3)*	0	T_7	(C, T, 1)*	0	P_5	(C, T, 1)**	0
Rd$_{max}$	(C, 0, 1)	1	T_8	(C, T, 1)*	0	P_6	(C, 0, 9)*	2
RW	(C, 0, 4)	1	T_9	(C, T, 1)**	0	P_7	(C, 0, 5)**	2
TP	(C, 0, 7)**	2	T_{10}	(C, T, 1)**	0	P_8	(C, 0, 5)**	2
WRP	(C, 0, 7)**	2	T_{11}	(C, T, 2)**	0	P_9	(C, T, 9)*	0
RCP	(C, T, 1)*	0	T_{12}	(C, T, 1)*	0	P_{10}	(C, T, 8)**	2
ETL	(C, T, 9)**	0	H_1	(C, T, 1)**	0	P_{11}	(C, T, 1)**	1
ETD	(C, 0, 1)**	1	H_2	(C, T, 1)*	0	P_{12}	(C, T, 1)**	1
EWT	(C, T, 9)**	3	H_3	(C, T, 1)*	0	S_1	(C, 0, 2)**	2
ECWP	(C, 0, 1)**	1	H_4	(C, T, 1)**	0	S_2	(C, 0, 1)**	1
EW/L	(C, T, 1)**	0	H_5	(C, 0, 1)**	1	S_3	(C, 0, 1)**	1
LTL	(C, T, 9)**	0	H_6	(C, T, 1)*	0	S_4	(C, 0, 1)**	1
LTD	(C, 0, 2)**	1	H_7	(C, T, 1)**	0	S_5	(C, 0, 1)**	1
LWT	(C, 0, 1)**	1	H_8	(C, 0, 1)**	1	S_6	(C, 0, 2)**	1
LCWP	(C, T8)*	0	H_9	(C, 0, 1)**	1	S_7	(C, 0, 3)**	1
LW/L	(C, 0, 3)**	1	H_{10}	(C, T, 1)**	0	S_8	(C, 0, 5)**	2
T_1	(C, T, 4)**	0	H_{11}	(C, T, 1)**	0	S_9	(C, T, 8)**	0

变量	(C, T, L)	d	变量	(C, T, L)	d	变量	(C, T, L)	d
S_{10}	$(C, T, 8)$**	0	E_{11}	$(C, 0, 1)$*	3	E_{i12}	$(C, T, 9)$*	3
S_{11}	$(C, T, 4)$**	2	E_{12}	$(C, T, 1)$*	0	E_{a1}	$(C, 0, 1)$**	1
S_{12}	$(C, T, 8)$**	0	E_{i1}	$(C, 0, 1)$**	1	E_{a2}	$(C, 0, 1)$**	1
E_1	$(C, 0, 5)$**	1	E_{i2}	$(C, 0, 1)$**	1	E_{a3}	$(C, 0, 1)$**	1
E_2	$(C, 0, 1)$**	1	E_{i3}	$(C, 0, 1)$**	1	E_{a4}	$(C, 0, 2)$**	1
E_3	$(C, T, 2)$*	0	E_{i4}	$(C, 0, 8)$*	2	E_{a5}	$(C, 0, 1)$**	1
E_4	$(C, T, 1)$*	0	E_{i5}	$(C, 0, 1)$**	1	E_{a6}	$(C, 0, 5)$**	1
E_5	$(C, 0, 1)$**	1	E_{i6}	$(C, 0, 1)$**	1	E_{a7}	$(C, 0, 1)$**	1
E_6	$(C, T, 1)$*	0	E_{i7}	$(C, 0, 2)$**	1	E_{a8}	$(C, T, 9)$*	4
E_7	$(C, 0, 1)$**	0	E_{i8}	$(C, 0, 1)$**	1	E_{a9}	$(C, 0, 1)$**	1
E_8	$(C, T, 5)$*	0	E_{i9}	$(C, 0, 1)$**	1	E_{a10}	$(C, T, 9)$*	2
E_9	$(C, 0, 1)$**	0	E_{i10}	$(C, T, 9)$*	0	E_{a11}	$(C, T, 9)$*	0
E_{10}	$(C, T, 1)$**	0	E_{i11}	$(C, T, 1)$*	1	E_{a12}	$(C, T, 9)$*	3

注：检验形式 (C, T, L) 中，C、T、L 分别代表常数项、时间趋势和滞后阶数；d 为差分阶数；* 为在 0.05 水平上显著；** 为在 0.01 水平上显著。

气候因子原始时间序列及落叶松木材物理和解剖特征各项指标时间序列经过平稳性处理后即可以进行格兰杰因果检验。先估计当前的落叶松木材物理和解剖特征序列值被其滞后期取值所能解释的程度，然后验证通过引入气候因子序列的滞后值，看是否可以提高落叶松木材物理和解剖特征序列值的解释程度。如果是，则称气候因子序列是木材物理和解剖特征序列值的格兰杰成因，此时气候因子序列的滞后期系数具有统计显著性[4]。但是落叶松木材物理和解剖特征序列值不能成为引起气候因子变化的原因。

7.1.1　气候变化影响落叶松木材物理特征的滞后效应

7.1.1.1　早材密度

由第 6 章的响应函数分析可知，当年及前一年生长季的气候变化仅可以说明人工林落叶松生长轮早材密度指数径向变异的 54%，这说明研究选取的气候变量的滞后效应可能对早材密度存在显著的影响。

格兰杰因果检验表明，1 月和 6 月的气温在滞后 8 年时是早材密度径向变异的格兰杰成因，3 月、4 月的平均气温在滞后 2 年时也是早材密度径向变异的格兰杰成因（表 7-2）。平均地温对落叶松早材密度产生滞后影响的月份主要出现在休眠期，而最高地温对早材密度产生滞后影响的月份则主要为落叶松生长季速生期的后期和休眠期，生长季早期的地温反而对早材密度的形成没有显著的影响。冬季冰雪覆盖以及其对树木细根死亡率的交互影响可能是早材密度对冬季地温响应强烈的原因[5]，但是最低地温并不是早材密度径向变异的格兰杰成因。日照时间对早材密度的影响仅 10 月在滞后 4～6 年时存在显著的滞后效应。在滞后 9 年内，选取的全部气候变量中，降水量和相对湿度对早材密度径向变异的影响最大。早材密度主要是受 2～4 月相对湿度的滞后影响，特别是 2 月的相对湿度，滞后期为 2～8 年。降水量的影响滞后期在 8 年之后，主要是 2 月、8 月和 10 月。

表 7-2　气候变化引起落叶松早材密度径向变异的格兰杰成因

（数据资料取自帽儿山实验林场，以下同）

气候变量		滞后期	气候变量		滞后期
气温	T_1、T_6	8 年	日照时间	S_{10}	4～6 年
	T_3、T_4	2 年	平均地温	E_1	6 年
降水量	P_2、P_{10}	8 年		E_{10}	2～3 年
	P_8	9 年		E_{12}	2～3 年、7 年
相对湿度	H_2	2～8 年	最高地温	E_{a7}、E_{a9}	4 年
	H_3	3 年		E_{a8}	8 年
	H_4	8 年		E_{a12}	4～5 年

7.1.1.2　早材宽度

使用 1973～2003 年度的人工林落叶松早材宽度和气候变量的年度数据进行格兰杰检验。结果由表 7-3 可知，在滞后期为 1 年时，选取的全部气候变量不是早材宽度径向变异的格兰杰成因，这一结果与响应函数分析结果一致。但是随着滞后期延长，气候因素对人工林落叶松早材宽度径向变异的影响显著。在滞后 9 年内，气温、日照时间和相对湿度是影响早材宽度径向变异的格兰杰成因，但是主要为落叶松生长季后期及休眠期，生长季早期的气温、日照时间和相对湿度反而对早材宽度的径向变异没有显著的影响。选取的全部气候变量中，对早材宽度径向变异影响最大的是降水量，早材宽度受 3 月和 11 月降水量的滞后影响最大，滞后期为 2～5 年。生长季 5～7 月的降水量产生显著影响的滞后期一般都在 5 年之后。位于我国干旱半干旱地区的树木生长轮生长量主要受区域降水特别是春季降水控制[6, 7]，春季气温基本满足树木生长的条件，但在雨季还没有到来时，由局部地区气旋活动引起的少量降水对土壤的补给往往不足以满足树木生长的需要，因而土壤含水量成为树木生长的限制因子。降水越少，土壤含水量越低，树木不能从土壤中得到充分的水分供应，影响树木的生长，从而减少了早材的生长量，早材宽度就会比较窄。平均地温对早材宽度的影响主要为 1 月、4 月，滞后期分别在 3 年、4 年时，8 月的平均地温影响也比较大。滞后期为 2 年的 11 月最低地温和滞后期为 9 年的 7 月最高地温对早材宽度径向变异的影响也很显著。

表 7-3　气候变化引起落叶松早材宽度径向变异的格兰杰成因

气候变量		滞后期	气候变量		滞后期
气温	T_1	4～5 年		H_{11}	6 年
	T_{10}	4 年	日照时间	S_8	3～5 年
	T_{12}	9 年		S_{12}	4 年、6～7 年、9 年
降水量	P_3、P_{11}	2～5 年	平均地温	E_1	4 年
	P_5	9 年		E_4	3～4 年
	P_6	6～8 年		E_8	1 年
	P_7	8 年	最低地温	E_{i11}	2 年
	P_{10}	5～7 年	最高地温	E_{a6}	6～7 年
相对湿度	H_2、H_3	9 年		E_{a7}	9 年

7.1.1.3　晚材密度

当年及前一年生长季的气候变化对晚材密度存在显著的影响，可以说明人工林落叶松生长轮晚材密度指数径向变异的 70.6%。气候变量的滞后效应对落叶松木材物理和解剖特征的影响也非常显著。温度和降水量对树轮的影响具有明显的滞后效应，降水量对树轮的滞后效应更大一些[8]。由表 7-4 可知，在滞后 9 年内，除了生长季 6 月和 8 月的气温是晚材密度径向变异的格兰杰成因外，休眠期的 1 月平均气温在滞后 4～5 年、7 年、9 年时也是晚材密度径向变异的格兰杰成因。休眠期的 1 月和 2 月平均地温在滞后 8 年时也是晚材密度径向变异的格兰杰成因。降水量的滞后影响主要在生长季早期的 3～5 月和 11 月。日照时间的滞后影响是生长晚期的 8～10 月，滞后期为 6 年之后。

表 7-4　气候变化引起落叶松晚材密度径向变异的格兰杰成因

气候变量		滞后期	气候变量		滞后期
气温	T_1	4～5 年、7 年、9 年		H_9	6～9 年
	T_6	9 年		H_{11}	4 年、8 年
	T_8	2 年、5 年	日照时间	S_8	9 年
降水量	P_3	3～6 年		S_9	8 年
	P_4	7 年		S_{10}	6 年、8 年
	P_5	1 年、5 年	平均地温	E_1、E_2	8 年
	P_{11}	3 年、4 年	最低地温	E_{i10}	5 年
相对湿度	H_5	6 年、7 年	最高地温	E_{a1}	3 年、4 年
	H_6	7～9 年		E_{a9}	8 年、9 年

　　晚材密度受 9 月相对湿度的滞后影响最大，滞后期为 6～9 年。9 月相对湿度在当年对晚材密度的形成没有显著的影响，在持续了 6 年后，产生了显著的影响（图 7-1）。而且在之后的 6～8 年内，9 月相对湿度的滞后影响越来越显著，这种影响持续到第 9 年时，已经开始产生显著的负面影响。另外，5 月、6 月和 11 月的相对湿度对晚材密度也有显著的滞后影响。

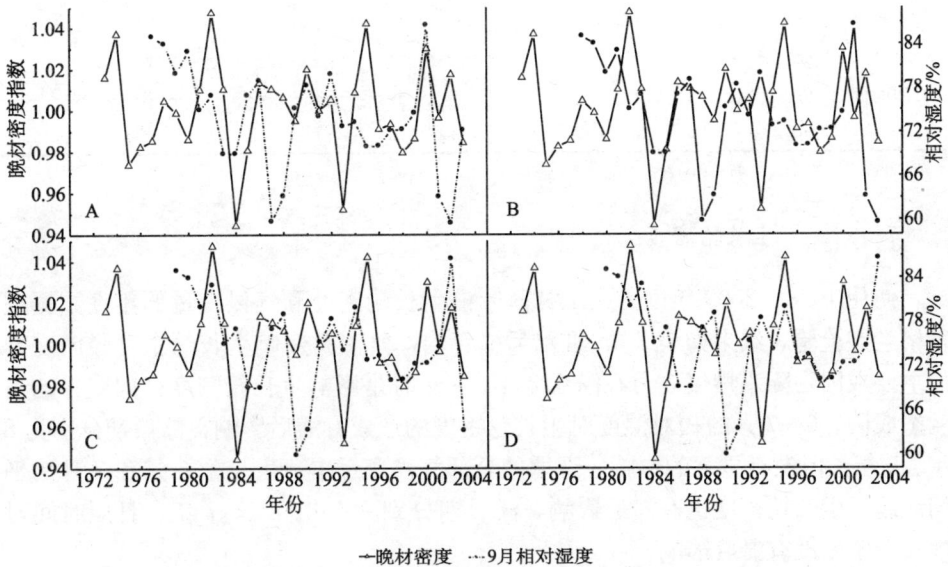

一晚材密度　…9月相对湿度

图 7-1　9 月相对湿度在不同滞后期对落叶松晚材密度径向变异的影响程度

A.滞后6年；B.滞后7年；C.滞后8年；D.滞后9年

7.1.1.4　晚材宽度

　　响应函数分析结果表明，选取的前一年 4 月至当年 9 月的 126 个气候因子仅可以说明落叶松生长轮晚材宽度指数径向变异的 19.7%，这说明气候因素影响晚材宽度径向变异的滞后期比较长。

　　由表 7-5 可知，气候因素影响晚材宽度径向变异的滞后期一般为 4 年之后。平均气温影响晚材宽度径向变异的月份为 5 月和 7 月，滞后期为 9 年。影响晚材宽度形成的主要气候因子是最低地温，分别是休眠期的 1 月和 12 月，以及生长季的 5 月和 6 月。休眠期的 2 月和 10 月的日照时间影响了晚材宽度的径向变异，反而生长季的日照时间对晚材宽度没有影响。降水量对晚材宽度径向变异的影响也比较大，主要是 3 月（滞后期为 7 年、8 年）、5 月（滞后期为 9 年）和 11 月、12 月（滞后期为 7 年），相对湿度对晚材宽度有滞后影响的月份主要是生长季的 5 月和 8 月。

表 7-5　气候变化引起落叶松晚材宽度径向变异的格兰杰成因

气候变量		滞后期	气候变量		滞后期
气温	T_5、T_7	9年	平均地温	E_2	5年、6年
降水量	P_3	7年、8年		E_8	9年
	P_5	9年	最低地温	E_{i1}	2~4年
	P_{11}、P_{12}	7年		E_{i3}	2年、5年
相对湿度	H_5	4年、5年		E_{i5}	4~6年
	H_8	4年		E_{i6}	9年
日照时间	S_2	4年		E_{i12}	8年
	S_{10}	5年、7年	最高地温	E_{a5}	9年

7.1.1.5　生长轮密度

使用 1973~2003 年度的人工林落叶松生长轮密度和气候变量的年度数据进行格兰杰检验，结果如表 7-6。在滞后 9 年内，气温是影响生长轮密度径向变异的主要成因，降水量仅 3 月在滞后 8 年、9 年时是影响生长轮密度径向变异的格兰杰成因。6~7 月的相对湿度对生长轮密度的形成有滞后影响，滞后期分别为 8 年、6 年，但没有显著的影响。选取的全部气候变量中，生长季 5 月和 7 月的平均地温对生长轮密度也有滞后影响，滞后期分别为 6 年和 4~7 年。日照时间对生长轮密度没有滞后影响。

表 7-6　气候变化引起落叶松生长轮密度径向变异的格兰杰成因

气候变量		滞后期	气候变量		滞后期
气温	T_1	2年		H_7	6年
	T_5	5年、6年	平均地温	E_5	6年
	T_7	3~8年		E_7	4~7年
	T_8	2~3年、8年	最低地温	E_{i3}	9年
	T_{11}	5年		E_{i8}	2~3年、7~8年
降水量	P_3	8年、9年		E_{i11}	4年、5年
相对湿度	H_6	8年	最高地温	E_{a7}	9年

7.1.1.6　生长轮密度最小值

由表 7-7 可知，7 月的绝大部分（除最低地温）气候变量对生长轮密度最小值的径向变异有显著的滞后影响，不同的气候变量滞后期也不同。7 月的气温影响在滞后 2~8 年时，降水量在滞后 9 年时，相对湿度的滞后期则在 2~5 年时，平均地温的滞后期在 2~5 年、7 年时，最高地温是在 2 年时。休眠期的 1 月、

10 月的平均气温在滞后 4 年时的影响也是生长轮密度最小值径向变异的格兰杰成因。11 月的降水量、4 月的相对湿度及 4 月和 12 月的地温对人工林落叶松生长轮密度最小值也有滞后影响。与生长轮密度相同，日照时间对生长轮密度没有滞后影响。

表 7-7　气候变化引起落叶松生长轮密度最小值径向变异的格兰杰成因

气候变量		滞后期	气候变量		滞后期
气温	T_1、T_{10}	4 年		E_7	2～5 年、7 年
	T_7	2～8 年		E_{12}	2 年
降水量	P_7	9 年	最低地温	E_{i3}	4 年
	P_{11}	6 年、7 年	最高地温	E_{a6}	8 年、9 年
相对湿度	H_4	1 年、2 年		E_{a7}	2 年
	H_7	2～5 年		E_{a9}	4～7 年
平均地温	E_4	4 年			

7.1.1.7　生长轮密度最大值

使用 1973～2003 年度的人工林落叶松生长轮密度最大值和气候变量的年度数据进行格兰杰检验。结果由表 7-8 可知，在滞后 9 年内，气温是影响生长轮密度径向变异的格兰杰成因，特别是滞后期为 2 年、7 年和 9 年的 6 月气温。降水量仅 5 月在滞后 4 年和 5 年时是影响生长轮密度径向变异的格兰杰成因。生长季 5 月、7 月和 9 月的相对湿度对生长轮密度最大值也有滞后影响。6 月和 11 月日照时间对生长轮密度最大值也有滞后影响。5 月、7 月、9 月的相对湿度对生长轮密度的形成有滞后影响，滞后期分别为 2 年、2 年和 4～5 年。地温的滞后影响也很显著，特别是生长季中、后期 7～9 月的最高地温。

表 7-8　气候变化引起落叶松生长轮密度最大值径向变异的格兰杰成因

气候变量		滞后期	气候变量		滞后期
气温	T_6	2 年、7 年、9 年		E_8	2～5 年
降水量	P_5	4～5 年		E_{11}	6 年
相对湿度	H_5	2 年	最低地温	E_{i4}	2～3 年、5～6 年
	H_7	2 年		E_{i8}	4 年
	H_9	4～7 年		E_{i10}	2 年
日照时间	S_6	2 年、4 年	最高地温	E_{a7}	3 年、5 年
	S_{11}	5～8 年		E_{a9}	8～9 年
平均地温	E_6	2～3 年			

7.1.1.8　生长轮宽度

当年及前一年生长季气候因子仅可以说明落叶松生长轮宽度指数径向变异的32.3%，说明当年及前一年生长季气候变化对落叶松生长轮宽度的径向变异影响不大。但是气候因素的滞后效应对生长轮宽度产生了显著的影响。生长轮宽度和气候变量的年度数据的格兰杰检验结果如表7-9所示。

表7-9　气候变化引起落叶松生长轮宽度径向变异的格兰杰成因

气候变量		滞后期	气候变量		滞后期
气温	T_1	4年	日照时间	S_6	2年
	T_2	9年		S_8	3～6年
	T_{10}	4～5年、7～8年		S_{12}	4年
降水量	P_3	2年	平均地温	E_4	3年
	P_5、P_7	9年		E_5	8年
	P_6	2年、7年		E_7	9年
	P_{10}	6年		E_8	2年、4年、7年
	P_{11}	2～3年、5～7年		E_{10}	4～9年
相对湿度	H_1、H_9	9年	最高地温	E_{a7}	9年

与早材宽度一样，气温仅在休眠期的月份对生长轮宽度有滞后影响。温暖的冬季会延长来年的生长期，有利于光合作用，为下一年的生长积累较多的能量[9]。当冬季温度偏低时，植物叶细胞内原生质脱水，根系可能被冻死，以致来年光合作用减弱，且树木生长期缩短，从而形成窄年轮[10]。从分析结果来看，冬季的气温对人工林落叶松的影响在滞后了4年后才表现出来。降水量对生长轮宽度的滞后影响比较大，特别是生长季的5～7月以及休眠期的10月、11月。1月和9月相对湿度在滞后9年时是生长轮宽度径向变异的格兰杰成因。6月、8月和12月日照时间对生长轮宽度也有滞后影响。平均地温对生长轮宽度的滞后影响主要是在生长季的4～8月（除6月），最低地温对其没有影响，7月最高地温在滞后9年时是生长轮宽度径向变异的格兰杰成因。生长轮宽度受休眠期10月平均地温的滞后影响最大，滞后期为4～9年。10月平均地温在当年对生长轮宽度的形成没有显著的影响，在持续了4年后，对生长轮宽度的形成产生了显著的影响（图7-2）。

7.1.2　气候变化影响落叶松木材解剖特征的滞后效应

7.1.2.1　管胞组织比量

使用1973～2003年的人工林落叶松管胞组织比量和气候变量的年度数据进

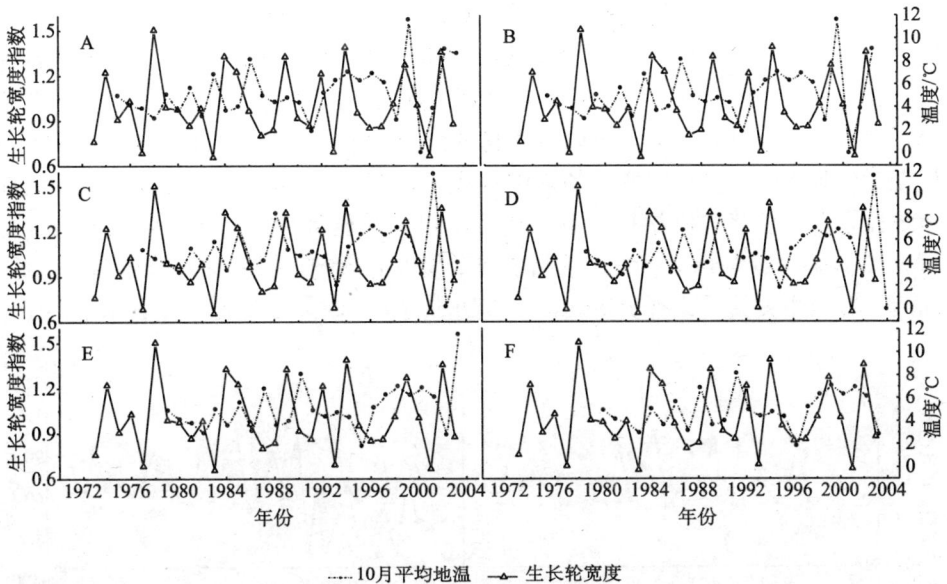

----- 10月平均地温　—▵— 生长轮宽度

图 7-2　10 月平均地温在不同滞后期对落叶松生长轮宽度径向变异的影响程度

行格兰杰检验。结果由表 7-10 可知，气温在 12 月（滞后 3 年）是影响管胞组织比量径向变异的格兰杰成因。相对湿度的滞后影响比较小。生长季 1 月、3 月、5 月、7～10 月的降水量对生长轮密度最大值也有滞后影响。日照时间除了生长季后期的 8 月、9 月对管胞组织比量有滞后影响外，冬季的 12 月、1 月、2 月也对其有滞后影响。冬季地温对管胞组织比量也有滞后影响。另外，生长季早期的 3 月、4 月和冬季 11 月、12 月的最低地温对管胞组织比量有滞后影响，滞后期分别为 8 年、3 年、5 年和 3～8 年，5 月最高地温的滞后影响也很显著，滞后期为 4 年。

表 7-10　气候变化引起落叶松管胞组织比量径向变异的格兰杰成因

气候变量		滞后期	气候变量		滞后期
气温	T_{12}	3 年		S_9	7 年
降水量	P_1、P_8	2 年		S_{12}	2～5 年
	P_3	9 年	平均地温	E_{11}	3 年
	P_5	2～4 年	最低地温	E_{i3}	8 年
	P_7	3 年、6 年		E_{i4}	3 年
	P_9	7 年		E_{i11}	5 年
	P_{10}	2～7 年		E_{i12}	3～5 年、7～8 年
日照时间	S_1	6～7 年	最高地温	E_{a5}	4 年
	S_2	8 年		E_{a10}	8 年
	S_8	2～3 年、7～8 年		E_{a12}	2 年

降水量对管胞组织比量的滞后影响最大，几乎涵盖整个生长季。其中，管胞组织比量受 10 月降水量的滞后影响最大，滞后期为 2～7 年。10 月温度逐渐降低，属于秋季，落叶松一年生长基本结束，此时的降水量对于当年的树木生长没有任何意义，但是会影响几年以后木材的形成。图 7-3 为 10 月降水量在不同滞后期对管胞组织比量径向变异的影响程度。在滞后 2 年时，10 月降水量与管胞组织比量存在显著的负相关关系，其后负相关的显著性有所降低，在滞后 4 年时，10 月降水量对管胞组织比量起了非常积极的影响，二者的谷与峰基本一致，而后二者的相关关系又有所降低，一直到滞后 7 年时，都达到了显著水平。

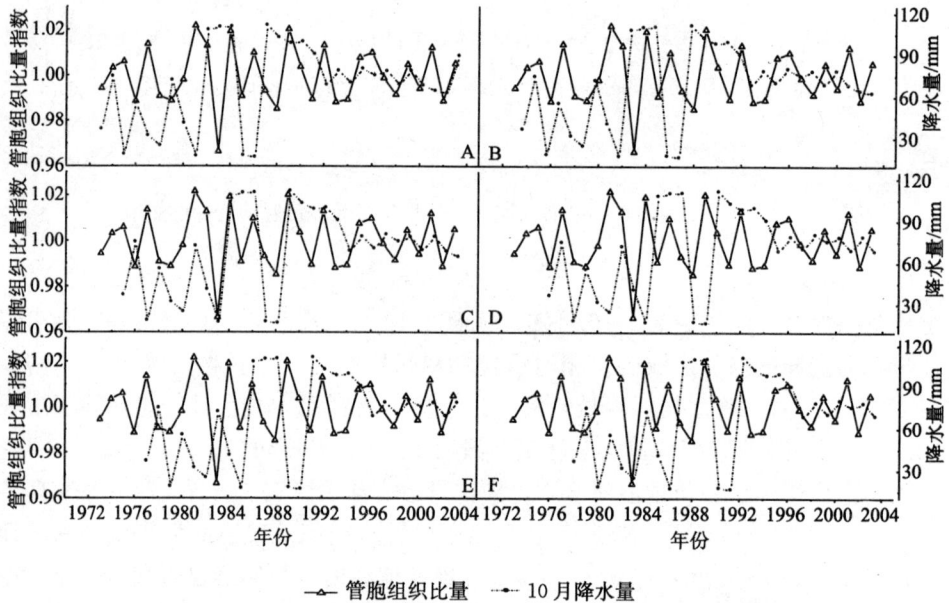

—△— 管胞组织比量　····—··· 10 月降水量

图 7-3　10 月降水量在不同滞后期对落叶松管胞组织比量径向变异的影响程度
A. 滞后 2 年；B. 滞后 3 年；C. 滞后 4 年；D. 滞后 5 年；E. 滞后 6 年；F. 滞后 7 年

7.1.2.2　木射线组织比量

由表 7-11 可知，气候变量不仅在当年及前年对木射线组织比量的径向变异有显著的影响，在滞后期 9 年内，选取的全部气候变量对木射线组织比量径向变异的影响都很显著。

表 7-11　气候变化引起落叶松木射线组织比量径向变异的格兰杰成因

气候变量		滞后期		气候变量	滞后期
气温	T_2	7 年		S_{11}	9 年
	T_4	9 年		S_{12}	4～5 年
降水量	P_3	8 年	平均地温	E_3	6 年
	P_5	3 年	最低地温	E_{i3}、E_{i8}	8 年
	P_9	4～5 年		E_{i4}	7 年
	P_{10}	2～3 年、6 年		E_{i11}	3 年、5 年
相对湿度	H_8	8 年		E_{i12}	4～5 年、7～8 年
日照时间	S_1	6～7 年	最高地温	E_{a3}	9 年
	S_8	2 年、7～8 年		E_{a5}	4 年
	S_{10}	8 年			

气温的滞后影响主要是 2 月和 4 月，滞后期分别为 7 年和 9 年。地温的滞后影响也比较明显，特别是 3 月的地温。降水量对木射线组织比量的滞后影响主要是 3 月、5 月、9 月和 10 月。但是相对湿度的滞后影响比较小，仅 8 月相对湿度在滞后 8 年时是木射线组织比量径向变异的格兰杰成因。日照时间主要是在休眠期有滞后影响，另外，在生长季后期的 8 月也有滞后影响，滞后期为 2 年和 7～8 年。

7.1.2.3　树脂道组织比量

在某些针叶树材中，由分泌细胞围绕而成的细胞间隙称为树脂道。树脂道是由生活的薄壁组织的幼小细胞相互分离而成的。最初这些细胞聚集成簇，细胞之间并无间隙。在细胞生长时，由于胞间层消失，各细胞分离，在分离的细胞簇中形成一个管状的细胞间隙。围绕在细胞间隙周围的细胞变为分泌细胞，细胞腔内充满浓厚的原生质体，分泌细胞向细胞间隙中分泌树脂。树脂道影响木材的胶合和油漆，树脂道含量大的树种，其木材的透水性和吸湿性较小，而容积重，发热量和耐久性增大。因此，树脂道对木材的物理、机械性质和木材的利用都有一定的影响。松属的树脂道最多也最大，落叶松属的树脂道直径可达 40～80 μm，树脂道占木材体积的 0.1%～0.7%。树木在生长过程中受到气候变化的影响，形成的树脂道的大小、形状以及在木材中占有的比例会发生变化。Wimmer[11]研究了云杉树脂道密度与气候的关系，研究发现，在通常的生长季，树脂道密度对超过正常的温度有显著的正响应，尤其是 6～8 月，而 5～7 月间对超过正常的降水量有较低的负响应。树脂道占木材组织的比例称为树脂道组织比量。

由表 7-12 可知，在滞后期为 1 年时，选取的全部气候变量不是树脂道组织比量径向变异的格兰杰成因。但是随着滞后期延长，气候因素对人工林落叶松树脂道组织比重径向变异的影响显著。8 月的气温在滞后 4 年时是树脂道组织比量径向变异的格兰杰成因。地温和日照时间的滞后影响主要为冬季的 11 月、12

月，但是6月和8月的最低地温也有显著的滞后影响。5月和8月降水量有滞后影响，滞后期分别为2～6年和3年。相对湿度仅6月在滞后2年及5年时对树脂道组织比量径向变异有影响。

表7-12　气候变化引起落叶松树脂道组织比量径向变异的格兰杰成因

气候变量		滞后期	气候变量		滞后期
气温	T_8	4年	平均地温	E_{12}	2年、4～5年
降水量	P_5	2～6年	最低地温	E_{i6}	2～3年、5年
	P_8	3年		E_{i8}	9年
相对湿度	H_6	2年、5年		E_{i12}	3年
日照时间	S_{11}	6～8年	最高地温	E_{a11}	9年
	S_{12}	2年、4年		E_{a12}	8年

7.1.2.4　早材管胞长度

由表7-13可知，在滞后9年内，气温对早材管胞长度的影响主要是2月、8月和9月。地温的滞后影响比较大，特别是9月的平均地温，在滞后4～9年内，几乎一直影响着早材管胞长度的形成。6月和9月降水量分别在滞后6年和2年时是早材管胞长度径向变异的格兰杰成因。2月、3月相对湿度在滞后期为1年时，是早材管胞长度径向变异的成因，这与响应函数分析结果一致。另外，1月和4月相对湿度对早材管胞长度也有滞后影响。日照时间的滞后影响是3月、5月和8月。

表7-13　气候变化引起落叶松早材管胞长度径向变异的格兰杰成因

气候变量		滞后期	气候变量		滞后期
气温	T_2	4年、6年		S_8	3年
	T_8	6年	平均地温	E_1	4～8年
	T_9	7年、8年		E_5	4年、5年
降水量	P_6	6年		E_9	4年、5年、7年、8年、9年
	P_9	2年	最低地温	E_{i1}	5年
相对湿度	H_1	9年		E_{i4}、E_{i7}	2年
	H_2、H_3	1年		E_{i11}	5～6年
	H_4	2年	最高地温	E_{a4}	9年
日照时间	S_3	2年、6年、7年		E_{a9}	4～5年
	S_5	6年		E_{a12}	6年

7.1.2.5　早材管胞直径（内径）

使用1973～2003年的人工林落叶松早材管胞直径和气候变量的年度数据进行格兰杰检验。结果由表7-14可知，在滞后期为一年时，选取的全部气候变量不是早材管胞直径径向变异的格兰杰成因，这一结果与响应函数分析结果基本一致。

表 7-14　气候变化引起落叶松早材管胞直径径向变异的格兰杰成因

气候变量		滞后期	气候变量		滞后期
气温	T_1	4 年	日照时间	S_{11}	8 年
	T_2	8 年	平均地温	E_{10}	9 年
	T_5	2～3 年	最低地温	E_{i1}	3 年、5 年
	T_{12}	3～4 年		E_{i3}	4 年
降水量	P_1	7～9 年		E_{i11}	9 年
	P_6	8～9 年		E_{i12}	4～5 年
相对湿度	H_2	4 年、7 年	最高地温	E_{a9}	8 年
	H_7	2～4 年、8 年			

　　但是随着滞后期延长，气候因素对人工林落叶松早材径向变异的影响显著。气温和地温对早材管胞直径的滞后影响主要是休眠期的月份，但 5 月的气温在滞后 2～3 年时也有显著的影响。1 月和 6 月的降水量有滞后影响，滞后期都在 7 年之后。2 月和 7 月的相对湿度也有滞后影响，日照时间仅 11 月有滞后影响，滞后期为 8 年。

7.1.2.6　早材管胞壁厚

　　由表 7-15 可知，温度是对早材管胞壁厚产生滞后影响的主要气候变量，气温对早材管胞壁厚的滞后影响几乎涉及整个生长季，而地温在休眠期对早材管胞壁厚也有滞后影响，特别是 9 月的最低地温。9 月是落叶松生长季的末期，木材管胞基本形成，所吸收的养分和所进行的光合作用主要用来进行细胞壁的加厚，适宜的地温是落叶松细根吸收养分的必要条件。9 月最低地温对当年的细胞壁加厚没有显著的影响，但是影响到后几年的细胞壁加厚过程。

表 7-15　气候变化引起落叶松早材管胞壁厚径向变异的格兰杰成因

气候变量		滞后期	气候变量		滞后期
气温	T_2	6～7 年		E_2	6～7 年
	T_4	8 年		E_8	5 年
	T_6	1～4 年		E_9	3 年
	T_7	3 年		E_{11}	8 年
	T_9	3～8 年	最低地温	E_{i2}	6 年
降水量	P_9	6～7 年		E_{i4}	8 年
	P_{11}	8 年		E_{i9}	3 年
相对湿度	H_7	7 年		E_{i12}	5～6 年
	H_{10}	6～7 年	最高地温	E_{a2}、E_{a4}	8 年
日照时间	S_1、S_9	4 年		E_{a3}	3～4 年
	S_3	8 年		E_{a8}	6 年
	S_{11}	2 年		E_{a12}	5 年
平均地温	E_1	6 年			

如图 7-4 所示，为 9 月最低地温在不同滞后期对早材管胞壁厚径向变异的影响程度，谷与峰基本一致，都达到了显著水平。地温除受土壤质地的影响外，还受土壤湿度和其他气候条件的影响。土壤湿度一方面影响土壤的热导率和热容量，另一方面又影响土壤的蒸发，所以对土壤的温度影响很大。影响地温的其他条件主要是降水、日照和风速。降水可以使土壤湿润，土壤温度降低，温度日较差减小。日照可以提高地温。风速影响地温附近的湍流交换，因此影响着近地面层的气温和土壤温度。白天风速增大，有降低温度的作用，夜间风速增大，有提高温度的作用。在 9 月，降水量明显减少，土壤湿度降低，会降低土壤中根系的活性，从而影响木材细胞壁的加厚过程。9 月和 11 月的降水量有滞后影响，而 7 月和 10 月的相对湿度也有滞后影响，滞后期都在 6 年之后。日照时间则是 1 月、3 月、9 月和 11 月，有滞后影响，滞后期分别为 4 年、8 年、4 年和 2 年。

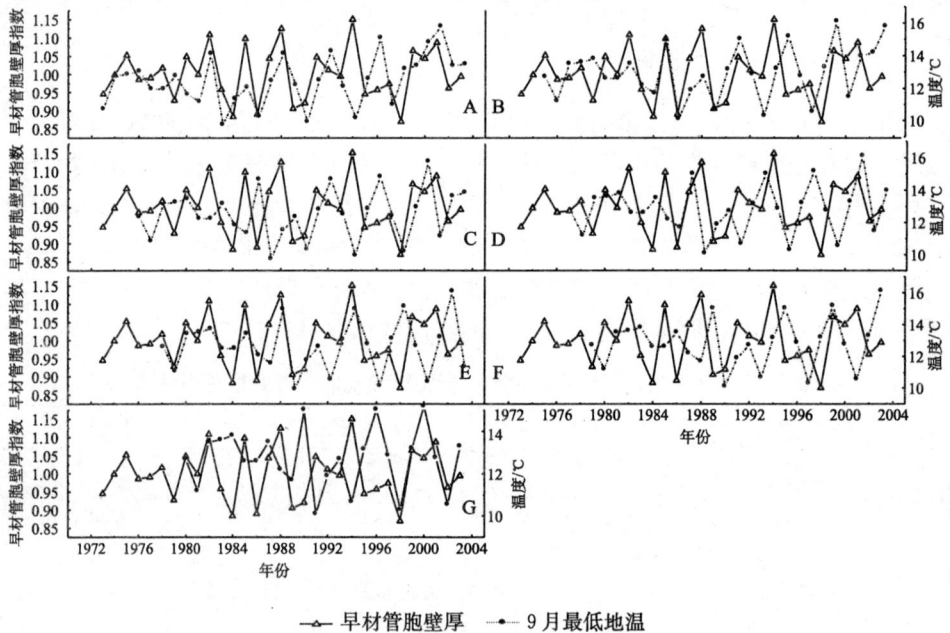

—△— 早材管胞壁厚　　—•— 9 月最低地温

图 7-4　9 月最低地温在不同滞后期对落叶松早材管胞壁厚径向变异的影响程度

A. 滞后 1 年；B. 滞后 3 年；C. 滞后 4 年；D. 滞后 5 年；E. 滞后 6 年；F. 滞后 7 年；G. 滞后 8 年

7.1.2.7　早材胞壁率

使用 1973～2003 年度的人工林落叶松早材胞壁率和气候变量的年度数据进行格兰杰检验。结果由表 7-16 可知，在滞后期为 1 年时，气候变量对早材胞壁率径向变异的影响没有达到显著水平，这一结果与响应函数分析结果一致。随着滞后期延长，气候因素对人工林落叶松早材胞壁率径向变异的影响显著，但与其他材性指标相比较，气候变量对早材胞壁率的滞后影响比较小。气温仅 2 月在滞后 7 年时是早材胞壁率径向变异的格兰杰成因。8 月和 12 月的降水量分别在滞后 9 年和 8 年时对早材胞壁率产生了显著的影响。相对湿度滞后影响显著的为 2 月和 5 月，滞后期分别为 7 年和 8 年。日照时间滞后影响显著的是 5 月和休眠期的 1 月和 11 月。地温的滞后影响比较小，仅 6 月和 12 月的最低地温有显著滞后影响，滞后期为 7～8 年。

表 7-16　气候变化引起早材胞壁率径向变异的格兰杰成因

气候变量		滞后期	气候变量		滞后期
气温	T_2	7 年	日照时间	S_1	8 年
降水量	P_8	9 年		S_5	2 年
	P_{12}	8 年		S_{11}	4～7 年
相对湿度	H_2	7 年	最低地温	E_{i6}、E_{i12}	7～8 年
	H_5	8 年			

7.1.2.8　早材壁腔比

由表 7-17 可知，2 月和 9 月的气温分别在滞后 2～5 年和 2 年时是早材壁腔比径向变异的格兰杰成因。降水量对早材壁腔比的滞后影响比较大，主要为生长

表 7-17　气候变化引起落叶松早材壁腔比径向变异的格兰杰成因

气候变量		滞后期	气候变量		滞后期
气温	T_2	2～5 年	平均地温	E_2	5～6 年
	T_9	2 年		E_3	2 年、8～9 年
降水量	P_3	4 年		E_4	2 年
	P_4	7 年、9 年		E_8	1 年、2 年
	P_5	9 年	最高地温	E_{a2}	8 年
	P_9	3 年		E_{a3}	2 年
相对湿度	H_6	6～7 年		E_{a11}	2 年
	H_{11}	9 年	日照时间	S_5	1 年

季早期的 3~5 月及后期的 9 月。相对湿度仅 6 月和 11 月有影响，滞后期在 6 年之后。日照时间仅 5 月有滞后影响，滞后期为 1 年。平均地温对早材壁腔比的滞后影响比较大，主要为生长季初期的 2~4 月和 8 月，最高地温的影响则集中在休眠期，最低地温对早材壁腔比没有影响。

7.1.2.9　晚材管胞长度

由表 7-18 可知，3 月和 10 月的气温分别在滞后 7 年和 9 年时是晚材管胞长度径向变异的格兰杰成因。降水量对晚材管胞长度的滞后影响比较大，主要为生长季的 3~6 月及后期的 10 月。2~5 月的相对湿度也有滞后影响，4 月、5 月、8 月和 10 月日照时间对晚材管胞长度有滞后影响。平均地温对晚材管胞长度的滞后影响比较小，主要为生长季前期的 1 月和 3 月，1 月、4 月和 9 月最低地温对晚材壁胞长度有滞后影响，最高地温对其没有滞后影响。

表 7-18　气候变化引起落叶松晚材管胞长度径向变异的格兰杰成因

气候变量		滞后期	气候变量		滞后期
气温	T_3	7 年	日照时间	S_4	9 年
	T_{10}	9 年		S_5	3 年、4 年
降水量	P_3	3 年		S_8	4 年、7 年
	P_4	7~9 年		S_{10}	2~3 年、5 年
	P_5	7 年、9 年	平均地温	E_1	3~7 年
	P_6	1 年、2 年、5 年、6 年		E_3	7 年、9 年
	P_{10}	5 年、6 年	最低地温	E_{i1}	4~6 年
相对湿度	H_2	6 年、7 年		E_{i4}	3 年
	H_4	9 年		E_{i9}	5 年
	H_5	7 年			

7.1.2.10　晚材管胞直径（内径）

使用 1973~2003 年度的人工林落叶松晚材管胞直径和气候变量的年度数据进行格兰杰检验。结果由表 7-19 可知，在滞后期为 1 年时，选取的全部气候变量对晚材管胞直径径向变异的影响没有达到显著水平。但是随着滞后期延长，气候因素对人工林落叶松晚材管胞直径径向变异的影响显著。2 月的气温在滞后 4 年时是晚材管胞直径径向变异的格兰杰成因。对晚材管胞直径径向变异影响最大的是降水量。相对湿度滞后影响显著的为 8 月和 11 月。日照时间 3 月和 6~9 月有滞后影响。平均地温对晚材管胞长度的滞后影响主要为休眠期的 1 月和 2 月，滞后期分别为 8 年和 9 年。6 月和 8 月的最低地温影响也比较大，滞后期为 2 年和 2~7 年。地温中影响最显著的是最高地温，特别是 4 月，滞后期为 5~7 年。

表 7-19　气候变化引起落叶松晚材管胞直径径向变异的格兰杰成因

气候变量		滞后期	气候变量		滞后期
气温	T_2	4 年		S_9	5 年、7 年
降水量	P_2	2 年、6 年	平均地温	E_1	8 年
	P_3	3～4 年、6 年		E_2	9 年
	P_5	3～5 年、7 年、9 年	最低地温	E_{i6}	2 年
	P_{11}	8 年		E_{i8}	2～4 年、6～7 年
相对湿度	H_8	8 年		E_{i11}	4 年
	H_{11}	2 年、9 年		E_{i12}	4 年
日照时间	S_3	8 年	最高地温	E_{a1}	4～5 年
	S_6	7 年		E_{a2}	7 年、9 年
	S_7	4 年、7 年、9 年		E_{a4}	5～7 年
	S_8	2 年		E_{a6}	9 年

7.1.2.11　晚材管胞壁厚

人工林落叶松晚材管胞壁厚和气候变量的年度数据进行格兰杰检验的结果如表 7-20 所示。8 月的气温在滞后 9 年时是晚材管胞壁厚径向变异的格兰杰成因。另外，晚材形成时期的 8 月的相对湿度（滞后 3 年）、最低地温（滞后 8 年）和最高地温（滞后 7 年）也是晚材管胞壁厚径向变异的原因。与晚材管胞直径不同，降水量不是晚材管胞壁厚径向变异的格兰杰成因。选取的全部气候变量中，对晚材管胞壁厚径向变异影响最大的是最低地温，特别是 9 月最低地温，在滞后期为 1～2 年和 5～8 年时，始终是引起晚材管胞壁厚径向变异的格兰杰成因。

表 7-20　气候变化引起落叶松晚材管胞壁厚径向变异的格兰杰成因

气候变量		滞后期	气候变量		滞后期
气温	T_8	9 年	最低地温	E_{i3}	4 年
相对湿度	H_5	1～6 年		E_{i6}	5 年
	H_8	3 年		E_{i8}	8 年
日照时间	S_2	5 年、8 年		E_{i9}	1～2 年、5～8 年
	S_4	5～8 年	最高地温	E_{a7}	1 年
平均地温	E_5	5 年、9 年		E_{a8}	7 年

7.1.2.12　晚材胞壁率

使用人工林落叶松晚材胞壁率（LCWP）和气候变量的年度数据进行格兰杰检验。结果由表 7-21 可知，在滞后期为 1 年时，选取的全部气候变量不是晚材胞壁率径向变异的格兰杰成因，这一结果与响应函数分析结果一致。但是随着滞后期延长，气候因素对人工林落叶松晚材胞壁率径向变异的影响显著。

表 7-21　气候变化引起落叶松晚材胞壁率径向变异的格兰杰成因

气候变量		滞后期	气候变量		滞后期
气温	T_2	4 年		S_8	2 年
降水量	P_2	2 年、6 年		S_9	5 年、7 年
	P_3	3~4 年、6 年	平均地温	E_1	8 年
	P_5	3~5 年、7 年、9 年		E_2	9 年
	P_{11}	8 年	最低地温	E_{i6}	2 年
相对湿度	H_8	8 年		E_{i8}	2~4 年、6~7 年
	H_{11}	2 年、9 年	最高地温	E_{a1}	4~5 年
日照时间	S_3	8 年		E_{a2}	7 年、9 年
	S_6	7 年		E_{a4}	5~7 年
	S_7	4 年、7 年、9 年		E_{a6}	9 年

　　2 月的气温在滞后 4 年时是晚材胞壁率径向变异的格兰杰成因。相对湿度影响显著的为 8 月和 11 月。选取的全部气候变量中，对晚材胞壁率径向变异影响最大的是降水量和日照时间，特别是 5 月的降水量和 7 月的日照时间。在滞后 3~9 年内，5 月降水量与晚材胞壁率存在显著的负相关关系（图 7-5）。平均地温对晚材胞壁率的影响主要为一年中最冷的 1 月、2 月，滞后期分别在 8 年、9

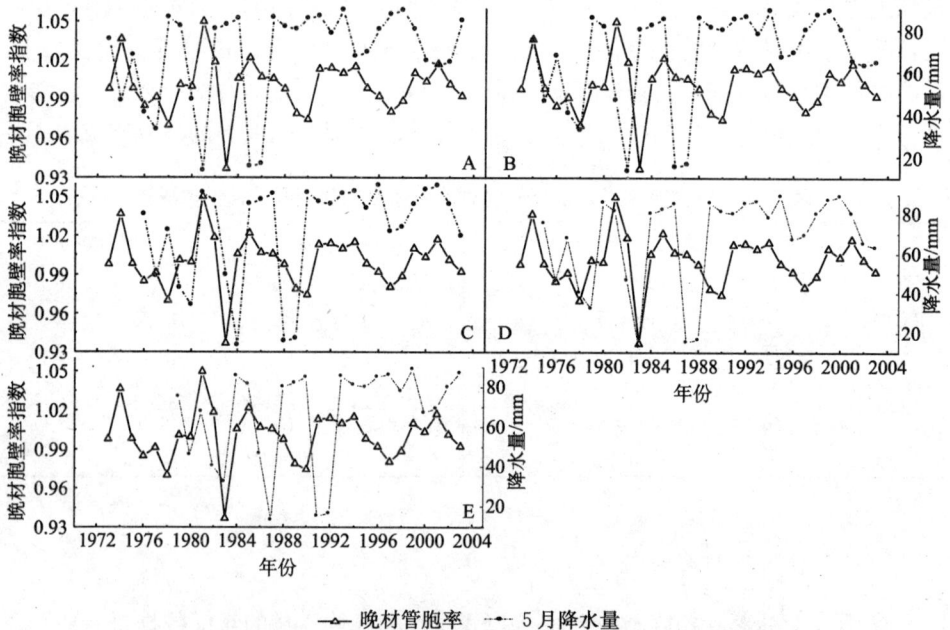

图 7-5　5 月降水量不同滞后期对落叶松晚材胞壁率径向变异的影响程度
A. 滞后 3 年；B. 滞后 4 年；C. 滞后 5 年；D. 滞后 7 年；E. 滞后 9 年

年。8 月的最低地温影响也比较大，滞后期为 2～4 年和 6～7 年。地温中影响最显著的是最高地温，但是主要是在一年最冷的 1 月、2 月和生长季的 4 月、6 月。

7.1.2.13　晚材壁腔比

由表 7-22 可知，在滞后期为 1 年时，选取的全部气候变量不是晚材壁腔比（LW/L）径向变异的格兰杰成因，这一结果与响应函数分析结果一致。随着滞后期延长，气候因素对人工林落叶松晚材壁腔比径向变异的影响显著，但是相对于落叶松其他木材物理和解剖特征指标来说，其影响程度比较弱。

表 7-22　气候变化引起落叶松晚材壁腔比径向变异的格兰杰成因

气候变量		滞后期	气候变量		滞后期
气温	T_6	7 年		H_{11}	8～9 年
降水量	P_9	8 年	日照时间	S_9	9 年
相对湿度	H_1	2 年	平均地温	E_4	9 年
	H_6	7～8 年		E_5	4 年
	H_9	2～6 年	最低地温	E_{i4}	4～5 年
	H_{10}	6～8 年	最高地温	E_{a5}	8～9 年

6 月的气温在滞后 7 年时是晚材壁腔比径向变异的格兰杰成因。地温对晚材

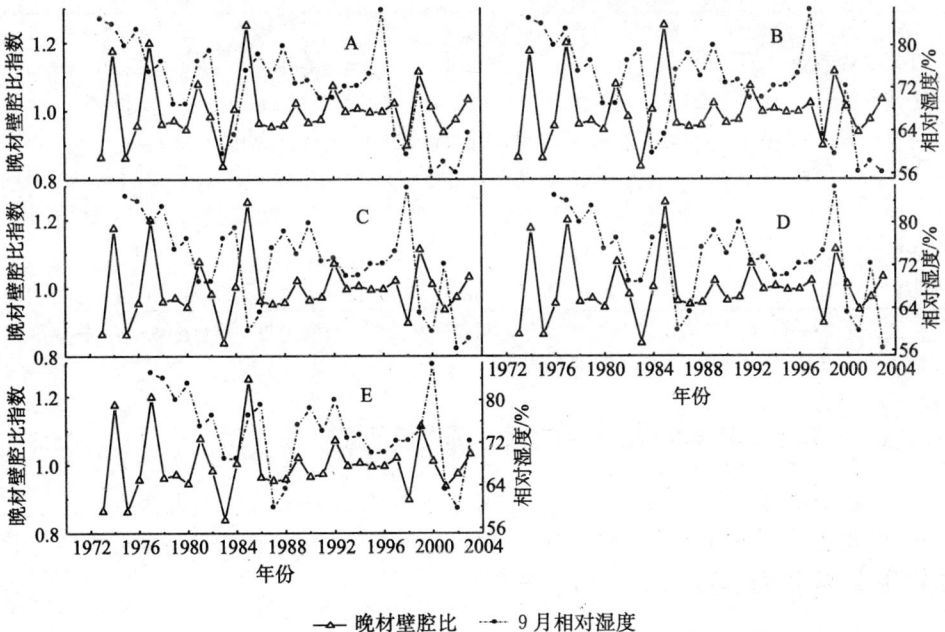

图 7-6　9 月相对湿度在不同滞后期对落叶松晚材壁腔比径向变异的影响程度

A. 滞后 2 年；B. 滞后 3 年；C. 滞后 4 年；D. 滞后 5 年；E. 滞后 6 年

壁腔比的影响为 4 月、5 月，滞后期在 4 年之后。降水量和日照时间的影响为生长季后期的 9 月，滞后期分别为 8 年和 9 年。选取的全部气候变量中，对晚材壁腔比径向变异的滞后影响最大的是相对湿度，特别是 9 月相对湿度在滞后期为 2～6 年时，始终是引起晚材壁腔比径向变异的格兰杰成因（图 7-6）。9 月相对湿度在滞后 2 年时对 LW/L 径向变异的影响最大，随着滞后期的增加影响逐渐减小，而在滞后 7 年后，9 月相对湿度对晚材壁腔比的影响在统计上不具有显著性。

7.2　气候变化影响红松木材形成的滞后效应

对人工林红松 9 个物理特征指标和 15 个解剖特征指标运用 ADF 法进行单位根检验，结果如表 7-23 所示。绝大部分变量因为具有趋势项而不具有平稳性，有些变量需进行 1 阶差分才能达到平稳。气候因子原始时间序列及红松木材物理和解剖特征各项指标时间序列经过平稳性处理后，即可以进格兰杰因果检验，研究气候因子序列的滞后值对红松木材物理和解剖特征序列值的影响。

表 7-23　红松材性指标单位根检验结果

变量	检验形式 (C, T, L)	d	变量	检验形式 (C, T, L)	d	变量	检验形式 (C, T, L)	d
EW	(C, T, 3)**	1	LP	(C, T, 1)*	0	TWT	(C, T, 2)*	1
TW	(C, T, 6)**	1	ETL	(C, T, 1)*	0	LWT	(C, T, 1)*	0
LW	(C, 0, 4)**	0	TTL	(C, T, 9)*	0	ECWP	(C, T, 1)**	0
RW	(C, T, 8)**	0	LTL	(C, T, 1)**	1	TCWP	(C, T, 1)**	0
ED	(C, T, 9)**	1	ETD	(C, T, 9)*	0	LCWP	(C, 0, 9)**	0
LD	(C, 0, 3)*	0	TTD	(C, T, 2)**	0	EWL	(C, T, 1)**	1
RD	(C, T, 11)**	0	LTD	(C, T, 1)*	0	TWL	(C, 0, 6)*	0
GR	(C, T, 1)**	0	EWT	(C, T, 8)*	1	LWL	(C, T, 1)**	0

注：检验形式 (C, T, L) 中，C、T、L 分别代表常数项、时间趋势和滞后阶数；d：差分阶数；* 为在 0.05 水平上显著；** 为在 0.01 水平上显著。

7.2.1　气候变化影响红松木材物理特征的滞后效应

气候变化对 1973～1997 年间人工林红松的生长速率有一定的影响，但是对当年以及随后的滞后期的影响没有达到显著水平。红松木材物理特征受气候变化的滞后影响比较显著的指标有以下 8 个。

7.2.1.1　早材宽度

使用 1973～1997 年度的人工林红松早材宽度和气候变量的年度数据进行格

兰杰检验。结果由表 7-24 可知，研究选取的全部气候变量在滞后期为 1 年时不是早材宽度径向变异的格兰杰成因，这一结果与响应函数分析结果一致。但是随着滞后期延长，气候因素对人工林红松早材宽度径向变异的影响显著。在滞后 7 年内，除了气温和相对湿度外，其他气候变量是影响早材宽度径向变异的格兰杰成因，特别是红松生长季的 6 月的气候变化。对于东北地区的红松人工林来说，6 月是红松木材早材形成的主要阶段，响应函数分析表明，6 月的气候因子在当年甚至是滞后 1 年对红松早材木材形成的影响并不显著，但是在滞后 2 年以上时，这种影响就表现出来。其中 6 月的降水量和最高地温在滞后 3 年时产生了显著的影响，日照时间在滞后 4 年时产生了显著的影响。红松生长与光照关系十分密切，可以说光因子是影响红松生长诸因子中的主要因子[12]。红松属阳性树种，但幼年阶段适宜一定程度的庇荫，随着年龄的增长，耐阴能力逐渐减弱，需光量不断递增，直至需要全光条件才能维持正常生长。如果长期生存于林冠下，幼树则趋于衰亡。丁宝永等经研究证明，当林下光照强度低于 100～250 lx，就会抑制红松生长[13]。6 月平均地温的滞后影响最显著。6 月平均地温较高，有利于早材宽度的形成，只是 6 月平均地温的影响是在滞后 2 年后对早材宽度产生显著的影响（图 7-7）。从图中可以看出，1984 年人工林红松早材宽度指数出现一个峰值，这一峰值和 6 月平均地温在 1982 年出现的峰值重合，这说明 1982 年 6 月的平均地温偏高，在滞后 2 年后对 1984 年形成较宽的早材产生了重要的影响。滞后期分别为 7 年和 3 年的 9 月日照时间和最高地温对早材宽度径向变异的影响也很显著。

表 7-24　气候变化引起红松早材宽度径向变异的格兰杰成因

气候变量		滞后期	气候变量		滞后期
降水量	P_5	4 年		S_9	7 年
	P_6	3 年	平均地温	E_6	2 年
	P_{10}	4～6 年	最低地温	E_{i11}	3 年
日照时间	S_6	4 年	最高地温	E_{a6}、E_{a7}、E_{a9}	3 年

7.2.1.2　过渡带宽度

　　红松木材过渡带宽度的形成受降水量的滞后影响最显著，主要表现在休眠期的 1 月、2 月和过渡带形成时期的 7 月、8 月（表 7-25）。休眠期红松停止生长，但是生命活动并没有停止，仍然要消耗营养和水分。1 月、2 月为最寒冷时期，土壤土封冻，根系活性比较低，树木吸收水分比较困难，水分成为树木生命活动的限制因子。降水量在 1 月滞后 2 年、2 月滞后 3～5 年后对红松过渡带的形成产生了显著的影响。7 月、8 月为红松过渡带形成的生长时期，但是过渡带的形

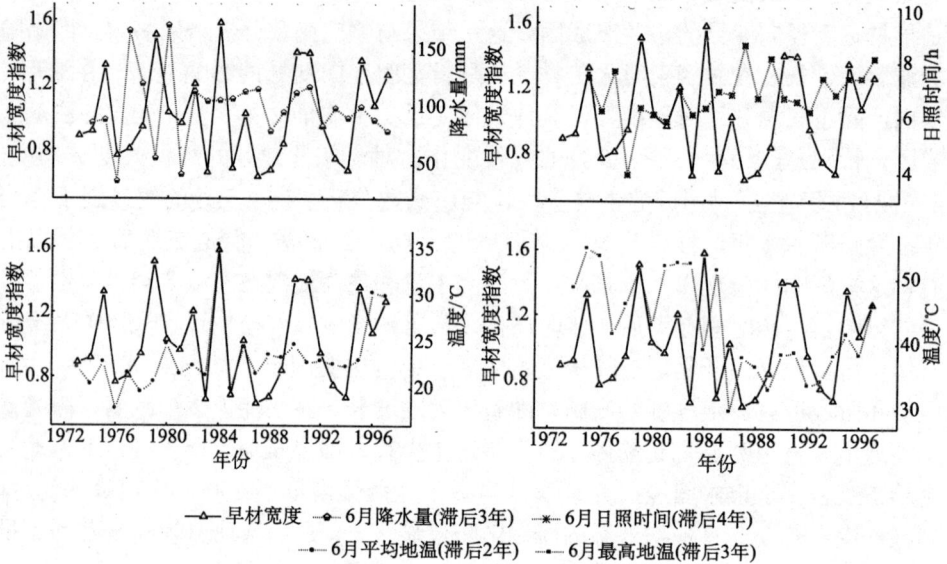

—△— 早材宽度　—○— 6月降水量(滞后3年)　—✳— 6月日照时间(滞后4年)
—●— 6月平均地温(滞后2年)　—■— 6月最高地温(滞后3年)

图 7-7　6 月气候变量对红松早材宽度径向变异的滞后影响

成机制目前还不十分清楚。7 月降水量在滞后 3 年、8 月降水量在滞后 2~3 年后对红松过渡带生长量产生了显著的影响,因为降水量与红松根系所存在的土壤持水量密切相差。红松对土壤的通透性及持水量要求比较高[14]。持水量比较大的水湿地,由于经常性或季节性积水,使土壤透气性不良,造成红松树根系难以正常生长,使树木处于弱度生长状态,渐渐趋于濒死;在持水量比较小的裸露、朝阳、冲风、陡坡,红松林早春容易出现生理干旱现象,影响红松的成活和生长。红松属浅根性树种,根系常呈水平分布,易风倒,适宜土壤深厚、排水良好的地块[13]。7 月最低地温和 8 月平均地温在滞后 7 年时对红松过渡带的生长量产生了显著的影响。10 月的最高地温在滞后 6 年时也产生显著影响。除此之外,气温、相对湿度、日照时间等也有滞后影响,但是只出现在个别月份。

表 7-25　气候变化引起红松过渡带宽度径向变异的格兰杰成因

气候变量		滞后期	气候变量		滞后期
气温	T_2	6 年	相对湿度	H_3	6 年
降水量	P_1	2 年	日照时间	S_9	1 年、3 年
	P_2	3~5 年	平均地温	E_8	7 年
	P_7	3 年	最低地温	E_{i7}	7 年
	P_8	2~3 年	最高地温	E_{a10}	6 年

7.2.1.3　晚材宽度

与早材宽度和过渡带宽度相比较而言，红松晚材宽度的形成受气候变化的滞后影响小一些（表 7-26）。对红松晚材宽度和气候变量的年度数据进行格兰杰检验，结果表明，晚材宽度受生长季晚材形成时期的滞后影响只限定于滞后 2 年的 9 月的最低地温。生长季初期 3 月、4 月最高地温对晚材宽度的滞后影响比较显著，分别出现在滞后 4 年和 5 年时。1 月的降水量和平均地温、4 月的日照时间的滞后影响也比较显著。

表 7-26　气候变化引起红松晚材宽度径向变异的格兰杰成因

气候变量		滞后期	气候变量		滞后期
降水量	P_1	3 年	最低地温	E_{i9}	2 年
日照时间	S_4	7 年	最高地温	E_{a3}	4 年
平均地温	E_1	6 年		E_{a4}	5 年

7.2.1.4　生长轮宽度

就红松整个生长轮宽度来说，受温度的滞后影响比较显著（表 7-27）。特别是气温，包括休眠期的 2 月、12 月和生长季的 7 月、9 月。7 月平均地温在滞后 2 年对红松生长轮宽度的形成产生了显著影响，而 7 月最高地温在滞后 2 年、3 年甚至 4 年后仍对生长轮宽度持续产生影响。

表 7-27　气候变化引起红松生长轮宽度径向变异的格兰杰成因

气候变量		滞后期	气候变量		滞后期
气温	T_2	2～4 年	平均地温	E_7	2 年
	T_7	2～3 年		E_{12}	6 年
	T_9	5～6 年	最低地温	E_{i5}	6 年、7 年
	T_{12}	4～6 年	最高地温	E_{a7}	2～4 年
降水量	P_{10}	3 年、4 年			

7.2.1.5　早材密度

由响应函数分析可知，气候变化对当年及第二年红松早材密度的形成并没有显著的影响，但是在滞后期延长到 2 年以后，影响显著，主要是生长季后期及休眠期的气候变化，特别是相对湿度的变化（表 7-28）。5 月相对湿度在滞后 2 年时，8 月相对湿度在滞后 6 年时，11 月相对湿度在滞后 4～5 年时，12 月相对湿度在滞后 2~4 年时对早材密度的形成产生了显著的影响。另外，9 月的气温和平均地温对早材密度的滞后影响也比较显著。

表 7-28　气候变化引起红松早材密度径向变异的格兰杰成因

气候变量		滞后期	气候变量		滞后期
气温	T_9	3 年		H_{12}	2~4 年
降水量	P_{11}	4~7 年	日照时间	S_{10}	2~5 年
相对湿度	H_5	2 年	平均地温	E_9	2~3 年
	H_8	6 年	最高地温	E_{a1}	3 年
	H_{11}	4~5 年			

7.2.1.6　晚材密度

气候因子在当年对晚材密度的形成就产生了显著影响，气温、地温、相对湿度、降水量及日照时间的变化在滞后几年内的影响并没有减弱（表 7-29）。温度变化的影响最显著，其中 6 月气温在滞后 2~6 年期间对晚材密度的影响显著。6 月平均气温在当年及滞后 1 年时对晚材密度的形成没有显著的影响，在滞后 2 年后对晚材密度产生了显著的影响，滞后影响一直持续到了第 6 年（图 7-8），但是随着滞后期的延长，滞后影响越来越弱，在 6 年后滞后影响已达不到显著水平。

表 7-29　气候变化引起红松晚材密度径向变异的格兰杰成因

气候变量		滞后期	气候变量		滞后期
气温	T_6	2~6 年	平均地温	E_7	6 年
	T_8	6~7 年		E_8	2~7 年
	T_9	4 年		E_{10}	3~4 年
	T_{10}	3~4 年	最低地温	E_{i1}	4~5 年
相对湿度	H_8	5~6 年		E_{i4}	4 年
降水量	P_4	6 年	最高地温	E_{a2}	2 年
	P_7	7 年		E_{a4}	6~7 年
日照时间	S_3	5 年		E_{a6}	2~3 年
	S_6	3~4 年		E_{a8}	2 年、5 年
	S_{12}	5 年		E_{a10}	2~4 年

8 月平均地温在滞后 2~7 年时对晚材密度的影响显著（图 7-9）。8 月平均地温在滞后 2 年后对晚材密度产生了显著的负影响，滞后影响一直持续到了第 6 年。在这段期间，随着滞后期的延长，滞后影响越来越弱，在持续到第 7 年时，已经开始产生显著的正面影响。但是在第 8 年之后，影响基本消失。

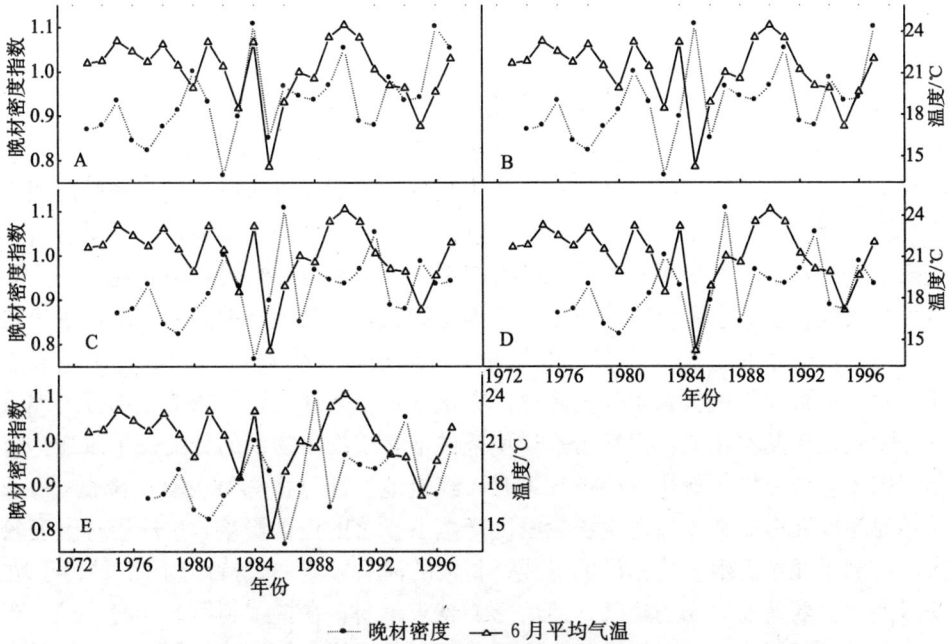

——● 晚材密度　　——△ 6 月平均气温

图 7-8　6 月平均气温在不同滞后期对红松晚材密度径向变异的影响程度

A. 滞后 2 年；B. 滞后 3 年；C. 滞后 4 年；D. 滞后 5 年；E. 滞后 6 年

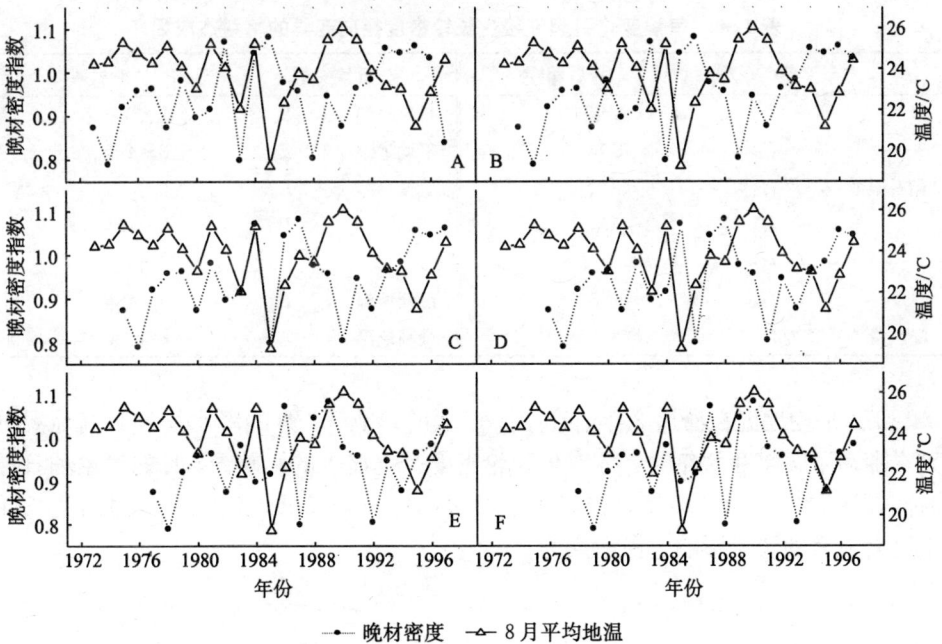

——● 晚材密度　　——△ 8 月平均地温

图 7-9　8 月平均地温在不同滞后期对红松晚材密度径向变异的影响程度

A. 滞后 2 年；B. 滞后 3 年；C. 滞后 4 年；D. 滞后 5 年；E. 滞后 6 年；F. 滞后 7 年

7.2.1.7　生长轮密度

红松生长轮密度受气候因子当年及前一年气候变化的影响并不显著，但是受相对湿度和平均地温的滞后影响显著（表 7-30）。其中 8 月的相对湿度的滞后影响最大，滞后期为 2～6 年（图 7-10）。生长季相对湿度直接影响到土壤的田间持水量，田间持水量达不到红松生长的生理需要，就会产生干旱胁迫。干旱胁迫首先影响的是树木生长最重要的营养器官根系。土壤水分亏缺时，根在此条件下要尽可能吸收较多的水和营养物质，以供本身和植物其余部分的需要，所以干旱胁迫必将影响根系的生长。干旱胁迫条件下，红松根系生物量与土壤含水量成正比，胁迫加重，红松根系生物量降低。在正常水分条件下，植物地上部分与地下部分生长比例基本相似，但在胁迫逆境条件下，植物生物量的分配发生改变，有助于树木适应环境的变化。胁迫加重时，红松地上部分生物量也有所降低[15]。8月相对湿度在滞后 2 年后对生长轮密度产生了显著的正面影响，8 月相对湿度较高，有利于几年后生长轮密度的形成，积极的滞后影响一直持续到了第 4 年。在这段期间，随着滞后期的延长，滞后影响越来越弱，在持续到第 5 年时，继续产生显著的正面影响，而且第 6 年产生的正面影响比第 5 年还要显著一些。但是在7 年之后，影响已明显减弱，达不到显著水平。

表 7-30　气候变化引起红松生长轮密度径向变异的格兰杰成因

气候变量		滞后期	气候变量		滞后期
气温	T_2	2～3 年	日照时间	S_2	2 年
	T_{10}	3～6 年	平均地温	E_4	3～4 年、6 年
相对湿度	H_2	6 年		E_8	2 年
	H_3	2～3 年		E_{10}	3～4 年
	H_6	7 年		E_{12}	5 年
	H_8	2～6 年	最低地温	E_{i5}	3～4 年
降水量	P_7	7 年	最高地温	E_{a7}	6 年

8 月平均地温在滞后 2 年时产生了显著的影响。7 月的降水量和最高地温分别在滞后了 7 年和 6 年时，才对生长轮密度产生显著的影响。2 月的气温和日照时间在滞后 2～3 年、2 年时也产生了显著的影响。最低地温只有 5 月对生长轮密度有显著的滞后影响，滞后期为 3～4 年。

7.2.1.8　晚材率

1973～1997 年间的气候变化对晚材率有一定的影响，但是在当年以及滞后 1年时，并没有产生显著的影响，影响在滞后了 2 年以上时才表现出来，最长可达

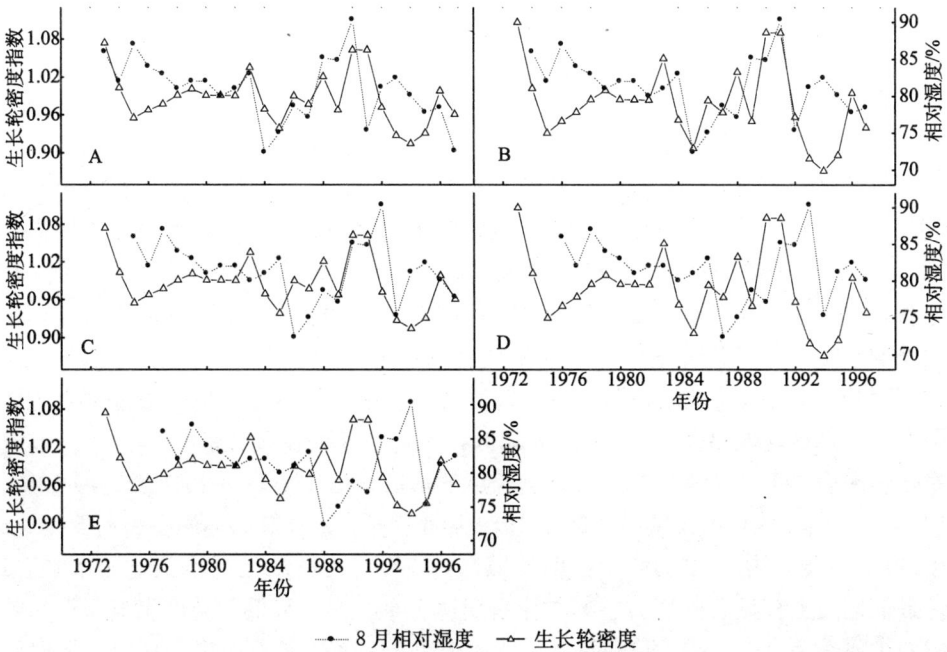

——●—— 8月相对湿度　　—△— 生长轮密度

图 7-10　8月相对湿度在不同滞后期对红松生长轮密度径向变异的影响程度

A. 滞后 2 年；B. 滞后 3 年；C. 滞后 4 年；D. 滞后 5 年；E. 滞后 6 年

7 年（表 7-31）。其中，11 月平均地温的滞后影响比较显著，在滞后了 2 年时产生显著的影响，并一直延续到 6 年后。11 月的日照时间和气温对红松晚材率也有显著的滞后影响，滞后期分为 3 年、2～3 年。6 月气温和最高地温在滞后 4 年后对晚材率产生了显著的影响。9 月日照时间和最低地温分别在滞后 7 年和 3 年、5 年时对红松晚材率产生了显著的影响。

表 7-31　气候变化引起红松晚材率径向变异的格兰杰成因

气候变量		滞后期	气候变量		滞后期
气温	T_6	4～6 年		E_{11}	2～6 年
	T_{11}	2～3 年	最低地温	E_{i4}	6 年
日照时间	S_9	7 年		E_{i9}	3 年、5 年
	S_{11}	3 年	最高地温	E_{a6}	6 年
平均地温	E_1	6 年		E_{a8}、E_{a10}	7 年

7.2.2　气候变化影响红松木材解剖特征的滞后效应

气候变化对 1973～1997 年间人工林红松的早材管胞长度、过渡带和晚材管胞直径、过渡带管胞壁厚几项解剖特征指标在当年以及随后的滞后期的影响没有

达到显著水平。红松木材解剖特征受气候变化的滞后影响比较显著的指标有以下
11 个。

7.2.2.1　过渡带管胞长度

过渡带管胞长度的形成受红松休眠期相对湿度和最高地温的滞后影响比较大
（表 7-32），特别是 3 月的最高地温，滞后期间达 4～7 年。对于我国东北地区来
说，3 月是土壤解冻时期，此阶段地温较高，有利于根系的萌动。但是 3 月最高
地温在当年甚至是滞后 1～2 年内都没有对红松木材特别是过渡带管胞长度产生
显著的影响，而在滞后 4 年后产生了显著的影响，而且影响一直持续到第 7 年
（图 7-11）。3 月最高地温在滞后第 4 年时对过渡带管胞长度的影响最显著，主要
是由于 3 月最高地温在 1981 年突然降低，比前几年的温度值小得多。这一显著
变化在滞后 4 年后影响到过渡带管胞长度的形成，由图 7-11 可以看出，1985 年、
1986 年的过渡带管胞长度指数值比 1984 年小得多。3 月最高地温在滞后 5 年、6
年时对过渡带管胞长度的影响已明显减弱，7 年后的影响已达不到显著水平。1
月最低地温也有显著的滞后影响，滞后期达 7 年。但是最低地温产生显著滞后效
应的主要是 7 月、8 月，滞后期分别为 2 年和 2～3 年。6 月气温和 2 月日照时间
也产生了显著的滞后影响，滞后期为 6 年。降水量对过渡带管胞长度的形成没有
产生显著的滞后效应。

表 7-32　气候变化引起红松过渡带管胞长度径向变异的格兰杰成因

气候变量		滞后期	气候变量		滞后期
气温	T_6	6 年	最低地温	E_{i1}	7 年
相对湿度	H_1	2～3 年		E_{i7}	2 年
	H_2	5 年		E_{i8}	2～3 年
	H_{12}	3 年	最高地温	E_{a1}	5 年
日照时间	S_2	6 年		E_{a3}	4～7 年
平均地温	E_{10}	7 年		E_{a2}	7 年

7.2.2.2　晚材管胞长度

晚材管胞长度对 1973～1997 年间的气候变化的响应强烈。但是，对绝大多
数在当年对晚材管胞长度产生显著影响的气候变量，在随后的滞后期间，其影响
程度大幅减弱，已达不到显著水平。而其他许多在当年不能对晚材管胞长度产生
显著影响的气候变量，产生了显著的滞后效应（表 7-33）。气温对晚材管胞长度
的滞后影响比较强烈，包括生长季的 5 月和 8 月，以及休眠期的 10～12 月和 1
月，特别是 5 月气温，滞后期间长达 7 年。5 月平均气温在滞后第 3 年时对晚材

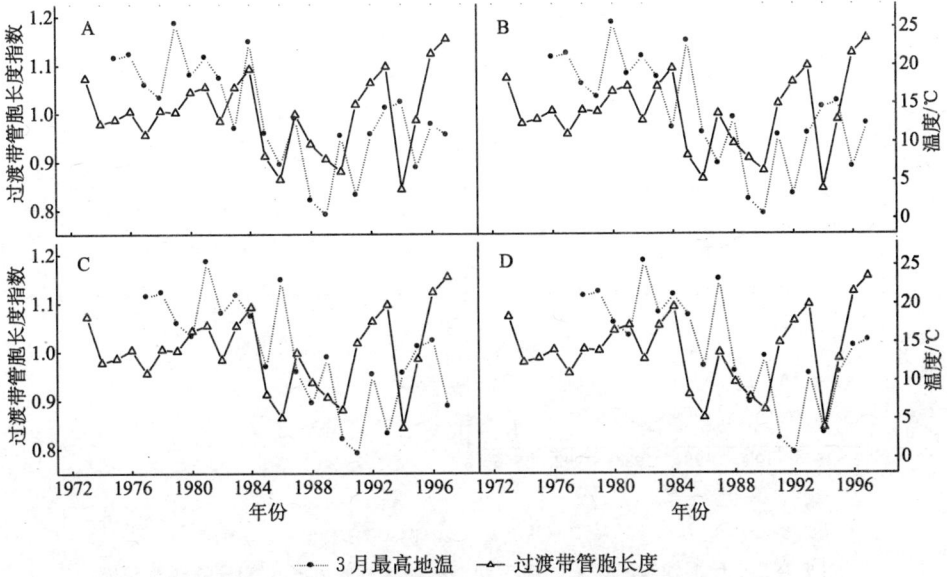

　　——●—— 3 月最高地温　　—△—— 过渡带管胞长度

图 7-11　3 月最高地温在不同滞后期对红松过渡带管胞长度变异的影响程度

A. 滞后 4 年；B. 滞后 5 年；C. 滞后 6 年；D. 滞后 7 年

管胞长度的影响最显著（图 7-12），在滞后期延长时对晚材管胞长度的影响已明显减弱，7 年后的影响已达不到显著水平。相对湿度的滞后影响也比较明显，而且主要是在生长季后期即晚材的形成阶段 7～10 月。降水量的滞后影响仅有 3 月，滞后期为 7 年。地温也有滞后影响，主要为红松休眠期，例如，12 月平均地温滞后期为 2 年，9 月、10 月平均地温滞后期为 5 年。

表 7-33　气候变化引起红松晚材管胞长度径向变异的格兰杰成因

气候变量		滞后期	气候变量		滞后期
气温	T_1	2～4 年		H_8	3 年、6 年
	T_5	3～7 年		H_9	5～6 年
	T_8	4 年		H_{10}	2 年
	T_{10}	2～3 年	降水量	P_3	7 年
	T_{11}	4 年	平均地温	E_{12}	2 年
	T_{12}	2 年		E_9、E_{10}	5 年
相对湿度	H_1	7 年	最低地温	E_{i3}	7 年
	H_5	2 年		E_{a1}	6 年
	H_7	5～6 年	最高地温	E_{a4}	2～3 年

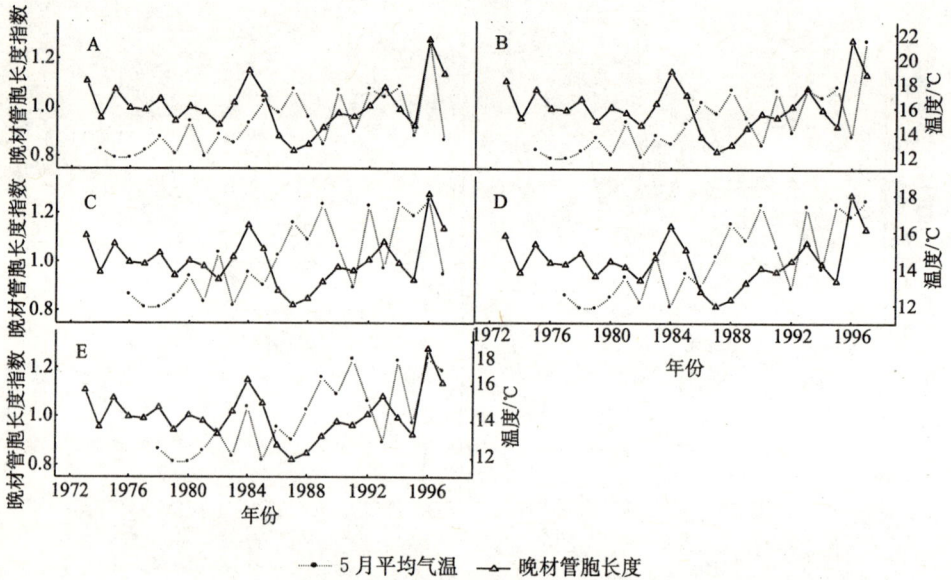

—•— 5月平均气温　—△— 晚材管胞长度

图 7-12　5月平均气温在不同滞后期对红松晚材管胞长度变异的影响程度

A. 滞后 3 年；B. 滞后 4 年；C. 滞后 5 年；D. 滞后 6 年；E. 滞后 7 年

7.2.2.3　早材管胞直径（内径）

气候变量在当年对早材管胞直径的影响是显著的，这些变量中，有的在滞后了几年后，仍然对早材管胞直径产生影响。例如，9月的日照时间在当年就对早材管胞直径产生了积极的影响，在滞后了3~4年后，这种影响依然存在。但是，对绝大多数在当年对早材管胞直径产生显著影响的气候变量，在随后的滞后期间，其影响程度大幅减弱，已达不到显著水平。而其他许多在当年不能对早材管胞直径产生显著影响的气候变量，产生了显著的滞后效应（表7-34）。在4~6月早材管胞直径的形成阶段，降水量在当年产生了显著的影响，在随后的滞后期间，这种影响减弱。但是当年没有产生显著影响的1月、3月、7月和9月降水量在随后的滞后时间里产生了显著的影响，滞后期从4年到7年不等。从7月降水量在不同滞后期对红松早材管胞直径变异的影响程度图中可以清楚地看到，7月降水量在不同的滞后期对早材管胞直径的影响方式是不同的（图7-13）。7月相对湿度在滞后4年和6年时对人工林红松早材管胞直径产生了显著的负面影响，但是在滞后5年和7年时却产生了显著的正面影响。日照时间对早材管胞直径也有显著的滞后影响，主要是5月、8和9月，滞后期分别为6年、2~3年和3~4年。3月、4月的平均地温对早材管胞直径也产生了显著的滞后影响，滞后期分别为2年和5年、7年。3月和11月的最低地温产生显著影响的滞后期在6年时。

表 7-34　气候变化引起红松早材管胞直径径向变异的格兰杰成因

气候变量		滞后期	气候变量		滞后期
降水量	P_1	5～6 年		S_8	2～3 年
	P_3	7 年		S_9	3～4 年
	P_7	4～7 年	平均地温	E_3	2 年
	P_9	5 年		E_4	5 年、7 年
日照时间	S_5	6 年	最低地温	E_{i3}、E_{i11}	6 年

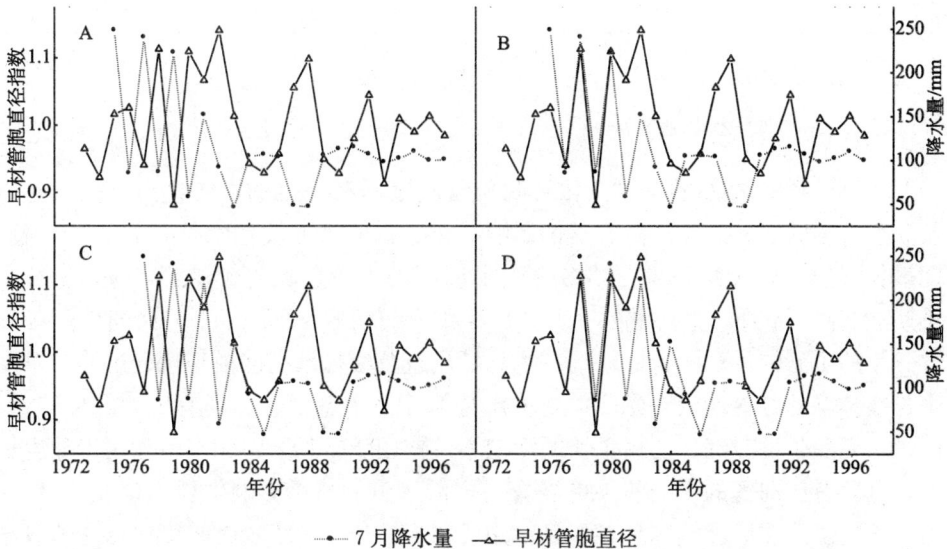

图 7-13　7 月降水量在不同滞后期对红松早材管胞直径变异的影响程度
A. 滞后 4 年；B. 滞后 5 年；C. 滞后 6 年；D. 滞后 7 年

7.2.2.4　早材管胞壁厚

1973～1997 年的气候变化对早材管胞壁厚的影响比较小，但是在滞后了 2 年以上时就表现出来，滞后期最长可达 7 年（表 7-35）。生长季初期 3 月的日照时间和生长末期的 9 月、10 月的气温在滞后了 7 年时对早材管胞壁厚产生了显著的影响。2 月、6 月和 9 月的降水量分别在滞后了 6 年、4 年和 3 年时成为引起早材管胞壁厚径向变异的格兰杰成因。关于降水量对红松生长影响的滞后效应，徐海等在研究安图红松树轮碳同位素与气候变化的关系时发现了这一点[16]。对早材管胞壁厚产生滞后影响最大的是地温，特别是 6 月地温。6 月的平均地温、最低地温和最高地温分别在滞后 4 年、7 年和 4 年时成为引起早材管胞壁厚径向变异的格兰杰成因。在选取的气候因子中，相对湿度变化对早材管胞壁厚的滞后影响未达到显著水平。

表 7-35　气候变化引起红松早材管胞壁厚径向变异的格兰杰成因

气候变量		滞后期	气候变量		滞后期
气温	T_9、T_{10}	7 年	最低地温	E_{i6}	7 年
降水量	P_2	6 年		E_{i10}	4 年
	P_6	4 年		E_{i12}	2～4 年
	P_9	3 年	最高地温	E_{a3}	7 年
日照时间	S_3	7 年		E_{a4}、E_{a5}、E_{a9}	2 年
平均地温	E_6	4 年		E_{a6}	4 年
	E_{11}	6 年		E_{a10}	3 年

7.2.2.5　晚材管胞壁厚

　　1973～1997 年间的气候变化对晚材管胞壁厚有一定的影响，但是在当年以及滞后 1 年时，并没有产生显著的影响，在滞后了 2 年以上时才表现出来，滞后期最长可达 7 年（表 7-36）。其中，日照时间的滞后影响比较显著，包括生长季早期的 3 月、4 月，生长季的 7 月、8 月和休眠期的 11 月、12 月。刘传照等经过 3 年的生态因子观测、红松幼树生长量调查及红松幼树的模拟遮光试验，发现生长在林下的红松幼树对光照的要求比其他任何生态因子都具有更大的依赖性。而且，光照条件对红松幼树生长的影响不仅作用于生长季，而且也作用于非生长季，且后者比前者的影响效果更显著[17]。降水量的滞后影响主要出现在 7 月、8月，而气温的滞后影响则是在 6 月，滞后期为 6 年。1 月平均地温和最低地温在滞后 7 年时是引起晚材管胞壁厚的格兰杰成因。8 月平均地温和最高地温，以及5 月最低地温，2 月和 12 月最高地温在滞后了 2 年、3 年时就对晚材管胞壁厚产生了显著的影响。

表 7-36　气候变化引起红松晚材管胞壁厚径向变异的格兰杰成因

气候变量		滞后期	气候变量		滞后期
气温	T_6	6 年	平均地温	E_1	7 年
降水量	P_7	5～6 年		E_8	2～3 年
	P_8	4～6 年	最低地温	E_{i1}	7 年
日照时间	S_3、S_8	3～5 年		E_{i5}	2 年
	S_4	2 年	最高地温	E_{a2}	2 年
	S_7	7 年		E_{a8}	3 年
	S_{11}	6～7 年		E_{a12}	2～3 年
	S_{12}	3～4 年			

7.2.2.6　早材胞壁率

　　气候变化对早材胞壁率有一定的滞后影响，特别是日照时间，包括早材细胞壁的充实时期 6 月、7 月和 11 月，滞后期为 3 年和 5 年。4 月气温和 6 月降水量分别在滞后 6 年和 3 年时是引起早材胞壁率径向变异的格兰杰成因。7 月相对湿度对早材胞壁率的滞后影响比较显著，从滞后 2 年一直持续到滞后 7 年，对早材胞壁率的影响都很显著。但是 7 月相对湿度在不同的滞后期，对早材胞壁率的影响方式是不同的（图 7-14）。7 月相对湿度在滞后 2 年、4 年和 6 年时对人工林红松早材胞壁率产生了显著的负面影响，但是在滞后 3 年、5 年和 7 年时却产生了显著的正面影响。

表 7-37　气候变化引起红松早材胞壁率径向变异的格兰杰成因

气候变量		滞后期	气候变量		滞后期
气温	T_4	6 年		S_7	3 年、5 年
降水量	P_6	3 年		S_{11}	3 年
日照时间	S_6	5 年	相对湿度	H_7	2～7 年

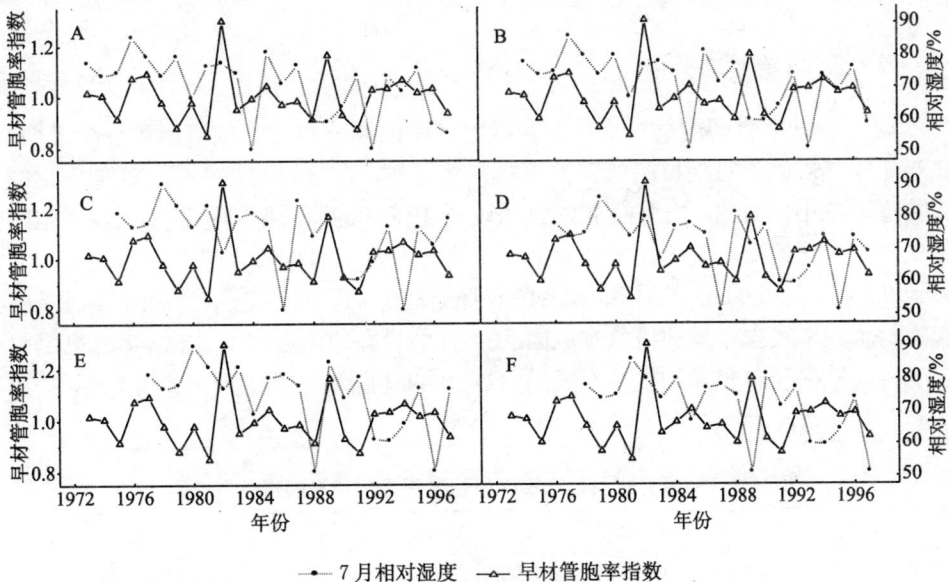

图 7-14　7 月相对湿度在不同滞后期对红松早材管胞率变异的影响程度

A. 滞后 2 年；B. 滞后 3 年；C. 滞后 4 年；D. 滞后 5 年；E. 滞后 6 年；F. 滞后 7 年

7.2.2.7 过渡带胞壁率

1973～1997 年间的气候变化对过渡带胞壁率有一定的影响，但是在当年以及滞后 1 年时，并没有产生显著的影响，影响在滞后了 2 年以上时才表现出来，滞后期最长可达 7 年（表 7-38）。其中，11 月的气候变化的滞后影响比较显著，主要是由于 11 月的地温。11 月最高地温在滞后 6～7 年，最低地温滞后 2 年，平均地温在滞后 6 年后对过渡带胞壁率的影响显著。5 月平均地温、3 月日照时间和 10 月相对湿度在滞后 7 年时对过渡带胞壁率产生了显著的影响。降水量也有滞后影响，出现在 9 月，滞后期为 3～4 年、7 年。另外，8 月、9 月的最高地温也有显著的滞后影响，滞后期分别是 2～3 年和 5～6 年。

表 7-38 气候变化引起红松过渡带胞壁率径向变异的格兰杰成因

气候变量		滞后期	气候变量		滞后期
气温	T_6	6 年		E_{11}	6 年
降水量	P_9	3～4 年、7 年	最低地温	E_{i11}	2 年
相对湿度	H_{10}	7 年	最高地温	E_{a8}	2～3 年
日照时间	S_3	7 年		E_{a9}	5～6 年
平均地温	E_5	7 年		E_{a11}	6～7 年

7.2.2.8 晚材胞壁率

1973～1997 年间的气候变化对晚材胞壁率的影响很大，响应函数分析表明，在当年，气候因子对晚材胞壁率的影响非常显著，在随后的几年里，气候变化的影响逐渐减小，因此，气候变化对红松晚材胞壁率的滞后影响比较小。晚材胞壁率受气候变化的滞后影响比较显著的主要有 4 月和 8 月的降水量，滞后期分别为 6 年和 2 年（表 7-39）。6 月和 11 月的日照时间分别在滞后 3～4 年和 2 年时是引起晚材胞壁率径向变异的格兰杰成因。11 月的最高地温在滞后 4～5 年时也是引起晚材胞壁率径向变异的格兰杰成因。12 月的气温和最低地温分别在滞后 3～4 年和 2 年时对晚材胞壁率产生了显著的影响。

表 7-39 气候变化引起红松晚材胞壁率径向变异的格兰杰成因

气候变量		滞后期	气候变量		滞后期
气温	T_{12}	3～4 年		S_{11}	2 年
降水量	P_4	6 年	最低地温	E_{i5}	2～3 年
	P_8	2 年		E_{i12}	2 年
日照时间	S_6	3～4 年	最高地温	E_{a11}	4～5 年

7.2.2.9　早材壁腔比

1973～1997 年间的气候变化对早材壁腔比有一定的影响，但是在当年以及滞后 1 年时，并没有产生显著的影响，在滞后了 2 年以上时才表现出来（表 7-40）。其中，日照时间的滞后影响最强烈，包括生长季初期的 3 月和 4 月，以及生长季中后期的 7 月、8 月。红松的生长随年龄的增大需光量逐渐增强，因此应及时抚育，逐渐加大透光抚育的强度，以满足红松生长的需要。光照条件对红松生长的影响，不仅是由红松自身生长的生物学特性决定的，还在于光照条件对红松光合作用的影响，从而影响树的营养物质含量及生长。詹鸿振等通过对庇荫条件和光照条件下红松幼树营养特点的研究，认为在庇荫条件下红松幼树能有正常的 N、P、K、Cu 等元素的含量，但对于红松生长季而言，N、P、K 等营养元素感到不足。且庇荫条件下红松的 Ca、Fe 元素含量较低，生长发育不健壮，其营养元素特点与弱苗相似，此期间应适时透光[18]。李俊清等通过对天然更新红松幼树叶绿素总量和高生长的分析也说明了林下光照不足影响了红松幼树的生长和存活[19]。早材壁腔比受 3 月日照时间的滞后影响最大，滞后期为 2～5 年（图 7-15）。3 月日照时间在滞后第 2 年时对早材壁腔比产生了显著的负面影响，但是在随后的第 3 年产生了积极的影响，而且在之后的 3～5 年内，3 月日照时间的滞后影响越来越弱，这种影响在持续到第 6 年时，已达不到显著水平。3 月的气温和降水量对早材壁腔比有显著的滞后影响，滞后期分别为 7 年和 3～5 年。11 月相对湿度和 12 月最高地温在滞后 7 年时是早材壁腔比径向变异的格兰杰成因。最低地温的滞后影响为 5 月，滞后期为 6～7 年。2 月和 6 月的平均地温也有滞后影响，滞后期分别为 3 年和 6 年。

表 7-40　气候变化引起红松早材壁腔比径向变异的格兰杰成因

气候变量		滞后期	气候变量		滞后期
气温	T_3	7 年		S_8	3 年
降水量	P_3	3～5 年	平均地温	E_2	3 年
相对湿度	H_{11}	7 年		E_6	6 年
日照时间	S_3	2～5 年	最低地温	E_{i5}	6～7 年
	S_4	7 年	最高地温	E_{a12}	7 年
	S_7	2 年、4 年			

7.2.2.10　过渡带壁腔比

由表 7-41 可知，气候变化对过渡带壁腔比的滞后影响并未出现在过渡带木材的形成时期，而是在此之前，包括休眠期。11 月的气温和 12 月的最低地温分

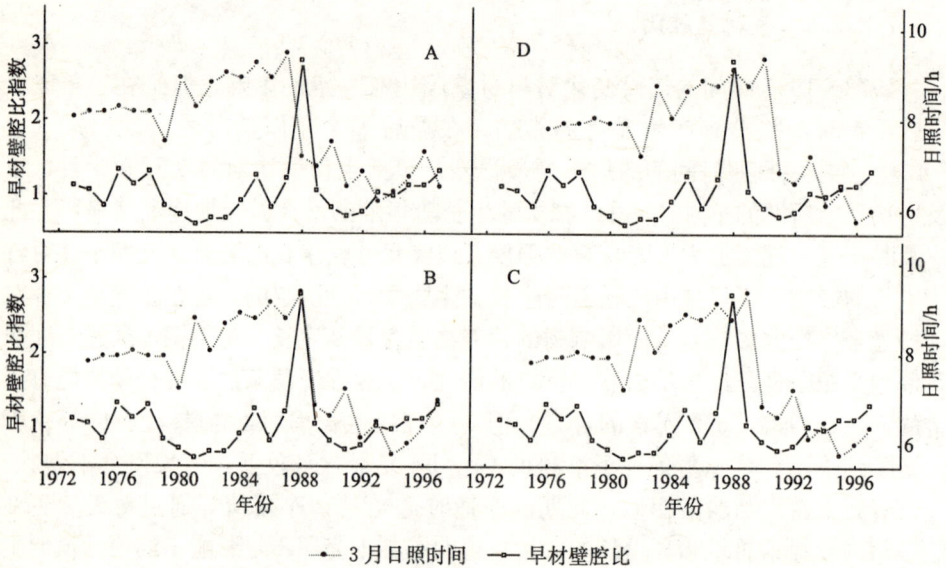

图 7-15　3 月日照时间在不同滞后期对红松早材壁腔比径向变异的影响程度

A. 滞后 2 年；B. 滞后 3 年；C. 滞后 4 年；D. 滞后 5 年

别在滞后 6 年和 7 年时是晚材壁腔比径向变异的格兰杰成因，6 月最低地温也对过渡带壁腔比有显著的滞后影响，滞后期为 5 年。2 月和 5 月的相对湿度对过渡带壁腔比有滞后影响，滞后期为 7 年。日照时间对过渡带壁腔比的滞后影响表现在生长季的 6 月、7 月，滞后期为 5 年。通过对不同光强下红松幼树光合作用和营养物质含量的季节模式的研究，发现光是影响红松生长的主要原因，同时红松幼苗生长是受光、养分的季节变化相互影响的[20]。最高地温的影响出现在 2 月、3 月和 7 月，滞后期分别为 6 年、7 年和 2 年。

表 7-41　气候变化引起红松过渡带壁腔比径向变异的格兰杰成因

气候变量		滞后期	气候变量		滞后期
气温	T_{11}	6 年		E_{i12}	7 年
相对湿度	H_2、H_5	7 年	最高地温	E_{a2}	6 年
日照时间	S_6、S_7	5 年		E_{a3}	7 年
最低地温	E_{i6}	5 年		E_{a7}	2 年

7.2.2.11　晚材壁腔比

由表 7-42 可知，在滞后期为 1 年时，选取的全部气候变量不是晚材壁腔比（LW/L）径向变异的格兰杰成因，这一结果与响应函数分析结果一致。随着滞后期延长，气候因素对人工林红松晚材壁腔比径向变异的影响显著，但是气候因素对晚材壁腔比的滞后影响相对于红松其他解剖特征指标来说，其影响程度比较弱。9 月的气温在滞后 5 年时是晚材壁腔比径向变异的格兰杰成因。日照时间对晚材壁腔比的影响为 3 月和 6 月，滞后期分别为 5 年和 3 年。红松生长阶段适宜的光照条件不是全光，而是需要一定程度的庇荫，这样能减少红松的再生长、早期分杈，推迟结实时间，并能够形成良好的尖削度。但如不适时透光，红松也不能正常生长[21]。6 月的降水量对红松木材晚材壁腔比的滞后影响也比较显著，滞后期为 3 年。相对湿度的滞后影响出现在 7 月，滞后期为 3~4 年。

表 7-42 气候变化引起红松晚材壁腔径向变异的格兰杰成因

气候变量		滞后期	气候变量		滞后期
气温	T_9	5 年	日照时间	S_3	5 年
相对湿度	H_7	3~4 年		S_6	3 年
降水量	P_6	3 年			

7.3 气候变化影响樟子松木材形成的滞后效应

对人工林樟子松 8 个物理特征指标和 13 个解剖特征指标运用 ADF 法进行单位根检验，结果如表 7-43 所示。绝大部分变量不具有平稳性，有些变量需进行 1 阶差分才能达到平稳。樟子松木材物理和解剖特征各项指标时间序列经过平稳性处理后即可以进行格兰杰因果检验，研究气候因子序列的滞后值对樟子松木材物理和解剖特征序列值的影响。

表 7-43 樟子松材性指标单位根检验结果

变量	检验形式 (C, T, L)	d	变量	检验形式 (C, T, L)	d	变量	检验形式 (C, T, L)	d
EW	$(C, T, 2)*$	1	LP	$(C, T, 1)**$	0	ECWP	$(C, T, 1)*$	1
LW	$(C, 0, 1)*$	0	ETL	$(C, T, 1)**$	0	LCWP	$(C, 0, 8)**$	0
RW	$(C, T, 12)**$	1	LTL	$(C, T, 1)**$	0	EWL	$(C, T, 1)**$	0
ED	$(C, 0, 9)*$	0	ETD	$(C, T, 12)**$	1	LWL	$(C, T, 1)**$	1
LD	$(C, T, 12)**$	0	LTD	$(C, 0, 1)**$	1	RCP	$(C, 0, 1)*$	0
RD	$(C, T, 1)*$	0	EWT	$(C, 0, 1)*$	0	TP	$(C, 0, 3)*$	0
GR	$(C, T, 1)**$	0	LWT	$(C, 0, 1)*$	1	WRP	$(C, 0, 1)*$	0

注：检验形式 (C, T, L) 中，C、T、L 分别代表常数项、时间趋势和滞后阶数；d：差分阶数；* 为在 0.05 水平上显著；** 为在 0.01 水平上显著。

7.3.1　气候变化影响樟子松木材物理特征的滞后效应

气候变化对 1975~2004 年间人工林樟子松的生长速率和早材宽度在当年以及随后的滞后期的影响没有达到显著水平。樟子松木材物理特征受气候变化的滞后影响比较显著的指标实际只有以下 6 个。

7.3.1.1　晚材宽度

使用 1974~2003 年度的人工林樟子松晚材宽度和气候变量的年度数据进行格兰杰检验。结果由表 7-44 可知，对晚材宽度有显著滞后影响的气候变量，在滞后期为 1 年时不是晚材宽度径向变异的格兰杰成因，这一结果与响应函数分析结果一致。但是随着滞后期延长，气候因素对人工林樟子松晚材宽度径向变异的影响显著。气温对晚材宽度滞后影响比较显著的仅有 4 月，滞后期为 3 年。相对湿度滞后影响显著的是 6 月和 9 月，滞后期为 7 年。平均地温对晚材宽度滞后影响显著的是 5 月，滞后期为 2 年。选取的全部气候变量中，最高地温的滞后影响最显著，涵盖了 5~9 月整个生长季，滞后期短者为 3 年，长者达 7 年。其中，9 月最高地温的滞后影响最显著，滞后期长达 3~7 年（图 7-16）。9 月秋高气爽，降水量减少，地温高，则土壤含水量较低。当樟子松受到水分胁迫时，生长和代谢等会受到严重影响[22,23]，当土壤含水量为 40% 田间持水量时，樟子松光合速率、气孔导度、蒸腾速率都降低，表现出干旱胁迫，土壤含水量为 20% 田间持水量时胁迫达到最大。从图 7-16 中可以看出，9 月最高地温在滞后 3 年和 4 年时对人工林樟子松晚材宽度产生了显著的负面影响，但是在滞后 5 年、6 年和 7 年时却产生了显著的正面影响，影响略有增加，特加是在滞后 7 年时，9 月最高地温的滞后影响最显著。其主要原因在于 1984 年人工林樟子松晚材宽度指数出现

表 7-44　气候变化引起樟子松晚材宽度径向变异的格兰杰成因

气候变量		滞后期	气候变量		滞后期
气温	T_4	3 年	平均地温	E_5	2 年
相对湿度	H_6、H_9	7 年	最低地温	E_{i4}	5 年
降水量	P_1	5~7 年		E_{i7}	3 年、6 年
	P_2	5 年		E_{i8}	4 年
	P_{10}	3~4 年	最高地温	E_{a5}、E_{a6}	3 年
日照时间	S_2	3~4 年		E_{a7}	5 年
	S_5	5~6 年		E_{a8}	7 年
	S_7	2~3 年		E_{a9}	3~7 年
	S_9	5 年		E_{a11}	6 年

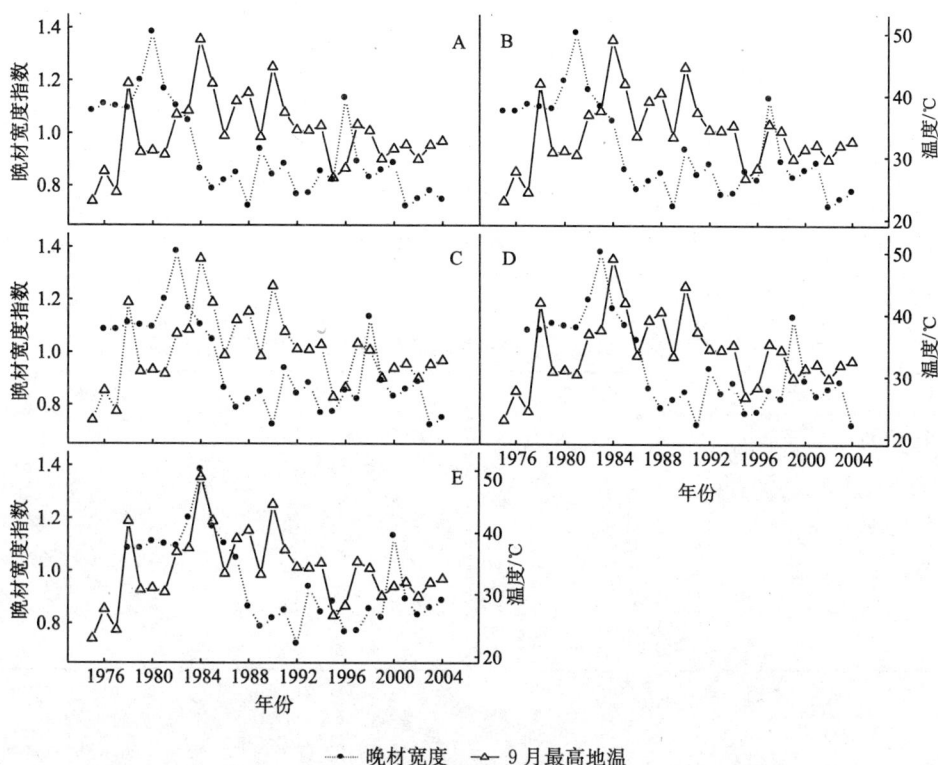

——•——晚材宽度 ——△——9月最高地温

图7-16 9月最高地温在不同滞后期对樟子松晚材宽度径向变异的影响程度

A. 滞后3年；B. 滞后4年；C. 滞后5年；D. 滞后6年；E. 滞后7年

一个明显的峰值，这一峰值和9月最高地温在1978年出现的峰值重合，这说明1978年9月的最高地温极端偏高，在滞后7年时对1984年形成较宽的晚材产生了重要的影响。日照时间的滞后影响也比较显著，包括2月、5月、7月和9月。降水量的滞后影响比较显著的月份主要出现在休眠期，包括1月、2月和10月。

7.3.1.2 生长轮宽度

就樟子松整个生长轮宽度来说，对气候变化的响应要比晚材宽度小得多，但是气候变化对樟子松生长轮宽度的滞后影响仍然是比较显著的（表7-45）。5月、6月的气温、日照时间、降水量等气候变化在当年对生长轮宽度产生了显著的影响，在滞后期间里，5月、6月只有最低地温对生长轮宽度产生显著的影响，滞后期分别为2～4年和2～5年。以6月最低地温为例（图7-17），6月最低地温在当年及滞后1年时对樟子松生长轮宽度的影响并没有达到显著水平，但是在滞后期延长到2年以上时对生长轮宽度的影响显现出来。6月最高地温较高，对于滞后2年以上时形成较宽的生长轮有利，而且随着滞后期的延长，影响程度略有增加，在滞后了 8 年后，6 月最低地温的滞后影响已达不到显著水平。最高地温的滞后影响仅出现在 4 月，滞后期为 3 年。平均地温的滞后影响为 2 月和 9 月，滞后期分别为 7 年和 3 年。樟子松休眠期的 2 月和 11 月相对湿度也对生长轮宽度有显著的滞后影响，滞后期分别为 4～6 年和 4～5 年。气候变量中，对樟子松生长轮宽度的滞后影响最强烈的是日照时间，其中生长期 7 月、8 月日照时间的滞后期分别为 7 年和 6 年。樟子松由于受强光照的影响，高生长缓慢，生长量低；反之，胸径生长旺盛期出现的早，则连年生长量大，旺盛期持续的时间长[24]。

表 7-45　气候变化引起樟子松生长轮宽度径向变异的格兰杰成因

气候变量		滞后期	气候变量		滞后期
相对湿度	H_2	4～6 年	平均地温	E_2	7 年
	H_{11}	4～5 年		E_9	3 年
日照时间	S_3	4～5 年	最低地温	E_{i5}	2～4 年
	S_7	7 年		E_{i6}	2～5 年
	S_8	6 年	最高地温	E_{a4}	3 年
	S_{11}	2 年			

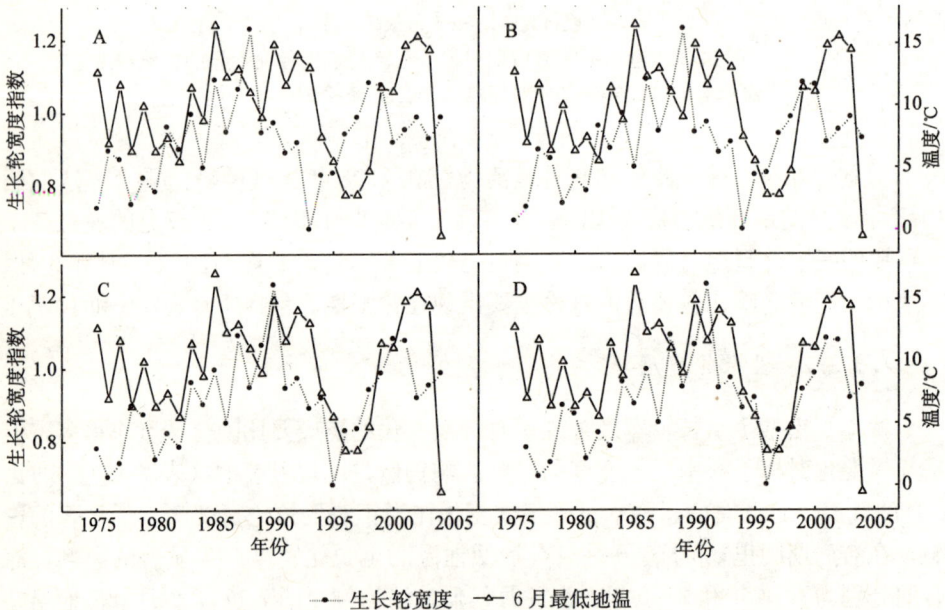

·——· 生长轮宽度　　·—△— 6 月最低地温

图 7-17　6 月最低地温在不同滞后期对樟子松生长轮宽度径向变异的影响程度
A. 滞后 2 年；B. 滞后 3 年；C. 滞后 4 年；D. 滞后 5 年

7.3.1.3　早材密度

1974～2003 年度的气候变化对人工林樟子松早材密度的影响比较大，这些气候变量的滞后影响也是比较显著的。由表 7-46 可知，5 月的日照时间在滞后 2～4 年时对樟子松早材密度产生显著的影响，8 月最低地温在滞后 5 年时对早材密度产生了显著的影响。但是，气候变化影响樟子松早材密度形成的滞后效应主要表现在休眠期，特别是 12 月，12 月的相对湿度、平均地温和最低地温对早材密度都产生了显著的滞后影响，滞后期都在 5 年之后。另外，10 月的日照时间和平均地温在滞后 6 年时也对早材密度产生了显著的影响。

表 7-46　气候变化引起樟子松早材密度径向变异的格兰杰成因

气候变量		滞后期	气候变量		滞后期
相对湿度	H_{12}	7 年		E_{12}	6～7 年
日照时间	S_5	2～4 年	最低地温	E_{i8}	5 年
	S_{10}	6 年		E_{i12}	7 年
平均地温	E_{10}	6 年	最高地温	E_{a2}	5～6 年
	E_{11}	3 年			

7.3.1.4　晚材密度

由响应函数分析可知，气候变化对当年及第二年樟子松晚材密度的形成并没有显著的影响，在滞后期延长到 2 年以后，部分气候变量对晚材密度产生了显著影响（表 7-47）。樟子松休眠期的 10 月气温和平均地温以及 12 月相对湿度和平均地温在滞后 7 年时才对樟子松产生显著的影响。降水量的滞后影响出现在 2 月和 7 月，滞后期分别为 2 年和 6 年。植物具有忍受水分胁迫的能力，即具有一定保存水分以维持自身水分平衡的避旱能力[25]。樟子松在面临降水量不足的情况下，自身做出反应机制，在滞后期通过改变晚材密度值来应对可能再次发生的干旱状况。另外，8 月的气温对晚材密度的滞后影响也比较显著，滞后期为 5 年。

表 7-47　气候变化引起樟子松晚材密度径向变异的格兰杰成因

气候变量		滞后期	气候变量		滞后期
气温	T_8	5 年	降水量	P_2	2 年
	T_{10}	7 年		P_7	6 年
相对湿度	H_{12}	7 年	平均地温	E_{10}、E_{12}	7 年

7.3.1.5　生长轮密度

在反映人工林樟子松木材形成的全部材性指标中，生长轮密度的径向变异受气候变化的影响最大。由响应函数分析可知，樟子松生长轮密度对当年及前一年气候变化的响应强烈。使用 1974～2003 年度的樟子松生长轮密度和气候变量的年度数据进行格兰杰检验。结果由表 7-48 可知，随着滞后期延长，气候因素对人工林樟子松生长轮密度径向变异的影响仍然比较显著。9 月气温在滞后 2 年时对生长轮宽度产生了显著的正面影响，这种滞后影响一直持续到 5 年后才逐渐减小（图 7-18）。9 月的平均地温也产生了显著的滞后影响，滞后期为 2～3 年。8 月的相对湿度、降水量和最低地温都有显著的滞后影响，只是滞后期不同，分别为 6 年、3 年和 7 年。6 月、7 月的最低地温在滞后 1 年时对生长轮宽度的径向变异产生了显著的影响，这与响应函数分析的结果一致。休眠期的气候变化也对生长轮密度产生了一定的滞后影响。分析表明，12 月平均地温、最低地温和 2 月最高地温分别在滞后了 5 年、1～2 年和 3 年、6～7 年成为引起生长轮密度径向变异的格兰杰成因。

表 7-48　气候变化引起樟子松生长轮密度径向变异的格兰杰成因

气候变量		滞后期	气候变量		滞后期
气温	T_9	2～5 年		E_{12}	5 年
相对湿度	H_8	6 年	最低地温	E_{i6}、E_{i7}	1 年
降水量	P_5、P_8	3 年		E_{i8}	7 年
	P_7	4～5 年		E_{i12}	1～2 年
平均地温	E_9	2～3 年	最高地温	E_{a2}	3 年、6～7 年

7.3.1.6　晚材率

反映人工林樟子松特征指标中，晚材率对气候变化的响应程度仅次于生长轮密度。由响应函数分析可知，樟子松晚材率对当年及前一年生长季气候变化的响应强烈。使用 1974～2003 年度的樟子松晚材率和气候变量的年度数据进行格兰杰检验。结果由表 7-49 可知，随着滞后期延长，气候因素对人工林樟子松晚材率径向变异的影响仍然比较显著。由于晚材率是反映早材的形成和晚材的形成过程综合程度的，所以从格兰杰检验可以看出，从 1 月到 12 月，几乎每个月份都有某种气候因子对樟子松晚材率产生显著的滞后影响。日照时间对晚材率的滞后影响主要是在樟子松停止生长进行休眠的 9～11 月，特别是 10 月，滞后期为 3～6 年。降水量的滞后影响主要是在生长季的 5 月和 7 月、8 月，特别是 7 月，滞后期为 4～7 年（图 7-19）。7 月是早材的形成时期，7 月充足的降水有利于早材

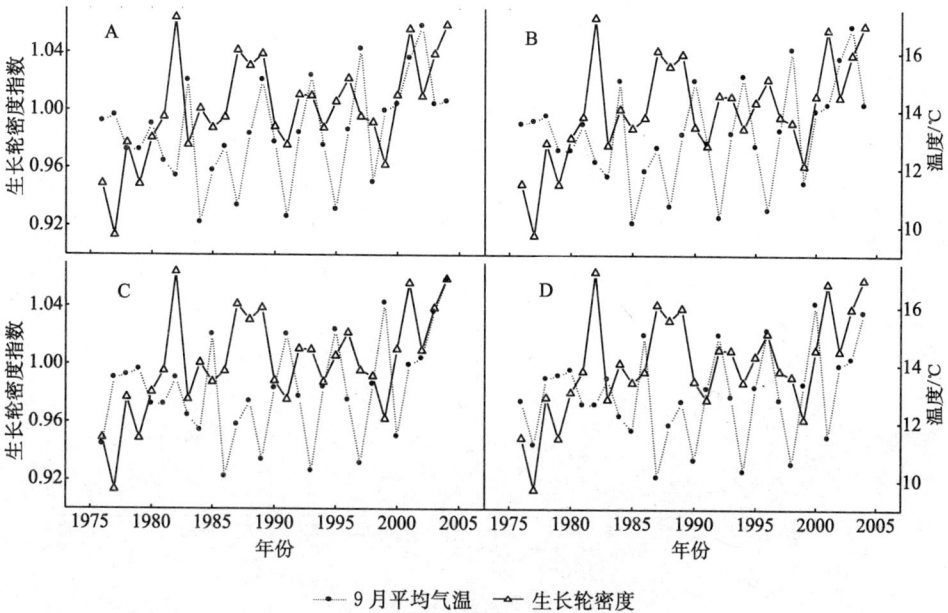

──•── 9月平均气温　──△── 生长轮密度

图 7-18　9月平均气温在不同滞后期对樟子松生长轮密度径向变异的影响程度
A. 滞后 2 年；B. 滞后 3 年；C. 滞后 4 年；D. 滞后 5 年

的形成，同时则会降低晚材率值。从图 7-19 中可以看出，7月降水量在滞后 4 年时对晚材率产生了负影响，随着滞后期的延长，影响程度减弱，在滞后了 8 年后 7月降水量的滞后影响已达不到显著水平。相对湿度的滞后影响为 3月、5月和 9月，气温的滞后影响为生长季后期的 8月、9月和冬季的 11月和 2月。3～5月的地温对人工林樟子松晚材率的径向变异规律也有显著的滞后影响。

表 7-49　气候变化引起樟子松晚材率径向变异的格兰杰成因

气候变量		滞后期	气候变量		滞后期
气温	T_2	6 年	日照时间	S_9	3 年
	T_8、T_9	2 年		S_{10}	3～6 年
	T_{11}	2～3 年		S_{11}	4～5 年
相对湿度	H_3	2～3 年	平均地温	E_4	7 年
	H_5	7 年		E_8	1～3 年
	H_9	5 年	最低地温	E_{i4}	2～3 年
降水量	P_1、P_8	3 年	最高地温	E_{a3}	2 年
	P_5	4 年		E_{a5}	6 年
	P_7	4～7 年		E_{a12}	1～2 年

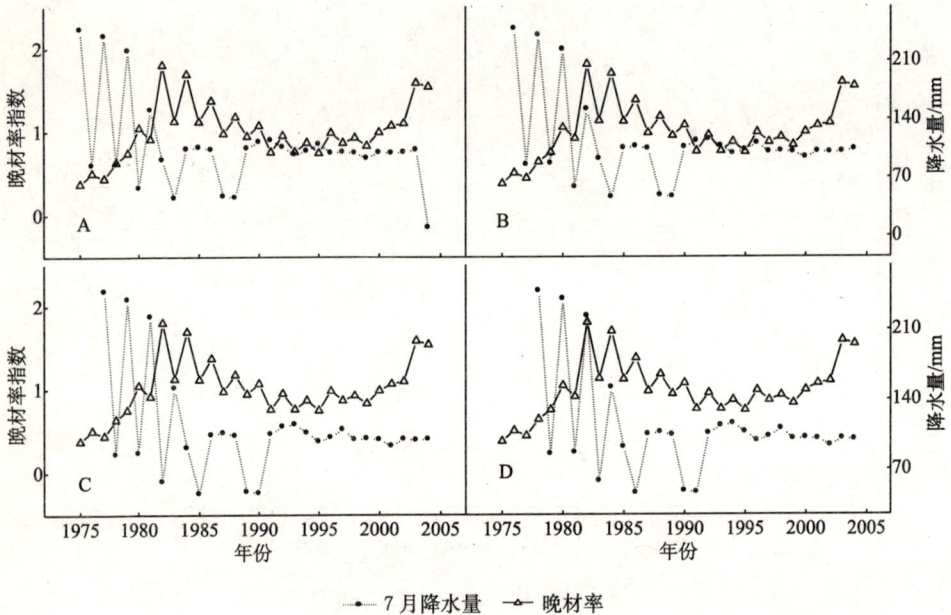

-●- 7月降水量　-△- 晚材率

图 7-19　7月降水量在不同滞后期对樟子松晚材率径向变异的影响程度

A. 滞后4年；B. 滞后5年；C. 滞后6年；D. 滞后7年

7.3.2　气候变化影响樟子松木材解剖特征的滞后效应

气候变化对 1975～2004 年间人工林樟子松的早材管胞直径和管胞组织比量在当年以及随后的滞后期的影响没有达到显著水平。樟子松木材解剖特征受气候变化的滞后影响比较显著的指标只有以下 11 个。

7.3.2.1　早材管胞长度

樟子松早材管胞长度的形成受生长季气候变化的影响强烈。气候变量在滞后几年后对早材管胞长度产生显著影响（表 7-50）。4月气温在滞后4年时对早材管胞长度产生了显著的影响。但是气候影响樟子松早材管胞长度径向变异的滞后效应主要是集中在生长季后期的月份以及休眠期的1月、2月。1月、2月的最高地温对樟子松早材管胞长度有显著的滞后影响，滞后期分别是3～5年和2～3年。7月降水量在滞后4年时对早材管胞长度产生了显著的影响。9月、10月的日照时间对早材管胞长度也有显著的滞后影响，滞后期在3年以后。Hinckley 等[26]与 Ham 和 Heilman[27]认为，太阳辐射对树干液流起到主要作用。而 Martin[28]认为太阳辐射间接影响树干液流变化格局。即太阳辐射增高，气孔导度增大，树干液流加快。不管是直接作用还是间接作用，光照通过影响树液流动，进而影响到木材细胞的形成。另外，8 月、9 月的平均地温对早材管胞长度也有显著的滞后影响，滞后期分别是 6 年和 3～4 年。

表 7-50 气候变化引起樟子松早材管胞长度径向变异的格兰杰成因

气候变量		滞后期	气候变量		滞后期
气温	T_4	4 年	平均地温	E_8	6 年
降水量	P_7	4 年		E_9	3～4 年
日照时间	S_9	3 年	最高地温	E_{a1}	3～5 年
	S_{10}	4～5 年		E_{a2}	2～3 年

7.3.2.2 晚材管胞长度

1974～2003 年间的气候变化对晚材管胞长度有一定的影响，但是在当年以及滞后 1 年时，并没有产生显著的影响，影响在滞后了 2 年以上时才表现出来，滞后期最长可达 7 年（表 7-51）。

表 7-51 气候变化引起樟子松晚材管胞长度径向变异的格兰杰成因

气候变量		滞后期	气候变量		滞后期
气温	T_{12}	5 年	日照时间	S_{10}	2～6 年
相对湿度	H_5	2 年、5 年	平均地温	E_1	4～5 年、7 年
	H_7	2～3 年		E_5	2～5 年
降水量	P_5	6 年		E_9	2～3 年
	P_{11}	2～6 年	最高地温	E_{a7}	2 年、4 年

其中，5 月的相对湿度、平均地温和降水量对晚材管胞长度的滞后影响显著。以 5 月平均地温为例（图 7-20），5 月平均地温在滞后 2 年时对晚材管胞长度的形成产生了显著的影响，随着滞后期延长，影响程度略有增加，但是在滞后 5 年时影响程度又开始减弱，滞后 6 年以上时的滞后影响基本达不到显著水平。

7.3.2.3 晚材管胞直径（内径）

樟子松晚材管胞直径受气候变化的影响强烈。由响应函数分析可知，1974～2003 年的气候变化除了在当年对樟子松晚材管胞直径产生显著的影响外，在随后的几年里，一些气候变量的影响也达到了显著水平。格兰杰检验表明，休眠期及生长季早期气候变化对樟子松晚材管胞直径径向变异的滞后影响显著（表 7-52）。2～4 月的气温在滞后 5 年后对晚材管胞直径产生了显著的影响。1 月、2 月的相对湿度在滞后了 4 年后对晚材管胞直径产生了显著的影响。降水量仅有 2

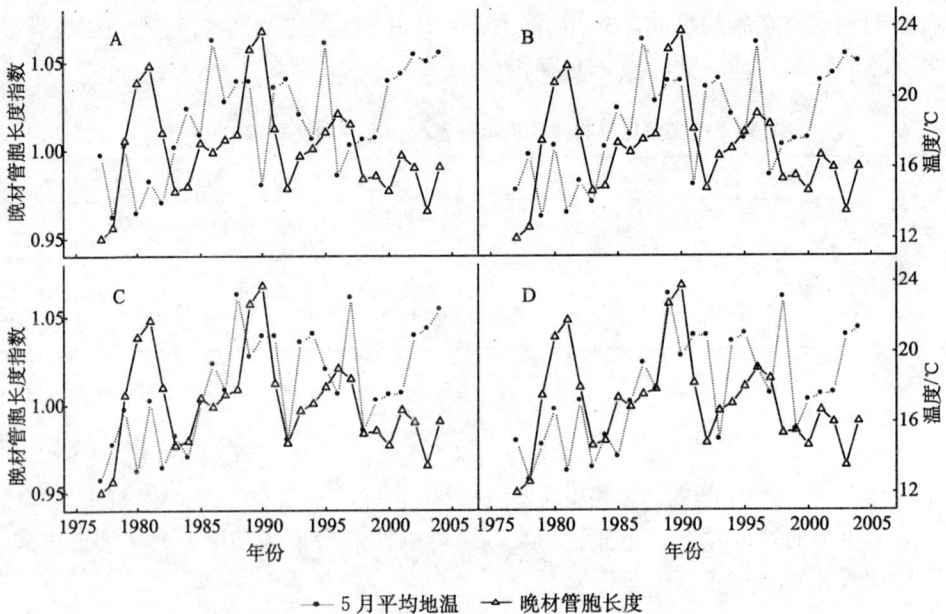

—•— 5 月平均地温　　—△— 晚材管胞长度

图 7-20　5 月平均地温在不同滞后期对樟子松晚材管胞长度径向变异的影响程度
A. 滞后 2 年；B. 滞后 3 年；C. 滞后 4 年；D. 滞后 5 年

表 7-52　气候变化引起樟子松晚材管胞直径径向变异的格兰杰成因

气候变量		滞后期	气候变量		滞后期
气温	T_2	6 年	平均地温	E_1	7 年
	T_3	7 年		E_4	5~6 年
	T_4	5 年	最低地温	E_{i2}	7 年
相对湿度	H_1	4 年、6 年		E_{i3}	3 年
	H_2	4~5 年		E_{i5}	4 年
降水量	P_2	4 年、6~7 年	最高地温	E_{a5}、E_{a10}	4 年
日照时间	S_4	5 年			

月对晚材管胞直径有显著的滞后影响，滞后期为 4 年、6~7 年。4 月日照时间在
滞后 5 年时也对晚材管胞直径产生了显著的影响。1 月和 4 月平均地温在滞后 7
年和 5~6 年时成为引起晚材管胞直径径向变异的格兰杰成因。2 月、3 月最低地
温分别在滞后了 7 年、3 年时成为晚材管胞直径径向变异的格兰杰成因。5 月的
最低地温、最高地温在滞后 4 年时成为晚材管胞直径径向变异的格兰杰成因。低
温可能会通过影响新陈代谢进程的速率和各种酶系统的活力而影响抗寒性，而短
光周期对抗寒性的影响是由激素引起的[29]。苗木停止生长后，并非只有短光周
期和低温能引起抗寒发育，在长光周期及高温处理下，就开始一系列生理生化反

应，从而开始抗寒发育进程[30]，在随后的几年里影响木材的形成，提高树木的高寒性。如果环境条件保持一定时间的恒定，抗寒性就会达到相应的固定水平[31]。

7.3.2.4　早材管胞壁厚

1974～2003 年间的气候变化并没有对樟子松早材管胞壁厚产生显著的影响，影响在滞后了 2 年以上时才表现出来，滞后期最长可达 7 年（表 7-53）。7 月的气候变化对早材管胞壁厚产生的滞后效应比较显著。7 月相对湿度、平均地温和最高地温、气温对樟子松早材管胞壁厚的滞后影响显著，滞后期分别是 7 年、4年、2～4 年、2～4 年。4 月气温、5 月降水量和 6 月最低地温在滞后 5～6 年时对早材管胞壁厚产生了显著的影响。休眠期的 1 月和 10 月降水量分别在滞后 3～6 年和 4 年时对早材管胞壁厚产生了显著的影响，2 月相对湿度和 11 月平均地温分别在滞后 5 年和 3～4 年时成为引起早材管胞壁厚径向变异的格兰杰成因。

表 7-53　气候变化引起樟子松早材管胞壁厚径向变异的格兰杰成因

气候变量		滞后期	气候变量		滞后期
气温	T_4	5～6 年		P_{10}	4 年
	T_7	2～4 年	平均地温	E_4	7 年
相对湿度	H_2	5 年		E_7	4 年
	H_7	7 年		E_{11}	3～4 年
降水量	P_1	3～6 年	最低地温	E_{i6}	5～6 年
	P_5	5～6 年	最高地温	E_{a7}	2～4 年

7.3.2.5　晚材管胞壁厚

1974～2003 年间的气候变化对樟子松晚材管胞壁厚有一定的影响，但是在当年以及滞后 1 年时，并没有产生显著的影响，影响在滞后了 2 年以上时才表现出来，滞后期最长可达 7 年（表 7-54）。4 月气温和日照时间分别在滞后 4～5 年和 6～7 年时对晚材管胞壁厚产生了显著的影响。11 月气温和日照时间对晚材管胞壁厚产生了滞后影响，滞后期分别是 4 年和 6 年。3 月相对湿度对晚材管胞壁厚也有滞后影响，滞后期为 6 年。3 月和 8 月降水量在滞后了 5 年和 5 年、7年后对晚材管胞壁厚产生了显著的滞后影响。对晚材管胞壁厚的滞后影响最大的是平均地温，主要是生长季的 7 月平均地温和进入休眠期的 9 月平均地温，以及休眠期的 2 月和 10 月。

表 7-54　气候变化引起樟子松晚材管胞壁厚径向变异的格兰杰成因

气候变量		滞后期	气候变量		滞后期
气温	T_4	4~5 年		S_{11}	6 年
	T_{11}	4 年	平均地温	E_2	7 年
相对湿度	H_3	6 年		E_7	4~5 年
降水量	P_3	5 年		E_9	4 年
	P_8	5 年、7 年		E_{10}	2 年
日照时间	S_4	6~7 年	最低地温	E_{i12}	7 年

7.3.2.6　早材胞壁率

气候变化对樟子松早材胞壁率有一定的影响，在当年仅有 6 月降水量产生了显著的影响。使用 1974~2003 年度的人工林樟子松早材胞壁率和气候变量的年度数据进行格兰杰检验。结果由表 7-55 可知，一些气候变量在滞后了 2 年以上时对早材胞壁率的径向变异产生了显著的影响，滞后期最长可达 7 年。这些气候变量中，相对湿度对早材胞壁率的滞后影响最大，主要是樟子松休眠期 1~3 月相对湿度和 11 月相对湿度。7 月的温度对樟子松早材胞壁率的滞后影响显著，7月气温、平均地温和最高地温分别在滞后 2~4 年、2~4 年和 1~2 年时对早材胞壁率的滞后影响显著。4 月、5 月降水量对樟子松早材胞壁率的滞后影响显著，滞后期为 6 年。

表 7-55　气候变化引起樟子松早材胞壁率径向变异的格兰杰成因

气候变量		滞后期	气候变量		滞后期
气温	T_7	2~4 年		H_{11}	3 年
相对湿度	H_1	7 年	降水量	P_4、P_5	6 年
	H_2	6 年	平均地温	E_7	2~4 年
	H_3	5~6 年	最高地温	E_{a7}	1~2 年

7.3.2.7　晚材胞壁率

1974~2003 年间的气候变化对樟子松晚材胞壁率有一定的影响，但是在当年以及滞后 1 年时，并没有产生显著的影响，影响在滞后了 2 年以上时才表现出来，滞后期最长可达 7 年（表 7-56）。2 月的相对湿度和降水量对樟子松晚材胞壁率的滞后影响显著，2 月相对湿度的滞后期为 6~7 年，降水量的滞后期为 3年。8 月降水量也有显著的滞后影响，滞后期为 2~3 年。最高地温仅 3 月对樟子松晚材胞壁率有显著的滞后影响，滞后期为 7 年。其他气候变量对樟子松晚材胞壁率的滞后影响没有达到显著水平。

表 7-56　气候变化引起樟子松晚材胞壁率径向变异的格兰杰成因

气候变量		滞后期	气候变量		滞后期
相对湿度	H_2	6～7 年		P_8	2～3 年
降水量	P_2	3 年	最高地温	E_{a3}	7 年

7.3.2.8　早材壁腔比

气候变化对早材壁腔比的径向变异影响不是很大，从响应函数分析可知，只有个别气候变量对早材壁腔比产生了显著的影响。使用 1974～2003 年度的人工林樟子松早材壁腔比和气候变量的年度数据进行格兰杰检验。结果由表 7-57 可知，生长季的 4 月和 6 月气温分别在滞后 2～4 年和 2～3 年时成为引起早材壁腔比径向变异的格兰杰成因。降水量对早材壁腔比产生滞后影响的月份主要是生长季的 7 月、8 月，休眠期的 12 月降水量也有显著的滞后影响，滞后期为 6 年。休眠期 11 月、12 月日照时间分别在滞后 7 年和 2 年、5 年时对早材壁腔比产生了显著的影响。9 月平均地温和 4 月、10 月最低地温在滞后了 2 年时对早材壁腔比产生了显著的影响。1 月和 3 月最高地温分别在滞后 7 年和 3 年时成为引起早材壁腔比径向变异的格兰杰成因。

表 7-57　气候变化引起樟子松早材壁腔比径向变异的格兰杰成因

气候变量		滞后期	气候变量		滞后期
气温	T_4	2～4 年		S_{12}	2 年、5 年
	T_6	2～3 年	平均地温	E_9	2 年
降水量	P_7	5～6 年	最低地温	E_{i4}、E_{i10}	2 年
	P_8	3～4 年	最高地温	E_{a1}	7 年
	P_{12}	6 年		E_{a3}	3 年
日照时间	S_{11}	7 年			

7.3.2.9　晚材壁腔比

与早材壁腔比一样，气候变化对晚材壁腔比的径向变异影响不是很大，从响应函数分析可知，只有个别气候变量对晚材壁腔比产生了显著的影响。使用 1974～2003 年度的人工林樟子松晚材壁腔比和气候变量的年度数据进行格兰杰检验。结果由表 7-58 可知，2 月相对湿度对樟子松晚材壁腔比的滞后影响显著，滞后期为 4～7 年。5 月和 7 月的相对湿度对晚材壁腔比也有显著的滞后影响，滞后期为 7 年。降水量对樟子松晚材壁腔比的滞后影响比较大，主要是生长季的 7 月、8 月和休眠期的 2 月和 11 月。4 月和 12 月平均地温在滞后 5 年时成为引起晚材壁腔比径向变异的格兰杰成因。7 月最高地温和 9 月最低地温分别在滞后 3～5 年和 5 年时对晚材壁腔比产生了显著的影响。

表 7-58　气候变化引起樟子松晚材壁腔比径向变异的格兰杰成因

气候变量		滞后期	气候变量		滞后期
相对湿度	H_2	4～7 年		P_{11}	7 年
	H_5、H_7	7 年	平均地温	E_4、E_{12}	5 年
降水量	P_2、P_8	3 年	最低地温	E_{i9}	5 年
	P_7	4 年	最高地温	E_{a7}	3～5 年

7.3.2.10　木射线组织比量

由响应函数分析可知，气候变化对当年及第二年樟子松木射线的形成有一定的影响，但是影响达到显著水平的气候变量并不多，使用 1974～2003 年度的人工林樟子松木射线组织比量和气候变量的年度数据进行格兰杰检验。结果由表 7-59 可知，在滞后期延长到 2 年以后，部分气候变量对木射线组织比量产生了显著影响。7 月的气温和平均地温分别在滞后 3 年和 2 年时对木射线组织比量产生了显著的影响。樟子松的早材细胞的生长主要在生长季节的前半部分，温度适宜、雨水丰沛时早材细胞在径向和纵向上会得到比较充分的伸展，大而壁薄的早材细胞同时也会提高木射线薄壁细胞的百分比。2 月气温和相对湿度分别在滞后了 4 年和 3 年时成为引起樟子松木射线组织比量径向变异的格兰杰成因。引起木射线组织比量径向变异的格兰杰成因还有 11 月、12 月的日照时间，滞后期为 6 年。11 月平均地温在滞后了 5～7 年时对木射线组织比量也产生了显著的影响。4 月和 10 月最低地温在滞后了 7 年时也是引起木射线组织比量径向变异的格兰杰成因。

表 7-59　气候变化引起樟子松木射线组织比量径向变异的格兰杰成因

气候变量		滞后期	气候变量		滞后期
气温	T_2	4 年	日照时间	S_{11}、S_{12}	6 年
	T_7	3 年	平均地温	E_7	2 年
相对湿度	H_1	2～4 年		E_{11}	5～7 年
	H_2	3 年	最低地温	E_{i4}、E_{i10}	7 年

7.3.2.11　树脂道组织比量

1974～2003 年间的气候变化对树脂道组织比量有一定的影响，但是在当年以及滞后 1 年时，并没有产生显著的影响，影响在滞后了 2 年以上时才表现出

来，滞后期最长可达 7 年（表 7-60）。2 月的温度对樟子松树脂道组织比量的滞
后影响显著，气温的滞后期为 2~3 年，最低地温的滞后期为 3 年，平均地温的
滞后期为 2~4 年。4 月和 11 月平均地温也有显著的滞后影响，滞后期比较长，
分别为 4~6 年和 2~3 年、5~7 年。降水量的滞后影响也比较明显，主要是 1
月、5 月和 9 月。以 9 月降水量为例，9 月降水量在滞后 2 年时对树脂道组织比
量产生了显著的负面影响（图 7-21），9 月降水量较多时，樟子松在两年后产生
的树脂道的组织比量会降低。随着滞后期的延长，9 月降水量对树脂道组织比量
的滞后影响减弱，在滞后 4 年时的影响达不到显著水平，但是在滞后 5 年和 6 年

表 7-60　气候变化引起樟子松树脂道组织比量径向变异的格兰杰成因

气候变量		滞后期	气候变量		滞后期
气温	T_2	2~3 年	平均地温	E_2	2~4 年
降水量	P_1	2~3 年		E_4	4~6 年
	P_5	3~4 年、6 年		E_{11}	2~3 年、5~7 年
	P_9	2~3 年、5~6 年	最低地温	E_{i2}	3 年
日照时间	S_7	2 年、5 年	最高地温	E_{a9}	2 年

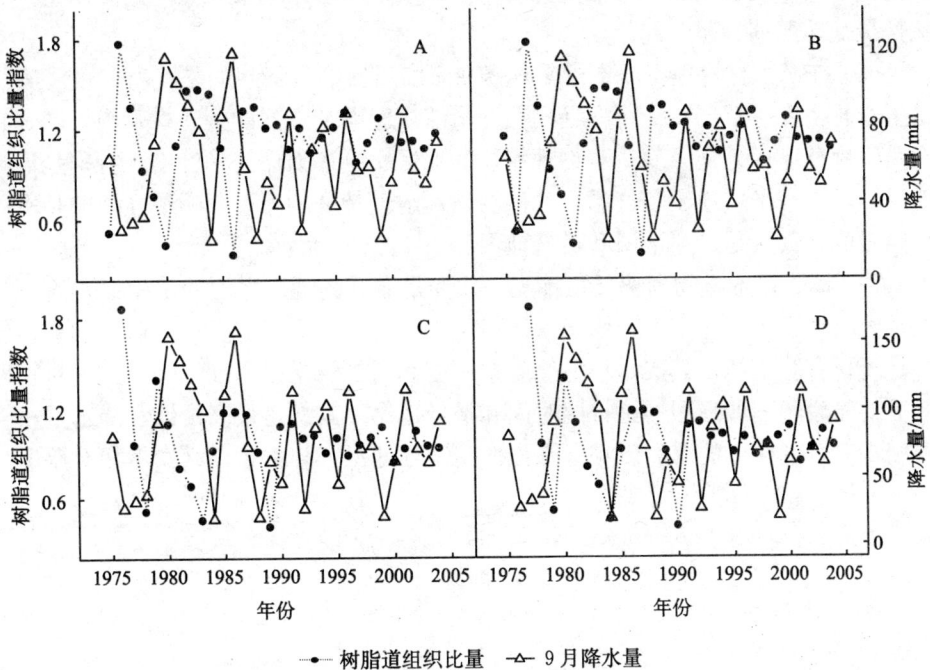

图 7-21　9 月降水量在不同滞后期对樟子松树脂道组织比量径向变异的影响程度

A. 滞后 2 年；B. 滞后 3 年；C. 滞后 5 年；D. 滞后 6 年

时滞后影响又变的比较显著。9月已到生长季末期，形成层生长逐渐停止。树木处于养分回流和储藏的阶段，此时树木液流有时会产生峰值现象[32]，呼吸作用成了主要的消耗。由于叶、芽、根与形成层的活动接近尾声，所养分的积累主要表现在晚材细胞次生木质部的加厚以及来年营养的储藏上。日照时间仅7月对樟子松树脂道组织比量有显著的滞后影响，滞后期为2年、5年。相对湿度对樟子松树脂道组织比量的滞后影响没有达到显著水平。

7.4　本章小结

通过时间序列分析方法的格兰杰检验，研究了1～12月的气候变量对人工林长白落叶松、红松和樟子松木材物理和解剖特征的滞后影响，具体结论如下：

（1）落叶松受气候变化的滞后影响最显著，其次是樟子松和红松。气候变量对木材物理和解剖特征各项指标的滞后影响比较复杂，滞后期不完全相同。

（2）落叶松木材物理特征指标受气候变量滞后影响最强烈的是晚材密度，其次是生长轮密度和晚材率。气候变量对物理特征的滞后影响最强烈的是降水量，其次是平均地温和气温；气候变量对解剖特征的滞后影响最强烈的是降水量，其次是最低地温和日照时间。

（3）红松木材物理特征指标受气候变量滞后影响最强烈的是晚材密度，其次是生长轮密度；解剖特征指标受气候变量滞后影响最强烈的是晚材管胞长度，其次是管胞壁厚度。气候变量对物理特征的滞后影响最强烈的是温度，特别是最高地温，其次是平均地温和气温；气候变量对解剖特征的滞后影响最强烈的是平均日照时间，其次是最高地温和最低地温。

（4）樟子松木材物理特征指标受气候变量滞后影响最强烈的是晚材宽度，其次是晚材率和生长轮密度；樟子松木材解剖特征指标受气候变量滞后影响最强烈的是晚材管胞直径，其次是早材管胞壁厚度和晚材管胞壁厚度。气候变量对物理特征的滞后影响最强烈的是日照时间和最低地温，其次是最高地温和降水量；气候变量对解剖特征的滞后影响最强烈的是平均地温和降水量，其次是相对湿度。

参 考 文 献

[1] 吴祥定等．树木年轮与气候变化．北京：气象出版社，1990.189～220
[2] 王森，白淑菊，陶大立．大气增温对长白山林木直径生长的影响．应用生态学报，1995，6（2）：128～132
[3] 王金满．木材材质预测学．哈尔滨：东北林业大学出版社，1997.94，95
[4] 王维国．计量经济学．大连：东北财经大学出版社，2001.238～266
[5] Pederson N, Cook E R, Jacoby G C et al. The influence of winter temperatures on the annual radial growth of six northern range margin tree species. Dendrochronologia, 2004, 22：7～29

[6] 刘禹，马利民. 树轮宽度对近 376 年呼和浩特季节降水的重建. 科学通报，1999，44（18）：1986～1992

[7] 王亚军，陈发虎，勾晓华. 利用树木年轮资料重建祁连山中段春季降水的变化. 地理科学，2001，21（4）：373～377

[8] Larsen C P S, Mac Donald G M. Relations between tree-ring widths, climate, and annual area burned in the boreal forest of Alberta. Canadian Journal of Forest Research, 1995, 25: 1746～1755

[9] Gutiérrez E. Climate tree-growth relationships of Pinus uncinata Ram. in the Spanish pre-Pyrenees. Acta Oecoligia, 1991, 12: 213～225

[10] 李江风，袁玉江，由希尧. 树木年轮水文学研究与应用. 北京：科学出版社，2000. 55～58

[11] Wimmer R, Grabner M. Effects of climate on vertical resin duct density and radial growth of Norway spruce (Picea abies (L.) Karst.). Trees, 1997, 11 (5): 271～276

[12] 姚国清，池桂清，董兆琪. 红松生长与光照关系的探讨. 生态学杂志，1985，4（6）：48～50

[13] 丁宝永，张世英，陈祥伟. 红松人工林培育理论与技术. 哈尔滨：黑龙江科学技术出版社，1994. 10～28

[14] 宋秀琴，王作梅. 红松幼树高生长与土壤因子相关关系的研究. 辽宁林业科技，1991，1：23～25

[15] 王淼，代力民，姬兰柱. 长白山阔叶红松林主要树种对干旱胁迫的生态反应及生物量分配的初步研究. 应用生态学报，2001，12（4）：496～500

[16] 徐海，洪业汤，朱咏煊. 安图红松树轮稳定碳同位素记录的低云量信息. 地球化学，2002，31（4）：309～314

[17] 刘传照，李俊清，金奎刚. 林下光照条件与红松幼树生长的相关性研究. 东北林业大学学报，1991，19（3）：103～108

[18] 詹鸿振，任淑文，沈淑娟. 红松幼树的营养特性研究. 东北林业大学学报，1989，17（1）：9～14

[19] 李俊清，刘传照，姚成滨. 林冠下红松幼树叶绿素含量与生长关系的研究. 东北林业大学学报，1990，18（2）：21～26

[20] 李俊清，柴一新，朱春全. 不同光强下红松幼树光合作用和营养物质含量的季节模式. 生态学杂志，1991，10（5）：1～5

[21] 李景文. 红松混交林生态与经营. 哈尔滨：东北林业大学出版社，1997. 191～194

[22] 朱美云，田有亮，郭连生. 不同气候湿度下樟子松耐旱生理特征的变化. 应用生态学报，1996，7（3）：250～254

[23] 王立臣，韩士杰，黄明茹. 干旱胁迫下沙地樟子松脱落酸变化及生理响应. 东北林业大学学报，2001，29（1）：40～43

[24] 苏红军，赵锋，李洪光. 沙地樟子松生长规律的研究. 防护林科技，2005，5：12，13

[25] Levitt J. Responses of Plants to Environmental Stresses. 2nd Ed. London: Academic Press, 1981. 93～112

[26] Hinckley T M, Brooks J R, Cermak J et al. Water flux in a hybrid poplar stand. Tree Physiol, 1994, 14: 1005～1018

[27] Ham J M, Heilman J L. Measurement of mass flow rate of sap in Ligustrum japonicum. Hort Sci, 1990, 25: 465～467

[28] Martin T A. Winter season tree sap flow and stand transpiration in an intensively-managed loblolly and slash pine plantation. J Sust For, 2000, 10 (1/2): 155～163

[29] Christersson L. The influence of photoperiod and temperature on the development of frost hardiness in

seedlings of Pinus sylvestris and Picea abies. Physiologia Plantarum，1978，44：288～294

[30] 王爱芳，张钢，魏士春等．温度与光周期对樟子松实生苗针叶抗寒性的影响．中国农学通报，2007，23（2）：156～161

[31] Repo T，Mākelā A，Hänninen H. Modelling frost resistance of trees. Silva Carelica，1990，15：61～74

[32] 陈仁升，康尔泗，张智慧等．黑河流域树木液流秋末冬初的峰值现象．生态学报，2005，25（5）：1221～1228

第8章　气候长期变化趋势对木材形成的影响

全球气候变化及其影响是当今人类面临的最严峻挑战之一，特别是 20 世纪 80 年代以来，全球气温出现了最明显的上升趋势，全球性气候变暖以及其所导致的全球气候变化成为研究的热点问题[1]。气候年际变化对树木生长的长期影响引起学者们的高度关注。比如，Bergès 等认为与 1982～1986 年相比，1987～1991 年的年平均气温增加 0.48℃，法国北部无柄栎木生长轮平均宽度增加 6.1%。海拔下降 176m 相应增温 1℃，则使相应的生长轮宽度增加 50%，生长轮生长的加快可能主要和夜间增温有关[2]。Masiokas 等认为对巴塔哥尼亚南部山毛榉木材内产生的窄生长轮，在 20 世纪产生的要比 18 世纪后期产生的更频繁，这种差异可能是对美国南部地区近 100 年来，长期温暖趋势显著增加的一种响应[3]。Gindl 等认为挪威云杉树木细胞的木质素含量可能不仅仅受反常的温度状况的影响，也可能与长时间温度的改变有关[4]。人工林的生长地气候也有长期变化的显著趋势，这种变化势必会影响到人工林树木的物候期[5]，进而影响到人工林木材构造特征的径向变异。

有关气温变暖等气候变化趋势与植被分布改变、森林群落结构更替、森林生产力等方面的关系，已有比较深入、系统的研究[6~16]，但是在气候因素对木材物理和解剖特征的影响方面，目前尚未见有关研究报道。为此笔者研究了气候长期变化的趋势对人工林落叶松、红松和樟子松木材物理和解剖特征的影响，为人工林培育措施和木材资源高效合理利用提供合理化建议和实践指导。

8.1　气候长期变化趋势对落叶松木材形成的影响

根据前面所述关于人工林采样地气候变化的分析结果，选取 1～9 月长期变化趋势明显的因子作为参与协整分析的气候变量，分别是 1～3 月的平均气温，5～9 月的降水量，1～3 月、7 月的平均日照时间，4～6 月、9 月、1 月的相对湿度，1～2 月、9 月的最低地温，4～9 月的最高地温，共计 26 个气候变量。将此 26 个气候变量与人工林落叶松木材物理和解剖特征各项指标进行协整分析，研究气候年际变化对人工林落叶松木材物理和解剖特征的长期影响。变量的单位根检验结果详见表 7-1。

8.1.1　气候长期变化趋势对落叶松木材物理特征的影响

在木材的形成过程中，很大程度上受生长环境和遗传因素的影响。木材的性

质从髓心到树皮方向存在变异性。例如，人工林落叶松生长轮宽度在前几年迅速
增加，大约在第 6 年、第 7 年达到最大值，随后开始下降，当达到第 20 年左右
时，生长轮宽度逐渐平稳下来，在某一范围内波动。人工林落叶松木材物理特征
各项指标的这种径向变化趋势不同，除了受遗传因素制约外，可能与气候长期变
化、缓慢变化有一定的关系。

8.1.1.1　早材密度

影响植物生物生长的气温、降水和日照三大气候要素对人工林落叶松早材密
度的形成有滞后影响，但是这三个气候要素近 30 年来的缓慢变化趋势并没有影
响到落叶松早材密度的形成，由早材密度（ED）和月平均气温、月平均降水量
和月平均日照时间进行协整分析，结果表明不存在协整关系（表 8-1）。由早材
密度与相对湿度、地温气候变量的分析来看，早材密度主要与 4 月、5 月和 9 月
最高地温之间存在长期均衡的正相关关系（图 8-1）。另外，早材密度与 9 月相对
湿度也有长期均衡的协整关系。

表 8-1　落叶松早材密度与气候因子变量之间的协整检验

协整模型	R^2	$A-R^2$	p	e_t 的平稳性
$ED_t=0.002H_{9t}+0.345+e_t$	0.232	0.205	0.006	1% 上平稳
$ED_t=0.003E_{a4t}+0.447+e_t$	0.264	0.239	0.003	1% 上平稳
$ED_t=0.002E_{a5t}+0.438+e_t$	0.147	0.117	0.033	1% 上平稳
$ED_t=0.002E_{a9t}+0.453+e_t$	0.133	0.103	0.004	1% 上平稳

注：t 为时间（年份）；R^2 为判定系数；$A-R^2$ 为调整后的判定系数；p 为显著性水平。

格兰杰定理指出，两个具有协整关系的序列之间一定存在误差修正（ECM）
模型，但是由格兰杰检验得知，与早材密度存在协整关系的几个气候变量对早材
密度的形成滞后影响未达到显著水平。但是 1994 年 9 月相对湿度的异常波动对
早材密度的形成产生显著的影响。1994 年 9 月的平均相对湿度值达到了
86.56%，远高于 1973～2003 年任何年份同一时期的相对湿度值。9 月是木材细
胞壁物质充实的阶段，通常 9 月秋高气爽，较高的相对湿度对喜好温暖湿润的落
叶松树种来说，是一个非常有利的气候条件，但是 1994 年 9 月极高的相对湿度
并没有显著增加当年的早材密度值，而是在随后 1997 年早材密度出现了一个最
高峰。当然，在 1997 年，9 月的相对湿度也出现了一个小高峰，其值略高于
1973～2003 年 9 月相对湿度的平均值，较高的相对湿度可能对当年的早材密度
也产生了影响，但是在事隔两年后，在 2000 早材密度也恰好出现了比 1997 年稍
低的小高峰，因此可以推断，这个峰值主要是由 1997 年 9 月较高的相对湿度造
成的。

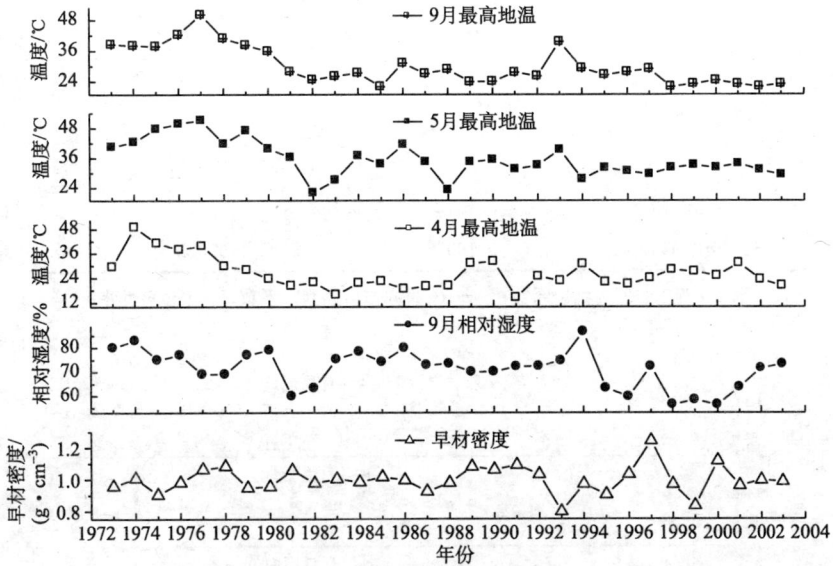

图 8-1　气候因素与落叶松早材密度值趋势

8.1.1.2　早材宽度

早材宽度时间序列 EW 是非平稳的且为 I（1）时间序列（表 7-1），对 EW 和同为 I（1）气候因子变量进行协整回归，并对协整模型的残差序列 e_t 进行平稳性检验，结果表明所有协整模型的残差序列 e_t 在 5% 显著性水平上不平稳。因此，早材宽度与气候因子之间不存在长期均衡的协整关系。

8.1.1.3　晚材密度

气温和相对湿度对人工林落叶松晚材密度的形成有滞后影响，但是这两个气候要素近 30 年来的缓慢变化趋势并没有影响到落叶松晚材密度的形成，由 LD 和月平均气温进行协整分析，结果表明不存在协整关系（表 8-2）。晚材密度时间序列 LD 是非平稳的且为 I（1）时间序列（表 7-1），对 LD 和同为 I（1）的气候因子变量进行协整回归，并对协整模型的残差序列 e_t 进行平稳性检验，检验结果如表 8-2 所示。所有协整模型的残差序列 e_t 在 1% 显著性水平上平稳。晚材密度主要与 1 月、9 月最低地温之间存在长期均衡的负相关关系，与 9 月降水量和 2 月、3 月日照时间之间存在长期均衡的正相关关系（图 8-2）。

表 8-2　落叶松晚材密度与气候因子变量之间的协整检验

协整模型	R^2	$A-R^2$	p	e_t 的平稳性
$LD_t=0.002P_{9t}+0.799+e_t$	0.143	0.113	0.036	1%上平稳
$LD_t=0.002S_{2t}+0.817+e_t$	0.168	0.139	0.022	1%上平稳
$LD_t=0.002S_{3t}+0.801+e_t$	0.261	0.236	0.003	1%上平稳
$LD_t=-0.003E_{i1t}+0.839+e_t$	0.161	0.132	0.026	1%上平稳
$LD_t=-0.003E_{i9t}+0.928+e_t$	0.169	0.140	0.022	1%上平稳

注：t 为时间（年份）；R^2 为判定系数；$A-R^2$ 为调整后的判定系数；p 为显著性水平。

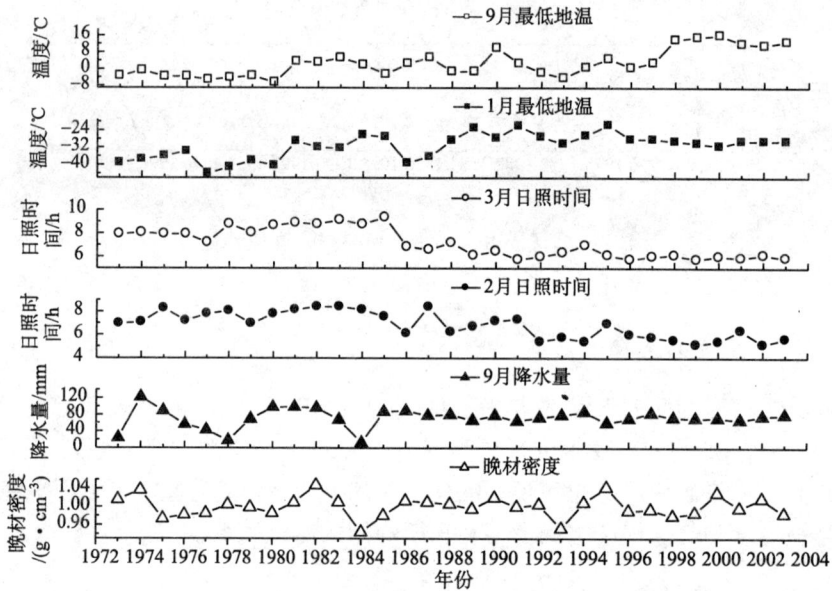

图 8-2　气候因素与落叶松晚材密度值趋势

　　由格兰杰检验知，与晚材密度存在协整关系的几个气候变量中，仅 E_{i9}（1年）对晚材密度的滞后影响显著，对其采用从一般到特殊的建模方法，最后估计误差修正（ECM）模型为

$$LD_t = 0.377 \times LD_{t-4} + 0.504 \times LD_{t-6} - 0.002$$
$$\times E_{i9t} - 0.0003 \times E_{i9t-1} + 0.109 \tag{8-1}$$

　　上面方程的统计结果表明具有较好的拟合效果，真实值与拟合值见图 8-3。从 ECM 模型中得出结论：晚材密度与 9 月最低地温的温度上升之间存在长期均衡关系，当年 9 月最低地温的影响对下一年晚材密度值做出反向修正。

　　值得注意的是，9 月的降水量在 1984 年仅为 12.5 mm，比 1973~2003 年同

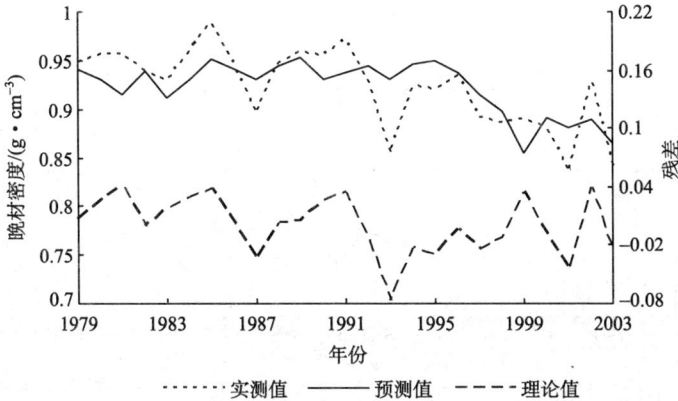

图 8-3 落叶松晚材密度误差修正模型的拟合值与真实值

一时期平均水平低得多。极端干旱会影响树木的生长[17]。1984 年 9 月的这个极端降水值对当年晚材密度的形成产生了显著的影响，晚材密度值在 1984 年出现了一个低谷值，其密度值远低于平均值水平。显然 9 月的干旱少雨造成树木内水压低，营养物质吸收困难，不利于木材细胞特别是晚材细胞的胞壁加厚[18]。

8.1.1.4 晚材宽度

晚材宽度时间序列 LW 是非平稳的且为 I（2）时间序列（表 7-1），对 LW 和同为 I（2）的气候因子变量进行协整回归，并对协整模型的残差序列 e_t 进行平稳性检验，检验结果如表 8-3 所示。表明晚材宽度与 1 月日照时间协整模型的残差序列 e_t 在 1% 显著性水平上平稳。因此，晚材宽度仅与 1 月日照时间之间存在长期均衡的协整关系（图 8-4）。光与落叶松生长发育关系密切，培育和经营落叶松林，必须考虑光照条件。落叶松有长枝和短枝之分，短枝上的叶是前一年形成的，长枝基部的叶和茎上一部分叶是在上年冬芽中形成的，茎上其余的叶是当年生长期形成的[19]。冬季 2 月、3 月充足的光照除了有利于落叶松短枝上前一年形成的针叶进行光合作用外，还有利于前一年形成的冬芽展开成叶。晚材宽度在 1978 年出现一个最低值，在紧接着的 1979 年出现一个峰值，但这不是日照时间的异常变化造成的，可能是由于 1977 年 1 月、2 月的最低地温造成的。1 月日照时间对晚材宽度的滞后影响未达到显著水平。

表 8-3 落叶松晚材宽度与气候因子变量之间的协整检验

协整模型	R^2	$A-R^2$	p	e_t 的平稳性
$LW_t = 0.015\ S_{1t} + 0.404 + e_t$	0.137	0.107	0.041	1% 上平稳

注：t 为年份；R^2 为判定系数；$A-R^2$ 为调整后的判定系数；p 为显著性水平。

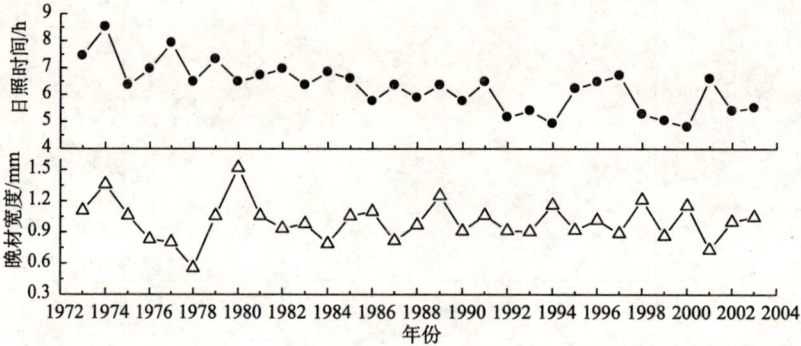

图 8-4　1 月日照时间与落叶松晚材宽度值趋势

8.1.1.5　生长轮密度

生长轮密度和密度最小值时间序列 RD、R_{dmin} 是平稳的时间序列（表 7-1），对 RD、R_{dmin} 和平稳的气候因子变量进行回归，并对模型的残差序列 e_t 进行平稳性检验，结果表明不存在协整关系。气候因子变量的短期波动性对人工林落叶松生长轮密度、密度最小值的形成有影响，但是气候变量近 30 年来的缓慢变化趋势并没有影响到落叶松生长轮密度和密度最小值。生长轮密度最大值时间序列 R_{dmax} 是非平稳的且为 I（1）时间序列（表 7-1），对 R_{dmax} 和同为 I（1）的气候因子变量进行协整回归，并对协整模型的残差序列 e_t 进行平稳性检验，检验结果如表 8-4 所示。生长轮密度最大值与 9 月最低地温协整模型的残差序列 e_t 在 1% 显著性水平上平稳。生长轮密度最大值与 9 月最低地温之间存在长期均衡的正相关关系。

表 8-4　落叶松生长轮密度最大值与气候因子变量之间的协整检验

协整模型	R^2	$A-R^2$	p	e_t 的平稳性
$R_{dmax_t} = -0.002E_{i9t} + 1.040 + e_t$	0.168	0.139	0.022	1% 上平稳

注：t 为年份；R^2 为判定系数；$A-R^2$ 为调整后的判定系数；p 为显著性水平。

9 月最低地温对生长轮密度最大值的滞后影响未达到显著水平。但是在 1980 年和 1993 年，9 月最低地温分别出现了一次较低的地温值（图 8-5），仅为 -6.5℃ 和 -4.17℃。低温会降低土壤养分的有效性[20]，同时落叶松根系活性降低甚至被冻死，不利于养分的吸收，从而降低细胞壁物质充实量。但是在 1980 年和 1993 年，9 月极低的地温并没有显著影响当年的生长轮密度值，而是在随后 1984 年生长轮密度出现了一个低谷，其密度值远低于平均值水平。1993 年 9

月极低的地温对当年的生长轮密度产生了影响，这可能是由于 1992 年 9 月的最低地温也偏低，连续两年地温偏低造成 1993 年生长轮密度出现了最低值。

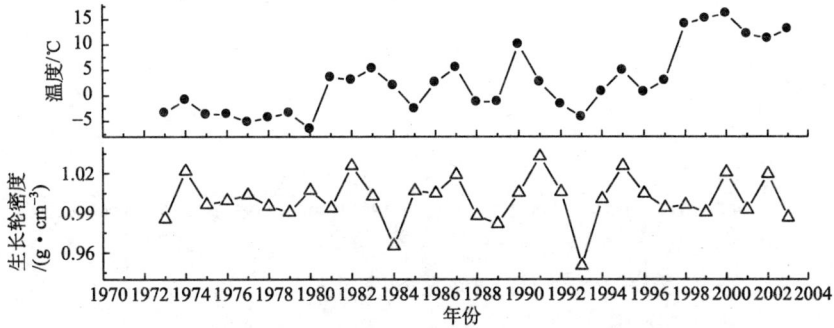

图 8-5　9 月最低地温与落叶松生长轮密度最大值趋势

8.1.1.6　生长轮宽度

生长轮宽度时间序列 RW 是非平稳的且为 I（1）时间序列（表 7-1），对 RW 和同为 I（1）的气候因子变量进行协整回归，并对协整模型的残差序列 e_t 进行平稳性检验，检验结果如表 8-5 所示。表明生长轮宽度与 2 月日照时间协整模型的残差序列 e_t 在 1% 显著性水平上平稳。生长轮宽度与 2 月日照时间之间存在长期均衡的正相关关系（图 8-6）。据政府间气候变化委员会 IPCC 的最新预测表明：到 2100 年全球平均温度将增加 1.4～5.8℃，比 20 世纪观测到的增温幅度高 2～10 倍，降水和云的格局也会发生改变[21]。云量的增加必然导致日照时间缩短，影响到树木的光合作用。但是这个气候变量对生长轮宽度的滞后影响未达到显著水平。

表 8-5　落叶松生长轮宽度与气候因子变量之间的协整检验

协整模型	R^2	$A-R^2$	p	e_t 的平稳性
$RW_t=0.042S_{2t}+0.457+e_t$	0.200	0.172	0.012	1% 上平稳

注：t 为年份；R^2 为判定系数；$A-R^2$ 为调整后的判定系数；p 为显著性水平。

8.1.2　气候长期变化趋势对落叶松木材解剖特征的影响

人工林落叶松木材的解剖特征从髓心到树皮方向同样存在变异性，它们除了受遗传因素制约外，也与气候的长期、缓慢变化有一定的关系。

8.1.2.1　组织比量

管胞组织比量时间序列 TP 和木射线组织比量时间序列 WRP 是非平稳的且

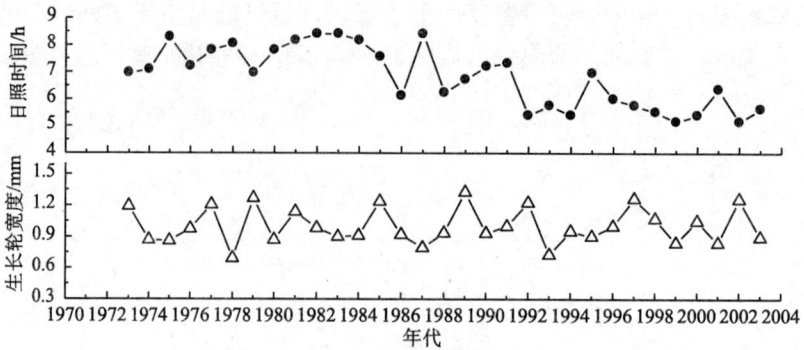

图 8-6　2月日照时间与落叶松生长轮宽度值趋势

为 I（2）时间序列，树脂道组织比量时间序列 RCP 是平稳的时间序列（表 7-1），与气候因子变量进行协整回归，并对协整模型的残差序列 e_t 进行平稳性检验，检验结果表明，木材各组织比量与气候变量之间不存在长期均衡的协整关系。这说明，气候长期变化的趋势对落叶松木材组织比量的影响不大。

8.1.2.2　管胞长度

早晚材管胞长度时间序列 ETL 和 LTL 是平稳的时间序列（表 7-1），对 ETL、LTL 和平稳的气候因子变量进行协整回归，并对协整模型的残差序列 e_t 进行平稳性检验，检验结果如表 8-6 所示。所有协整模型的残差序列 e_t 在 5% 显著性水平上平稳。管胞长度仅与 2 月、3 月的平均气温之间存在长期均衡的正相关关系，如图 8-7 所示。近年来（1973～2003 年）全球气候变暖引起的东北地区 2 月、3 月平均气温的升高，有利于增加落叶松木材的管胞长度。管胞长度与气温的协整模型表明，2 月气温对早材和晚材管胞长度增加的长期影响系数分别为 0.130 和 0.088，这说明在 1973～2003 年的样本期限内，2 月气温每增长 1 个单位，早材和晚材管胞长度就分别增加 0.130 和 0.088，由此可见，2 月气温缓慢升高在增加人工林落叶松管胞长度方面，对早材管胞长度比对晚材管胞长度所起作用大。3 月气温的升高趋势没有 2 月气温明显，所以 3 月气温的升高对管胞长度的影响没有 2 月气温的影响大。与 2 月气温的作用一样，3 月气温的升高对早材管胞长度比对晚材管胞长度所起的作用大。根据现代气候观测资料及中国科学院物候观测网络 26 个观测站点的物候资料，物候期的提前对温度上升的响应是非线性的，随着 20 世纪 80 年代以后我国大部分地区的冬季、春季增温，东北地区的物候期提前[22, 23]。落叶松生长季延长，有利于提高管胞长度值。生长季前期气温升高，使落叶松的生长发育提前，形成层的分裂活动加快，产生的管胞比较大，管胞的长度也比较长。

表 8-6　落叶松管胞长度与气候因子变量之间的协整检验

协整模型	R^2	$A-R^2$	p	e_t 的平稳性
$ETL_t = 0.117T_{2t} + 4.869 + e_t$	0.572	0.557	0.000	1%上平稳
$ETL_t = 0.078T_{3t} + 3.562 + e_t$	0.234	0.207	0.006	5%上平稳
$ETL_t = -0.026H_{6t} + 5.238 + e_t$	0.168	0.140	0.022	1%上平稳
$LTL_t = 0.130T_{2t} + 4.866 + e_t$	0.585	0.571	0.000	1%上平稳
$LTL_t = 0.088T_{3t} + 3.419 + e_t$	0.247	0.221	0.005	1%上平稳
$LTL_t = -0.029H_{6t} + 5.280 + e_t$	0.173	0.145	0.020	1%上平稳

注：t 为时间（年份）；R^2 为判定系数；$A-R^2$ 为调整后的判定系数；p 为显著性水平。

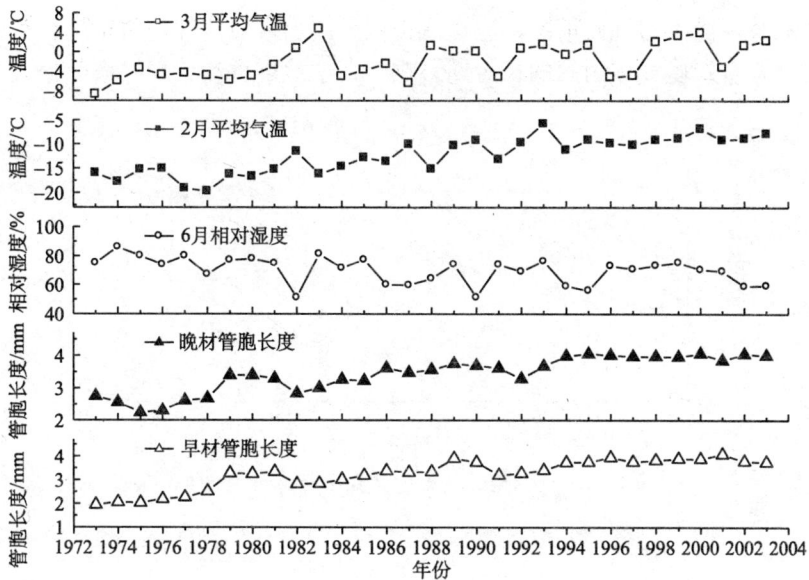

图 8-7　气候因素与落叶松管胞长度值趋势

由格兰杰检验知，与早材管胞长度存在协整关系的几个气候变量中，仅 T_2（4 年、6 年）对早材管胞长度的滞后影响显著，与晚材管胞长度存在协整关系的几个气候变量中，T_3（7 年）对晚材管胞长度的滞后影响显著，最后估计误差修正（ECM）模型为

$$ETL_t = -0.329 \times ETL_{t-3} + 0.208 \times ETL_{t-5} + 0.430 \times ETL_{t-9} + 0.008$$
$$\times T_{2t} + 0.0452 \times T_{2t-4} + 3.408 \tag{8-2}$$

$$LTL_t = 0.247 \times LTL_{t-5} + 0.380 \times LTL_{t-9} - 0.0184$$
$$\times T_{3t} + 0.033 \times T_{3t-7} + 1.641 \tag{8-3}$$

误差修正模型的回归系数都非常显著，分别以 76％和 66.3％的概率接受符合正态分布的假设。因此，该模型稳定，不存在模型设定偏误，拟合效果良好，真实值与拟合值见图 8-8、图 8-9。产生上述现象的主要原因与人工林树木生长的特殊性有关。众所周知，人工林树木的生长所受影响的因素比较复杂。木材材性的径向生长基本趋势主要受遗传因素的控制，所以落叶松木材的管胞形态特征受气候长期变化趋势的影响相对比较小。人工林木材的径向变异受立地条件、培育措施的影响，也受气候短期变化的影响，不仅是当年气候影响树木的生长，而且前年甚至于前几年的气候变化也可能会对树木产生重要的影响，也就是树木对往年气候因素的"记忆效应"或"滞后效应"[24]。落叶松木材的管胞形态特征的径向变异对气候变化的"滞后效应"说明，林业管理部门在制定人工林培育政策时不能只关注当年的气候情况，应该意识到气候因素对落叶松树木生长存在着滞后影响，综合权衡气候因素的长短期影响，科学地培育和管理好落叶松人工林。

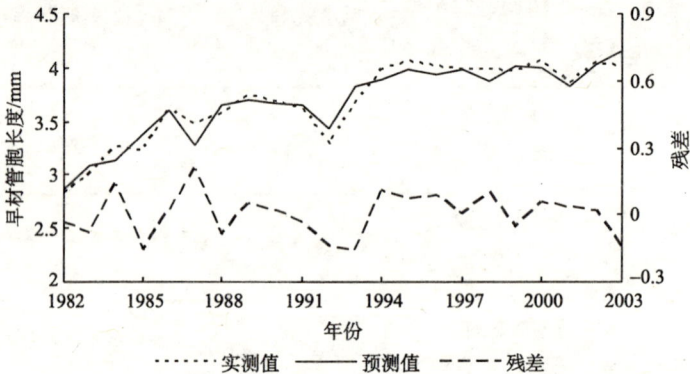

图 8-8　落叶松早材管胞长度误差修正模型的拟合值与真实值

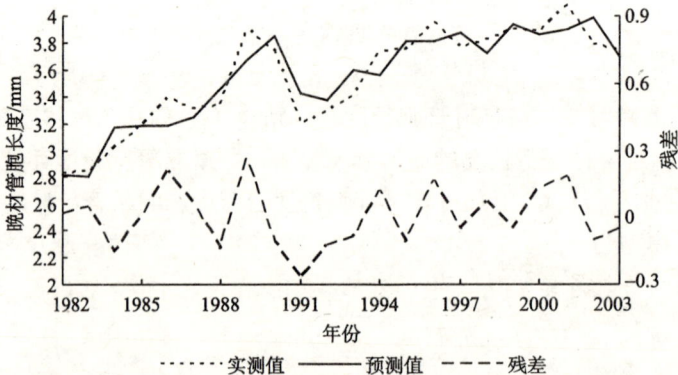

图 8-9　落叶松晚材管胞长度误差修正模型的拟合值与真实值

　　管胞长度还与 6 月相对湿度存在长期均衡的负相关关系，但是 6 月相对湿度的滞后影响对管胞长度的形成未达到显著水平，在研究时间段内的两次较低的 6 月相对湿度对管胞长度的形成产生了比较显著的影响。由于全球变暖，我国东北地区近 10 年极端干旱频率显著增加，是近百年少有的大范围高强度的极端干旱频发期，而极端湿润发生的频率相对减少[25]。6 月相对湿度在 1982 年和 1990 年分别出现了一次比较明显的低谷值，平均相对湿度仅为 51.11% 和 52%，远低于 1973～2003 年同一时期的平均值。6 月是木材管胞伸展阶段，较低的相对湿度对喜好温暖湿润的落叶松树种来说非常不利。1982 年 6 月明显偏低的相对湿度致使当年的管胞长度与相邻几年相比偏低，而 1990 年 6 月较低的相对湿度在滞后了 1 年时影响到早材的管胞长度值，在滞后两年时影响到了晚材的管胞长度值。

8.1.2.3　管胞直径（内径）

　　单位根检验结果表明，落叶松木材的早、晚材管胞直径时间序列 ETD 和 LTD 是非平稳的且为 $I(1)$ 时间序列（表 7-1）。对 ETD、LTD 和同为 $I(1)$ 的气候因子变量进行协整回归，并对协整模型的残差序列 e_t 进行平稳性检验，检验结果如表 8-7 所示。除了气温和降水量外，其他气候变量都有相关月份与管胞直径之间存在长期均衡的协整关系。早材管胞直径与 9 月相对湿度存在正相关关系（图 8-10）。径向直径的开始增加是由于径向细胞的扩展。

表 8-7　落叶松管胞直径与气候因子变量之间的协整检验

协整模型	R^2	$A-R^2$	p	e_t 的平稳性
$ETD_t=-0.213H_{9t}+53.249+e_t$	0.219	0.192	0.008	5% 上平稳
$ETD_t=-0.228S_{2t}+51.056+e_t$	0.257	0.232	0.004	1% 上平稳
$ETD_t=-0.296S_{3t}+55.840+e_t$	0.563	0.547	0.000	1% 上平稳
$ETD_t=0.244S_{7t}+24.081+e_t$	0.210	0.183	0.010	1% 上平稳
$ETD_t=0.335E_{i1t}+48.553+e_t$	0.257	0.231	0.004	1% 上平稳
$ETD_t=0.316E_{i2t}+46.972+e_t$	0.359	0.336	0.000	1% 上平稳
$ETD_t=0.267E_{i9t}+37.441+e_t$	0.179	0.151	0.018	1% 上平稳
$ETD_t=-0.170E_{a4t}+42.615+e_t$	0.135	0.105	0.042	1% 上平稳
$ETD_t=-0.297E_{a6t}+50.217+e_t$	0.347	0.324	0.001	1% 上平稳
$ETD_t=-0.275E_{a7t}+49.936+e_t$	0.338	0.315	0.001	1% 上平稳
$ETD_t=-0.233E_{a9t}+45.140+e_t$	0.189	0.161	0.015	1% 上平稳
$LTD_t=0.116S_{2t}+3.638+e_t$	0.334	0.311	0.001	1% 上平稳
$LTD_t=0.116S_{3t}+3.325+e_t$	0.430	0.410	0.000	1% 上平稳
$LTD_t=-0.114S_{7t}+16.778+e_t$	0.230	0.203	0.006	1% 上平稳
$LTD_t=-0.138E_{i9t}+10.570+e_t$	0.241	0.214	0.005	1% 上平稳
$LTD_t=0.082E_{a6t}+6.909+e_t$	0.134	0.104	0.043	1% 上平稳
$LTD_t=0.076E_{a7t}+6.983+e_t$	0.131	0.101	0.046	1% 上平稳

　　注：t 为时间（年份）；R^2 为判定系数；$A-R^2$ 为调整后的判定系数；p 为显著性水平。

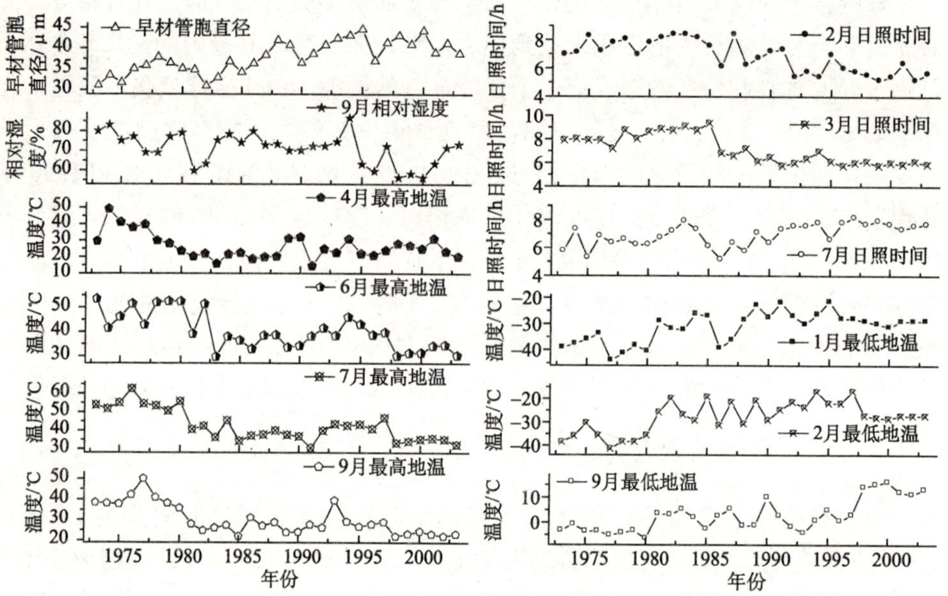

图 8-10　气候因素与落叶松早材管胞直径值趋势

1973～2003 年，东北地区 2 月、3 月的日照时间缩短，2 月、3 月的日照时间与早材管胞直径之间存在长期均衡的负相关关系，与晚材管胞直径存在长期均衡的正相关关系。特别是 3 月日照时间与管胞直径之间的关系最为密切。3 月的日照时间每增加 1 个单位，早材管胞直径减少 0.296，而晚材管胞直径增加 0.116。光与落叶松生长发育关系密切，培育和经营落叶松林，必须考虑光照条件。落叶松有长枝和短枝之分，短枝上的叶是前一年形成的，长枝基部的叶和茎上一部分叶是在上年冬芽中形成的，茎上其余的叶是在当年生长期形成的[19]。冬季 2 月、3 月充足的光照除了有利于落叶松短枝上前一年形成的针叶进行光合作用外，还有利于前一年冬芽展开成叶。日照时间的缩短不利于增加落叶松木材的早材管胞直径，却有利于晚材管胞直径的增加。在样本期限内，7 月日照时间有延长的趋势。7 月日照时间与早材管胞直径存在正相关关系，与晚材管胞直径存在长期均衡的负相关关系。7 月的日照时间每增加 1 个单位，早材管胞直径增加 0.224，而晚材管胞直径减少 0.114，由此可见，7 月的日照时间增加有利于早材管胞直径的增加，但却不利于晚材管胞直径的增加。7 月日照时间的增加对早材管胞直径比对晚材管胞直径所起的作用大。落叶松早材细胞径向生长主要产生在 6 月，晚材在 7 月，大多数早材管胞是在成熟区域。7 月充足的日光照射时间促进了细胞壁成分的合成，但是减少了次生壁加厚的时间，由于 7 月温度比较高，形成层最初的分裂数量减少，结果，导致早材管胞细胞壁比较薄，同样减少了晚材管胞的直径。也就是说，气候变化条件下，不可能同时增加细胞数量、径向直径和管胞壁厚[26]。

从分析结果看，气候变量中，地温的长期变化趋势对管胞直径的影响最大。早材管胞直径与1月、2月、9月最低地温存在长期的正相关关系，而与4月、6月、7月和9月最高地温存在长期的负相关关系；晚材管胞直径与9月最低地温存在负相关关系，与6月、7月最高地温存在正相关关系。

1981年9月相对湿度的异常值对早材管胞直径的形成产生了显著的影响。1981年9月的平均相对湿度仅为60%，远低于1973～2003年任何年份同一时期的相对湿度值，较低的相对湿度不利于树木的生长，但是1981年9月极低的相对湿度并没有显著降低当年的早材管胞直径值，而是在随后1982年早材管胞直径出现了一个最低值。

日照时间在1986年出现一次极低值，平均日照时间6.2 h。从图8-11中可以看出，1986年2月、3月和7月的日照时间与前几年相比均出现了明显的减少，特别是7月，每天平均日照时间仅为5.1 h，远远少于1973～2003年任何年份同一时期的日照时间值。1986年较少的日照时间影响树木的光合作用，不利于营养物质的合成，造成晚材管胞直径在1986年较小。

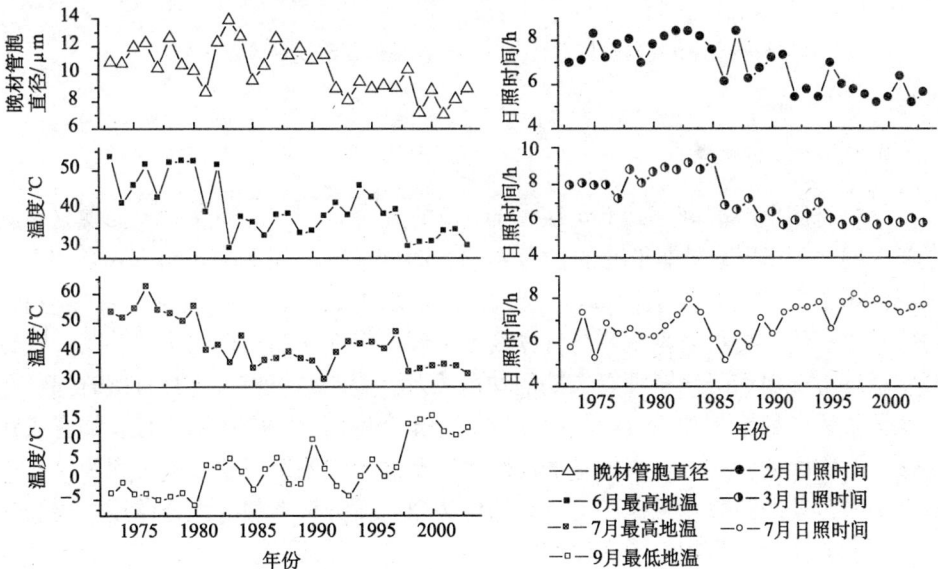

图 8-11　气候因素与落叶松晚材管胞直径值趋势

由格兰杰检验知，与晚材管胞直径存在协整关系的几个气候变量中，S_7（2年）对晚材管胞直径的滞后影响显著，对其采用从一般到特殊的建模方法，最后估计误差修正（ECM）模型为

$$\text{LTD}_t = 0.490 \times \text{LTD}_{t-1} + 0.450 \times \text{LTD}_{t-4} + 0.0393 \times S_{7t} - 1.968 \quad (8\text{-}4)$$

误差修正模型的回归系数都非常显著。以 65.45% 的概率接受符合正态分布的假设。因此，该模型稳定，不存在模型设定偏误，拟合效果良好，如图 8-12所示。

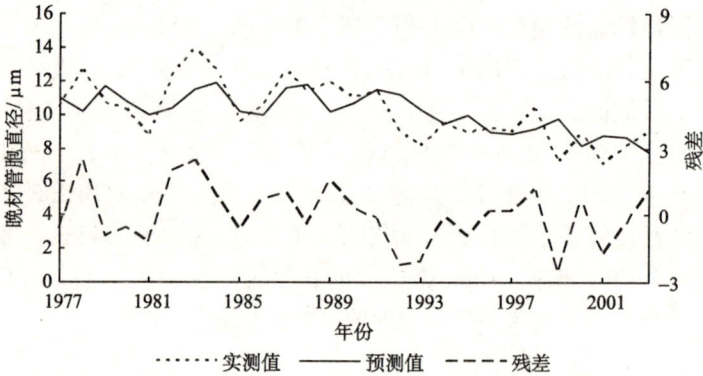

图 8-12　落叶松晚材管胞直径误差修正模型的拟合值与真实值

8.1.2.4　管胞壁厚

早材管胞壁厚时间序列 EWT 是非平稳的且为 I（3）时间序列，而晚材管胞壁厚时间序列 LWT 是非平稳的且为 I（1）时间序列（表 7-1），对 EWT、LWT和气候因子变量进行协整回归，并对协整模型的残差序列 e_t 进行平稳性检验，检验结果表明，早材管胞壁厚与气候变量之间不存在长期均衡的协整关系。晚材管胞壁厚与气温和降水量没有长期的均衡关系（表 8-8），但与 7 月日照时间存在正相关关系。细胞壁加厚过程的速度取决于光合作用、呼吸作用、化合物合成和传递到细胞壁的物质。径向细胞的最后生长及次生细胞壁开始形成表现为纹孔边缘和细胞角处的圆整化。这可能与加速细胞原生质分解有关。光合作用不仅加强了合成酶的作用而且加强了水解酶的作用，这必然导致原生质的分解。后面的过程与较早或较晚结束成熟阶段有很大关系，会显著地影响管胞厚度[26]。增加落叶松管胞壁横切面或厚度取决于对酶化作用的有效性，在 7 月光照时间延长的情况下，酶化作用增加，有利于晚材管胞厚度的增加。

表 8-8　落叶松晚材管胞壁厚与气候因子变量之间的协整检验

协整模型	R^2	$A-R^2$	p	e_t 的平稳性
$LWT_t=-0.079H_{9t}+20.417+e_t$	0.142	0.112	0.037	1%上平稳
$LWT_t=0.103S_{7t}+8.851+e_t$	0.176	0.147	0.019	1%上平稳
$LWT_t=0.140E_{i1t}+19.149+e_t$	0.209	0.182	0.010	1%上平稳
$LWT_t=0.170E_{i2t}+19.590+e_t$	0.486	0.463	0.000	1%上平稳
$LWT_t=-0.093E_{a5t}+18.085+e_t$	0.142	0.112	0.037	1%上平稳
$LWT_t=-0.112E_{a6t}+19.335+e_t$	0.229	0.202	0.007	1%上平稳
$LWT_t=-0.122E_{a9t}+18.501+e_t$	0.243	0.216	0.005	1%上平稳

注：t 为时间（年份）；R^2 为判定系数；$A-R^2$ 为调整后的判定系数；p 为显著性水平。

晚材管胞壁厚度还与 9 月相对湿度存在负相关关系（图 8-13）。从分析结果看，气候变量中，地温的长期变化趋势对早材管胞壁厚度的影响最大，晚材管胞壁厚与 1 月、2 月最低地温存在正相关关系，与 5 月、6 月、9 月最高地温存在负相关关系。由格兰杰检验知，与晚材管胞壁厚存在协整关系的几个气候变量，其滞后影响未达到显著水平。

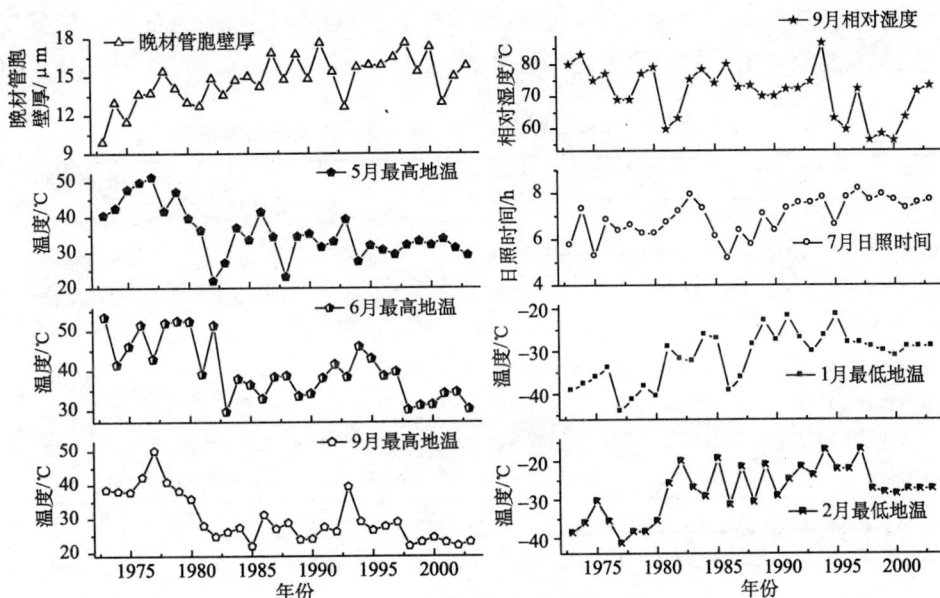

图 8-13　气候因素与落叶松晚材管胞壁厚趋势

1981 年 9 月相对湿度的异常值对早材管胞直径的形成产生了显著的影响，对早材管胞壁厚也产生了显著的影响，不同的是，1981 年 9 月极低的相对湿度对当年的晚材管胞壁厚就产生了影响，当年晚材管胞壁厚就出现了一个最低值。9

月最高地温在 1977 年出现了一个极端最高值，但是对晚材管胞壁厚的影响不大，反而是 1993 年出现一次峰值对管胞壁厚产生了显著的影响，在 1993 年管胞壁厚度出现了一个明显的低谷。土壤中的水分的多少，会影响树木的形成层的活动[27]。地温过高，造成地面蒸发量加大，树木生长所需的水压差增大，抑制了细胞壁的加厚。

8.1.2.5　胞壁率

早材胞壁率时间序列 ECWP 是非平稳的且为 I（1）时间序列，晚材胞壁率时间序列 LCWP 是平稳的时间序列（表 7-1），对 ECWP、LCWP 和气候因子变量进行协整回归，并对协整模型的残差序列 e_t 进行平稳性检验。检验结果表明，晚材胞壁率与气候变量之间不存在长期均衡的协整关系。早材胞壁率与降水量、气温和相对湿度之间也不存在长期均衡的协整关系，但是早材胞壁率与 3 月日照时间存在正相关关系。早材胞壁率主要是与地温特别是最高地温存在长期均衡的协整关系，与 1～2 月的最低地温存在长期的负相关关系，与 4～7 月、9 月的最高地温存在长期的正相关关系。尽管许多气候变量的长期变化趋势与早材胞壁率存在长期的协整关系（表 8-9），但是与早材胞壁率存在协整关系的这些气候变量对早材胞壁率的滞后影响未达到显著水平。

表 8-9　落叶松早材胞壁率与气候因子变量之间的协整检验

协整模型	R^2	$A-R^2$	p	e_t 的平稳性
$ECWP_t = 0.198S_{3t} + 31.945 + e_t$	0.371	0.349	0.000	1%上平稳
$ECWP_t = -0.344E_{i1t} + 33.030 + e_t$	0.398	0.378	0.000	1%上平稳
$ECWP_t = -0.303E_{i2t} + 35.246 + e_t$	0.487	0.469	0.000	1%上平稳
$ECWP_t = 0.176E_{a4t} + 39.079 + e_t$	0.213	0.185	0.009	1%上平稳
$ECWP_t = 0.216E_{a5t} + 36.071 + e_t$	0.245	0.217	0.005	1%上平稳
$ECWP_t = 0.174E_{a6t} + 36.740 + e_t$	0.175	0.146	0.019	1%上平稳
$ECWP_t = 0.197E_{a7t} + 35.314 + e_t$	0.256	0.230	0.004	1%上平稳
$ECWP_t = 0.193E_{a9t} + 37.953 + e_t$	0.191	0.163	0.014	1%上平稳

注：t 为时间（年份）；R^2 为判定系数；$A-R^2$ 为调整后的判定系数；p 为显著性水平。

5 月最高地温在 1982 年、6 月最高地温在 1983 年分别出现了一个极端最低值，但是，对早材胞壁率没有显著的影响。这可能是因为 5 月、6 月是树木的生长中期，温度并不是其限制因子。日照时间在 1986 年出现一次极低值，平均日照时间 6.2 h（图 8-14），3 月的平均日照时间在 1986 年出现了一次明显的减少，但是也没有对早材胞壁率产生较大的影响。但是 1 月、2 月的最低地温在 1977年出现了一次极低值，分别为 −44℃ 和 −41.3℃，1981 年冬季过低的地温对当年的早材胞壁率就产生了影响，造成当年早材胞壁率出现了一个最低值。

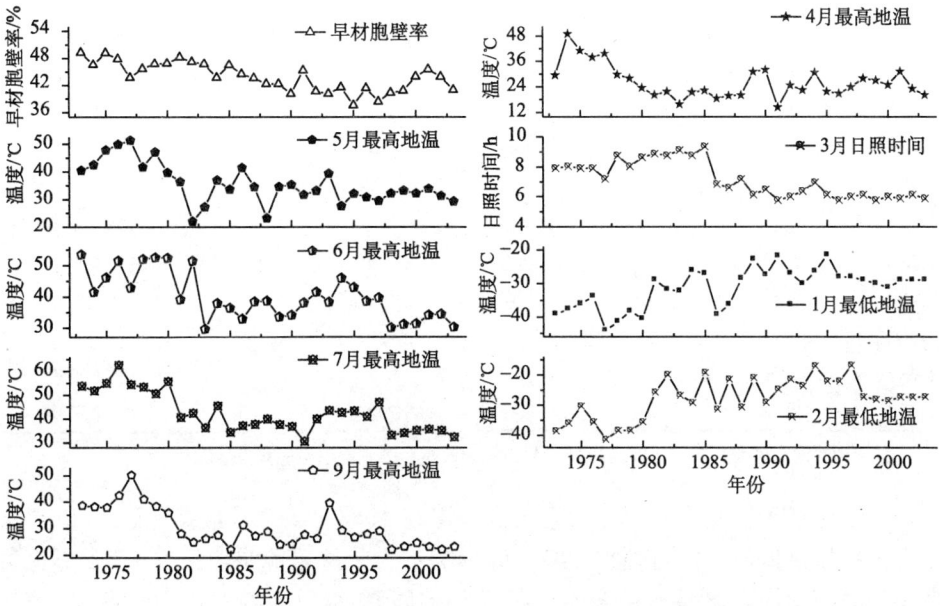

图 8-14　气候因素与落叶松早材胞壁率趋势

8.1.2.6　壁腔比

早材壁腔比时间序列 EW/L 是平稳的时间序列，而晚材壁腔比时间序列 LW/L 是非平稳的且为 I（1）时间序列（表 7-1），对 EW/L、LW/L 和气候因子变量进行协整回归，并对协整模型的残差序列 e_t 进行平稳性检验，检验结果表明，早材壁腔比与气候变量之间不存在长期均衡的协整关系，晚材壁腔比与降水量、气温没有长期的均衡关系，但是与 9 月相对湿度和 2 月、3 月日照时间存在负相关关系，而与 7 月日照时间存在正相关关系。气候变量中，地温的长期变化趋势对晚材壁腔比的影响最大（表 8-10）。晚材壁腔比与 1~2 月、9 月的最低地温存在长期的正相关关系，与 5~7 月、9 月的最高地温存在长期的正相关关系。人工林落叶松晚材壁腔比主要与生长季后期 9 月的气候变化关系密切，这一研究结果与 Bouriaud 等[28]对同一林地的 55 年生的法国山毛榉（*Fagussylvatica*）的分析一致，树木生长对生长季后期气候变化较为敏感。尽管许多气候变量的长期变化趋势与晚材壁腔比存在长期的协整关系，但是这些气候变量对晚材壁腔比的滞后影响未达到显著水平。而且，几个气候变量指标的极端气候指数对晚材壁腔比的影响不大。

表 8-10　落叶松晚材壁腔比与气候因子变量之间的协整检验

协整模型	R^2	$A-R^2$	p	e_t 的平稳性
$LW/L_t = -0.017H_{9t} + 2.820 + e_t$	0.211	0.183	0.009	1%上平稳
$LW/L_t = -0.020S_{2t} + 2.724 + e_t$	0.287	0.262	0.002	1%上平稳
$LW/L_t = -0.023S_{3t} + 2.996 + e_t$	0.516	0.499	0.000	1%上平稳
$LW/L_t = 0.027S_{7t} + 0.061 + e_t$	0.375	0.353	0.000	1%上平稳
$LW/L_t = 0.029E_{i1t} + 2.512 + e_t$	0.289	0.265	0.002	1%上平稳
$LW/L_t = 0.027E_{i2t} + 2.354 + e_t$	0.384	0.362	0.000	1%上平稳
$LW/L_t = 0.029E_{i9t} + 1.531 + e_t$	0.306	0.282	0.001	1%上平稳
$LW/L_t = -0.020E_{a5t} + 2.297 + e_t$	0.201	0.174	0.011	1%上平稳
$LW/L_t = -0.023E_{a6t} + 2.534 + e_t$	0.306	0.282	0.001	1%上平稳
$LW/L_t = -0.020E_{a7t} + 2.464 + e_t$	0.268	0.243	0.003	1%上平稳
$LW/L_t = -0.022E_{a9t} + 2.277 + e_t$	0.257	0.232	0.004	1%上平稳

注：t 为时间（年份）；R^2 为判定系数；$A-R^2$ 为调整后的判定系数；p 为显著性水平。

　　5月最高地温在 1982 年、6 月最高地温在 1983 年、7 月最高地温在 1991 都出现了极端最低值，但对晚材壁腔比的影响不大，这可能是由于 5～7 月是高温高湿的时期，最高地温不是影响树木生长的限制因子。值得注意的是：1998～2000 年，9 月的相对湿度是整个时期的最低值（图 8-15）。这是由于东北地区 1998 年降水均值骤然减少，至 2000 年维持整个时期的最低值，且减少幅度非常

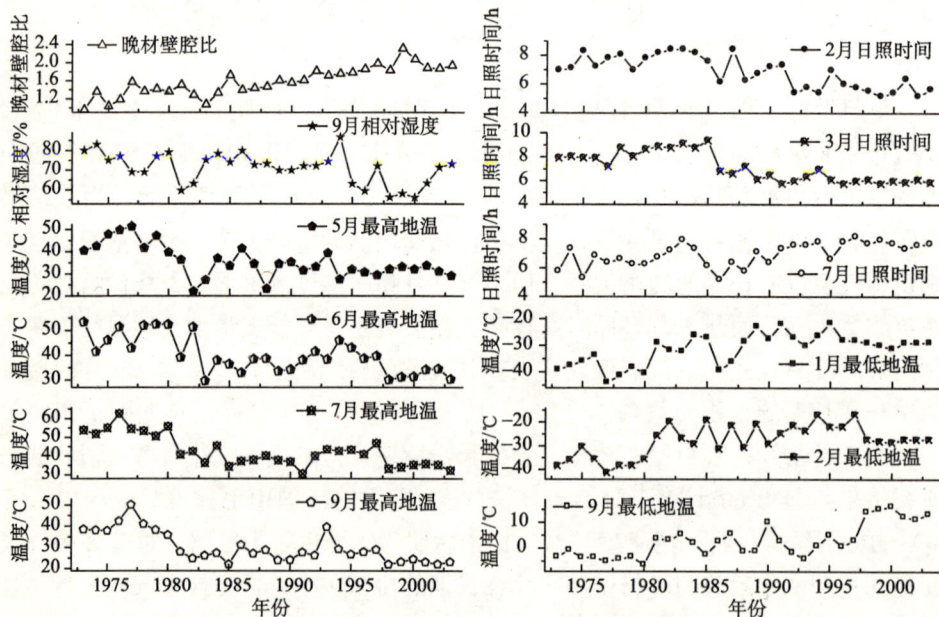

图 8-15　气候因素与落叶松晚材壁腔比趋势

大引起的[29]。极低的相对湿度值使得晚材壁腔比增加,特别是在 1999 年出现一个峰值,其值远高于平均值水平。9 月相对湿度在 1994 年出现了一个极端峰值,相对湿度达 86.56%,但是对晚材壁腔比的影响不大,这可能是由于气候因素的影响作用往往是交互的[30],在前一年(1993 年)9 月最高地温出现了一次峰值,它的滞后作用同时对 1994 年晚材壁腔比的形成产生了影响。9 月最低地温在 1980 年出现了一次极端最低值,仅为−6.5℃,低于树木生长所需的最低温度值(−5℃)。但是这一极端值在滞后了 3 年后对 1983 年的晚材壁腔比值产生了显著的影响,使晚材壁腔比在 1983 年出现了一次低谷值。当然 1983 年晚材壁腔比比较小,也可能与当年 7 月日照时间特别长有密切的关系,当年 7 月日照时间长达 7.92 h。

8.2　气候长期变化趋势对红松木材形成的影响

8.2.1　气候长期变化趋势对红松木材物理特征的影响

8.2.1.1　生长轮宽度

红松木材生长轮早材宽度(EW)和过渡带宽度(TW)是非平稳的且为 $I(1)$ 时间序列,晚材宽度(LW)和生长轮宽度(RW)则是平稳的时间序列(表 7-23),对 EW、TW 和同为 $I(1)$ 的气候因子变量进行协整回归,对 LW、RW 和平稳的气候因子变量进行协整回归,并对全部协整模型的残差序列 e_t 进行平稳性检验,检验结果表明,协整模型的残差 e_t 都在 5% 显著水平上平稳。EW、TW 都与 2 月、3 月的日照时间存在长期均衡的正相关关系,而与 1 月、2 月的最低地温存在长期均衡的负相关关系(表 8-11)。红松生长与日照时间相关紧密的一个原因是红松在幼龄时期组织比较柔嫩,正处于生长发育时期,对光照的反应表现得最为敏感。同时,日照时数的长短是影响地表热量收入和支出的主要原因[31]。晚材宽度仅与 4 月相对湿度之间存在长期均衡的负相关关系,生长轮宽度与 2 月气温之间存在长期均衡的负相关关系,相关系数在 0.4 以上。在全球总体气候温度增加的大环境条件下,红松林增温幅度未超过红松的耐受范围时,过熟林对气候变化的抗干扰能力显著优于其他林龄类型,但总生物量略低;中幼林对气候变化的适应能力最强,能够在气候变化过程中向着最有利于充分利用光照、养分等环境因子的方向演替,树种组成达到稳定后的总生物量水平通常最高。反之,当超过红松的耐受范围时,过熟林的抗干扰能力和恢复能力均下降,表现为林分的迅速衰退及总生物量的明显波动;中幼林对气候变化的适应能力仍然较强,演替动态最平稳[32]。

表 8-11　红松生长轮宽度与气候因子变量之间的协整检验

协整模型	R^2	$A-R^2$	p	e_t 的平稳性
$EW_t = 0.076S_{2t} - 2.101 + e_t$	0.352	0.323	0.002	5%上平稳
$EW_t = 0.059S_{3t} - 1.261 + e_t$	0.307	0.277	0.004	5%上平稳
$EW_t = -0.067S_{7t} + 6.187 + e_t$	0.191	0.156	0.028	5%上平稳
$EW_t = -0.066E_{i1t} + 0.298 + e_t$	0.165	0.129	0.044	5%上平稳
$EW_t = -0.083E_{i2t} + 0.080 + e_t$	0.350	0.322	0.002	1%上平稳
$EW_t = 0.065E_{a5t} + 0.028 + e_t$	0.236	0.203	0.013	5%上平稳
$TW_t = 0.029S_{2t} - 0.841 + e_t$	0.203	0.168	0.024	5%上平稳
$TW_t = 0.034S_{3t} - 1.186 + e_t$	0.385	0.359	0.001	1%上平稳
$TW_t = -0.037E_{i1t} - 0.287 + e_t$	0.202	0.167	0.024	5%上平稳
$TW_t = -0.032E_{i2t} + 0.009 + e_t$	0.197	0.162	0.026	5%上平稳
$TW_t = 0.038E_{a6t} - 0.715 + e_t$	0.248	0.217	0.011	5%上平稳
$LW_t = -0.012H_{4t} + 0.357 + e_t$	0.317	0.287	0.003	1%上平稳
$RW_t = -0.247T_{2t} + 0.501 + e_t$	0.418	0.393	0.001	1%上平稳

注：t 为时间（年份）；R^2 为判定系数；$A-R^2$ 为调整后的判定系数；p 为显著性水平。

　　由格兰杰检验知，与红松生长轮宽度存在协整关系的气候变量的滞后影响没有达到显著水平。

8.2.1.2　生长轮密度

　　人工林红松早材密度（ED）是非平稳的且为 $I(1)$ 时间序列，晚材密度（LD）和生长轮密度（RD）是平稳的时间序列（表 7-23），对 ED 和同为 $I(1)$ 的气候因子变量进行协整回归，对 LD、RD 和平稳的气候因子变量进行协整回归，并对全部协整模型的残差序列 e_t 进行平稳性检验，结果表明 LD 和气候因子之间所有协整模型的残差序列 e_t 在 5%显著性水平上不平稳。因此，晚材密度与气候因子之间不存在长期均衡的协整关系。ED 与 2 月、3 月日照时间之间存在长期均衡的正相关关系，协整模型的残差序列 e_t 在 5%显著性水平上平稳，与 7 月日照时间和 2 月最低地温存在长期均衡的负相关有关系，协整模型都在 1%水平上平稳，检验结果如表 8-12 所示。生长轮密度与 2 月气温存在长期均衡的负相关关系，而与 4 月的相对湿度之间存在长期均衡的正相关关系，协整模型都在 1%水平上平稳。干热温暖气候条件下东北地区红松林的生态适应性将显著下降，红松生长将受到限制[33]。

表 8-12　红松生长轮密度与气候因子变量之间的协整检验

协整模型	R^2	$A-R^2$	p	e_t 的平稳性
$ED_t = 0.002S_{2t} + 0.357 + e_t$	0.216	0.182	0.019	1% 上平稳
$ED_t = 0.001S_{3t} + 0.386 + e_t$	0.166	0.129	0.043	5% 上平稳
$ED_t = -0.002S_{7t} + 0.608 + e_t$	0.192	0.157	0.028	1% 上平稳
$ED_t = -0.003E_{i2t} + 0.395 + e_t$	0.383	0.356	0.001	1% 上平稳
$RD_t = -0.003T_{2t} + 0.483 + e_t$	0.216	0.182	0.019	1% 上平稳
$RD_t = 0.001H_{4t} + 0.458 + e_t$	0.319	0.290	0.003	1% 上平稳

注：t 为时间（年份）；R^2 为判定系数；$A-R^2$ 为调整后的判定系数；p 为显著性水平。

　　格兰杰定理指出，两个具有协整关系的序列之间一定存在误差修正（ECM）模型，但是由格兰杰检验知，与生长轮密度存在协整关系的几个气候变量中，仅 2 月气温在滞后 2～3 年时对生长轮密度产生了显著的影响。对其采用从一般到特殊的建模方法，最后估计误差修正（ECM）模型为

$$RD_t = 0.674 \times RD_{t-1} - 0.575 \times RD_{t-2} - 0.782 \times RD_{t-6} - 0.004$$
$$\times T_{2t} - 0.005 \times T_{2t-2} + 0.005 \times T_{2t-3} + 0.844 \qquad (8-5)$$

　　误差修正模型的回归系数都非常显著。该模型稳定，不存在模型设定偏误，拟合效果良好，如图 8-16 所示。

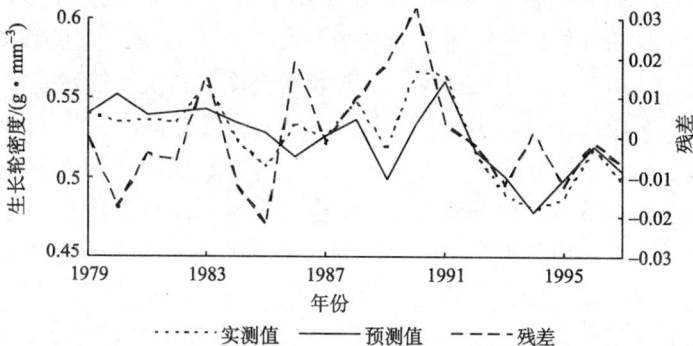

图 8-16　红松生长轮密度误差修正模型的拟合值与真实值

　　与生长轮密度存在协整关系的 4 月相对湿度对生长轮密度的滞后影响未达到显著水平，但是 4 月的相对湿度与红松生长轮密度的相关系数达 0.319，4 月相对湿度与红松生长轮密度值逐年变化趋势如图 8-17 所示。近 30 年红松生长轮密度的变化趋势与 4 月相对湿度的逐年变化趋势基本相同，特别是在 1988 年当地 4 月相对湿度出现了一个峰值，当年的生长轮密度值相应出现了一个峰值，时隔两年，1990 年 4 月相对湿度再次出现一个峰值，而生长轮密度也同样再次出现一个峰值，显然，4 月相对湿度对于生长轮密度的径向变异产生了显著的影响。

4月相对湿度在 1983 年出现了一次谷值，相对湿度值仅为 41.44％，但是在 1983 年生长轮密度并没有相应出现谷值，相对出现了一个峰值，对比 1983 年 4 月其他气候变量值，发现同一时间的平均气温比较低（4.77℃），但降水量和日照时数较邻近几年高（这在图 3-2 里已显示）。显然，较高的相对湿度与降水量和日照时数是使生长轮密度出现峰值的主要因素。

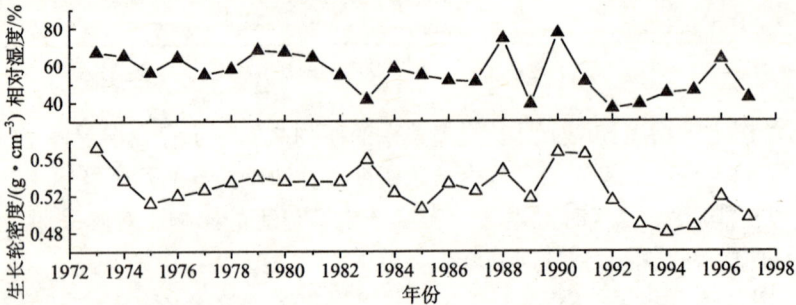

图 8-17　4月相对湿度与红松生长轮密度值逐年变化趋势

8.2.1.3　晚材率和生长速率

晚材率（LP）和生长速率（GR）是平稳的时间序列（表 7-23），对晚材率、生长速率和平稳的气候因子变量进行协整回归，并对协整模型的残差序列 e_t 进行平稳性检验，结果表明生长速率与 6 月相对湿度协整模型的残差序列 e_t 在 1％ 显著性水平上平稳，并且，生长速率与 6 月相对湿度之间存在长期均衡的正相关关系，见表 8-13。生长速率还与 2 月平均气温存在长期均衡的负相关关系，协整模型的残差序列 e_t 在 1％ 显著性水平上平稳。晚材率仅与 2 月平均气温存在长期均衡的正相关关系，协整模型的残差序列 e_t 在 1％ 显著性水平上平稳。2 月平均气温与红松晚材率逐年变化趋势如图 8-18 所示。近 30 年红松晚材率的变化趋势与 2 月气温的逐年变化趋势基本一致，但是二者的相关性比较弱，仅为 0.229。根据美国高达空间研究实验室和美国俄勒冈州立大学预测的 CO_2 倍增未来气候情景，在此情景下红松林生物量将逐渐升高，但是在大幅增温的情况，在此情况下红松林逐渐衰退演替为紫椴等阔叶林[34]。

表 8-13　红松晚材率与气候因子变量之间的协整检验

协整模型	R^2	$A-R^2$	p	e_t 的平稳性
$GR_t = -0.036T_{2t} - 0.319 + e_t$	0.267	0.233	0.010	1％上平稳
$GR_t = 0.012H_{6t} - 0.699 + e_t$	0.228	0.193	0.018	1％上平稳
$LP_t = 1.170T_{2t} + 2.252 + e_t$	0.229	0.196	0.016	1％上平稳

注：t 为时间（年份）；R^2 为判定系数；$A-R^2$ 为调整后的判定系数；p 为显著性水平。

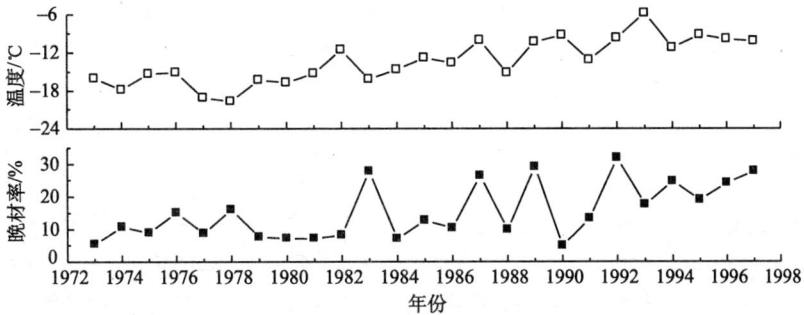

图 8-18　2 月平均气温与红松晚材率逐年变化趋势

由格兰杰检验知，与红松晚材率和生长速率存在协整关系的气候变量，其滞后影响没有达到显著水平。

8.2.2　气候长期变化趋势对红松木材解剖特征的影响

8.2.2.1　管胞长度

人工林红松早材管胞长度（ETL）和过渡带管胞长度（TTL）是平稳的时间序列，而晚材管胞长度（LTL）是非平稳的且为 $I(1)$ 时间序列（表7-23），对 ETL、TTL 和平稳的气候因子变量进行协整回归，对 LTL 和同为 $I(1)$ 的气候因子变量进行协整回归，并对全部协整模型的残差序列 e_t 进行平稳性检验，结果表明，早材管胞长度仅与 2 月平均气温之间存在长期均衡的正相关关系，二者协整模型的残差序列 e_t 在 1% 显著性水平上平稳，见表 8-14。早材管胞长度仅与 2 月平均气温之间有比较显著的相关性，相关系数高达 0.491，2 月平均气温与红松早材管胞长度逐年变化趋势如图 8-19 所示。近 30 年红松早材管胞长度的变化趋势与 2 月气温的逐年变化趋势基本相同，2 月气温升高，有利于早材管胞长度的形成。从全球气候变化的总体趋势看，温度是逐渐增加的，东北森林带将有北移的趋势，这一趋势有可能造成我国东北地区天然林森林群落中出现红松[35]，人工林红松的生物量也将会增加，有利于良好材质的形成。

表 8-14　红松过渡带管胞长度与气候因子变量之间的协整检验

协整模型	R^2	$A-R^2$	p	e_t 的平稳性
$ETL_t=0.085T_{2t}+3.655+e_t$	0.491	0.469	0.000	1% 上平稳
$TTL_t=0.077T_{2t}+3.583+e_t$	0.409	0.383	0.001	1% 上平稳
$TTL_t=-0.017H_{4t}+3.495+e_t$	0.206	0.171	0.023	5% 上平稳
$LTL_t=-0.021S_{2t}+3.689+e_t$	0.176	0.140	0.037	1% 上平稳

续表

协整模型	R^2	$A-R^2$	p	e_t 的平稳性
$LTL_t=-0.017S_{3t}+3.483+e_t$	0.162	0.126	0.046	5%上平稳
$LTL_t=0.036S_{7t}+0.387+e_t$	0.363	0.335	0.001	1%上平稳
$LTL_t=0.037E_{i1t}+3.622+e_t$	0.340	0.311	0.002	5%上平稳
$LTL_t=0.035E_{i2t}+3.411+e_t$	0.399	0.373	0.001	1%上平稳
$LTL_t=0.020E_{i3t}+2.782+e_t$	0.235	0.202	0.014	5%上平稳
$LTL_t=-0.023E_{a5t}+3.288+e_t$	0.196	0.161	0.027	5%上平稳
$LTL_t=-0.021E_{a7t}+3.378+e_t$	0.171	0.135	0.040	5%上平稳
$LTL_t=-0.025E_{a9t}+3.239+e_t$	0.193	0.158	0.028	5%上平稳

注：t 为年份；R^2 为判定系数；$A-R^2$ 为调整后的判定系数；p 为显著性水平。

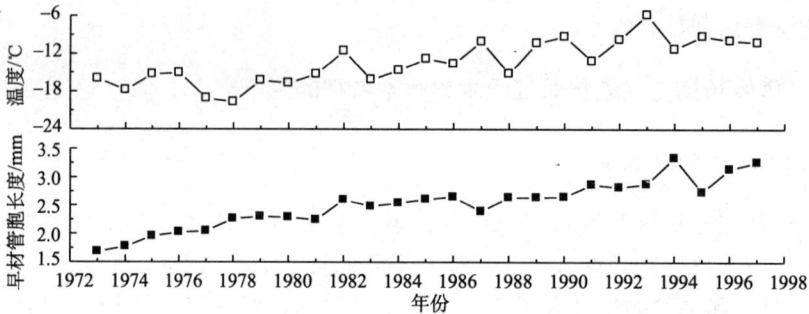

图 8-19　2 月平均气温与红松早材管胞长度逐年变化趋势

　　过渡带管胞长度除了与 2 月平均气温存在长期均衡的相关关系外，还与 4 月相对湿度存在长期均衡的负相关关系，协整模型的残差序列 e_t 在 5%显著性水平上平稳。气候长期变化趋势对红松晚材管胞长度的影响比较大。晚材管胞长度与 2 月、3 月日照时间和 5 月、7 月、9 月最高地温之间存在长期均衡的负相关关系，而与 7 月日照时间、1~3 月最低地温存在长期均衡的正相关关系，协整模型的残差序列 e_t 在 5%显著性水平上平稳。晚材管胞长度与 2 月最低地温长期变化趋势之间的相关性最显著，相关系数为 0.399，2 月最低地温与红松晚材管胞长度逐年变化趋势如图 8-20 所示。红松晚材管胞长度的变化趋势与 2 月气温的逐年变化趋势基本相同，但是从图中来看，1984 年红松晚材管胞长度比较长，是个峰值，产生这一结果的主要气候因子并不是 2 月最低地温，而是其他气候变量造成的。在全球总体气候增暖的大环境条件下，适度的增温有利于红松的生存。据报道，到 2030 年，因气候变化的影响，我国适宜红松分布的面积将有所增加，但增加幅度不大，占当前气候条件下适宜红松分布面积的 3.4%，特别是在黑龙江省的西北部适宜红松分布的面积将有所增加[36]。

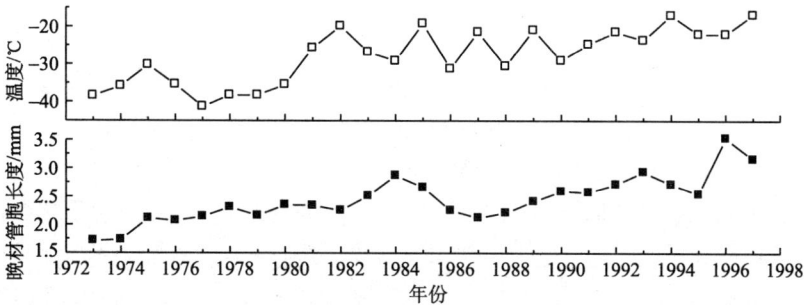

图 8-20　2 月最低地温-红松晚材管胞长度逐年变化趋势

由格兰杰检验知，与红松管胞长度存在协整关系的几个气候变量中，仅 E_{i3} 晚材管胞长度的滞后影响显著，滞后期为 7 年，对其采用从一般到特殊的建模方法，最后估计误差修正（ECM）模型为

$$LTL_t = 0.885 \times LTL_{t-1} - 0.801 \times LTL_{t-2} + 0.995 \times LTL_{t-3} - 0.568$$
$$\times LTL_{t-4} + 0.012 \times E_{i3(t-7)} + 1.479 \tag{8-6}$$

方程的统计结果表明该模型具有较好的拟合效果，真实值与拟合值见图 8-21。从 ECM 模型［式（8-6）］中得出结论：晚材管胞长度与 3 月最低地温增高之间存在长期均衡关系，当年 3 月最低地温在滞后 7 年时对晚材管胞长度值做出反向修正，而且这种修正超过了当年的影响，至使在误差修正模型中，3 月最低地温在当年对晚材管胞长度的影响可以忽略不记。

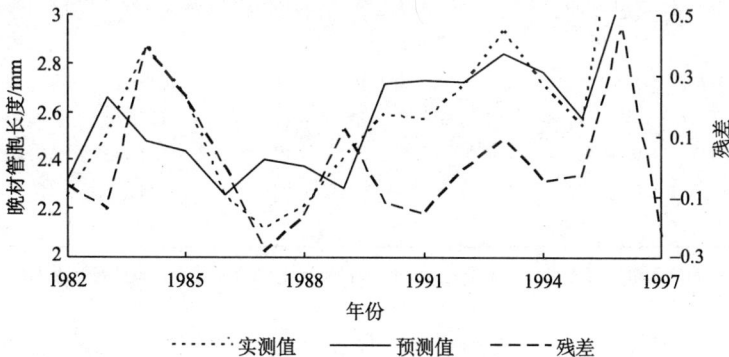

图 8-21　红松晚材管胞长度误差修正模型的拟合值与真实值

8.2.2.2　管胞直径（内径）

人工林红松早材管胞直径（ETD）、过渡带管胞直径（TTD）和晚材管胞直径（LTD）都是具有趋势和常数项的平稳时间序列（表 7-23），对管胞直径和平稳的气候因子变量进行协整回归，并对全部协整模型的残差序列 e_t 进行平稳性检验，结果表明，管胞直径和与气候因子之间所有协整模型的残差序列 e_t 在 5% 显著性水平上平稳。管胞直径与 2 月平均气温之间存在长期均衡的正相关协整关系，见表 8-15。2 月平均气温长期变化趋势与过渡带管胞直径的相关性最显著，相关系数为 0.314，2 月平均气温与红松过渡带管胞直径逐年变化趋势如图 8-22 所示。红松过渡带管胞直径的变化趋势与 2 月气温的逐年变化趋势基本相同，较高的 2 月气温会造成过渡带管胞直径较大。不可逆的气候变暖或变冷与树木生长密切相关。在特定区域，气候变暖 1℃ 可使红松树木年轮宽增加约 50%[37]。但是也有例外，从图 8-22 中来看，1982 年 2 月的气温较高，是一个峰值，但是当年红松过渡带管胞直径比较小，是一个谷值。显然其他气候变量在管胞直径的形成过程中也起了重要的作用，究其原因，主要是由于 1982 年的相对湿度较低造成的，1982 年的年平均相对湿度仅为 63.3%，是近 30 年间相对湿度最低的一个年份。

表 8-15　红松晚材管胞直径与气候因子变量之间的协整检验

协整模型	R^2	$A-R^2$	p	e_t 的平稳性
$ETD_t=0.441T_{2t}+25.139+e_t$	0.293	0.263	0.005	1% 上平稳
$ETD_t=0.449T_{3t}+20.485+e_t$	0.264	0.232	0.009	5% 上平稳
$ETD_t=0.049P_{5t}+15.878+e_t$	0.186	0.150	0.032	1% 上平稳
$ETD_t=-0.167H_{6t}+30.959+e_t$	0.308	0.278	0.004	1% 上平稳
$TTD_t=0.428T_{2t}+21.916+e_t$	0.314	0.284	0.004	1% 上平稳
$TTD_t=-0.111H_{4t}+22.367+e_t$	0.220	0.186	0.018	1% 上平稳
$LTD_t=0.179T_{2t}+9.086+e_t$	0.190	0.155	0.029	1% 上平稳
$LTD_t=0.024P_{5t}+5.034+e_t$	0.179	0.145	0.035	5% 上平稳
$LTD_t=-0.063H_{6t}+11.117+e_t$	0.173	0.137	0.039	5% 上平稳

注：t 为时间（年份）；R^2 为判定系数；$A-R^2$ 为调整后的判定系数；p 为显著性水平。

过渡带管胞直径还与 4 月相对湿度存在长期均衡的负相关关系，协整模型的残差序列 e_t 在 1% 显著性水平上平稳。早材管胞直径和晚材管胞直径与 5 月降水量存在长期均衡的正相关关系，而与 6 月相对湿度存在长期均衡的负相关关系。

由格兰杰检验知，与红松管胞直径存在协整关系的几个气候变量对管胞直径的滞后影响并没有达到显著水平。

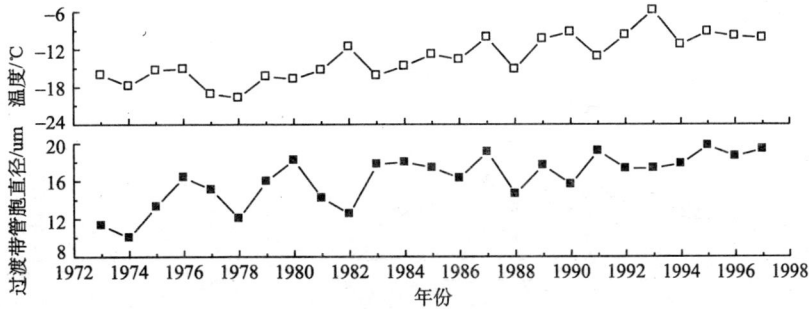

图 8-22 2 月平均气温与红松过渡带管胞直径逐年变化趋势

8.2.2.3 管胞壁厚

人工林红松早材管胞壁厚（EWT）和过渡带管胞壁厚（TWT）是非平稳的且为 $I(1)$ 时间序列，晚材管胞壁厚（LWT）具有趋势项和常数项的平稳时间序列（表 7-23），对早材管胞壁厚（EWT）、过渡带管胞壁厚（TWT）和同为 $I(1)$ 的气候因子变量进行协整回归，对晚材管胞壁厚（LWT）和平稳的气候因子变量进行协整回归，对全部协整模型的残差序列 e_t 进行平稳性检验，结果表明 EWT 所有模型的残差序列 e_t 在 5% 显著性水平上不平稳。因此，人工林红松的早材管胞壁厚与气候因子之间不存在长期均衡的协整关系。过渡带管胞壁厚与 5 月和 9 月最高地温存在长期均衡的负相关关系，两个协整模型的残差序列 e_t 在 5% 显著性水平上平稳，检验结果如表 8-16 所示。晚材管胞壁厚与 2 月、3 月平均气温和 5 月降水量之间存在长期均衡的正相关关系，所有协整模型的残差序列 e_t 都在 1% 水平上平稳。降水量是影响树木蒸腾量的主导因素，降水量减少，地下水位降低，树木液流量减少，液流速率减慢，水量短缺将会限制 CO_2 吸收和植被光合作用过程[38,39]。红松光合作用受限制，细胞壁厚的增加量将随之减少。2 月平均气温与晚材管胞壁厚的相关性最显著，相关系数为 0.35，2 月平均气温与红松晚材管胞壁厚的逐年变化趋势如图 8-23 所示。

表 8-16 红松晚材管胞壁厚与气候因子变量之间的协整检验

协整模型	R^2	$A-R^2$	p	e_t 的平稳性
$\text{TWT}_t = -0.042E_{a5t} + 5.707 + e_t$	0.164	0.128	0.045	1% 上平稳
$\text{TWT}_t = -0.045E_{a9t} + 0.848 + e_t$	0.160	0.123	0.048	5% 上平稳
$\text{LWT}_t = 0.140T_{2t} + 6.49 + e_t$	0.350	0.310	0.002	1% 上平稳
$\text{LWT}_t = 0.117T_{3t} + 4.936 + e_t$	0.210	0.171	0.020	1% 上平稳
$\text{LWT}_t = 0.015P_{5t} + 3.601 + e_t$	0.200	0.161	0.026	1% 上平稳

注：t 为时间（年份）；R^2 为判定系数；$A-R^2$ 为调整后的判定系数；p 为显著性水平。

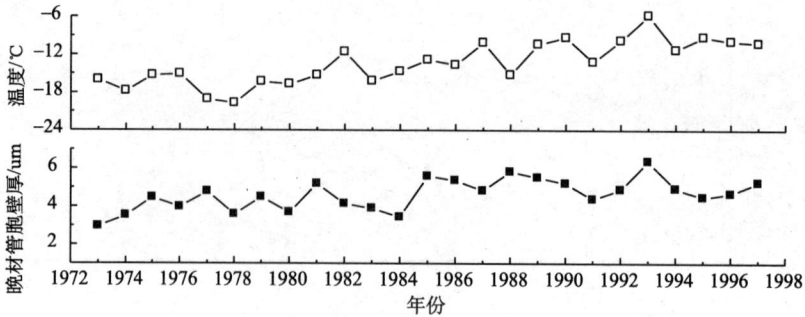

图 8-23　2 月平均气温与红松晚材管胞壁厚逐年变化趋势

　　红松晚材管胞壁厚的变化趋势与 2 月气温的逐年变化趋势基本相同，较高的 2 月气温会造成过渡带管胞壁较厚。对于未来变暖气候，按温度增加 5℃、降水无明显变化作为模拟假设，即各月均增加 5℃，模拟结果表明，红松在气温升高后，其生物量只有较小的增加[40]。但是也有例外，比如 1987 年 2 月的气温较高，是一个峰值，但是当年红松晚材管胞壁厚比较小，是一个谷值。1988 年 2 月气温较低，是个谷值，相对应的 1988 年的晚材管胞壁厚却是个峰值，显然其他气候变量在管胞壁的形成过程中也起了重要的作用。

　　由格兰杰检验知，与红松管胞壁厚存在协整关系的几个气候变量，对管胞壁厚的滞后影响没有达到显著水平。

8.2.2.4　胞壁率

　　人工林红松早材、过渡带和晚材的胞壁率都是平稳的时间序列（表 7-23），对这些时间序列和平稳的气候因子变量进行协整回归，并对全部协整模型的残差序列 e_t 进行平稳性检验，结果表明晚材所有协整模型的残差序列 e_t 在 5％显著性水平上不平稳。因此，人工林红松的晚材胞壁率与气候因子之间不存在长期均衡的协整关系。早材胞壁率、过渡带胞壁率与 2 月、3 月平均气温存在长期均衡的正相关关系，与 6 月相对湿度存在长期均衡的负相关关系，所有协整模型的残差序列 e_t 在 5％显著性水平上平稳（表 8-17）。其中，早材管胞壁率与 2 月平均气温的相关性最显著，相关系数为 0.479，2 月平均气温与红松早材胞壁率逐年变化趋势如图 8-24 所示。

　　红松木材生长轮早材胞壁率的变化趋势与 2 月气温的逐年变化趋势基本相同，较高的 2 月气温是造成生长轮早材胞壁率较大的一个原因。从图中来看，1982 年 2 月的气温较高，是一个峰值，当年红松早材胞壁率也出现了一个峰值，二者吻合。但是造成 1982 年早材胞壁率较大的气候因子并非只有 2 月气温，还与 1982 年的相对湿度较低有关。

表 8-17　红松胞壁率与气候因子变量之间的协整检验

协整模型	R^2	$A-R^2$	p	e_t 的平稳性
$ECWP_t=1.183T_{2t}+64.330+e_t$	0.479	0.456	0.000	1%上平稳
$ECWP_t=0.800T_{3t}+50.724+e_t$	0.190	0.155	0.029	5%上平稳
$ECWP_t=0.118P_{5t}+40.448+e_t$	0.242	0.209	0.013	1%上平稳
$ECWP_t=-0.290H_{4t}+64.625+e_t$	0.299	0.269	0.005	1%上平稳
$ECWP_t=-0.296H_{6t}+69.300+e_t$	0.220	0.186	0.018	1%上平稳
$TCWP_t=0.805T_{2t}+66.254+e_t$	0.217	0.183	0.019	1%上平稳
$TCWP_t=0.988T_{3t}+58.229+e_t$	0.284	0.253	0.006	5%上平稳
$TCWP_t=-0.333H_{6t}+78.941+e_t$	0.274	0.242	0.007	1%上平稳

注：t 为时间（年份）；R^2 为判定系数；$A-R^2$ 为调整后的判定系数；p 为显著性水平。

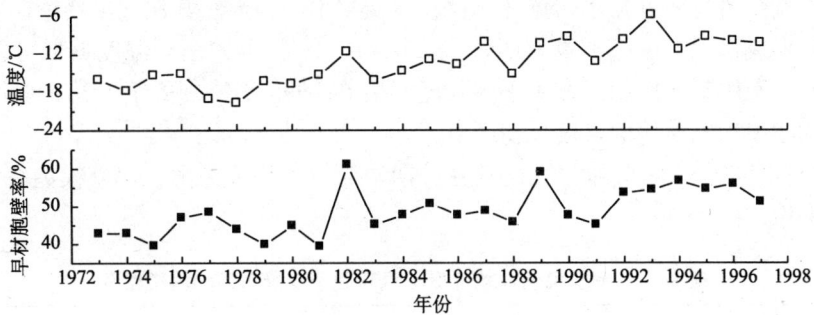

图 8-24　2 月平均气温与红松早材胞壁率逐年变化趋势

8.2.2.5　壁腔比和组织比量

人工林红松早材、过渡带和晚材的壁腔比和组织比量都是平稳的时间序列（表 7-23），对这些时间序列和平稳的气候因子变量进行协整回归，并对全部协整模型的残差序列 e_t 进行平稳性检验，结果表明所有协整模型的残差序列 e_t 在 5%显著性水平上不平稳。因此，人工林红松的壁腔比和组织比量与气候因子之间不存在长期均衡的协整关系。

8.3　气候长期变化趋势对樟子松木材形成的影响

8.3.1　气候长期变化趋势对樟子松木材物理特征的影响

8.3.1.1　生长轮宽度

早材宽度（EW）和生长轮宽度（RW）是非平稳的且为 I（1）时间序列（表 7-43），晚材宽度（LW）是平稳的时间序列，对 EW、RW 和同为 I（1）的气候因子变量进行协整回归，对 LW 和平稳的气候因子变量进行协整回归，并对全部协整模型的残差序列 e_t 进行平稳性检验，结果表明 EW 与 2 月、3 月日照时间存在长期均衡的正相关关系，与 7 月日照时间存在长期均衡的负相关关系，协整模型都在 5% 水平上平稳，检验结果如表 8-18 所示。生长轮宽度与 2 月日照时间存在长期均衡的正相关关系，与 7 月日照时间存在长期均衡的负相关关系，特别是 2 月日照时间的长期变化与生长轮宽度的相关性最显著，相关系数为0.376。2 月日照时间与樟子松生长轮宽度逐年变化趋势如图 8-25 所示。樟子松生长轮宽度的变化趋势与 2 月日照时间的逐年变化趋势基本相同，2 月日照时间延长是形成樟子松生长轮宽度较宽的一个原因。但是也有例外，气候变化对樟子松的影响是综合的，即使某一气候因子满足其生长，也未必能保证樟子松生长良好[41]。从图中来看，1987 年 2 月的日照时间较长，是一个峰值，对当年樟子松生长轮宽度值与邻近几年的宽度相比较，变化不大。显然其他气候变量在生长轮宽度的形成过程中也起了重要的作用，例如，1987 年的相对湿度偏低可能抵消了日照时间所起的作用。樟子松生长轮宽度在 1996 年特别的窄，其主要原因是当年的年平均气温偏低，仅 2.96℃。

晚材宽度与 5 月降水量之间存在长期均衡的负相关关系，协整模型在 5% 水平上平稳。

表 8-18　樟子松生长轮宽度与气候因子变量之间的协整检验

协整模型	R^2	$A-R^2$	p	e_t 的平稳性
$EW_t=0.048S_{2t}+0.029+e_t$	0.317	0.291	0.002	1% 上平稳
$EW_t=0.044S_{3t}+0.182+e_t$	0.303	0.278	0.002	5% 上平稳
$EW_t=-0.070S_{7t}+6.828+e_t$	0.341	0.317	0.001	5% 上平稳
$LW_t=-0.005P_{5t}+1.328+e_t$	0.174	0.144	0.024	5% 上平稳
$RW_t=0.058S_{2t}+0.437+e_t$	0.376	0.353	0.000	5% 上平稳
$RW_t=-0.068S_{7t}+7.675+e_t$	0.262	0.235	0.005	5% 上平稳

注：t 为时间（年份）；R^2 为判定系数；$A-R^2$ 为调整后的判定系数；p 为显著性水平。

由格兰杰检验知，与樟子松生长轮宽度存在协整关系的几个气候变量中，只有 7 月日照时间在滞后 7 年时对生长轮宽度的影响显著。对滞后期为 7 年的 7 月日照时间引入长期关系模型，进行检验，最后估计误差修正（ECM）模型为

$$RW_t = 0.714 \times RW_{t-1} - 0.013 \times S_{7t} + 0.015 \times S_{7(t-7)} + 0.964 \qquad (8-7)$$

式（8-7）的统计结果表明具有较好的拟合效果，真实值与拟合值见图 8-26。从 ECM 模型中得出结论：樟子松生长轮宽度与 7 月日照时间之间存在长期均衡关系，但是模型受 7 年前 7 月的日照时间对生长轮宽度做出的显著的反向影响的影响。

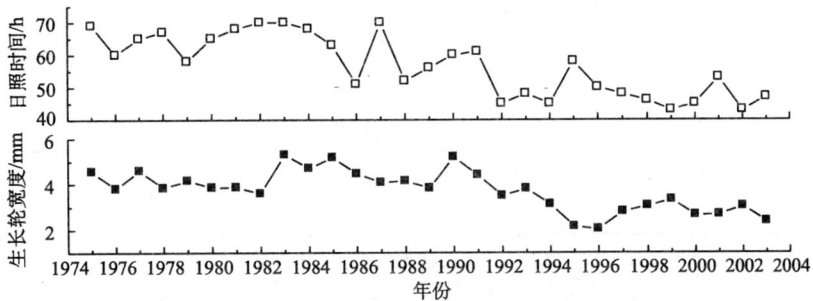

图 8-25　2 月日照时间与樟子松生长轮宽度逐年变化趋势

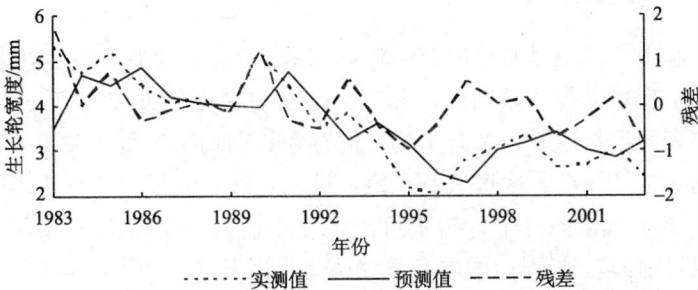

图 8-26　樟子松生长轮宽度误差修正模型的拟合值与真实值

8.3.1.2　生长轮密度

20 世纪 80 年代才兴起的树木年轮密度数据研究，主要是利用木材密度在年轮上的变化来反映气候变迁与环境变化[42]。樟子松早材密度（ED）、晚材密度（LD）和生长轮密度（RD）是平稳的时间序列（表 7-43），对 ED、LD、RD 和平稳的气候因子变量进行协整回归，并对全部协整模型的残差序列 e_t 进行平稳性检验，结果表明 ED、RD 和气候因子之间所有协整模型的残差序列 e_t 在 5% 显著性水平上不平稳。因此，早材密度、生长轮密度与气候因子之间不存在长期均衡的协整关系。LD 与 2 月平均气温之间协整模型的残差序列 e_t 在 1% 显著性水平上平稳，检验结果如表 8-19 所示。晚材密度仅与 2 月平均气温之间存在长期均衡的正相关关系。树木年轮的生长对气温变化的响应在高纬度地区尤其明显[43]。我国在东北地区的树轮研究以落叶松为对象的居多[44]，有关樟子松的生长与气候变化关系的研究较小。王丽丽等研究了黑龙江漠河兴安落叶松与樟子松树轮生长特性及其对气候的响应，发现两树种密度变量的差值年表显著相关[45]。樟子松的晚材密度的形成受 7 月、8 月的最高温控制。另外，樟子松的晚材还与生长季节的长短相关。樟子松的树轮最大密度都与生长季后期的温度显著相关。但是本研究发现樟子松与休眠期的 2 月气温显著相关，这可能与区域不同有关。

表 8-19　樟子松生长轮密度与气候因子变量之间的协整检验

协整模型	R^2	$A-R^2$	p	e_t 的平稳性
$LD_t=0.004T_{2t}+0.666+e_t$	0.184	0.153	0.023	1% 上平稳

注：t 为时间（年份）；R^2 为判定系数；$A-R^2$ 为调整后的判定系数；p 为显著性水平。

由格兰杰检验知，与樟子松晚材密度存在协整关系的 2 月平均气温，对晚材密度的滞后影响没有达到显著水平。

8.3.1.3　生长速率和晚材率

晚材率和生长速率是平稳的时间序列（表 7-43），对晚材率、生长速率和平稳的气候因子变量进行协整回归，并对全部协整模型的残差序列 e_t 进行平稳性检验，结果表明生长速率与 2 月平均气温存在长期均衡的负相关关系，协整模型的残差序列 e_t 在 1% 显著性水平上平稳，见表 8-20。气候变化直接影响树木的生理过程[46]。新的气候条件下，树木可能发育不良，严重时甚至可以导致森林演替过程偏离目前的轨道[47]。国内有研究认为，当温度增加 1℃，北部落叶松、针叶松林面积将缩小，落叶针叶林南部边缘北移一个纬度；当温度升高 3℃，落叶针叶林消失，全部被阔叶林所代替[48]。面对全球气候变暖，樟子松的适应性比落叶松强，但是在气温持续升高的状况下，如果考虑降水的变化，根据樟子松的生物学特性，变化的气候对于樟子松的生存竞争能力来说并不有利[49]，对其生长也会产生影响。樟子松对气候有广泛的适应性，但其生长量随年均温度递增而减小，与湿润度成正比关系[50]。干旱、低温条件下，樟子松生长速度都会明显减缓[51]。晚材率与 1 月和 6 月相对湿度之间存在长期均衡的负相关关系，协整模型的残差序列 e_t 在 5% 显著性水平上平稳。空气湿度低、干燥，会导致樟子松树木提前进入生长轮晚材生长期或提前成熟[52]。

表 8-20　樟子松生长速率与气候因子变量之间的协整检验

协整模型	R^2	$A-R^2$	p	e_t 的平稳性
$GR_t=-0.032T_{2t}-0.239+e_t$	0.202	0.172	0.015	1% 上平稳
$LP_t=-0.010H_{1t}+1.086+e_t$	0.260	0.233	0.005	5% 上平稳
$LP_t=-0.008H_{6t}+0.926+e_t$	0.228	0.199	0.009	5% 上平稳

注：t 为时间（年份）；R^2 为判定系数；$A-R^2$ 为调整后的判定系数；p 为显著性水平。

由格兰杰检验知，与樟子松生长速率和晚材率存在协整关系的气候变量，对生长速率和晚材率的滞后影响没有达到显著水平。

8.3.2　气候长期变化趋势对樟子松木材解剖特征的影响

8.3.2.1　管胞长度

早材管胞长度 ET 和晚材管胞长度 LTL 是平稳的时间序列（表 7-43），对管胞长度和平稳的气候因子变量进行协整回归，并对全部协整模型的残差序列 e_t 进行平稳性检验，检验结果如表 8-21 所示。早材管胞长度与 2 月的平均气温之间协整模型的残差序列 e_t 在 1% 显著性水平上平稳。早材管胞长度与 2 月平均气温之间存在长期均衡的正相关关系，相关系数为 0.616，晚材管胞长度也与 2 月气温存在长期均衡的正相关关系，相关系数为 0.678，2 月平均气温的长期变化与管胞长度逐年变化趋势如图 8-27 所示。樟子松管胞长度的变化趋势与 2 月平均气温的逐年变化趋势基本相同，2 月气温较高是引起樟子松管胞长度较长的一个原因。在我国东北地区，冬季寒冷，樟子松生存面临的一个问题就冬季偏低造成的土壤干化，进而导致树木缺水[53]。冬季气温提升，有利于冰雪融化，防止樟子松因缺水出现生理干旱。例如，2 月气温在 1983 年出现一个谷值，相应的当年的早材管胞长度也出现了一个峰值，1983 年的晚材管胞长度也比较长。从图中来看，1982 年 2 月的气温较高，是一个峰值，但是当年樟子松管胞长度比较短，是个谷值，显然其他气候变量在管胞形成过程中也起了重要作用。晚材管胞长度还与 3 月平均气温之间存在长期均衡的正相关关系，协整模型的残差序列 e_t 在 1% 显著性水平上平稳。

表 8-21　樟子松管胞长度与气候因子变量之间的协整检验

协整模型	R^2	$A-R^2$	p	e_t 的平稳性
$ETL_t = 0.096 T_{2t} + 3.764 + e_t$	0.616	0.601	0.000	1% 上平稳
$LTL_t = 0.097 T_{2t} + 4.038 + e_t$	0.678	0.666	0.000	1% 上平稳
$LTL_t = 0.056 T_{3t} + 2.943 + e_t$	0.192	0.162	0.017	1% 上平稳

注：t 为时间（年份）；R^2 为判定系数；$A-R^2$ 为调整后的判定系数；p 为显著性水平。

由格兰杰检验知，与樟子松管胞长度存在协整关系的几个气候变量对管胞长度的滞后影响没有达到显著水平。

8.3.2.2　管胞直径（内径）

早材管胞直径和晚材管胞直径是非平稳的且为 $I(1)$ 时间序列（表 7-43），对 ETD、LTD 和同为 $I(1)$ 的气候因子变量进行协整回归，并对协整模型的残

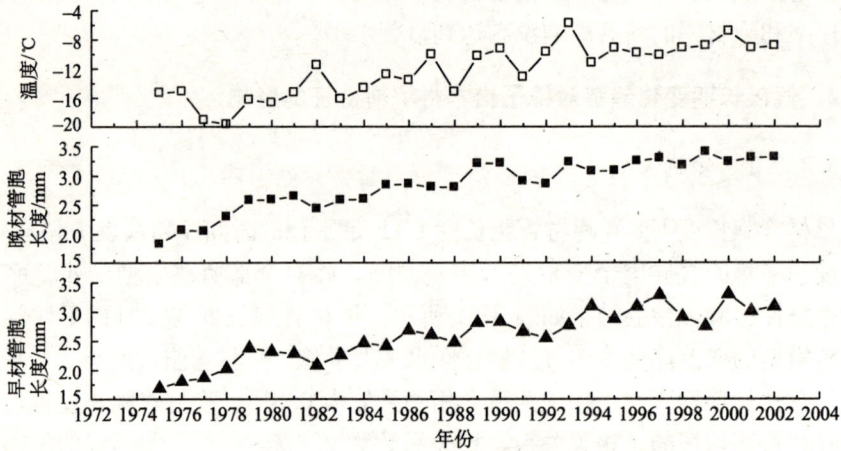

图 8-27　2 月平均气温与樟子松管胞长度逐年变化趋势

差序列 e_t 进行平稳性检验，结果表明早材管胞直径与 2 月、3 月日照时间和 5 月、7 月、9 月最高地温存在长期均衡的负相关关系，与 7 月日照时间存在长期均衡的正相关关系，所有协整模型的残差序列 e_t 在 5％显著性水平上平稳。晚材管胞直径与 1～3 月最低地温之间存在长期均衡的负相关关系，与 9 月最高地温存在长期均衡的正相关关系，所有协整模型的残差序列 e_t 在 5％显著性水平上平稳，见表 8-22。

表 8-22　樟子松管胞直径与气候因子变量之间的协整检验

协整模型	R^2	$A-R^2$	p	e_t 的平稳性
$ETD_t = -0.156S_{2t} + 51.007 + e_t$	0.183	0.153	0.021	1％上平稳
$ETD_t = -0.134S_{3t} + 50.072 + e_t$	0.158	0.126	0.030	1％上平稳
$ETD_t = 0.208S_{7t} + 30.106 + e_t$	0.166	0.136	0.028	1％上平稳
$ETD_t = -0.201E_{a5t} + 49.252 + e_t$	0.182	0.152	0.021	1％上平稳
$ETD_t = -0.198E_{a7t} + 50.476 + e_t$	0.218	0.189	0.011	1％上平稳
$ETD_t = -0.247E_{a9t} + 49.453 + e_t$	0.265	0.238	0.004	5％上平稳
$LTD_t = -0.158E_{i1t} + 12.394 + e_t$	0.144	0.112	0.042	5％上平稳
$LTD_t = -0.169E_{i2t} + 12.679 + e_t$	0.204	0.174	0.013	1％上平稳
$LTD_t = -0.125E_{i3t} + 15.061 + e_t$	0.219	0.189	0.010	1％上平稳
$LTD_t = 0.155E_{a9t} + 12.716 + e_t$	0.217	0.1888	0.010	5％上平稳

注：t 为时间（年份）；R^2 为判定系数；$A-R^2$ 为调整后的判定系数；p 为显著性水平。

　　由格兰杰检验知，与樟子松管胞直径存在协整关系的几个气候变量中，只有 3 月最低地温在滞后 3 年时对晚材管胞直径的影响显著。对滞后期为 3 年的 3 月

最低地温引入长期关系模型，进行检验，最后估计误差修正（ECM）模型为

$$\text{LTD}_t = -0.233 \times \text{LTD}_{t-9} - 0.051 \times E_{i3t} - 0.193 \times E_{i3(t-3)} + 17.225 \quad (8\text{-}8)$$

式（8-8）的统计结果表明具有较好的拟合效果，真实值与拟合值见图 8-28。从 ECM 模型中得出结论：樟子松晚材管胞直径与 3 月最低地温之间存在长期均衡关系，但是模型受 3 年前 3 月的最低地温对晚材管胞直径做出的显著的反向影响的影响。

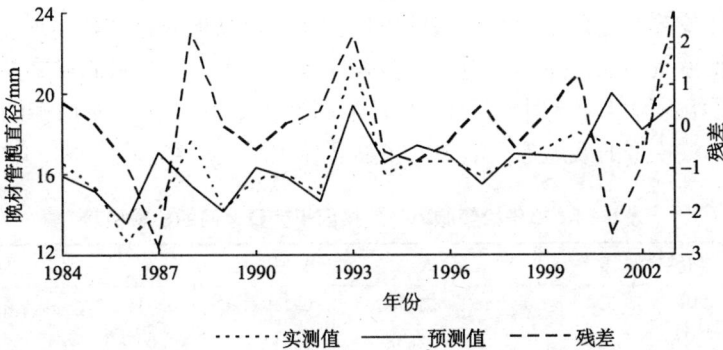

图 8-28　樟子松晚材管胞直径误差修正模型的拟合值与真实值

8.3.2.3　管胞壁厚

早材管胞壁厚（EWT）为平稳的时间序列，晚材管胞壁厚（LWT）是非平稳的且为 $I(1)$ 时间序列（表 7-43），分别对 EWT 和平稳的气候因子变量进行协整回归，对 LWT 和同为 $I(1)$ 的气候因子变量进行协整回归，并对所有协整模型的残差序列 e_t 进行平稳性检验。结果表明早材管胞壁厚仅与 9 月的降水量之间存在长期均衡的负相关关系，协整模型的残差序列 e_t 在 5% 显著性水平上平稳。晚材管胞壁厚与 1~2 月最低地温存在长期均衡的正相关关系，协整模型的残差序列 e_t 分别在 5% 和 1% 显著性水平上平稳。检验结果如表 8-23 所示。

表 8-23　樟子松早材管胞壁厚与气候因子变量之间的协整检验

协整模型	R^2	$A-R^2$	p	e_t 的平稳性
$\text{EWT}_t = -0.026P_{9t} + 14.687 + e_t$	0.140	0.108	0.045	5% 上平稳
$\text{LWT}_t = 0.116E_{i1t} + 10.100 + e_t$	0.222	0.193	0.010	5% 上平稳
$\text{LWT}_t = 0.0956E_{i2t} + 13.675 + e_t$	0.183	0.152	0.021	1% 上平稳

注：t 为年份；R^2 为判定系数；$A-R^2$ 为调整后的判定系数；p 为显著性水平。

由格兰杰检验知，与樟子松早材管胞壁厚存在协整关系的 6 月最高地温，对早材管胞壁厚的滞后影响没有达到显著水平。

8.3.2.4　胞壁率

早材胞壁率是非平稳的且为 I (1) 时间序列，晚材胞壁率为平稳的时间序列（表 7-43），分别对早材胞壁率和同为 I (1) 的气候因子变量进行协整回归，对晚材胞壁率和平稳的气候因子变量进行协整回归，并对协整模型的残差序列 e_t 进行平稳性检验，结果表明晚材胞壁率仅与 9 月最高地温存在长期均衡的负相关关系，协整模型的残差序列 e_t 在 1% 显著性水平上平稳。早材胞壁率与 3 月日照时间、9 月相对湿度和 5 月、7 月、9 月最高地温之间存在长期均衡的正相关关系，所有协整模型的残差序列 e_t 在 5% 显著性水平上平稳，见表 8-24。

表 8-24　樟子松管胞率与气候因子变量之间的协整检验

协整模型	R^2	$A-R^2$	p	e_t 的平稳性
$ECWP_t = 0.229S_{3t} + 31.994 + e_t$	0.141	0.110	0.044	1% 上平稳
$ECWP_t = 0.401H_{9t} + 17.268 + e_t$	0.239	0.211	0.007	1% 上平稳
$ECWP_t = 0.424E_{a5t} + 28.730 + e_t$	0.243	0.215	0.006	1% 上平稳
$ECWP_t = 0.303E_{a7t} + 32.806 + e_t$	0.157	0.126	0.033	1% 上平稳
$ECWP_t = 0.408E_{a9t} + 33.493 + e_t$	0.222	0.193	0.009	5% 上平稳
$LCWP_t = -0.220E_{a9t} + 97.091 + e_t$	0.177	0.147	0.023	1% 上平稳

注：t 为时间（年份）；R^2 为判定系数；$A-R^2$ 为调整后的判定系数；p 为显著性水平。

由格兰杰检验知，与樟子松胞壁率存在协整关系的几个气候变量中，只有 7 月最高地温在滞后 2 年时对早材胞壁率的影响显著。对滞后期为 2 年的 7 月最高地温引入长期关系模型，进行检验，最后估计误差修正（ECM）模型为

$$ECWP_t = 0.563 \times ECWP_{t-1} - 0.510 \times ECWP_{t-3} - 0.356 \times ECWP_{t-8} + 0.522$$
$$\times E_{a7t} - 0.607 \times E_{a7(t-2)} + 62.705 \tag{8-9}$$

式（8-9）的统计结果表明具有较好的拟合效果，真实值与拟合值见图 8-29。从 ECM 模型中得出结论：樟子松早材胞壁率与 7 月最高地温之间存在长期均衡的正相关关系，但是模型受 2 年前 7 月的最高地温对早材胞壁率做出的显著的反向影响的影响。

8.3.2.5　壁腔比

早材壁腔比 EW/L 是平稳的时间序列，而晚材壁腔比 LW/L 是非平稳的且为 I (1) 时间序列（表 7-43），对 EW/L 和平稳的气候因子变量、对 LW/L 和同为 I (1) 的气候因子变量和分别进行协整回归，并对协整模型的残差序列 e_t 进

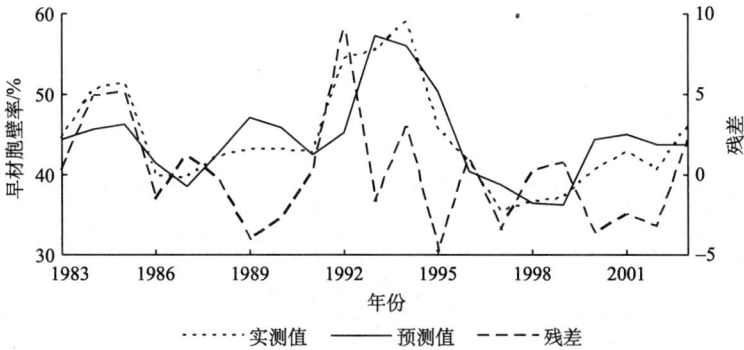

图 8-29　樟子松早材管胞率误差修正模型的拟合值与真实值

行平稳性检验，结果表明 EW/L 和同为平稳的气候因子变量之间所有协整模型的残差序列 e_t 在 5% 显著性水平上不平稳。因此，早材壁腔比与气候因子之间不存在长期均衡的协整关系。LW/L 和 I（1）的气候因子变量之间的协整模型的残差序列 e_t 在 1% 显著性水平上平稳。检验结果如表 8-25 所示。晚材壁腔比仅与 2 月、3 月的最低地温之间存在长期均衡的正相关关系。

表 8-25　樟子松晚材壁腔比与气候因子变量之间的协整检验

协整模型	R^2	$A-R^2$	p	e_t 的平稳性
$LW/L_t = 0.023E_{i2t} + 1.722 + e_t$	0.215	0.185	0.011	1% 上平稳
$LW/L_t = 0.017E_{i3t} + 1.407 + e_t$	0.239	0.211	0.007	1% 上平稳

注：t 为时间（年份）；R^2 为判定系数；$A-R^2$ 为整后的判定系数；p 为显著性水平。

由格兰杰检验知，与樟子松晚材壁腔比存在协整关系的 2 月和 3 月最低地温，对晚材壁腔比的滞后影响没有达到显著水平。

8.3.2.6　组织比量

人工林樟子松木材管胞（TP）、木射线（RCP）和树脂道（WRP）三部分的组织比量值时间序列是平稳的时间序列（表 7-43），对组织比量和平稳的气候因子变量进行协整回归，并对全部协整模型的残差序列 e_t 进行平稳性检验，检验结果如表 8-26 所示。9 月的降水量长期变化趋势对人工林樟子松木材的组织比量影响显著，协整模型的残差序列 e_t 在 5% 显著性水平上平稳。9 月的降水量与木射线组织比量之间存在长期均衡的负相关关系，与管胞组织比量和树脂道组织比量之间存在长期均衡的正相关关系，9 月降水量与樟子松组织比量逐年变化趋势如图 8-30 所示，个别月份存在偏差。水分是樟子松生长最重要的生态因子之一，樟子松针叶水势在一定程度上受到降水量、土壤水分含量及树木本身生长特性的影响。但是在生长季节影响樟子松蒸腾速率变化的主要内在因子为气孔导度，外在因子是空气湿度和气温。即使在年降水量较丰富的年份，樟子松生长仍然受到一定程度的干旱胁迫[54]。

表 8-26　樟子松组织比量与气候因子变量之间的协整检验

协整模型	R^2	$A-R^2$	p	e_t 的平稳性
$RCP_t=-0.096P_{9t}+16.796+e_t$	0.380	0.367	0.001	5%上平稳
$TP_t=0.0076P_{9t}+84.113+e_t$	0.279	0.253	0.003	1%上平稳
$WRP_t=0.007P_{9t}+0.115+e_t$	0.364	0.340	0.001	1%上平稳

注：t 为年份；R^2 为判定系数；$A-R^2$ 为调整后的判定系数；p 为显著性水平。

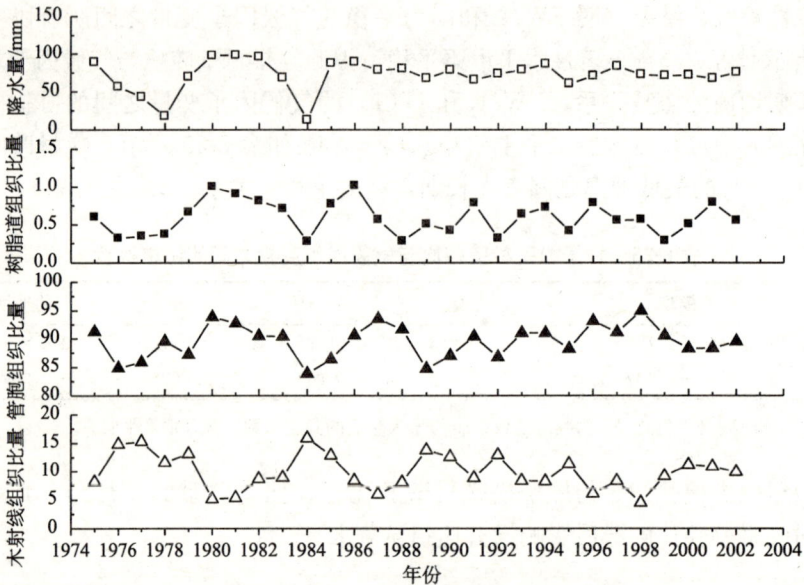

图 8-30　9 月降水量与樟子松组织比量逐年变化趋势

格兰杰定理指出，两个具有协整关系的序列之间一定存在误差修正（ECM）模型。但是由格兰杰检验得知，与木射线组织比量存在协整关系的 5 月的降水量对木射线组织比量的滞后影响没有达到显著水平，同样，与树脂道组织比量存在协整关系的 1 月的平均气温对树脂道组织比量的滞后影响没有达到显著水平，与管胞组织比量存在协整关系的 9 月的降水量对木射线组织比量和管胞组织比量的滞后影响没有达到显著水平，但是分别在滞后 2 年和 5 年时对树脂道组织比量产生了显著的影响。按从一般到特殊的检验原则，对 9 月降水量滞后期影响显著的

短期动态关系引入长期关系模型，进行逐项检验，不显著的项逐渐被剔除，最后估计误差修正（ECM）模型为

$$RCP_t = 0.391 \times RCP_{t-5} + 0.005 \times P_{9t} - 0.006$$
$$\times P_{9(t-2)} - 0.0059 \times P_{9(t-5)} + 0.789 \qquad (8\text{-}10)$$

式（8-10）的统计结果表明具有较好的拟合效果，真实值与拟合值见图 8-31。从 ECM 模型中得出结论：树脂道组织比量与 9 月降水量之间存在长期均衡关系，但是模型受 2 年前和 6 年前 9 月的降水量对树脂道形成做出的显著的反向影响的影响。

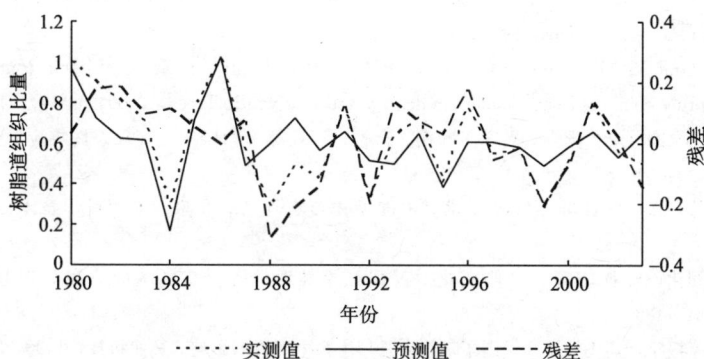

图 8-31　樟子松树脂道组织比量误差修正模型的拟合值与真实值

8.4　本章小结

通过协整分析，研究了 1973～2003 年变化趋势明显的气候因子对人工林落叶松、红松和樟子松木材物理和解剖特征的长期影响。得到如下结论：

（1）1973～2003 年变化趋势明显的气候因子中，最高地温对落叶松木材物理和解剖特征长期影响最大，其次是日照时间和最低地温。木材物理和解剖特征各项指标对气候长期变化的响应，解剖特征比物理特征强烈。解剖特征中晚材壁腔比受气候变量的长期影响最大，其次是早材管胞直径和早材胞壁率；物理特征中早材密度和晚材密度受气候变量的长期影响最大。

（2）1973～2003 年长期变化趋势明显的气候因子中，对红松木材形成影响最大的是平均气温，其次是降水量和相对湿度。红松木材各项指标对气候长期变化的响应，解剖特征比物理特征强烈，其中早材管胞长度受气候变量的长期影响最大，其次是早材宽度和早材胞壁率。

（3）1973～2003 年长期变化趋势明显的气候因子中，对樟子松木材形成影

响最大的是日照时间，其次是最高地温和最低地温。樟子松木材各项指标对气候长期变化的响应，解剖特征比物理特征强烈，其中早材管胞直径受气候变量的长期影响最大，其次是早材胞壁率和早材宽度。

参 考 文 献

[1] 苗秋菊, 张婉佩. 2005 年全球气候变化回顾. 气候变化研究进展, 2006, 2 (1): 43~45

[2] Bergès L, Dupouey J L, Franc A. Long-term changes in wood density and radial growth of *Quercus petraea* Liebl. in northern France since the middle of the nineteenth century. Trees, 2000, 14 (7): 398~408

[3] Masiokas M, Villalba R. Climatic significance of intra-annual bands in the wood of *Nothofagus pumilio* in southern Patagonia. Trees, 2004, 18 (6): 696~704

[4] Gindl W, Grabner M, Wimmer R. The influence of temperature on latewood lignin content in treeline Norway spruce compared with maximum density and ring width. Trees, 2000, 14 (7): 409~414

[5] 温秀卿, 高永刚, 王育光等. 兴安落叶松、云杉、红松林木物候期对气象条件响应研究. 黑龙江气象, 2005, 4: 34~36

[6] 徐德应, 郭泉水, 阎红等. 气候变化对中国森林影响研究. 北京: 中国科学技术出版社, 1997. 26~42

[7] 郭泉水, 阎洪, 徐德应等. 气候变化对我国红松林地地理分布影响的研究. 生态学报, 1998, 18 (5):484~488

[8] 张京晓, 王振宇, 刘飞等. 气候因子对红皮云杉生物生产力的影响. 林业科技, 1998, 23 (2): 3

[9] 延晓冬, 赵士洞, 符淙斌等. 气候变化背景下小兴安岭天然林的模拟研究. 自然资源学报, 1999, 14 (4):372~376

[10] 居辉, 林而达, 钟秀丽. 气候变化对我国森林生态的影响. 生态农业研究, 2000, 8 (4): 20~22

[11] Chen X W. Modeling the effects of global climatic change at the ecotone of Boreal Larch forest and temperate forest in Northeast China. Climatic Change, 2002, 55 (1/2): 77~97

[12] 赵茂盛, Neilson R P, 延晓冬等. 气候变化对中国植被可能影响的模拟. 地理学报, 2002, 57 (1): 28~38

[13] 周广胜, 王玉辉, 蒋延玲. 全球变化与中国东北样带 (NECT). 地学前缘, 2002, 9 (1): 198~200

[14] 张惠良, 李兴鹏, 顾彩荣等. 地理气候因子对落叶松根系生物量分布的影响. 内蒙古林业调查设计, 2004, 27 (4): 37~42

[15] 刘菲, 金森. 气候变化对东北温带次生落叶阔叶混交林的影响. 东北林业大学学报, 2005, 33 (3): 16~18

[16] 邓坤枚, 石培礼, 杨振林. 长白山树线交错带的生物量分配和净生产力. 自然资源学报, 2006, 21 (6):942~948

[17] Löw M, Herbinger K, Nunn A J et al. Extraordinary drought of 2003 overrules ozone impact on adult beech trees (*Fagus sylvatica*). Journal Trees-Structure and Function, 2006, 20 (5): 539~548

[18] Zahner R. Internal moisture stress and wood formation in conifers. Forest Products Journal, 1963, 13: 240~247

[19] 王战. 中国落叶松林. 北京: 中国林业出版社, 1992. 16~24

[20] Sveinbjörnsson B. North American and European treelines: external forces and internal processes con-

trolling position. Ambio，2000，29：388～395

[21] Houghton J T，Ding Y，Griggs D J et al. Climate Change 2001：the Scientific Basis. Cambridge：Cambridge University Press，2001. 881

[22] 郑景云，葛全胜，郝志新．气候增暖对我国近 40 年植物物候变化的影响．科学通报，2002，47（20）：1582～1587

[23] 王石立，庄立伟，王馥棠．近 20 年气候变暖对东北农业生产水热条件影响的研究．应用气象学报，2003，14（2）：152～164

[24] 张志华，吴祥定，李骥．利用树木年轮资料重建新疆东天山 300 多年来干旱日数的变化．应用气象学报，1996，7（1）：53～60

[25] 马柱国，华丽娟，任小波．中国近代北方极端干湿事件的演变规律．地理学报，2003，58（1）：69～74

[26] Antonova G F，Stasova V V. Effects of environmental factors on wood formation in larch (*Larix sibirica* Ldb.) stems. Trees，1997，11（8）：462～468

[27] Pumijumnong N，Wanyaphet T. Seasonal cambial activity and tree-ring formation of *Pinus merkusii* and *Pinus kesiya* in Northern Thailand in dependence on climate. Forest Ecology and Management，2006，226（1/3）：279～289

[28] Bouriaud O，Breda N，LeMoguedec G et al. Modeling variability of wood density in beech as affected by ringage，radial growth and climate. Trees，2004，18：264～276

[29] 孙凤华，杨素英，陈鹏狮．东北地区近 44 年的气候暖干化趋势分析及可能影响．生态学杂志，2005，24（7）：751～755

[30] Ashton M S，Singhakumara B M P，Gamage H K. Interaction between light and drought affect performance of Asian tropical tree species that have differing topographic affinities. Forest Ecology and Management，2006，221（1/3）：42～51

[31] 刘波．红松人工林季节周期生长与气象要素的分析．林业勘查设计，2007，2：43，44

[32] 周丹卉，贺红士，李秀等．小兴安岭不同年龄林分对气候变化的潜在响应．北京林业大学学报，2007，29（4）：110～117

[33] 吴正方．东北阔叶红松林分布区生态气候适宜性及全球气候变化影响评价．应用生态学报，2003，14（5）：771～775

[34] 邓慧平，吴正方，周道玮．全球气候变化对小兴安岭阔叶红松林影响的动态模拟研究．应用生态学报，2000，11（1）：43～47

[35] 程肖侠，延晓冬．气候变化对中国大兴安岭森林演替动态的影响．生态学杂志，2007，26（8）：1277～1284

[36] 郭泉水，阎洪，徐德应等．气候变化对我国红松林地理分布影响的研究．生态学报，1998，18（5）：484～488

[37] 刘延春，于振良，李世学等．气候变迁对中国东北森林影响的初步研究．吉林林学院学报，1997，13（2）：63～69

[38] Salisbury F B，Ross C W. Plant Physiology，Wadsworth Biology Series. CΛ：Belmont，1985. 5～25

[39] Soegaard H，Boegh E. Estimation of evapotranspiration from a millet crop in the sahel combing sap flow，leaf area index and eddy correlateion technique. Journal of Hydrology，1995，166：263～282

[40] 郝占庆，代力民，贺红士等．气候变暖对长白山主要树种的潜在影响．应用生态学报，2001，12（5）：653～658

[41] 吴锈钢，刘桂荣，李淑华等. 辽宁省樟子松衰弱枯死原因及防治对策. 内蒙古林业科技，2003, 3：16～20

[42] Hughes M K, Schweingruber F H, Cartwright D. July-August temperature at Edinburgh between 1721 and 1975 from tree-ring density and width data. Nature, 1984, 308：341～344

[43] Wang L, Payette S, Begin Y. 1300-year tree-ring width and density series based on living, dead and subfossil black spruce at tree-line in Subarctic Québec. The Holocene, 2001, 11 (3)：333～341

[44] 邵雪梅，吴样定. 利用树轮资料重建长白山区过去气候变化. 第四纪研究，1997, 1：76～85

[45] 王丽丽，邵雪梅，黄磊等. 黑龙江漠河兴安落叶松与樟子松树轮生长特性及其对气候的响应. 植物生态学报，2005, 29 (3)：380～385

[46] Prentice I C, Gramer W, Harrison S P et al. A global bomemodel based on plant physiology and dominance, soproperties and climate. Journal of Biogeography, 1992, 19：11～134

[47] Guetter P J, Kutzbach J E. A modified Koppen classification applied tomodel simulations of glacial and interglacial climates. Climate Change, 1990, 16：193～215

[48] 钟秀，林而达. 气候变化对我国自然生态系统影响的研究综述. 生态学杂志，2000, 19 (5)：62～66

[49] 程肖侠，延晓冬. 气候变化对中国大兴安岭森林演替动态的影响. 生态学杂志，2007, 26 (8)：1277～1284

[50] 黎承湘. 樟子松对土壤气候适应能力分析//中国林学会. 造林论文集. 北京：中国林业出版社，1993. 70～76

[51] 张锦春，汪杰，李爱德等. 樟子松根系分布特征及其生长适应性研究. 防护林科技，2000, 3：46～49

[52] 宋晓东，刘桂荣，陈江燕等. 樟子松枯死原因与防治技术研究. 北华大学学报（自然科学版），2003, 4 (2)：166～177

[53] 南海涛，孙少辉. 预防樟子松生理干旱造林技术. 林业实用技术，2007, 6：18, 19

[54] 康宏樟，朱教君，许美玲. 科尔沁沙地樟子松人工林幼树水分生理生态特性. 干旱区研究，2007, 24 (1)：15～22

第9章　木材气候学应用

木材气候学中的概念、理论和方法对解决实际的林木生长环境、优质木材资源和生态学问题都有很大的应用价值。木材气候学在应用中的突出特点体现在以下两个方面：①强调气候因子在木材形成过程中的重要性；②明确将气候因素、人为干涉、立地条件等分别作为系统的一个组成部分来考虑。

9.1　木材定向培育

9.1.1　木材定向培育的基本理论

木材定向培育思想最早出现在国外，后由我国木材科学学者刘盛全引进国内[1]，随后引起许多学者的关注[2~6]。东北林业大学的郭明辉教授对此进行了深入研究，形成了一套指导人工林培育的比较系统、完整的理论，并撰写了相关著作《木材品质培育学》[7]。这一理论，对人工林的定向抚育和集约化经营、合理确定轮伐期、优化林木材质等均有重要的科学意义。木材定向培育是以木材材性研究为桥梁，向森林培育和木材加工利用两个方面延伸。在研究木材性质及其变异规律的基础上，一方面研究木材性质与培育措施的关系，另一方面研究木材性质与木材品质加工利用的关系（图 9-1）。

图 9-1　林木培育和加工利用研究一体化

大力发展人工林是世界各国面对天然林和天然次生林日益减少所采取的共同战略，许多工业化国家和发展中国家都把大力发展人工林作为解决 21 世纪木材需求的根本措施。有关部门制定了长期的人工林发展规划，以此来解决环境和木材供需之间的矛盾。我国自 20 世纪 60 年代以来，营造了大面积的人工林。由于当初培育人工林时没有研究木材材性与林木培育的关系，未能按照用材部门对木材材性的要求营造人工林，以致现在已成林的人工林木材很难适应市场的需求，不能向社会提供适用的木材，在缓解木材供求矛盾中不能起到应有的作用。人工林存在的问题是：第一，现有的低质人工林木材怎样利用？第二，未来优质人工林怎样培育？面对这两个问题，很多研究者认为，对现有人工林木材要进行合理和高效利用，对未来人工林要进行定向培育，也就是要走培育与加工利用一体化之路。要想使培育的木材符合用材部门的要求，必须进行培育与材性关系的研究；要想对低质人工林木材合理而高效地利用，必须进行人工林材性与加工工艺关系的研究，才能以材性为桥梁，走林木培育和加工利用一体化之路。

弄清材性与培育以及利用之间的关系，是人工林定向培育和高效利用的先导，是缓解木材供需矛盾和保障木材供给的关键。目前全球工业用材林资源逐渐从天然林转向人工林，因此人工林木材性质研究在世界各国已成为引人注目并作了大量投入的新研究领域。在材性与生长环境的研究中，不同的环境因子往往彼此制约，对木材的生长形成综合作用，相互关系复杂。目前涉及地理位置、海拔、立地条件（土壤质地、坡形等）和气候因子等方面的研究比较薄弱，特别是气候因子对材质材性的影响研究甚少，有待于今后进一步加强。

9.1.2　木材品质培育与气候因子

以前由于对气候变化不了解，人工林的培育很少与气候变化紧密地联系起来。现在，根据木材形成与气候变化关系的研究结果，针对气候变化情况，可以为人工林定向培育提供理论指导。

9.1.2.1　气温

近30年来年平均气温呈显著增加的趋势，且以冬季和春季增温为主，和全球气候变暖趋势基本一致。气候变暖对人工林的生态影响主要体现在春季发育期普遍提前和越冬期显著缩短方面。

9.1.2.2　降水量

增温有利于改善东北地区当前的热量条件，减轻低温冷害的危害，提高作物产量。但是由于降水量的增加不足以补偿增温引起的蒸发、蒸腾的增强，东北地区植物生长发育期间水分普遍不足，在没有灌溉条件的地区，植物生长量将受到影响。加之我国地处干旱半干旱地区，早春时期降水量少，特别容易出现春旱现象。秋季为落叶松细胞壁充实阶段，水分不足，会影响木材细胞壁的物质填充，降低落叶松木材的材质。显然，在降水量较少的月份，降水量成为人工林树木生长的限制因子。因此，在降水量过少时，要注意加强灌溉。

9.1.2.3　日照

平均日照时间年际变化记录显示冬季日光照射时间缩短是主要趋势，而生长季（4～9 月）的日照时间有增加趋势。日照时间变化趋势明显的是 2 月、3 月和 7 月，特别是 7 月。日照时间的多少直接关系到树木光合作用的能力和强度，树木只有获得足够的光照，才能进行正常的光合作用。修枝和间伐都要充分考虑日照时间。日光照射不足时要考虑适当的修枝，增加透光度；树林过密，严重影响采光度时，要进行合理的间伐。另外，在干旱立地，径向生长与生长季早期水分的供应相关，减少初植密度会改变气候与径向生长传统上的关系，至少在短期，间伐强度提高了树木径向生长对干旱的适应能力。

9.1.2.4　地温

平均地温不存在明显的长期变化趋势，但是最低地温和最高地温的长期变化趋势对树木生长的长期影响比较大，特别是冬季 1 月、2 月的最低地温和 5 月、6 月的最高地温。冬季 1 月、2 月的最低地温增加与全球变暖有直接的关系，缩短了冬季的冻土时间，减少了细根的死亡率，有利于树木生长发育。最低地温的滞后影响也非常强烈。地温提高，会增大土壤水分的蒸发量，使土地板结，不利于根系生长。因此，5 月、6 月如果降水量不足，要及时加强人工灌溉。

气候变化对人工林的影响有利有弊，林业管理部门应根据当地气候变化特征，及时调整树木种植模式，趋利避害，充分挖掘气候资源潜力，提高林业经济效益。

9.2　植物生理生态学

植物生理生态学是植物生态学的一个分支，它主要是用生理的观点和方法来分析生态学现象。因此它是研究生态因子以及植物生理现象之间的关系，即生态学与生理学的结合。

9.2.1　植物生理生态学的发展历程

从萌芽阶段开始，植物生理生态学已经历了 5 个阶段[8]。在古代（公元前至1750 年）社会生产力低下的条件下，人们只能依靠感官进行表面观察所获得的不充分的事实，进行简单的逻辑推理及非逻辑的构思，得出一些带有猜测性的笼统的结论，这一阶段称为思辨方法和准实验方法阶段；第二阶段是观察与描述方法的开创阶段（1750～1900 年），在生态学的初创时期，生态学研究基本上停留在描述阶段，而生理学研究则大部分局限在实验室内，植物生理生态学仍未从其双亲学科中脱离出来，研究成果的获得在很大程度上得益于观察，因此，观察是植物生理生态学研究的一种重要方法；第三阶段是实验方法阶段（1900～1950年），实验方法是利用仪器或控制设施有意识地控制自然过程条件，模拟自然现象，利用环境控制技术在研究某种因子对植物的影响时，控制其他环境条件尽量不发生改变，这样就避开了干扰因素，突出了主要因素，在特定条件下探索客观规律；第四阶段是理论方法与综合方法阶段（1950～1980 年），在这一阶段，自然科学得到迅速的发展。在这种形势下，作为科学研究的工具，运用单一的研究方法已经不能满足需要了。研究对象和研究方法之间的关系已经发生了根本变化，研究方法呈现出交叉化、多元化、综合化的发展趋势。特别是野外测定手段的不断改进和计算机的广泛采用，使模型方法得到广泛的运用。精确的测定植物代谢与其微环境变化成为可能，也为人工气候室内自然环境的模拟奠定了基础。20 世纪 80 年代以来，进入到现代植物生理生态学阶段（1980 年至今），植物生理生态学得到了长足的发展，这在不同层次上都得以体现。植物个体生理生态学的研究主要以农作物、经济林木、牧草和资源植物为研究对象，研究个体的光合生产、水分循环和抗性生理。

9.2.2　木材气候学的理论拓宽了植物生理生态学的研究领域

今后的植物生理生态学研究，一是要紧紧抓住生态问题，例如，由人类活动引起的退化生态系统的恢复、特殊生境、全球变化下的陆地生态系统响应、植物对环境污染的修复作用、植物的组织结构变化等。一些科学家已经开始这方面的研究。王文杰等在研究东北地区次生林红松时，就是在考虑人为干扰和森林边缘效应的情况下，分析红松生长的光合生理生态特性的，研究结果表明，6m 宽的边缘效应带是人工促进红松生长的最佳边缘效应带[9]。王爱民等研究了大兴安岭不同演替阶段白桦种群光合生理生态特征，非演替顶极群落中白桦的实际光合能力和潜在光合能力都大于演替顶极群落中的白桦，两个不同演替阶段中白桦的光饱和点相差不大，但是演替顶极群落中白桦的光补偿点却低于非演替顶极群落，这表明演替顶极群落中白桦的呼吸作用有所下降[10]。张硕新等研究了白榆等六种木本植物木质部栓塞化生理生态效应，结果表明影响这六种木本植物的外因主要是大气及土壤温湿度状况，在生长季节，水分因子在决定栓塞程度的大小上占主导地位，而冬季则是水分和温度因子的共同作用[11]。周海燕等在研究中国北方生态脆弱带不同区域近缘优势灌木的生理生态学特性时考虑了气候类型，研究结果表明，各区优势灌木的气体交换特征不同，主要依照区域光照和温湿条件的不同组合而变化，各区域的环境条件组合最利于其建群种的生长[12]。

近年来随着全球变化及其对陆地生态系统的影响日益受到关注，利用年轮资料来研究和预测环境因素，尤其是气候因素对树木生长和森林结构与功能影响的研究逐渐受到重视[13]。例如，Foster[14]曾通过对活木和死木年轮等的分析对该森林的干扰历史、群落结构等的动态变化做了深入的研究。这些研究在全球变化引起的资源、环境等压力日益增加的今天，越来越显示出其理论和现实意义。

9.2.3　木材气候学的研究方法为植物生理生态学研究提供了新思路

　　木材气候学中的研究方法在生态学中的应用优势早就为科学家们所认识。Johnson 和 Fryer[15]、Savage[16]、Veblen 等[17]、Dupouey 等[18]都先后采用树轮研究的方法来进行森林结构、功能、干扰历史、种群动态、群落演替等方面的研究。演替早期和演替后期各种植物所处的环境常有很大差别。演替早期的微生长环境具有开放性和光照充足等特点，各环境因子富于变化；演替后期的生境由于植被的缓冲作用，一般较为封闭和稳定，各环境因子在空间尺度上的异质性较强。演替早期和演替后期群落不仅物种组成不同，而且在演替不同阶段中出现的物种的生理生态特性以及对环境的适应性也有很大差别，这些物种的生理生态差异使得物种更替现象经常发生，也使得演替能够顺利进行。在全球气候变化的影响下，生态系统将会出现更多的次生演替和长时间停留于演替早期阶段的情况[19]。木材气候学的研究方法为现代植物生理生态学的研究提供了新思路，尤其是在人工造林方面的应用比较广泛。

　　(1) 植物抗性生理基础是现代造林学的基础研究。

　　目前已取得了一些研究成果，今后应从微观向宏观，从静态向动态，从定性向定量，从单一学科向多学科相互渗透、交叉与融合的方向发展。加强抗旱指标的筛选，将植物水势、植物体内水分传导、根水势、土壤水势有机地结合起来，形成水分传输系统，研究水分动态特点。温国盛等在研究干旱条件下臭柏的生理生态时采用了从微观向宏观的方式，将长期的野外调查和室内模拟实验相结合，以提高研究结果的准确性。研究结果表明，臭柏在生长方面，通过降低密度、自然稀疏及下部枝叶干枯的方式，以牺牲局部、确保个体生存的生态策略，有效地利用资源，维持种群的生存[20]。陈宝玉采用移动平均趋势线方法研究了水分胁迫下杨树苗的叶水势和叶含水量，拟合效果较好[21]。

　　(2) 恢复生态学是现代造林学的基础，也是目的。

　　特别是在干旱、半干旱地区，只有充分了解与掌握脆弱生态环境形成演替的生态过程、生态系统的结构功能与能流物流特征、景观格局、生物多样性时空变化、维持机制、生态适应机制等特性，才能充分发挥现代造林学在自然资源恢复与保持中的作用，实现永续利用。宋炳煜等在研究皇甫川流域人工杨树林地时，不但考虑了生理用水，也分析了生态用水，观测并计算的 2001 年 7～8 月五分地沟人工杨树林地生态用水量为 142 mm，其中林地蒸散量为 99 mm，而同期降雨量为 181mm，这意味着有 82 mm 的降水用于土壤水分的补偿。这个同期降雨量主要是在观测之后（即 8 月下旬以后）发生的。因此，这些生态用水数据是在连年大旱（1999～2001 年）条件下观测得到的，其蒸散主要耗减雨期前的土壤水分，致使土壤含水量降到 3%，接近该林地的土壤萎蔫系数。在干旱半干旱地区，这是一组难得的干旱期人工杨树林地生态用水数据，为类似地区的植被建设和水土保持综合治理提供了一个值得重视的基础依据[22]。薛艳红等提出在把黄杨应用于水电工程库区退化消落带植被生态恢复中时，要考虑宜昌黄杨对夏季淹水的生理生态学响应。宜昌黄杨在淹水过程中产生了皮孔、不定根等形态适应特征，表现出较强的适应能力，但是生长仍然受到淹水的显著影响。淹水条件下宜昌黄杨的最大光合速率、气孔导度和根系活力与对照相比都显著下降。在不同处理阶段这些指标下降的幅度不同：初期的下降幅度最大，后期下降幅度减少，其中根系活力在后期还有所回升。叶绿素 A 的含量随淹水时间延长持续下降，后期有所回升，而叶绿素 B 和类胡萝卜素的变化却不大[23]。

(3) 人工林地研究的系统化。

应以一种或几种干旱半干旱区天然林或人工林为研究对象，从其抗旱性生理基础、适应机制、林分结构、水分利用率、耗水模式、造林技术、抚育管理等方面进行深入系统的定量研究，做到理论研究与生产实践的有机结合。李德会等在研究林森林根系的呼吸时考虑了全球气候变化的影响，根据研究结果指出，根系呼吸是土壤呼吸的重要构成部分，根系呼吸通量的长期监测研究在全球变化尺度上有着重要作用，其原因在于在 CO_2 浓度和大气温度升高的情况下，植物光合能力持续增强，光合同化物产量增加，加大了对地下部分碳的输入，根系活性增强，从而影响土壤碳库的多寡。通过对这一过程的了解，人类可以采取相应调控措施以缓解全球 CO_2 浓度升高的趋势[24]。

(4) 人工造林模式化。

以不同地区年平均降水量作为水分收入的基本参数，利用现代计算机技术，预测在维持水量平衡的基础上，不同适生区植物种群的适度生物量，以维持最大生态效益。以实现植被恢复后的可持续利用与发展为前提，建立不同地区的人工林营造模式，建立示范基地，将长期效益与短期效益有机结合[25]。

9.2.4　木材气候学研究中的高新技术促进了植物生理生态学科的发展

木材气候学研究中的一些高新技术促进了植物生理生态学科的发展，例如，研究微气候学的测试仪器，特别是当今无损伤原位测定植物生理代谢过程的技术，如红外测温仪、核磁共振、荧光技术、热脉冲速率法、光声学法等都使该学科得到了很大的发展，它使人们在自然条件下输入植物某一特定的物理量和生理量，就能够预测植物与环境间的 CO_2、水分和能量的交换速率。例如，植物体内长距离水分运输是植物生理生态学研究中的一个重要问题，长期为植物生理学家和生理生态学家所关注。木质部探针技术的问世，使直接测定导管或管胞中的压力被实现，而且其部件明了，工作原理很直观[26]。植物生理生态学现在关注的新焦点是植物多种养分资源与多种环境胁迫的相互作用。目前植物生理生态学的一些最有效的研究方法是选择一些单个气候因子极端地区，对这些地区中相关植物的逆境生理反应进行比较。我国在这方面由于各种因素的限制，距国外先进水平尚有一定的差距，大多数工作还停留在单个养分资源胁迫的定性描述阶段[27]。木材气候学理论中的定量化研究将为植物生理生态学的研究提供非常有意义的帮助。

9.3　树轮年代学

树轮年代学是一门研究树木木质部年生长层以及利用年生长层来定年的科学，它是在 20 世纪初由美国天文学家 A. E. Douglass 创立的[28]。年轮的化学组成和物理特征受光照、气温、湿度、营养状况、大气 CO_2 组成和大气水组成等环境因素的影响，因此在树木年轮形成过程中可通过其宽度、密度、亮度及同位素等变化记录过去气候和环境变化的信息。

近年来，该学科得到了长足的发展[29]。由于树轮资料具有便于获取、定年准确、分辨率高、连续性强、树轮指标量测精确和地域分布广泛等特点[30]，使树轮年代学受到越来越广泛的重视，并且延伸出许多新的分支和领域。例如，年轮气候学、年轮生态学、年轮水文学、年轮林火学、年轮地形学、年轮考古学、年轮冰河学、年轮昆虫学等。从研究深度来看，该学科已由初期的对年轮宽度、密度和亮度等的物理分析的研究发展到了对年轮稳定同位素等化学组分和解剖结构等进行分子水平的研究，有助于提取记录在年轮内部的更详细的环境信息，从而为气候变化的研究提供更多的依据；从研究广度来说，研究区已由干旱、半干旱、高寒和高海拔等特殊气候地区逐渐转向温暖湿润的非典型气候地区[31]。木材气候学理论的形成也促进了这些领域的发展。

木材气候学研究更注重从生理解剖特征、化学特征——细胞尺度、分子尺度研究气候因子对树木生长的影响，因而利用解剖特征、化学特征等木材材性指标重建的温度、降水序列较利用树轮宽度重建的结果更为精确。

由于木材材性分析所用仪器价格昂贵，操作过程比较繁琐，因此其应用受到了一定限制。随着图像分析、组分分析技术的不断完善以及先进的树轮分析仪器的发明和应用，运用 X 射线衍射仪、微密度计、年轮密度测定仪等研究树轮密度、宽度，运用图像分析仪测定解剖因子中细胞大小、细胞壁厚度等，运用红外色谱仪等测定树轮中的化学成分，可同时得到年轮宽度、密度、亮度、组分等多个指标，在精度上能满足研究需求。树木年轮密度测定第一步是样品的前期处理以及对处理好的样品进行 X 射线照射成像，将树轮密度的变化转换成光强度的变化，最终得到用于测量的感光胶片；第二步是在密度仪上对转换于胶片上的光强度图像进行标定和测量，以及对测量的数据进行交叉定年处理。杨银科等建立

了内蒙古准格尔旗的油松树木生长轮宽度年表以及早材、晚材、最大、最小四个
密度年表。年表之间的相关分析表明树轮密度比宽度包含更多更复杂的气候环境
变化因子。通过树轮密度年表与气象资料的相关分析发现,准格尔旗树轮密度年
表与该地区全年降水量之间有很好的相关性,早材密度和最小密度与降水量之间
呈负相关关系,晚材密度和最大密度与降水量之间存在显著的正相关关系。无论
正、负相关关系,均能够从树木生理角度予以合理解释[32]。但是,可做密度分
析的树种不一定能直接做反射亮度的图像分析,或者不能准确分析出化学组成成
分。木材的图像分析也有其局限性,对那些不仅具有早、晚材颜色变化,还具有
其他颜色变化的树种,例如,心材和边材的颜色不同,图像技术就无法代替密度
分析,因此研究中还应注重图像技术、化学组分分析、树轮密度分析和宽度分析
的综合运用。

化学组分分析中,分析 $\delta^{13}C$(年轮中 ^{13}C 与 ^{12}C 的比率)的研究比较多。分
析树木年轮中的 $\delta^{13}C$ 经 PDB 标准换算来的一个指标为负值,其值比大气中 ^{13}C
与 ^{12}C 的相对比率低,这是由于光合作用同化 CO_2 时气孔扩散作用和光合羧化酶
反应对 CO_2 中 ^{13}C 和 ^{12}C 不同的分部效应造成的。气候因子则通过对光合作用分
部效应的影响而影响 $\delta^{13}C$。由于 $\delta^{13}C$ 可以反映温度、湿度、大气 CO_2 浓度等的
变化,以及由这些因子的变化所引起的树木生长状况的变化,有人甚至认为由
$\delta^{13}C$ 所反映的信息要比以年轮宽度作为指标所反映的信息更为准确,因为后者
要受许多偶然因子的影响。因此对树木年轮 $\delta^{13}C$ 的研究一直受到重视。由于降
水和 CO_2 中的 ^{18}O、δD(年轮中 ^2H 与 ^1H 的比例)等同位素与温度的关系密切相
关[33],因此以降水和 CO_2 作为光合作用的树木的体内必然保存了由温度变化而
导致的 ^{18}O、δD 等变化的信息,这已被逐渐证实。Feng 和 Epstein[34]研究了从世
界各地收集到的 120~200 的年时间尺度的树木年轮资料,发现 δD 随温度的上
升而升高,相关关系极为明显;Libby 等[34]在欧洲橡树、巴伐利亚松树等长达
200 多年的年轮资料中也发现了 ^{18}O 和 δD 与温度之间紧密的正相关。这种相关
已被应用于年轮气候学的研究中,用来研究在仪器时代之前的气候变化和预计未
来的气候变化模式。

参 考 文 献

[1] 刘盛全. 人工林的发展和人工林材性与培育及利用关系学. 世界林业研究, 1998, 4: 42~46

[2] 方升佐, 吕士行, 徐锡增等. 南方地区杨树胶合板材定向培育技术的研究. 林业科学, 1999, 35 (6): 120~124

[3] 王恭, 孔励端, 徐志华. 林木定向培育密度的研究(Ⅱ). 林业科技通讯, 1999, 7: 15, 16

[4] 李晓清. 纸浆原料林定向培育研究现状及评价. 四川农业大学学报, 1999, 17 (1): 80~84

[5] 黄润斌. 定向培育造纸速生丰产林, 促进林兴纸旺. 林业经济, 2000, (增刊): 22~26

[6] 罗旭, 宋修明, 宋东贤等. 天然杨桦胶合板材用材林的定向培育. 东北林业大学学报, 2001, 1:

16～20

[7] 郭明辉．木材品质培育学．哈尔滨：东北林业大学出版社，2001. 2～7

[8] 蒋高明．植物生理生态学的学科起源与发展史．植物生态学报，2004，28 (2)：278～284

[9] 王文杰，祖元刚，杨逢建等．边缘效应带促进红松生长的光合生理生态学研究．生态学报，2003，23 (11)：2318～2326

[10] 王爱民，祖元刚．大兴安岭不同演替阶段白桦种群光合生理生态特征．吉林农业大学学报，2005，27 (2)：190～193

[11] 张硕新，申卫军，张远迎．六种木本植物木质部栓塞化生理生态效应的研究．生态学报，2000，20 (5)：788～794

[12] 周海燕，张景光，李新荣等．生态脆弱带不同区域近缘优势灌木的生理生态学特性．生态学报，2005，25 (1)：168～175

[13] 侯爱敏，彭少麟，周国逸．树木年轮对气候变化的响应研究及其应用．生态科学，1999，18 (3)：16～23

[14] Foster D R. Disturbance history, community organization and vegetation dynamics of the old-growth Pisgah Forest, south-westem New Hampshire. Journal of Ecology, 1988，76：105～134

[15] Johnson E A, Fryer G I. Population dynamoics in lodgpole pine-Engelmann spruce forests. Ecology, 1989，70 (5)：1335～1345

[16] Savage M. Structural dynamoics of south-westem pine forest under chronic human influence. Annals of the Association of American Geographers，1991，81 (2)：271～289

[17] Veblen T T, Hadley K S, Reid M S et al. Methods of detecting past spruce beetle outbreaks in Rocky Mountain subalpine forests. Can J Forest Res，1991，21：242～254

[18] Dupouey J L, Leaviit S, Choisnel E et al. Modelling carbon isotope fractionation in tree rings based on effective evapotranspiration and soil water status plant. Cell and Environment，1993，16：939～947

[19] 李庆康，马克平．植物群落演替过程中植物生理生态学特性及其主要环境因子的变化．植物生态学报，2002，26 (增刊)：9～19

[20] 温国胜，张明如，张国盛等．干旱条件下臭柏的生理生态对策．生态学报，2006，26 (12)：4059～4065

[21] 陈宝玉，关楠，黄选瑞等．水分胁迫下保水剂对爬山虎和廊坊杨苗木水分生理生态特性的影响．东北林业大学学报，2007，35 (4)：7～10

[22] 宋炳煜，杨吉力，郭广芬等．皇甫川流域人工杨树林地的生理生态用水．水土保持学报，2004，18 (6)：159～162

[23] 薛艳红，陈芳清，樊大勇等．宜昌黄杨对夏季淹水的生理生态学响应．生物多样性，2007，15 (5)：542～547

[24] 李德会，李贤伟，王巧等．林木根系呼吸影响因素及根系呼吸对全球变化的响应．浙江林学院学报，2007，24 (2)：231～238

[25] 张国盛．干旱、半干旱地区乔灌木树种耐旱性及林地水分动态研究进展．中国沙漠，2000，20 (4)：363～368

[26] 万贤崇，孟平．植物体内水分长距离运输的生理生态学机制．植物生态学报，2007，31 (5)：804～813

[27] 王林．植物生理生态学研究与展望．玉溪师范学院学报，2001，17 (增刊)：260，261

[28] Fritts H C. Trees and Climate. London：Academic Press Inc，1976. 5～10

[29] Dean J S, Meko D M, Swetnam T W. Dendrochronology and the study of human behavior. *In*: Tree Rings, Environment and Humanity. Tucson: Department of Geosciences, the University of Arizona, 1996. 461~469

[30] 邵雪梅. 树轮年代学的若干进展. 第四世纪研究, 1997, 3: 265~271

[31] 郑淑霞, 上官周平. 树木年轮与气候变化关系研究. 林业科学, 2006, 42 (6): 100~107

[32] 杨银科, 刘禹, 史江峰等. 树木年轮密度实验方法及其在内蒙古准格尔旗树轮研究中的应用. 干旱区地理, 2006, 29 (5): 639~645

[33] Libby L M, Pandolefil J, Payton P H et al. Isotopic tree thermometers. Nature, 1976, 261: 284~288

[34] Feng X H, Epstein S. Climatic trends from isotopic records of tree rings: the past 100-200 years. Climatic Change, 1996, 33 (4): 551~562

后　记

本书是基于国家自然科学基金项目"气候因子影响人工林红、樟、落木材物理特征和解剖特征的机制研究"的研究成果完成的。在出版社的严格要求和规范下，对原稿做了必要的改动和内容上的删减，包括对一些过时的材料和不合时宜的内容予以删除或修正，同时本书还采用了国内、外近年发表的相关研究资料。

气候对树木生长及人工林木材性质特点及形成机制的研究有重要意义。因此，研究人工林生长过程中木材性质的特点时，气候因子应当是一个重要方面，与遗传特性和立地条件的研究有同等重要的地位。树木生长过程中每一年年轮的形成都取决于当年及生长前期的许多气候因子的综合影响，这种影响在树木生长和材质的形成过程中是很重要的。我们在国家自然科学基金的资助下，以人工林长白落叶松、红松和樟子松为研究对象，以揭示气候因子影响其木材形成的机制为总目标，全面、系统地研究木材的物理特征和解剖特征的敏感程度，分析了气候因子变化对人工林木材材性的短期影响和长期影响，建立了气候因子变化影响木材形成的向量自回归模型和误差修正模型，为优化人工林的培育模式和经营措施提供了科学依据。

然而，由于我们的研究和写作水平有限，本书还存在一些不足之处：①树木的形成或生长是温度、水分、光照等多个气候因子的综合作用结果，但是本书仅就如何科学研究单个气候因素与人工林木材形成之间的关系做了论述，而如何分析气候因子之间的交互作用在书中没有涉及；②气候变化对树木生长的滞后影响已经得到证实，但最长的滞后期限如何确定还有待进一步研究；③树木开花结实、病虫害等对木材径向变异也有影响，研究过程中其干扰如何剔除，也有待于深入研究。针对上述问题，我们于本书初稿完成之时，再次申请该领域研究的国家自然科学基金项目，目前已获得资助（项目批准号：30871969）。

与备受重视的传统林业相关学科相比，作为木材科学分支学科的木材气候学还是一个新兴的学科，其研究尚处在起步阶段，研究队伍也十分弱小。虽然林业这个行业给社会带来的经济和生态效益已经毋庸置疑，但是，在今后一个较长的时期内，从事与林业有关的研究，包括木材气候学研究，可能仍然会是一件十分寂寞的事情。但是，我们坚信，选择并从事这一领域的研究是一件对全社会十分有益的事情。

本书的出版受到东北林业大学李坚教授的大力支持和鼓励，他的胸怀和视野一再令我们感动，谨在此深表谢意。

作　者
2009 年 4 月